普通高等教育规划教材

数 控 加 工 技 术

第 2 版

主　编　王令其　张思弟
副主编　雷学东　于　杰
主　审　韩秋实

机 械 工 业 出 版 社

本书从数控加工技术应用角度出发，系统地介绍了数控机床、数控加工工艺、数控加工编程的基础知识，重点阐述了数控车床、数控铣床与加工中心的机械结构、加工工艺与工装、加工程序指令及编程方法，给出了典型零件的加工程序编制实例，同时还叙述了数控特种加工技术、数控高速切削技术、精密与超精密加工技术和计算机辅助编程技术。为了使读者对数控加工有一个全面的了解，本书还对数控钻削加工、数控齿轮加工、数控冲压、数控折弯等相关技术作了简明的介绍。

本书的特点：一是全书宗旨明确，紧密围绕数控加工技术这一主题展开；二是全书内容系统、完整，且编排重轻有度，在强化基础知识的同时，注重先进技术的介绍；三是取材新颖、实例丰富，强调理论与实际紧密结合。

本书既可作为高等院校机电工程类专业的教材，也可作为培训教材供各数控培训机构使用，还可供各工矿企业中从事机床数控加工技术的工程技术人员、研究人员参考。

图书在版编目（CIP）数据

数控加工技术/王令其，张思弟主编 . —2 版 . —北京：机械工业出版社，2014.5（2025.2 重印）

普通高等教育规划教材

ISBN 978-7-111-47308-4

Ⅰ.①数…　Ⅱ.①王…②张…　Ⅲ.①数控机床—加工—高等学校—技术学校—教材　Ⅳ.①TG659

中国版本图书馆 CIP 数据核字（2014）第 150490 号

机械工业出版社（北京市百万庄大街 22 号　邮政编码 100037）
策划编辑：王小东　责任编辑：王小东　张丹丹
版式设计：霍永明　责任校对：肖　琳
封面设计：陈　沛　责任印制：单爱军
北京虎彩文化传播有限公司印刷
2025 年 2 月第 2 版第 11 次印刷
184mm×260mm · 21 印张 · 509 千字
标准书号：ISBN 978-7-111-47308-4
定价：53.00 元

电话服务　　　　　　　　　网络服务
客服电话：010-88361066　　机 工 官 网：www.cmpbook.com
　　　　　010-88379833　　机 工 官 博：weibo.com/cmp1952
　　　　　010-68326294　　金 书 网：www.golden-book.com
封底无防伪标均为盗版　机工教育服务网：www.cmpedu.com

普通高等教育应用型人才培养规划教材

编审委员会名单

主　任：刘国荣　湖南工程学院
副主任：左健民　南京工程学院
　　　　陈力华　上海工程技术大学
　　　　鲍　泓　北京联合大学
　　　　王文斌　机械工业出版社
委　员：（按姓氏笔画排序）
　　　　刘向东　北华航天工业学院
　　　　任淑淳　上海应用技术学院
　　　　何一鸣　常州工学院
　　　　陈文哲　福建工程学院
　　　　陈　崚　扬州大学
　　　　苏　群　黑龙江工程学院
　　　　娄炳林　湖南工程学院
　　　　梁景凯　哈尔滨工业大学（威海）
　　　　童幸生　江汉大学

数控技术应用专业分委员会委员名单

主　任：朱晓春　南京工程学院

副主任：赵先仲　北华航天工业学院

　　　　龚仲华　常州工学院

委　员：（按姓氏笔画排序）

　　　　卜云峰　淮阴工学院

　　　　汤以范　上海工程技术大学

　　　　朱志宏　福建工程学院

　　　　李洪智　黑龙江工程学院

　　　　吴　祥　盐城工学院

　　　　宋德玉　浙江科技学院

　　　　钱　平　上海应用技术学院

　　　　谢　骐　湖南工程学院

序

　　工程科学技术在推动人类文明的进步中一直起着发动机的作用。随着知识经济时代的到来，科学技术突飞猛进，国际竞争日趋激烈。特别是随着经济全球化发展和我国加入WTO，世界制造业将逐步向我国转移。有人认为，我国将成为世界的"制造中心"。有鉴于此，工程教育的发展也因此面临着新的机遇和挑战。

　　迄今为止，我国高等工程教育已为经济战线培养了数百万专门人才，为经济的发展作出了巨大的贡献。但据IMD1998年的调查，我国"人才市场上是否有充足的合格工程师"指标排名世界第36位，与我国科技人员总数排名世界第一形成很大的反差。这说明符合企业需要的工程技术人员，特别是工程应用型技术人才市场供给不足。在此形势下，国家教育部近年来批准组建了一批以培养工程应用型本科人才为主的高等院校，并于2001年、2002年两次举办了"应用型本科人才培养模式研讨会"，对工程应用型本科教育的办学思想和发展定位作了初步探讨。本系列教材就是在这种形势下组织编写的，以适应经济、社会发展对工程教育的新要求，满足高素质、强能力的工程应用型本科人才培养的需要。

　　航天工程的先驱、美国加州理工学院的冯·卡门教授有句名言："科学家研究已有的世界，工程师创造未有的世界。"科学在于探索客观世界中存在的客观规律，所以科学强调分析，强调结论的唯一性。工程是人们综合应用科学（包括自然科学、技术科学和社会科学）理论和技术手段去改造客观世界的实践活动，所以它强调综合，强调方案优缺点的比较并做出论证和判断。这就是科学与工程的主要不同之处。这也就要求我们对工程应用型人才的培养和对科学研究型人才的培养应实施不同的培养方案，采用不同的培养模式，采用具有不同特点的教材。然而，我国目前的工程教育没有注意到这一点，而是：①过分侧重工程科学（分析）方面，轻视了工程实际训练方面，重理论，轻实践，没有足够的工程实践训练，工程教育的"学术化"倾向形成了"课题训练"的偏软现象，导致学生动手能力差。②人才培养模式、规格比较单一，课程结构不合理，知识面过窄，导致知识结构单一，所学知识中有一些内容已陈旧，交叉学科、信息学科的内容知之甚少，人文社会科学知识薄弱，学生创新能力不强。③教材单一，注重工程的科学分析，轻视工程实践能力的培养；注重理论知识的传授，轻视学生个性特别是创新精神的培养；注重教材的系统性和完整性，造成课程方面的相互重复、脱节等现象；缺乏工程应用背景，存在内容陈旧的现象。④老师缺乏工程实践经验，自身缺乏"工程训练"。⑤工程教育在实践中与经济、产业的联系不密切。要使我国工程教育适应经济、社会的发展，培养更多优秀的工程技术人才，我们必须努力改革。

　　组织编写本套系列教材，目的在于改革传统的高等工程教育教材，建设一套富有特色、有利于应用型人才培养的本科教材，满足工程应用型人才培养的要求。

　　本套系列教材的建设原则是：

1. 保证基础，确保后劲

　　科技的发展，要求工程技术人员必须具备终生学习的能力。为此，从内容安排上，保证学生有较厚实的基础，满足本科教学的基本要求，使学生日后具有较强的发展后劲。

2. 突出特色，强化应用

围绕培养目标，以工程应用为背景，通过理论与工程实际相结合，构建工程应用型本科教育系列教材特色。本套系列教材的内容、结构遵循如下9字方针：知识新、结构新、重应用。教材内容的要求概括为："精""新""广""用"。"精"指在融会贯通教学内容的基础上，挑选出最基本的内容、方法及典型应用；"新"指将本学科前沿的新进展和有关的技术进步新成果、新应用等纳入教学内容，以适应科学技术发展的需要，妥善处理好传统内容的继承与现代内容的引进之间的关系，用现代的思想、观点和方法重新认识基础内容和引入现代科技的新内容，并将这些按新的教学系统重新组织；"广"指在保持本学科基本体系下，处理好与相邻以及交叉学科的关系；"用"指注重理论与实际融会贯通，特别是注入工程意识，包括经济、质量、环境等诸多因素对工程的影响。

3. 抓住重点，合理配套

工程应用型本科教育系列教材的重点是专业课（专业基础课、专业课）教材的建设，并做好与理论课教材建设同步的实践教材的建设，力争做好与之配套的电子教材的建设。

4. 精选编者，确保质量

遴选一批既具有丰富的工程实践经验，又具有丰富的教学实践经验的教师担任编写任务，以确保教材质量。

我们相信，本套系列教材的出版，对我国工程应用型人才培养质量的提高必将产生积极作用，为我国经济建设和社会发展作出一定的贡献。

机械工业出版社颇具魄力和眼光，高瞻远瞩，及时提出并组织编写这套系列教材，他们为编好这套系列教材做了认真细致的工作，并为该套系列教材的出版提供了许多有利的条件，在此深表感谢！

编 委 会 主 任　　刘国荣教授
湖南工程学院院长

第 2 版前言

《数控加工技术》一书自 2007 年出版以来，被全国许多所高等院校选作制造自动化技术类相关课程的教科书或参考书。一些读者在阅读本书过程中，还经常与我们探讨和交流教学及实践中遇到的各种问题。所有这些，对我们而言无疑是极大的鼓励与鞭策，也使我们受益匪浅。

机械制造行业一直是国家重点支持的领域，尤其是近年来，为实现经济的转型升级，国家制定了多项产业政策和发展规划，大力推动装备制造业的振兴和发展，重点支持高端装备制造业，取得了一定成效。为应对新一轮科技革命和产业变革，国家提出《中国制造 2025》规划，立足我国转变经济发展方式实际需要，围绕创新驱动、智能转型、强化基础、绿色发展、人才为本等关键环节，以及先进制造、高端装备等重点领域，提出了加快制造业转型升级、提质增效的重大战略任务和重大政策举措，力争到 2025 年使我国从制造大国迈入制造强国行列。

党的二十大报告指出：坚持把发展经济的着力点放在实体经济上，推进新型工业化，加快建设制造强国、质量强国、航天强国、交通强国、网络强国、数字中国。实施产业基础再造工程和重大技术装备攻关工程，支持专精特新企业发展，推动制造业高端化、智能化、绿色化发展。

鉴于此，在总结这些年来的教学与实践经验，并汲取广大读者的意见与建议的基础上，我们修订出版此书。第 2 版中，为使读者更好地掌握数控编程与加工技术，调整充实了部分数控加工程序编制实例；为使读者对数控加工有一个全面的了解，增添完善了数控常规加工技术与数控特种加工技术的内容；为顺应飞速发展的数控加工技术，各章节中尽可能加入所涉及领域内的新理念、新成就以及国内外的最新发展趋势。第 2 版继续保留了原版的特色：紧密围绕数控加工技术一个主题展开；内容系统完整且编排轻重有度；在强化基础知识的同时注重先进技术的介绍；强调理论与实际紧密结合。

本书修订由王令其、张思弟担任主编，雷学东、于杰担任副主编。其中绪论、第六章由王令其编写，第一章由王令其、于杰编写，第二章、第四章由张思弟编写，第三章由于杰编写，第五章由雷学东、张思弟编写，第七章由雷学东编写。全书由王令其、张思弟统稿与定稿，由北京信息科技大学韩秋实教授主审。

本书在修订中参阅了大量相关文献与资料，在此向有关作者一并表示谢意。

限于作者的水平与经验，修订版中难免还存在错误和不妥之处，恳请读者批评指正。

编　者

第 1 版前言

先进制造技术从广义上而言包括了现代的设计理论和方法、先进的加工技术、先进的制造自动化技术和先进的生产管理模式。而机床数控技术正是先进的制造自动化技术最核心的技术之一。机床数控技术已经历了五十多年的发展历程，它不仅给传统的制造业带来了革命性的变化，使制造业成为工业化的象征，而且随着其技术水平的持续提高和应用领域的不断扩大，对其他重要行业（如 IT、汽车、化工等）的发展也起着越来越重要的作用。当今世界各国制造业广泛采用并发展机床数控技术，提高制造能力与制造自动化水平，以期在激烈的国际竞争中处于领先地位。

机床数控技术主要由机床本体（含基础大件、运动部件与辅助装置）、数控系统（含数控装置、进给驱动、主轴驱动装置）和数控加工技术三部分组成。

数控加工是泛指在数控机床上进行零件加工的工艺方法，它是一种能高效、优质地实现产品零件（特别是复杂形状零件）加工的有关理论、方法与实践技术。数控加工技术是自动化、柔性化、敏捷化和数字化制造加工的基础与关键技术。数控机床的运动可控性为数控加工提供了硬件基础，但数控机床是按照提供给它的指令信息——加工程序来执行运动的，因此数控加工工艺的制订和零件加工程序的编制是实现数控加工的重要环节，是获得合格零件的保证。特别是对于复杂零件加工，其重要性甚至超过数控机床本身。本教材重点介绍数控加工技术，它主要涉及数控加工工艺、数控加工工艺装备与数控加工程序编制等技术。

本书内容从数控加工技术的应用角度出发，首先介绍了有关数控技术的基本概念、数控机床的分类与应用、机床数控技术的研究与发展热点，以及加工工艺分析与设计方法和数控加工编程的基础知识。由于数控车床、数控铣床与加工中心的加工工艺、工装及程序编制在数控加工中具有典型的代表性，故本教材进而分别重点阐述了它们的结构特点与技术参数、加工中使用的夹具与刀辅具、换刀与对刀方式及相应的加工工艺、常用编程指令与加工程序编制方法，并给出了典型零件的加工程序编制实例。对于内容丰富且在数控加工中极有使用价值的用户宏程序，则设专门章节加以介绍。

此外，本教材还系统地介绍了数控特种加工技术、数控高速切削技术、精密和超精密加工技术与计算机辅助编程技术。为使读者对数控加工有一个全面的了解，对其他的常规数控加工技术（数控钻削加工、数控齿轮加工、数控冲压、数控折弯等）也作了简明的叙述。

"数控加工技术"是一门实践性、技术性和综合性非常强的专业课程。为更好地适应教学培训与生产，本教材力求做到：一、全书宗旨明确，紧密围绕数控加工技术一个主题展开；二、全书内容系统、完整，且编排重轻有度，在强化基础知识的同时，注重先进技术的介绍；三、取材新颖、实例丰富，强调理论与实际紧密结合。

本书由王令其、张思弟担任主编，雷学东、于杰担任副主编。其中绪论、第六章由王令其编写，第一章由王令其、于杰编写，第二章、第四章由张思弟编写，第五章、第七章由雷学东编写，第三章由于杰编写。全书由王令其、张思弟统稿与定稿，由北京信息科技大学韩秋实教授主审，提出了许多宝贵意见与建议。

本书在编写中参阅了大量相关文献与资料，在此向有关作者一并表示谢意。

数控加工技术是一项飞速发展的技术，限于作者的水平与经验，书中难免还存在错误和不妥之处，恳请读者批评指正。

编　者

目　　录

绪　　论

制造业是将可用资源（包括物料、能源等）通过相应过程转化为可供人们使用的工业品或生活消费品的产业，是我国国民经济的支柱。国际生产工程学会认为，制造业涉及制造工业中产品设计、物料选择、生产计划、生产过程、质量保证、经营管理、市场销售和服务的一系列相关活动和工作。在这个大制造的概念下，制造包括了产品整个生命周期过程。因而先进制造技术从广义上而言包括了现代的设计理论和方法、先进的加工技术、先进的制造自动化技术和先进的生产管理模式。而数控加工技术正是先进的制造自动化技术最核心的技术之一，它的出现给传统制造技术带来了革命性的变化。当今世界各国制造业广泛采用并发展数控加工技术，提高制造能力与制造自动化水平，以期在激烈的国际竞争中处于领先地位。

一、数控加工技术产生及发展的起因

现代社会对制造业提出了如下的要求：

1）社会产品需求呈现多样化和个性化，且产品经济寿命大大缩短，要求形成以多品种、变批量的生产方式为主流的制造环境。

2）传统产业（如汽车、轻工等）的发展与新兴产业（如信息技术及其产业、航空航天产业等）的形成，要求有效地解决复杂、精密、多变零件的加工问题。

3）在激烈的市场竞争环境下，衡量产业竞争能力的首要因素已由成本转变为交货期，要求具备高效快速生产的能力，以适应用户为中心的买方市场的需求。

为了顺应上述需求，随着科学技术的发展，一种新型的用数字化信息来控制机床进行产品加工的技术——数控（NC）加工技术产生，并得到迅速发展和广泛应用。这种技术解决了复杂、精密、多变零件的加工问题，并在产品的品种需求发生变化时，使企业具有做出灵活快速的响应且及时转换生产的能力。努力推广数控加工技术，并使之向更高层次推进，已是当前机械制造业发展的方向。

二、数控加工技术的沿革

数控加工技术是 20 世纪 40 年代后期为适应加工复杂外形零件而发展起来的一种自动加工技术，它采用数字信息对零件加工过程进行定义，并控制机床进行自动运行。1952 年美国 PARSONS 公司与麻省理工学院（MIT）合作研制了第一台可进行连续空间曲面加工的三坐标立式数控铣床，开创了数控加工的先河。1958 年美国又在世界上首先研制成功了带自动换刀装置的数控机床［现代加工中心（Machine Center）的雏形］，将数控加工技术推向了一个新的领域。

20 世纪 60 年代，德国、日本和英国等先进工业国家紧随美国也陆续开发、生产和使用了数控机床。但由于当时数控系统（数控机床的控制核心）刚从电子管、晶体管时代发展到小规模集成电路时代，系统尚属于专用计算机的硬逻辑数控，故机床性能水平不高，加工能力较弱，可靠性较低，所以全世界实际使用的数控机床中 85% 是实现简单点位控制加工的数控钻床和数控冲床。

20 世纪 70 年代初期，出现了大规模集成电路和小型计算机，数控系统得以快速发展，小型计算机数控率先取代专用计算机的硬逻辑数控。到了 1974 年，美、日等国首先研制出以微处理器为核心的数控系统，这种体积小、运算速度快、处理能力强、可靠性高的微机数控系统给数控机床的发展注入了新的活力，加之数控机床机械结构与性能的改进与完善，使数控机床总体性能与质量有了很大提高。这一时期全世界数控机床的门类增多，产量增长，数控加工的范围与技术得到了很大的提升。特别是 20 世纪 70 年代，商品化了的加工中心已可将不同的加工工艺集成到一台机床上完成，促使其在工业中获得更广泛的应用，并开始成为当今机床工业的主流产品。

20 世纪 80 年代以后，随着控制理论与方法取得突破性的进展、微处理器的性能不断提高、电力电子器件不断更新，以及检测和换刀等配套技术的广泛应用，作为数控加工的硬件基础——数控机床进入了成熟和普及期。除数控铣床、数控钻床、数控车床和加工中心外，起步较晚的数控磨床、数控齿轮加工机床、数控电加工机床、数控锻压机床和数控重型机床等也得到了较快发展。这一时期，由多台数控机床与自动物料传输装置相结合，由计算机集中控制的加工综合体——柔性制造系统（FMS）也进入了实用化阶段。其间还出现了更适应市场需求的柔性制造单元（FMC），它在加工中心基础上增加了托盘自动交换装置、刀具和工件的自动检测装置、加工过程自动监测功能等，因此具有更高的制造柔性、更高的生产效率与更良好的可扩展性。

进入 20 世纪 90 年代，世界范围内以发展门类齐全、品种规格系列化的高性能数控单机为基础，加快了向 FMC、FMS 及 CIMS（计算机集成制造系统）全面发展的步伐。21 世纪的数控加工技术正向高速和高精加工、多轴和复合加工、智能化和网络化，以及开放式的方向迈进。

值得指出的是，数控加工中关键技术之一的编程技术，几十年来也取得了巨大的进展。自 1953 年，美国空军与麻省理工学院协作，开始从事计算机辅助编程研究以来，迄今世界上已开发了多种自动编程语言，尤其是 CAD/CAM（计算机辅助设计与制造）技术的引入，数控加工程序已由手工编制逐渐发展到采用计算机辅助编程，大大提高了编程质量与效率，数控加工技术水平得到全面提升。

我国数控加工技术的发展与工业发达国家时间上基本同步，但由于相关工业基础较差，尤其是作为数控系统的支撑领域——电子工业的薄弱，致使数控机床技术水平提高速度缓慢。直至 20 世纪 80 年代国家对数控机床的科技攻关与产业化给予了极大的支持，使数控加工技术水平有了很大的发展与提高。目前我国已经奠定了数控技术发展的基础，基本掌握了现代数控技术，并已具备商品化开发数控装置、驱动装置、数控主机的能力，形成了一批数控产业基地，数控机床的年产量与消费量与日俱增。从纵向看，我国数控技术发展的速度很快，但与发达工业国家比较，在技术水平、产业化水平、可持续发展能力上都有较大差距。为此，我国已经将高档数控机床与基础制造技术列入“国家中长期科学和技术发展规划纲要（2006—2020 年）”所确定的 16 个重大专项，以期提高制造能力和水平，提高对动态多变市场的适应能力和竞争能力，突破在“高精尖”数控关键技术和装备方面发达工业国家对我国实行的封锁和限制。

三、数控加工的特点与适应性

自 20 世纪 50 年代数控机床诞生以来，数控加工技术之所以得到了迅猛发展，是因为与普通机床加工相比，它具有以下几个方面的特点：

1. 具有加工复杂形状零件的能力

复杂形状零件在飞机、汽车、船舶、模具、动力设备和国防军工等制造部门具有重要的地位，其加工质量直接影响整机产品的性能。数控加工运动的任意可控性使其能完成普通加工方法难以完成或者无法进行的复杂型面加工。

2. 具有良好的加工柔性

当加工对象改变时，数控加工几乎不需要制造与更换专用工装夹具，只需要选择相应的刀具和解决毛坯装夹方式后改变零件加工程序，即可适应不同品种的零件加工。这种加工方法体现出的良好的加工柔性，能满足多品种、变批量、短周期的现代生产需要。

3. 加工精度高，质量稳定

数控机床是按预先编制好的加工程序自动进行工作的。目前编程中移动部件位移的设定当量普遍达到了 0.001mm，且进给传动链的反向间隙、丝杠螺距误差、位置误差等均可由数控系统进行补偿校正。而对于需要多道工序完成的零件，使用数控机床（特别是加工中心）可实现一次安装连续加工，减少了安装误差。因此，数控加工能达到较高的加工精度。

此外，数控机床的传动系统与机床结构都具有很高的刚度和热稳定性，自动加工的方式又排除了生产者人为的操作误差，加工同一批零件的尺寸一致性好，产品合格率高，加工质量十分稳定。

4. 生产效率高，劳动强度低

零件加工所需要的时间包括机加工时间与辅助时间两部分。数控机床主轴转速和进给量的范围比普通机床的范围大，刚性比普通机床好，数控加工时每一道工序都能选用最佳的切削用量，以节省加工时间。数控机床在更换被加工零件时，只需改变加工程序而几乎不用重新调整机床，零件又安装在简单的定位夹紧装置中，大大降低了零件安装调整辅助时间。因此，数控机床的操作者只要熟练地掌握加工程序的编制技术，熟悉数控机床的操作，便能进行零件的自动加工，使生产效率大幅提升。

在生产效率提高的同时，数控机床在配有自动换刀装置、自动上下料装置和多种传感器的条件下，不仅具有全自动的加工功能，而且可对加工过程进行自动监控、检测、误差修正，故操作者的劳动强度与紧张程度均可减轻，劳动条件也得到了相应改善。

5. 有利于生产管理的现代化

数控加工可将 CAD/CAM 系统与数控机床紧密结合，形成设计与制造一体化的系统；数控加工能准确地计算零件加工工时，有效简化检验、工夹具和半成品管理流程；数控加工过程通过网络可实现远程故障诊断与维修，远程控制与调度。这些特点都加快了生产管理现代化进程。

数控加工的上述特点是以一定条件为前提的，尽管数控加工的适应范围在不断扩大，但目前还不能以最经济的方式解决机械加工中的所有问题。例如，对于装夹困难或完全靠找正定位来保证加工精度的零件；对加工余量很不稳定，而数控机床上又无在线检测系统可自动调节坐标位置的零件；对必须用特定的工艺装备协调加工的零件，以及生产批量大的零件（不排除其中个别工序采用数控加工），这些零件采用数控加工后，由于加工成本提高、难以调整、维修困难等原因，在生产效率与经济性方面无明显改善，通常不应作为数控加工的选择对象。

根据数控加工的特点与大量应用实践，最适应（广义上的适应，并非指某一具体种类的数控机床）数控加工的零件类型是：

1）形状复杂、加工精度要求高或用数学模型描述的复杂曲线与曲面轮廓。

2）必须在一次装夹中合并完成铣、镗、铰、钻及攻螺纹等多工序的零件。

3）中、小批量生产，或一旦加工中受人为因素影响质量失控便造成重大经济损失的价值高的零件。

4）在通用机床上加工时，要求设计制造复杂的专用工装夹具或需做长时间调整的零件。

5）公差带小、互换性好、要求精确复杂的零件。

随着数控加工技术水平的不断发展与提高，加工适应性范围也随之不断拓宽，目前尚不适应的场合，以后很可能也进入适宜数控加工的范畴。

四、本课程的内容及学习目的

机床数控技术由机床本体（含基础大件、运动部件与辅助装置）、数控系统（含数控装置、进给驱动、主轴驱动装置）和数控加工技术三部分组成。本课程重点介绍数控加工技术，它主要涉及数控加工工艺、数控加工工艺装备与数控加工程序编制等技术。

课程从数控加工技术的应用角度出发，首先介绍了有关数控技术的基本概念、数控机床的分类与应用、机床数控技术的研究与发展热点，以及加工工艺分析与设计方法和数控加工编程的基础知识。由于数控车床、数控铣床与加工中心的加工工艺、工装及程序编制在数控加工中具有典型的代表性，故本课程进而分别重点阐述了它们的结构特点与技术参数、加工中使用的夹具与刀辅具、换刀与对刀方式及相应的加工工艺、常用编程指令与加工程序编制方法，并给出了典型零件的加工程序编制实例。对于内容丰富且在数控加工中极有使用价值的用户宏程序，本课程则设专门章节加以介绍。

此外，本课程还系统地介绍了数控特种加工技术、数控高速切削技术、精密加工技术与计算机辅助编程技术。为使读者对数控加工有一个全面的了解，本课程还对其他的数控常规加工技术（数控钻削加工、数控齿轮加工、数控冲压、数控折弯等）作了简明的介绍。

"数控加工技术"是一门实践性、技术性和综合性非常强的专业课程，因此在学习本课程时必须注重课堂理论教学与实践环节（实验、课程设计及实习）密切配合，通过实践操作，深入掌握本课程的知识，并具备灵活地运用所学的知识指导实际生产的能力。

通过本课程的学习，要求达到以下目的：

1）掌握数控加工工艺分析与设计、数控加工程序编制的基础知识。

2）掌握数控车床加工及其程序编制技术。

3）掌握数控铣床与加工中心加工及其程序编制技术。

4）掌握用户宏程序在数控编程中的应用。

5）熟悉数控特种加工技术。

6）熟悉高速切削与精密加工技术。

7）熟悉计算机辅助程序编制技术。

8）了解数控机床的分类与应用，数控加工的特点与适应性。

9）了解数控加工技术的沿革及发展趋势。

10）了解其他常规数控加工技术。

11）了解机床数控技术的研究与发展热点。

本书每章后都附有丰富的习题，通过这些习题的练习，学习者可更好地掌握本课程所介绍的内容。

第一章　数控加工技术基础

第一节　数控技术的基本概念

一、数控、数控机床及数控加工技术

数控即数字控制（Numerical Control，NC），是数字程序控制的简称，数控技术是一种通过特定处理方式下的数字化信息去实现自动化控制的技术。从广义上看，数控技术本身在工控与测量、理化试验与分析、物质与信息的传输、建筑以及科学管理等领域都有着广泛的应用，而本书中的数控技术则具体指机床数控技术，显然这是从狭义上而言的数控。

机床数控技术是用数字化信息对机床运动及其加工过程进行控制的一种方法，数控机床就是数控技术与机床相结合的产物。国际信息处理联盟（International Federation of Information Processing）第五技术委员会对数控机床作了以下定义："数控机床是一个装有程序控制系统的机床，该系统能够逻辑地处理具有使用代码，或其他符号编码指令规定的程序。"换言之，数控机床是一种以计算机数控系统为核心，利用数字化信息进行控制的，能实现高效自动化加工的机床。它能够按照特定的指令代码把零件加工过程中各种机械位移量、工艺参数、辅助功能（如换刀、切削液开与关等）表示出来，经过数控系统的逻辑处理与运算，发出各种指令控制机床运动，自动完成零件加工任务。所以数控机床是一种自动化程度很高的机电一体化加工设备。

数控加工是泛指在数控机床上进行零件加工的工艺方法。一般地说，数控加工技术主要涉及数控机床加工工艺和数控编程技术两大方面，数控加工中的刀具、夹具等工装也在其涉及的范畴之内。数控机床的运动可控性为数控加工提供了硬件基础，但数控机床是按照提供给它的指令信息——加工程序来执行运动的，因此数控加工工艺的制订和零件加工程序的编制是实现数控加工的重要环节，是获得合格零件的保证。特别是对于复杂零件加工，其重要性甚至超过数控机床本身。由此可见，数控加工技术是一种能高效、优质地实现产品零件（特别是复杂形状零件）加工的有关理论、方法与实践技术，是自动化、柔性化、敏捷化和数字化制造加工的基础与关键技术。

二、机床数控技术的组成

机床数控技术主要由机床本体、数控系统和数控加工技术三大部分组成，如图 1-1 所示。

1. 机床本体

数控机床与普通机床在整体布局上有不少相似之处，它主要由床身、立柱、导轨等基本大件，主轴、工作台、拖板等运动部件，自动换刀机构、自动上下料机构、自动排屑机构等辅助装置组成。但由于数控机床切削用量大，连续加工发热量大，切削速度、功率范围广，

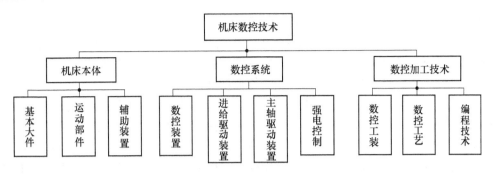

图 1-1　机床数控技术组成

故在设计中相对普通机床作了重大的调整，这些调整集中体现在：

1）采用了高性能的主轴及伺服传动系统，机床传动系统机械结构大为简化。

2）采用了滚珠丝杠、滚动导轨等高效、无间隙的传动部件，机床各个运动副间的摩擦因数较小，传动精度较高。

3）机床的机械结构具有较高的刚度、阻尼精度及耐磨性，热变形降低。

4）机床功能部件、辅助装置增多，形成了多功能集成化和工艺复合化的新结构。

这些变化很好地满足了机床数控技术的要求，并充分适应了数控机床加工的特点。

2. 数控系统

数控系统是一种程序控制系统，它严格按照外部输入的数控加工程序控制机床运动。由于按规定标准编制的加工程序，记载了机床加工所需的全部信息（刀具轨迹信息、工艺信息等），故数控机床可自动加工出符合图样要求的零件。

数控系统主要由输入输出装置、数控装置、进给驱动装置、主轴驱动装置、电气控制装置等部分组成。其结构如图 1-2 所示。

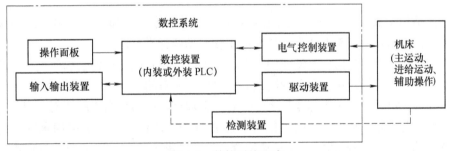

图 1-2　数控系统组成

（1）数控装置　数控装置是数控系统的核心。目前的数控装置大多由基于微型计算机的硬件和软件来实现其功能，所以称之为计算机数控（CNC）装置。CNC 装置一方面具有一般微型计算机的基本硬件结构，如 CPU、存储器、输入/输出接口等，另一方面则具有数控机床完成特有功能所需要的功能模块和接口单元，如手动数据输入（Manual Data Input，MDI）接口、可编程序逻辑控制器（PLC）接口等。

CNC 装置的系统软件由管理和控制两部分组成。通过 MDI 方式直接从键盘输入，或通过软驱、USB 接口、RS232C 接口等输入的数控加工程序，由数控装置软件加以识别与解释，并对解释结果的各类数据进行运算和逻辑处理。运算与处理后的数控加工程序按两类控制信息分别输出：一类是连续的控制量，送往伺服驱动装置，经功率放大驱动相应的机床坐标轴运动；另一类是离散的开关控制量，由 PLC（数控装置内装或外装）输出，经放大后直接驱动机床强电控制回路中的继电器、电磁阀等执行器件动作，控制主轴变速、换向、启动或停止，刀具选择和更换，切削液开或关等辅助操作。

（2）进给驱动装置　数控机床的驱动装置一般分为进给驱动装置和主轴驱动装置。前者同时实现对位移和速度的控制，后者在大多数数控机床上主要是实现转速的控制。

进给驱动装置又称伺服驱动装置，是数控装置和机床本体进给运动执行部件的联系环节。它接收来自数控装置的位置与速度控制信息，根据这些信息，驱动进给电动机带动执行部件运动并正确定位。

进给驱动装置分为开环控制和闭环控制两类方式。开环控制方式采用步进电动机作为驱动元件，由于它没有位置检测反馈，简化了控制回路，因此设备投资低，调试、维修都很方便。但开环控制进给速度和精度较低，故广泛应用于低档数控机床及一般的机床数控化改造中。

闭环型伺服驱动带有位置检测装置（由码盘、光栅等检测元件组成），按检测的方式不同又分为半闭环和全闭环两种。前者通过测电动机角位移（间接反映机床运动部件的线位移）反馈位置信息，后者则可直接测得机床运动部件的线位移。

闭环控制方式采用直流或交流伺服电动机驱动元件。直流伺服系统从 20 世纪 70 年代到 80 年代中期以其优良的调速性能在数控机床上获得广泛应用，但由于直流伺服电动机使用机械（电刷、换向器）换向，因此它存在一些难以克服的缺点。进入 20 世纪 80 年代以后，交流伺服电动机的材料、结构以及控制理论与方法均有了突破性的进展，电力电子器件的发展又为其控制方法的实现创造了条件，使得交流伺服驱动装置飞速发展，目前已逐渐取代了直流伺服驱动装置，尤其是全数字式交流伺服装置被大量应用于精度、速度要求都较高的数控机床上。

（3）主轴驱动装置　数控机床的主轴驱动装置是数控装置和机床本体主运动执行部件的联系环节。它也分为直流主轴驱动与交流主轴驱动两种类型。

直流主轴电动机的结构与永磁式伺服电动机不同，主轴电动机要输出较大的功率，所以一般是他励式，而控制方式最常用的则是非独立励磁的双闭环 PWM 调速控制。

与进给驱动相同，进入 20 世纪 80 年代后，主轴交流驱动得到广泛应用。现在绝大多数数控机床都采用了笼型异步交流电动机（大多数进给交流伺服电动机采用永磁式同步电动机），配置矢量变换变频调速的主轴驱动装置。采用这种方法，交流电动机与直流电动机的数学模型极为相似，因而既可得到同样优良的调速性能，又可避免直流电动机由机械换向带来的缺陷。

3. 数控加工技术

数控加工技术主要涉及数控加工工艺、数控加工工艺装备和数控加工程序编制等技术。

人们对多品种小批量生产条件下，数控机床使用情况的统计分析结果表明，数控机床的利用率在良好的使用条件下为 80%，而通常仅为 60% 左右。其余 20% ~40% 主要包括：数控加工程序编制、刀具和工夹具准备以及试切调整和参数设定等辅助时间。图 1-3 给出了在整个辅助时间中上述这些影响因素各自所占的比例。由此可见，倘若说机床本体和数控系统决定了数控机床的加工效率、加工精度等性能指标，那么数控加工工艺、工装、编程等技术就是提高数控机床的利用率，充分发挥这些性能的可靠保证。

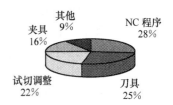

图 1-3 辅助时间主要影响因素所占比例

（1）数控加工工艺与工装 数控加工工艺规程和普通机床加工工艺规程相比，在许多方面遵循的普遍原则是基本一致的，但数控加工有着它的特殊性。

从加工工艺参数而言，数控机床较普通机床的刚度高，数控加工刀具的切削性能好，在同等条件下，所采用的切削用量要比普通机床大，加工效率高。从工艺内容而言，数控加工的工艺内容十分具体且相当严密，因为数控机床的自动化程度高，它不像普通机床加工那样可以根据加工过程中出现的问题比较自由地进行人工干预和调整，所以数控加工中的工艺设计必须考虑到加工过程中的每个细节。此外，数控机床的功能复合化程度越来越高，故数控加工的工序相对集中，工序数目减少了，但工序内容要比普通机床加工的工序内容复杂得多。

数控加工工艺方案的确定，只解决了零件的加工方法问题，而合理地选择刀具，采用系列化和标准化的工具系统，采用正确的对刀方式，以确定不同的刀具偏差值，以及确定工件装夹方式，选用通用夹具和组合夹具或设计专用夹具等工艺装备问题也是数控加工中不可忽视的重要内容。

（2）数控加工程序的编制 在掌握数控加工工艺与工装技术的基础上对被加工零件做好工艺处理后，便可充分利用数控系统的指令功能编制加工程序。尽管对零件加工程序的最基本要求是使用该程序加工出符合图样要求的合格零件，但要使编制的加工程序不仅满足基本要求，还能充分发挥数控机床的功能，使其安全、可靠、高效地运行，还需深入地掌握各类数控机床加工程序的编制技术。

按照图样及工艺编制零件加工程序分直接编程（DP）和辅助编程（AP）两种，如图 1-4 所示。

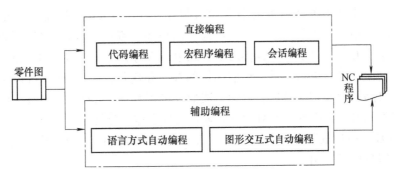

图 1-4 零件加工程序编制方式

1）直接编程是指编程员根据数控系统的功能、数控机床提供的指令及编程员的工艺工装与加工知识直接编写出零件数控程序及相关技术文件。随着数控系统编程功能的不断增强，对加工工艺比较简单或几何形状不太复杂的零件，这种编程方式仍有着广阔的前景。

直接编程按其数据输入方式的不同可分为三类：

一是用 ISO（国际标准化组织）代码编程。ISO 标准代码一般由用来描述工艺过程的各种操作和运动特征的准备功能代码、辅助功能代码，以及进给功能代码、主轴转速功能代码和刀具功能代码等组成。利用这些代码不仅可以进行基本代码编程，还可以简化编程。例如引入固定循环、子程序调用等功能指令，使得加工程序简洁、优化；引入交点过渡、圆弧过渡等功能指令，可简化编程者的数值计算。此外，有的数控系统开发了样条插补（NURBS）功能，可直接处理离散点；有的数控系统开发了抛物线等插补功能，使非圆曲线加工编程变得简洁。实际上目前开发的数控系统功能指令还在不断增多。

二是用户宏程序编程。这种方式的编程是由数控系统提供变量、数据计算、程序控制等功能，而用户自行用这些功能去编程，完成一个功能或一组功能的加工。用宏程序功能编程，可使平面非圆曲线、柱面曲线、空间解析曲线及曲面的加工程序变得更为简洁。用户宏程序还可以实现测量、控制等其他功能。

三是会话编程。它用图形语言进行数据输入，经数控系统内部编译处理后，生成 ISO 代码加工程序。日本 MAZAK 公司的数控系统、FANUC 系统等都有此功能。

直接编程对轮廓不太复杂的工件而言是适用的，但当工件轮廓比较复杂时，直接编程不仅麻烦，还需花费很长的时间。尤其对于三维曲面等复杂形体，直接编程几乎已无法进行，辅助编程因此而产生并发展起来。

2）辅助编程（或称自动化编程）根据编程信息输入方式的不同分为两类：

一是语言方式自动编程。加工零件的几何尺寸、工艺要求、切削参数以及辅助信息等用特定的编程语言编写成源程序后输入到计算机中，由计算机自动编程系统对源程序进行前置处理与后置处理。前置处理是对源程序进行翻译、运算，计算刀具中心轨迹，最后输出刀位数据（即运动轨迹）。后置处理则以前置处理的输出为输入，把刀位数据、刀具命令及各种功能按不同的数控机床控制系统的要求转换成相应格式的数控加工程序。语言编程出现较早，也是迄今数量最大、形式最多的一种编程系统，美国的 APT、德国的 EXAPT、日本的 FAPT 均属于这种系统。

二是图形交互式自动编程。这种系统不需使用抽象的语言，而是利用图形编程，直观性强，操作简单，它主要用于计算机辅助设计与制造（CAD/CAM）系统中。由于目前 CAM 系统在 CAD/CAM 中一般仍处于相对独立状态，所以需要在引入零件 CAD 模型中几何信息的基础上由人工交互添加被加工的具体对象、约束条件等，并利用系统推荐的工艺参数，根据编程者自身的生产经验进行刀具与切削用量的选择和优化，由 CAM 系统产生相应的进给轨迹。经对刀具路径校验与仿真后，自动生成数控加工程序。CAD/CAM 技术经过几十年的发展，目前工作站和微机平台的 CAD/CAM 软件已经占据主导地位，并且出现了一批以 Pro/ENGINEER、UG（Unigraphics）、Mastercam、SolidWorks 等为代表的较优秀的商品化软件，在工业生产中得到广泛运用。

第二节　数控机床的分类及应用

数控机床是在通用机床的基础上发展起来的，和传统的通用机床相似，不同类型的机床加工使用方法也不相同。数控机床的品种规格繁多，分类方法国内外尚无统一规定，图 1-5 给出了根据数控机床的功能、结构与组成通常采用的分类方法。

图 1-5 中按运动控制方式或按伺服装置类型分类的方法主要是依据机床所配置的数控系统功能特点进行的横向分类。按这两种分类方法，同一台数控机床在不同的技术领域或经济

领域可能归属到不同的类别之中。而按工艺用途分类，即按机床加工特性或能完成的主要加工工序来分类，则是最基本的直观的分类方法。根据这种分类原则进行产品介绍、生产、贸易数据统计，以及供用户订货选型，从用户角度考虑更为合适。此外，还有按功能水平将数控机床分为经济型、中档型和高档型。但对于经济、中档、高档目前并无明确的定义和确切的界限，尤其是在不同时期含义也在不断发展变化，故这样分类并不十分严谨。

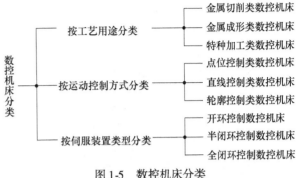

图 1-5 数控机床分类

一、按工艺用途分类

按工艺用途分，数控机床可分为：金属切削类、金属成形类和特种加工类。使用者可以根据它们的型号与名称，轻而易举地找到自己所需要的数控机床品种，学习并掌握它们的加工技术。

1. 金属切削类数控机床及应用

金属切削类数控机床包括数控车床、数控铣床、数控钻床、数控磨床、数控齿轮加工机床等普通类型数控机床，以及带刀库，能实现多工序加工的镗铣加工中心、车削中心等。

（1）普通类型数控机床 在普通类型数控机床中，国内拥有数量最多的是数控车床。数控车床集万能型、精密型和专用型三类传统车床的特点于一体，是一种理想的轴类与盘类回转体零件自动加工的机床。它除了能完成传统车床上的工艺内容外，还具有各种非解析的内外回转表面加工、变节距螺纹切削等功能。图 1-6 所示为数控车床加工回转表面零件。

按传统的看法，数控车床以多品种、中小批量安排生产较为合适。但随着数控车床制造成本的逐步下降，拥有量的日益增多（日本车床产值的数控化率早已达 90% 以上），目前，国内外使用数控车床进行大批量零件加工的场合越来越多。

数控铣床在外观上与普通铣床有不少相似之处，它不仅能完成普通铣床所能完成的平面、曲面、壳体类零件加工的全部工艺内容，还能将工件上各种更为复杂的形状轮廓连续加工出来。数控铣床的进给驱动

图 1-6 数控车床加工回转表面零件

装置能在多坐标方向同时协调进给动作，并保持预定的相互关系，即实现多坐标联动。一般的三坐标数控铣床若只有进行二坐标联动的二点五坐标加工功能（加工时只有两个坐标联动，另一个坐标按一定行距周期性进给），则只能用于不太复杂的空间曲面加工。而具有三坐标三联动功能的数控铣床，则可以加工发动机及模具等较复杂的空间曲面（见图 1-7）。要实现连续加工直线变斜角工件等，最少要实现四坐标联动，而曲线变斜角工件等的加工则要求实现五坐标联动。因此，数控铣床所配置的数控系统与辅助装置有时更复杂一些。

数控钻床以钻削加工为主，还能完成扩孔、锪孔、铰孔和攻螺纹等工艺内容，适用于孔间距离有一定精度要求的零件中、小批量生产。在三坐标数控立式钻床的基础上增加转塔式

刀库及自动换刀机构的钻削中心，除能完成一般孔加工工序外，还具有直线或圆弧的轮廓铣削功能，更适合于钻铣联合加工的零件。此外，带有高速钻削头的印制电路板数控钻床也属于数控钻床的范畴。图1-8所示为香港天马电子机械公司生产的印制电路板数控钻床。

图1-7　三坐标联动的数控铣床加工空间曲面

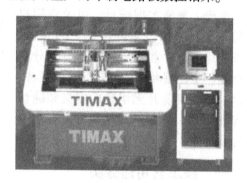

图1-8　印制电路板数控钻床

数控磨床与普通磨床一样，在机械加工领域里往往是以零件的精加工工序来安排的，是用作控制零件某些部位加工质量的最终手段。数控磨床的种类很多，常见的有数控内、外圆磨床、数控成形磨床、数控坐标磨床和数控立式磨床等。其中，数控外圆磨床占有量达磨床总量的50%以上。随着磨削量自动控制技术、自动测量技术、砂轮自动修整技术和自动补偿技术的发展，数控磨床的加工功能日益增多。集内、外圆和端面同时磨削的数控磨床也已研制成功。值得指出的是，在磨削加工中砂轮修整是不可忽视的、独特的工艺问题，它给数控磨削的加工程序编制带来了相应的特点，必须引起使用者重视。

数控齿轮加工机床是齿轮加工机床的发展趋势。目前数控插齿机、数控滚齿机、数控剃齿机等都已进入了成熟的应用阶段。数控齿轮加工机床除了能实现各种类型标准齿轮的自动加工外，还具有非圆齿轮（卵形齿轮、椭圆齿轮等）、弧齿锥齿轮、凸轮等的加工能力。

（2）加工中心　加工中心是一种具有多种工艺手段、综合加工能力较强的设备。它与普通数控机床的主要区别在于设置有刀库和自动换刀装置。加工中心最少有两个运动坐标，多的则达十几个。其中可联动轴数至少两个以上，多则可达五轴以上联动，以加工更为复杂的零件。加工中心还具有不同的辅助功能，如各种加工固定循环、刀具半径与长度自动补偿、刀具破损报警、传动装置间隙补偿、工件在线检测、自动托盘交换等。故加工中心与同类数控机床相比结构较复杂，控制系统功能更强。

常用的加工中心有镗铣加工中心和车削中心。

镗铣加工中心有立式和卧式之分。除了配置不同容量的刀库与自动换刀机构外，往往根据需要还配有用于完成零件分度的分度工作台和完成圆周进给运动的回转工作台。镗铣加工中心适于加工复杂、工序多、精度要求高、需要多种类型的普通机床和众多刀具夹具，且经多次装夹和调整才能完成加工的零件。特别是箱体类零件（见图1-9）、复杂曲面、异形件、盘类和板类零件等都属于其加工范畴。

车削类加工中心称为车削中心。车削中心与普

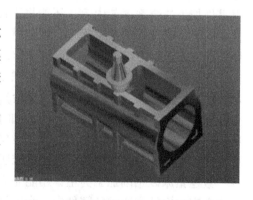

图1-9　镗铣加工中心加工的箱体类零件

通数控车床不同之处主要在于其回转刀架上可以装夹自驱动铣刀、钻头或丝锥等旋转刀具，而其主轴还具有旋转进给轴（C 轴）的控制功能。回转体零件在车削中心上一次装夹后，可完成车削内外表面、铣削平面、铣槽、钻孔和攻螺纹等所有加工内容。在车削中心上用面铣刀、镶齿立铣刀、整体式立铣刀加工零件的情况如图 1-10 所示。

图 1-10　车削中心加工零件的情况

目前可集镗、铣、钻、车、磨等加工功能于一体的"万能加工中心"已研制成功，并投入应用。无论何种类型的加工中心，都可有效地避免零件由于多次装夹而造成的定位误差，且在相同的产品生产需求下，减少机床台数和占地面积，极大提高了生产率和加工自动化程度。目前加工中心已成为数控机床中的主流产品。

2. 金属成形类数控机床及应用

成形类数控机床是指采用挤、冲、压、拉等成形工艺方法加工零件的数控机床。普通金属成形类机床（压力机、剪板机和折弯机等）的加工特点是通过模具对材料进行冲压、剪切和折弯等，完成工件的加工过程，因此工件的几何形状是通过采用与工件最终形状相同的模具来保证的。而在成形加工中采用数控技术，可简化冲压加工的模具，采用不包括或局部包括工件几何形状的模具，按运动生成工件形状的方法进行加工。

常用的成形类数控机床有数控液压机、数控折弯机、数控弯管机和数控旋压机等。充分发挥这些数控设备的加工过程自动控制和生产效率高的特点，就能对传统的成形加工工艺进行变革，实现用小模具加工形状复杂的大件、用通用模具（或专用模具）将金属板材折成各种几何截面形状等先进功能。

3. 特种加工类数控机床及应用

特种加工是指利用机、电、光、声、热、化学、磁、原子能等能源来加工的非传统加工方法。利用特种加工技术可加工各种硬度、强度、韧性、脆性的金属、非金属材料或复合材料，而且特别适合加工复杂、细微表面和低刚度的零件。

特种加工设备品种很多，最常见的特种加工类数控机床有：主要用于冲模、挤压模、塑料模等加工的数控电火花线切割机床；主要用于模具、高温合金等难加工材料，样板、成形刀具、工量具、螺纹等成形零件，三维型面等的加工，以及进行微细精密加工的数控电火花成形机床；主要用于热切割的数控激光切割机、数控等离子切割机、数控火焰切割机等。在上述特种加工类数控机床中，电加工机床最早并最广泛地获得应用，市场拥有率也最高。

二、按运动控制方式分类

根据机床配置的数控装置的功能、机床的工艺需要以及机械功能部件的结构差异，数控机床具有不同的运动控制方式，即点位控制、直线控制和轮廓控制。

1. 点位控制

点位控制（Positioning Control）又称点到点控制（Point to Point Control）。这类数控机床的特点是机床运动部件只能实现从一个位置到另一个位置的精确运动和定位，在运动和定位过程中不进行任何加工，如图 1-11a 所示。为了保证稳定的定位精度并提高加工效率，在数控系统的控制下，运动部件通常先快速接近终点位置坐标，然后逐渐降速，使之低速准确地运动到终点位置。最典型的点位控制机床有数控钻床、数控坐标镗床、数控冲剪床、数控点焊机和数控弯管机等。在零件加工中普遍使用的数控钻镗床既可省去钻模、镗模等工装，又可保证较高的孔距精度，充分反映了点位控制数控机床的特点。

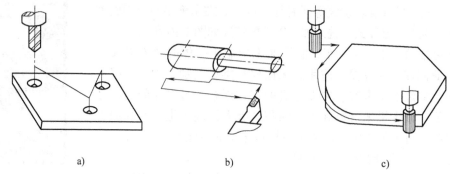

a)　　　　　　　　　　b)　　　　　　　　　　c)

图1-11　按运动控制方式分类加工示意

2. 直线控制

直线切削控制（Straight Cut Control）又称平行切削控制（Parallel Cut Control）简称直线控制。这类数控机床的特点是机床运动部件不仅要实现从一个位置到另一个位置的精确运动和定位，而且还要保证从一点到另一点之间的运动轨迹是一条直线，且直线走向和运动速度是可以控制的（对不同的刀具和工件，可选用不同的切削用量），如图1-11b所示。直线控制类数控车床（主要用于加工阶梯轴或盘类零件）、直线控制类数控镗铣床（可在一次安装中完成平面、台阶与孔加工）、直线控制类加工中心等是此类机床的典型代表。

3. 轮廓控制

轮廓控制（Contouring Control）又称为连续轨迹控制（Continuous Path Control）。这类数控机床的特点是机床的运动部件能实现两个或两个以上坐标轴的联动。它不仅要求控制机床运动部件的起点与终点坐标位置，而且要求对运动过程中每一瞬间的位移量和速度进行严格的连续控制，如图1-11c所示。显然轮廓控制包含了点位控制和直线控制，且比它们复杂，它可实现平面内的直线、曲线表面或空间曲面的加工。

具有连续轨迹控制功能的数控铣床、数控车床、数控磨床、加工中心和各类数控切割机床是典型的轮廓控制数控机床，它们可取代所有类型的仿形加工，提高零件的加工精度和生产率，并大大缩短生产准备时间。

三、按伺服装置类型分类

机床的进给伺服装置可分为开环伺服、全闭环伺服和半闭环伺服，数控机床配置的伺服装置类型不同，其机床特性也不同。

1. 开环控制

这类数控机床一般以步进电动机或电液脉冲马达作为执行元件。数控装置输出的指令脉冲经驱动电路功率放大，转换为控制步进电动机各定子绕组依次通电/断电的电流脉冲信号，驱动电动机转子旋转，经机床传动机构带动工作台移动，其系统框图如图1-12所示。普通开环控制数控机床不带检测装置，也无反馈电路，虽结构简单，价格低廉，但不能充分满足数控机床日益提高的对控制功率、快速运动和加工精度的要求。近年来步进电动机的细分技术得到发展，专用的细分功率驱动模块的使用，使这类机床在低转矩、较高精度、速度中等的小型设备领域内占得一席之地。

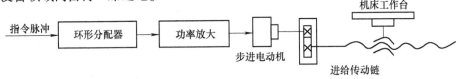

图 1-12 开环控制的系统框图

2. 全闭环控制

这类数控机床带有位置检测反馈装置，一般以直流或交流电动机作为执行元件。位置检测装置安装在机床工作台上，用以检测工作台的实际运行位置（直线位移），并将其与数控装置计算出的指令位置（或位移）相比较，用差值进行运动控制，使运动部件严格按实际计算的位移量运动。全闭环控制的系统框图如图 1-13 所示。根据自动控制原理可知，凡是被反馈通道所包围的前向通道中所有误差都能被反馈所补偿，因此，这类数控机床的运动精度主要取决于检测装置的精度，而与机械传动链的误差无关，故可获得很高的加工精度。但全闭环系统对机床结构及传动链提出了严格的要求，传动链的刚度、间隙，导轨的低速运动特性，以及机床结构的抗振性等因素都会影响系统的稳定性，这给设计和调试带来难度。全闭环数控机床价格昂贵，一般属于高精度和超高精度加工机床。

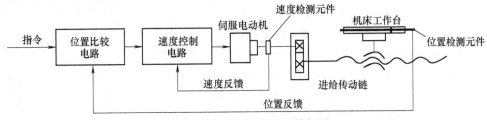

图 1-13 全闭环控制的系统框图

3. 半闭环控制

这类数控机床也带有位置检测反馈装置，但检测元件被安装在电动机轴端或丝杠轴端，通过测量角位移间接计算出机床工作台的实际运行位置（直线位移），并将其与数控装置计算出的指令位置（或位移）相比较，用差值进行运动控制。半闭环控制的系统框图如图 1-14 所示。由图可见，由于惯性较大的机床运动部件不包括在该闭环之内，环路短，刚性好，调试方便，故具有良好的系统稳定性。但由于运动部件的机械传动链不包括在闭环之内，传动链的误差无法得到补偿与消除，因而其综合精度不如全闭环数控机床。尽管如此，它还是可以满足绝大多数数控机床用户的需要。因此，在一般情况下半闭环数控机床成为首选，在生产中被广泛采用。

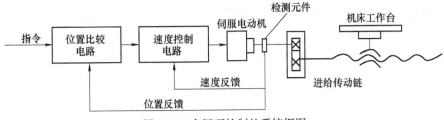

图 1-14 半闭环控制的系统框图

第三节　机床数控技术的研究与发展热点

从20世纪中叶数控技术出现以来，它不仅给传统的制造业带来了革命性的变化，使制造业成为工业化的象征，而且随着其技术水平的持续提高和应用领域的不断扩大，对其他重要行业（如IT、汽车、化工等）的发展也起着越来越重要的作用。

机床数控技术主要由机床本体、数控系统和数控加工技术三大部分组成，机床数控技术的发展，是这三部分同步发展的结果。从目前世界上机床数控技术发展的趋势来看，主要研究热点集中在以下几个方面：

一、并联机床的研究与发展

在1994年美国国际制造技术展览会上（IMTS′94），美国Giddings & Lewis公司推出了一种全新概念的机床——Variax加工中心，这种机床称作并联机床（Parallel Machine Tool）或虚拟轴机床（Virtual Axis Machine Tool）。它以全新的结构、奇异的造型、独特的工作方式和极高的技术性能引起整个制造业的关注。

不同于普通机床的床身、导轨、立柱和横梁等传统结构，并联机床由基座与运动平台及其间的六根可伸缩杆件组成，每根杆件的两端通过球面支承分别将运动平台与基座相连。运动平台上装有机床主轴和刀具，基座上固定工件，六根杆实际上是六个滚珠丝杠副，在伺服电动机的驱动下（按数控指令），由旋转运动转换为直线运动。不断改变六根杆的长度，就可带动活动平台产生六个自由度的空间运动，使刀具在工件上加工出复杂的三维曲面。图1-15所示为由德国Metrom公司生产的P800M型并联运动机床的内部结构示意图。

图1-15　P800M型并联运动机床的内部结构示意图

并联机床实际上是在计算机数控多轴联动技术和复杂坐标快速变换运算方法的基础上发展起来的一种新颖的机床，这种机床具有如下加工特性：

1）响应速度快，可实现高速加工。并联机床结构简单、重量轻，使得运动部件惯性降低，有效改善了伺服动态性能，允许运动平台实现很高的速度和加速度。此外采用了可提供高切削速度的电主轴，故特别适合各种高速加工的场合。

2）可实现精密加工。其独特的结构避免了传统机床的几何结构误差与传动链的累积误差，采用激光测量反馈控制的并联机床精度高于传统加工中心，其精度可达三坐标测量机的水平。

3）刚度高、功能强。并联机床的主轴部件和切削加工时的切削力由六根杆件共同承担，且传动杆件理论上仅为受拉压载荷的二力杆，因而传动机构的单位重量具有很高的承载能力。此外，其可重组与模块化设计的结构，可构成形式多样的布局与组合，具有铣、镗、钻、磨和雕刻等功能。如果配置特殊装置（机械手腕、CCD摄像机等），还可以完成精密装配、特种加工与测量等作业。

4）控制运算复杂、加工编程难度大。并联机床由相对简单的运动机构来产生六自由度的空间运动，结构大大简化。但是从机床运动学角度看，其运动平台在笛卡儿空间中的运动是关节空间伺服运动的非线性映射（又称虚实映射）。因此根据控制指令驱动并联机构实现刀具的期望运动，其数控系统承担的控制运算要比普通数控机床复杂得多，而加工编程难度也加大。

如今并联机床快速、高精度加工曲面的能力已得到制造业的认可，目前，美、日、英、德、瑞士和韩国等纷纷推出了研究成果，并已经形成产品。我国也研制出了并联机床，且不断完善，努力向产业化方向发展。随着并联机床开发与投入的力度加大，机器人、直线电动机、高速插补运算等技术的引入，各种型号不同类型的并联机床日益增多，以虚拟轴原理为基础设计的新型结构数控铣床、加工中心、激光加工机床、水射流机床和坐标测量仪等都已在生产中得到应用。

尽管目前并联机床在作业能力、作业性能、作业空间和机床精度、刚度等方面与传统高精度数控机床相比还存在一定差距，并联机构运动学设计、并联机床动力学建模与分析、机床的结构设计、控制系统设计等关键技术的研究还在不断深入，但并联机床为包含传统机床在内的机床设计提出了一种全新的、科学的思路，对机床产品的创新具有极其重要的意义。

二、工艺复合与多面多轴联动加工复合机床的研究与发展

多功能复合加工数控机床简称复合机床，或称多功能加工或完全加工机床。它的含义是在一台机床上实现或尽可能实现从毛坯到成品的全部加工过程，这样可减少在不同机床间进行工序转换而花费的时间（通常这些时间要占30%左右）。20世纪70年代研制成功的镗铣加工中心（以旋转刀具做主切削运动）和车削中心（以工件旋转做主运动），对一般零件已能一次装夹完成多工序加工，但对于较复杂的零件，其功能范围尚不足以完成从毛坯到成品的全部工序加工。为了提高生产率和加工精度，制造企业对复合化加工的要求越来越高。近年来，美国、日本、德国等工业发达国家投入了大量人力、物力研究开发这种适应多品种、变批量生产要求的，能实现跨类别工艺复合和多面多轴联动加工的复合加工机床。已研制成功并投入应用的有：加工中心与车削中心复合机床，加工中心与激光加工复合机床，集车、磨、铣、钻、铰、镗、滚齿等工序于一体的车磨复合机床，集平面磨、内圆磨、外圆磨为一体的磨削中心，集各种机床及测量机于一体的虚拟轴机床等。例如日本MAZAK公司研制生产的INTEGREXe650H—S五轴车铣复合中心，便是车削中心和加工中心的结合，大大扩展了加工范围（该机床还具有滚齿、镗长孔等功能）。

值得指出的是，近年来五轴及五轴以上联动数控机床的研究也日益深入。因为采用五轴联动加工三维曲面零件，可选用刀具最佳几何形状进行切削，不仅提高了被加工零件的表面质量，而且加工效率也大幅度提升。一般认为，一台五轴联动机床的效率可等于两台三轴联动的机床。但五轴及五轴以上联动加工的数控机床由于主机结构、配置的数控系统都比较复杂，加工程序编制难度较大等原因，曾制约了它的发展。随着人们研究的深入，这一问题逐渐得到解决。电主轴的出现，数控系统性能的提高，使得五轴联动加工复合主轴头结构大为简化，控制灵活便捷，促进了复合主轴头类型五轴联动机床和复合机床（含五面加工机床）的发展。德国DMG公司生产的DMUVOUTION系列加工中心便是此类工序复合型数控机床的典型范例，它在CNC系统控制下，可一次装夹五轴联动，完成工件的五面加工。

总之，为使加工过程链集约化，提高工序的集中度，提高多品种、变批量加工的工效，

复合加工数控机床的研究与发展速度正在加快，各种跨类别工艺复合、多面多轴联动加工、工序复合的数控机床应用日益广泛。

三、高速、高精度加工技术的研究与发展

效率、质量是先进制造技术的主体目标，采用高速、高精度加工技术能够极大地提高生产效率，提高产品的质量和档次，为此国际生产工程学会（CIRP）将其确定为 21 世纪的中心研究方向之一。而作为评定数控机床及系统效能的基本指标，也将由传统的工作精度和切削能力改为高效柔性（高速化、高柔性、高稳定性）和高精度化的程度。

切削速度大幅度提高的高速切削加工与常规切削加工相比，除了切削加工的生产率提高外，还大幅度减小了切削力，降低了工件热变形，工作平稳、振动小，可加工出极精密、光洁的零件。高速切削改善切屑的形成过程，减少刀齿每转进给量，降低切削力，也是获得高精度的主要措施之一。图 1-16 所示为 Mastercam 平台下的模具高速铣削加工刀具轨迹。

图 1-16　Mastercam 平台下的模具高速铣削加工刀具轨迹

一般而言，高速加工机床都是全数控和高精度的机床，其性能涉及机械传动和结构、机床配置的数控系统、刀具、工件、加工工艺过程参数和切削机理等诸多因素，是一个复杂的系统工程。目前，先进数控机床广泛采用了电主轴、直线电动机、高速滚珠丝杠等新型功能部件，配置了具有前馈、前瞻、高速高精度轨迹插补等功能的数控系统，向着超高速方向发展。以适用于进行高速切削的加工中心为例，其主轴转速一般都在 10000r/min 以上，有的可达到 60000 ～ 100000r/min，进给量和快速行程速度不同，行业要求不同，大约在 30 ～ 100m/min 变化。

高速高效切削加工技术正在影响着整个加工技术的发展，它不仅属于过去，更属于未来。高速高效加工技术的发展趋势是：高速低耗智能切削加工技术及其装备；多轴复合高效切削加工技术及其装备；高速精密/高速微细等极端加工技术及其装备；高效能刀具以及高速切削机理及工艺的研究等。

当前精密和超精密加工的技术水平，加工所能达到的精度、表面粗糙度、加工尺寸范围和几何形状已是反映一个国家制造技术水平的重要标志之一。高精度加工引起了机械制造领域内的许多变革（加工机理、加工机床、加工工具、加工环境、加工中的测量与补偿等都是需要考虑的因素），现代制造领域之所以致力于这种变革，是因为提高零件的加工精度，可提高产品的性能和质量，提高产品的稳定性和可靠性；可促使产品的小型化；可增强零件的互换性，促进自动化装配的应用。这种加工方法是精密元件、计量标准元件和大规模集成电路制造的技术保证，在国防工业、航空航天工业、电子工业、仪器仪表工业、计算机制造、微型机械等领域都有着广阔的应用前景。

几十年来美国、日本等国投入了大量的财力、人力和物力从事超精密机床的研究，迄今

各有几十家工厂和研究所生产超精密机床。英国、荷兰、德国等工业发达国家在这方面也达到了较高的水平。目前，超精加工零件的精度已达亚纳米级，正向纳米级工艺发展。据统计，20世纪80年代起，国内外先进水平数控机床的工作精度平均每年提升约10%。图1-17所示为历年来加工中心工作精度提升情况。

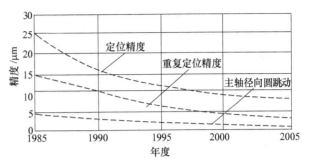

图 1-17　历年来加工中心工作精度提升情况

　　值得注意的是，近年来亚微米高精度机床及纳米加工机床快速发展，它们的典型代表有：瑞士 DIXI 公司的加工中心，其工作精度可与三坐标测量机媲美，各移动轴的双向定位精度可达 0.90μm，重复定位精度达 0.90μm（皆为未经补偿的实际测量值）；安田 YMC430-Ⅱ 精密加工中心，其工作台和主轴的定位精度在全行程范围内的实际测量值分别为 0.508μm、0.356μm 和 0.316μm；而 Sodick 公司的纳米加工机床 Ultra NANO 100，其定位精度可达 0.5nm，形状精度为 2～3nm。超精密加工技术已是高端制造不可或缺的技术，超精密加工技术的发展趋势是：大型化、微小型化、数控化、智能化的加工装备；复合化、无损伤加工工艺；超精密、高效率、低成本、批量加工；以及在生产车间大量应用的高精度、低成本专用检测装置等。

四、先进切削加工技术的研究与发展

　　产品的加工制造是先进制造技术的基础，是实现快速、灵活地生产出创新产品的主体。制造加工技术中最广泛的基础技术之一——切削加工，是用切削工具把坯料或工件上多余的材料切除，以获得规定的几何形状、尺寸和表面质量零件的加工方法。先进的切削加工技术，与精密成形技术，快速原型制造技术，激光、离子束、高压水射流、电化学及电火花等特种加工技术同属先进加工技术的范畴，并在这个领域中占据着极其重要的地位。除高速、高精度加工技术外，干切削加工、硬切削加工、虚拟切削加工也是当今切削加工技术研究与发展的热点。

　　1. 干切削加工技术

　　在常规切削加工中，切削液起着冷却、润滑、洗涤排屑和防锈防蚀的重要作用。然而通过大量调查研究表明，切削液的使用也存在着许多弊端，具体体现在：切削液的使用、存储、保洁和废液处理等都十分繁琐，且成本很高；切削液会弄脏零件或产生污染（植入人体髋部的球关节，切削加工时就严禁使用切削液）；切削液受热挥发形成的有害烟雾和未经处理排放的废液，都会对生态环境和操作者健康造成危害。因此，切削加工的方向是尽量在没有切削液的条件下创造与湿切削相同或近似的切削条件，即采用干切削加工技术。这种加工技术符合近年来工业生产领域内提出的绿色制造和清洁生产的理念。

　　干切削的特点是切削力大、切削温度高，它对刀具材料、结构与几何参数、机床结构与性能、工件材料及工艺过程等都提出了新的要求。各种超硬、耐高温刀具及涂层技术的发展，为干切削技术创造了有利条件，而干切削机床结构不断优化，性能不断提高，为干切削的推广打下了基础，干切削机床已列入机床产品目录。

　　图 1-18 是德国 Hueller Hille 公司专为干切削设计制造的 Specht 500T 型加工中心。该机

床上装有一根可围绕水平轴转动的工件更换器，利用这种工件更换器，工件在装料侧处于正常位置，而在工作间里则是自上而下悬挂着的。这样，切屑从上面自然落下，同时由切屑传送带通过吸力将其运走，避免了高温切屑对加工质量的影响。

干切削技术在加工有色金属（如铝、铜等及其合金）和铸铁等方面已比较成熟，但在加工钢材尤其是高强度钢

图1-18　Specht 500T型加工中心

材方面问题较多，刀具磨损严重，使用寿命低，对刀具的材料和结构要求较高。

尽管干切削加工尚有许多需要研究与完善的技术问题，但它是对传统加工方式的一个重大变革，是一种值得推广的绿色制造技术。随着环境保护法规的颁布与实施，干切削必定日益受到人们的重视。

2. 硬切削加工技术

硬切削加工技术被定义为对45HRC以上的高硬工件材料进行切削的加工过程，通常工件材料硬度可达到58~68HRC的范围。作为一种高效的切削技术，硬切削在一定程度上可以代替磨削加工。因为硬车削的表面粗糙度可达$Ra0.4~0.2\mu m$，圆度精度可达0.0005mm，尺寸精度可控制在0.003mm以内。

硬切削技术的发展在很大程度上得益于超硬刀具材料的出现与发展。例如，主要加工高硬有色金属和非金属材料的金刚石，主要加工高硬钢、铸铁和超合金的聚晶立方氮化硼（PCBN）、陶瓷和TiC（N）基硬质合金等。随着超硬刀具材料性能的提高，硬切削技术正向高速、实用化方向发展。

硬切削的特点是切削力大（特别是背向力比主切削力还大），切削温度高，因此除了对切削刀具材料的高要求外，另一个关键因素是机床。一般数控机床都具有较好的刚性，可用于硬切削加工，但因整体性能的原因，有时必须降低切削用量进行加工，并不都能获得最佳的效益。而高速切削数控机床更适合于硬切削加工。一般而言，高效的硬切削数控机床除了必须具有适合高速运转的主轴单元及其驱动装置，具有快速反应的进给系统单元部件及其数控伺服驱动装置，以提供高的切削速度外，还必须满足下列要求：

其一，具有高效快速的冷却装置，以便迅速消除在高速硬切削时切削区域产生的热量，并降低机床各部件在切削过程中产生的温升。

其二，机床结构应有利于排屑，并配有吸尘、排屑装置，以便自动排除高温切屑，并在硬切削不使用切削液的情况下，消除金属悬浮颗粒。

其三，床体结构设计需具有高刚性，并保证在内外部热源作用下，不产生过大的热变形。

目前，硬切削加工技术在淬硬轴承钢的车削加工、淬硬钢模具高速精铣、汽车零件的硬车削加工、渗碳淬火齿轮的切削加工，以及硬镗削加工等应用领域获得较好的效果。硬切削已成为国内外汽车行业、模具行业、机床行业等推行的一种新工艺。尽管它的应用还不够广泛，但随着对硬切削机理研究的深入，对硬加工操作的严格规范，对硬切削加工知识的宣传、培训与推广，这种新型加工工艺一定会发展得更加成熟，并被人们广泛采用。

3. 虚拟切削加工技术

虚拟制造（VM）的概念是 20 世纪 90 年代由美国麻省理工学院提出的。其实质是对现实制造的数字描述，是实际制造在虚拟环境中的映射，具体地说是制造过程在计算机上的真实再现。虚拟切削加工是数控切削加工过程的建模和仿真，是虚拟制造技术的核心，它是在对零件几何参数、材料物理性能、加工过程切削参数，以及加工物理过程（在切削力、切削热作用下的变形等）进行全面建模的基础上，对切削加工过程进行动态仿真，并对仿真结果进行综合分析的一种新兴技术。

虚拟切削加工系统实际上是一套能够描述真实切削加工过程和质量检验过程的计算机软件。该系统集机床数控技术、计算机辅助设计（CAD）、计算机辅助制造（CAM）、信息模型（产品模型、机床模型、加工环境模型、加工过程模型等）建立及处理技术与仿真技术（计算机图形学、多媒体技术、人机接口技术等）为一体，使人们在计算机上就能构筑数控机床的虚拟模型，就能凭直觉感知三维仿真模型建立的虚拟切削加工环境，进而在虚拟环境中进行零件的数控加工，并对数控加工程序和数字化产品进行检验。这一过程的逼真程度，直接反映了虚拟切削加工技术的水平。图 1-19 所示为虚拟加工系统的结构简图。

由图 1-19 可知，虚拟切削加工的关键是利用模型处理和仿真技术代替现实世界中的物理对象和实际操作。目前国内外的研究人员在该领域开展了大量的研究工作，其中几何仿真方面的研究理论比较全面和深入，UG、Pro/ENGINEER、Mastercam 等都是带有成熟的几何仿真功能的商品化软件。而物理仿真（切削过程中的动态力、温度、振动等物理量的仿真）部分由于切削机理复杂，建模难度较大，尚不够完善。但对切削过程中诸多物理因素的分析与预测在虚拟切削加工中

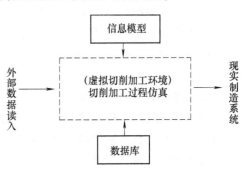

图 1-19　虚拟加工系统的结构简图

有着极其重要的意义，它直接影响到这一过程的真实性和结果的可靠性，所以国内外研究者在这方面仍在不断地努力探索，以期能通过虚拟现实技术更准确地获取切削加工的客观规律，使合理的零件加工工艺能够前瞻，而零件的加工精度得到可靠预测。

五、开放式、智能化、网络化的数控系统研究与发展

工业生产中机床设备的种类很多，有许多机床又是直接根据用户的需要而设计的，因此数控机床制造商和最终用户十分希望机床的核心部件——控制器能打破专用、封闭的界限，而具有可移植、可扩展、可互操作、可缩放的功能，这就使数控系统研发者产生了让数控系统开放的设想。

1987 年美国空军发表了著名的 NGC（Next Generation Workstation / Machine Controller）计划，首先提出了开放式体系结构的控制器概念。20 世纪 90 年代开始，美国国家标准技术研究院提出了 "EMC（增强型机床控制器）" 计划；通用、福特和克莱斯勒三大汽车公司提出了 "OMAC（开放模块体系结构控制器）" 计划。目前除美国外，许多国家和地区也都制订了开放式数控系统研究计划，如欧共体的 OSACA（Open System Architecture for Control within Automation System）计划、日本的 OSEC（Open System Environment for Controller）计划

和我国的 ONC（Open Numerical Control System）计划等。在这些计划中，开放式系统的体系结构规范、通信规范、配置规范、运行平台、数控系统功能库，以及数控系统功能软件开发工具都是研究的核心。

在众多机构进行大规模研究计划的同时，一些控制器厂商已按照自己对开放式的理解，推出了诸如基于 PC、融合系统等的"开放式控制器"，如 FANUC 的 150/160/180/210 系统等。这些新型的数控系统虽然尚不能真正符合开放的标准，但只要它们在结构上向可裁减、可扩展和可升级的方向发展，形式上向可灵活组成不同档次、不同类型的方向迈进，技术上向多微处理器总线体系、网络化和智能化方向努力，那么在任何方向取得的突破，都是在向系统结构整体开放的总目标迈进。

数控系统智能化，也是当前研究与发展的热点。智能化渗透到机床数控技术的各个分支，可大大提高机床数控技术的整体水平。对加工过程的自适应控制、工艺参数自动生成、三维刀具补偿、运动参数动态补偿等的研究与应用，可实现加工效率、加工质量的智能化控制；对前馈控制、电动机参数自适应运算、自动识别负载、自动选定模型、自整定等的研究与应用，可为提高驱动性能及使用连接方便提供智能化措施；智能化的自动编程，智能化的人机界面等，使得数控加工程序编制与数控机床的操作大大简化。此外故障诊断专家系统可使数控机床的自诊断和故障监控功能更趋完善。尽管目前智能技术在数控系统中的全面应用远未成熟，但一些智能化专项技术已进入实用阶段。例如，带有人工智能式自动编程功能的7000 系列数控系统（日本大隈公司），带有监控专家系统的 MAKINO—MCE20 电火花数控系统（日本牧野公司）等都已商品化。

数控系统的网络化主要是指数控系统与其外部的其他控制系统或上位计算机进行网络连接和网络控制。数控系统网络化一般首先面向生产现场和企业内部的局域网，然后再经由因特网通向企业外部（所谓的 Internet/Intranet 技术）。数控机床的网络功能是为了顺应生产线、制造系统、制造企业对信息集成的要求而研究发展起来的。通过赋予机床数控系统网络化功能，可使数控机床的远程通信、远程控制、远程故障排除与维修、远程服务均成为可能。先进的数控系统除带有 RS232C 串行通信接口外，往往还带有远程缓冲功能的 DNC 接口。FANUC210i、SIEMENS E&A 840D/840Di 等系统都已配置了 Ethernet（以太网）接口。单机强大的网络功能也为实现跨设备间甚至跨网域间的状态实时监控和网络控制加工提供了基础，从而使制造业的网络协同加工和虚拟网络制造成为现实，大大促进了柔性自动化制造技术从点（数控单机、加工中心和数控复合加工机床）、线［FMC、FMS、FML（柔性制造线）］向面［工段车间独立制造岛、FA（自动化工厂）］、体（CIMS、分布式网络集成制造系统）发展的速度。

六、新技术标准与规范的研究与制定

技术标准与规范是任何行业要实现规模发展所必须制定的，但它们并非一成不变，随着科学技术的进步，当旧的技术标准与规范制约生产力发展时，新的技术标准与规范必将呼之欲出。

1. 数控系统设计开发规范

与传统的数控系统相比，开放式数控系统具有可移植性、可扩展性、可互操作性、可缩放性，这已经是机床数控界的共识。因此，美国、欧共体和日本世界上三个最大的经济体都纷纷推出战略发展计划，进行开放式体系结构数控系统规范（OMAC、OSACA、OSEC等）的研究和制定。我国在2000年也开始着手进行中国的数控系统规范框架的研究和制定（ONC）。随着这些标准与规范的成熟、推广、实施，机床数控技术的一个新的变革时代将会来临。

2. 新数控标准研究与制定

尽管近年来计算机技术的飞速发展给高速、高精度数控加工提供了保证，但目前数控加工过程中应用的编程方式还是基于50多年前开发的ISO6983（G/M代码）标准。这种标准所规定的代码本质特征是面向加工过程的，而不包括零件几何形状、刀具路径生成、刀具选择等信息，一些数据的确定依然需要人工干预。随着计算机辅助（CAX）技术、计算机集成技术等的飞速发展和广泛应用，该标准已越来越不能满足数控技术高速发展的需要。为此，一种旨在取代目前数控加工中广泛使用的ISO6983标准的新型国际标准开始研究与制定。

产品数据交换标准STEP（Standard for the Exchange of Product Model Data，编号ISO10303）是国际标准化组织（ISO）工业自动化与集成技术委员会（TC184）下属的SC4开发的。这个标准给制造业提供了整个企业过程链利用标准数据的可能性，目前STEP标准已广泛应用于CAD/CAPP（计算机辅助工艺设计）/CAM系统。1995年ISO/TC184/SC1/WG7开始面向对象的新型NC编程接口国际标准的制定活动，新标准为"CNC控制器的数字模型（Data Model for Computerized Numerical Controllers，编号ISO14649）"。它基于STEP标准（ISO10303），并将该标准延伸到自动化制造的底层设备（NC），称之为"STEP—NC"。

STEP—NC数据模型中包含了加工工件中所有任务信息（工件三维几何信息、刀具信息、制造特性与工艺信息等）。它通过一系列加工任务，描述零件从毛坯到成品的所有操作，并且采用的数据模型与STEP标准完全一致。这样CNC系统可以直接从CAD/CAM系统读取数据文件，实现了CAD/CAM/CNC之间的无缝连接。这种"STEP—NC"是无G、M代码，无后置处理的NC，弥补了ISO6983加工信息量（G、M等代码）不足的缺陷。

STEP—NC既是正在完善中的CNC标准，又是提升现代CNC水平的实施技术。目前该标准大部分尚未完成，国际上对基于STEP—NC的数控技术的研究也还处于起步阶段。但仅就目前研究成果而言，它必将给数控技术乃至制造业带来以下直接的影响：

1）数控机床将废弃沿用已久的G、M代码（ISO6983），代之以更加高效、易于理解和操作方便、描述性更强的语言。

2）CNC/CAM之间功能重新划分。将来的CNC将完成CAM系统中的一部分功能，并在此基础上将可能安装嵌入式CAM系统，直接根据CAD数据模型进行加工。

3）数控系统实现完全意义上的开放式、智能化。目前各种类型数控机床控制系统之间互不兼容，严重阻碍了数据的交流和信息共享，系统开放难以实现。而STEP—NC数据包含了加工产品所需的所有信息，其格式和接口标准又完全一致，对于STEP—NC控制器而言，它只需"布置"加工任务，具体动作由CNC自行决定，使程序具有良好的互操作性和可移植性，为CNC系统的开放性和智能化奠定了基础。

4）加工质量与效率得到极大提高。STEP—NC的提出改变了目前CNC系统作为加工任务被动执行者的地位，加工数据流在整个加工过程中都可以互访共享，而CNC功能的加强还能提高其上游环节（CAD/CAM等）的效率，产品质量将会提高，生产周期将大大缩短。

5）网络化制造成为现实。STEP—NC的发展使得基于STEP—NC的CNC系统和基于STEP的所有CAX系统之间实现了双向无缝连接（例如CAD系统可以直接从CNC系统中读取 STEP—NC 数据中的几何信息），为网络制造模式和技术的推广创造了条件。

尽管目前 STEP—NC 的研究尚属于起步阶段，STEP—NC 技术替代 ISO6983 标准不会在可预见的短时间内实现，但发展非常迅速（如德国 SIEMENS 公司已成功开发了一个原型），它必将为新一代的 CNC 系统提供广阔的发展空间。

第四节 数控加工坐标系

不同类型的数控机床有不同的运动形式，有刀具相对静止工件运动的，也有工件相对静止刀具运动的。为了使编程人员能在不知道上述刀具与工件间相对运动形式的情况下，按零件图编制出加工程序，并能使其在同类数控机床中具有互换性，国际标准化组织及一些工业发达国家先后制定了数控机床坐标和运动命名标准。我国在参考国际标准的基础上，也制定了 GB/T 19660—2005《工业自动化系统与集成 机床数值控制坐标系和运动命名》标准。

一、机床坐标系

为了使机床上运动部件的成形运动和辅助运动有确定的方向和位置，这就需要建立一个坐标系，这个坐标系称为标准坐标系，也称为机床坐标系。机床坐标系建立方法如下：

1. 基本原则——刀具相对静止工件运动原则

这一原则使编程人员能在不知道是刀具进给还是工件进给的情况下，就可以依据零件图样，确定机床的加工过程。编程时，始终假定为工件固定不动，而以刀具相对工件移动为原则，因此编程人员无需考虑机床的实际运动形式。

2. 机床坐标系的规定

标准机床坐标系采用右手笛卡儿直角坐标系，如图 1-20 所示。图中，X、Y、Z 表示三个移动坐标，大拇指的方向为 X 轴的正方向，食指的方向为 Y 轴的正方向，中指的方向为 Z 轴的正方向。X、Y、Z 坐标轴与机床的主要导轨平行。

在上述 X、Y、Z 坐标的基础上，根据右手螺旋法则，可以方便地确定出 A、B、C 三个旋转坐标的方向。

3. 运动方向的确定

GB/T 19660—2005 标准规定，机床某一运动部件运动的正方向规定为增大刀具与工件间距离的方向。

（1）Z 坐标运动 Z 坐标运动由

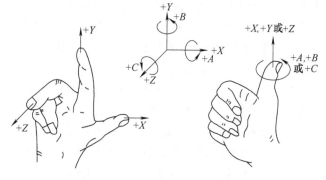

图 1-20 坐标系和运动方向

传递切削力的主轴决定，与主轴轴线平行的标准坐标轴即为 Z 轴，如图 1-21 ~ 图 1-28 所示。若机床没有主轴（如刨床等），则 Z 轴垂直于工件装夹面，如图 1-29 所示。若机床有多个主轴（数控龙门铣床），可选择一个垂直于装夹面的主要主轴方向作为 Z 坐标方向，如图 1-27 所示。

Z 轴的正方向是增加刀具和工件间距离的方向，反之为负。如在钻镗加工中，钻入或镗入工件的方向为 Z 轴的负方向。

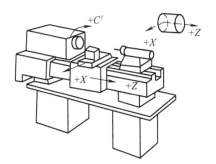

图1-21 卧式数控车床坐标系

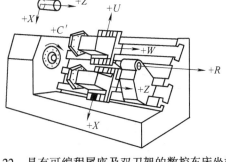

图1-22 具有可编程尾座及双刀架的数控车床坐标系

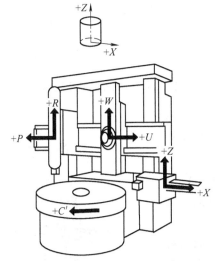

图1-23 立式数控车床坐标系

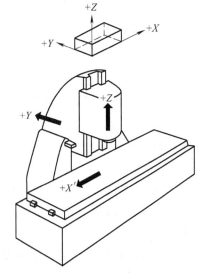

图1-24 立式数控铣床坐标系

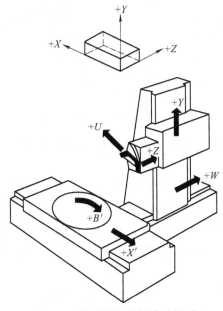

图1-25 卧式数控镗铣床坐标系

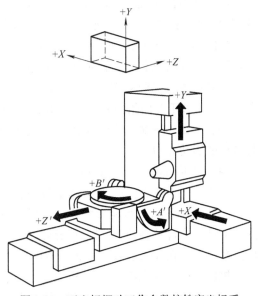

图1-26 五坐标摆动工作台数控铣床坐标系

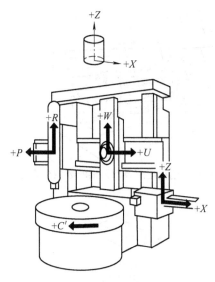

图 1-27 数控龙门式铣床坐标系

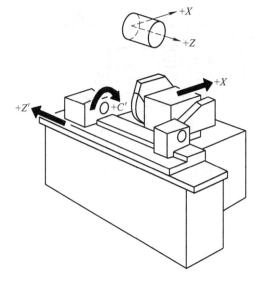

图 1-28 数控外圆磨床坐标系

（2）X 坐标运动 X 坐标运动一般是水平的，并平行于工件装夹面，通常是刀具或工件定位平面内运动的主要坐标。

对于没有回转刀具或回转工件的机床（如刨床等），X 坐标轴平行于主要切削方向，并以该方向为正方向，如图 1-29 所示。

在工件回转的机床（车床、磨床等）上，X 方向取径向且平行于横向滑座，正方向是刀具离开工件旋转中心的方向，如图 1-21、图 1-22、图 1-23、图 1-28 所示。

在刀具旋转的机床（铣床、镗床等）上，当 Z 轴水平（卧轴）时，从主要刀具主轴向工件看，X 轴正方向指向右方，如图 1-25、图 1-26 所示。当 Z 轴垂直（立轴）时，从主要刀具主轴向立柱看，X 轴正方向指向右方，如图 1-24 所示。对于桥式龙门数控铣床，当从主要刀具主轴向左侧立柱看，X 轴正方向指向右方，如图 1-27 所示。

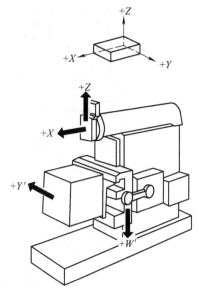

图 1-29 牛头刨床坐标系

（3）Y 坐标运动 根据以上 X、Z 坐标的方向，按照右手笛卡儿坐标系即可确定 Y 轴及其坐标的运动方向。

（4）旋转运动 A、B、C 轴 A、B、C 轴相应地表示其轴线平行于 X、Y、Z 轴的旋转运动，其正方向为在 X、Y、Z 方向上按照右旋螺纹前进的方向，如图 1-20 所示。

（5）坐标原点与附加坐标轴 坐标原点用于确定坐标系的位置。标准坐标系 X、Y、Z 的移动原点位置及旋转 A、B、C 的运动原点（0°位置）可以任意选取，但 A、B、C 的原点位置最好选择在 XOY、YOZ、XOZ 坐标平面上。

机床坐标系是机床生产后固有的坐标系，有其固定的原点，即机床原点（机械原点），它是由机床生产厂设定好的，是进行数控加工运动的基准点。通常将车床标准坐标系原点设在卡盘端面与主轴轴线的交点处；将铣床标准坐标系原点设在 X、Y、Z 三个坐标正方向的极限位置。

如果在 X、Y、Z 主要直线运动外，另有第二组平行于它们的坐标运动，就称其为附加坐标。它们应分别被指定为 U、V、W 轴；如果还有第三组运动，则分别指定为 P、Q、R 轴，如图 1-22、图 1-23、图 1-25、图 1-27 所示。

如果在第一组回转运动 A、B、C 之外，还有平行或不平行于 A、B、C 的第二组回转运动，可指定为 D、E、F 轴。

(6) **工件的运动** 对于工件运动而刀具静止的机床，必须将上述刀具运动时所作的各项规定，作相反的设定。此时，可用带 "′" 号的坐标轴符号，即 $+X'$、$+Y'$、$+Z'$、$+A'$、$+B'$、$+C'$ 表示工件相对刀具的运动正方向；而用不带 "′" 号的坐标轴符号，即 $+X$、$+Y$、$+Z$、$+A$、$+B$、$+C$ 表示刀具相对工件的运动正方向。两者所表示的方向恰好相反，如图 1-21 ~ 图 1-29 所示。对于编程人员来说，编程时只需考虑不带 "′" 号的坐标运动方向。

二、工件坐标系

机床坐标系是机床能够直接建立和识别的基础坐标系，但实际加工很少在机床坐标系中工作。因为编程人员在编程时，还不可能知道工件在机床坐标系中的确切位置，因而也就无法在机床坐标系中取得编程所需要的相关几何数据信息，当然也就无法进行编程。

为了使得编程人员能够直接根据图样进行编程，通常可以在工件上选择确定一个合适的过渡坐标系，这个坐标系即称为编程坐标系或工件坐标系，其原点即为编程原点或工件原点。因此编程人员在编程时，必须根据零件图样选择一个编程原点，通过编程原点，建立一个工件坐标系，各轴都与机床坐标系的相应轴平行。在此工件坐标系中，编程人员即可进行必要的数据处理，从而获得编程所需的相关几何信息，而编程时运动方向的确定始终假定为工件静止而刀具运动，无需考虑机床在工作时的实际运动情况。

工件坐标系原点选择的基本原则是便于编程与加工。编程原点选择应尽可能与图样上的尺寸标注基准重合，以便于数值计算，使得产生的编程误差最小，同时还要考虑在加工时容易找正，方便测量。

车削零件编程原点一般设在工件端面（通常取在右端面）与主轴轴线（Z 轴）的交点处。如果是左右对称的零件，原点位置则可取在其对称面与主轴轴线（Z 轴）的交点处，以便采用同一个加工程序对工件进行调头加工。

镗铣类零件的编程原点一般选在作为设计基准或工艺基准的端面或孔轴线上。对称件通常将原点选在对称面或对称中心上。在 Z 方向上，原点习惯于取在工件上平面，以便于检查程序。

工件坐标系只是编程人员在零件图上建立的坐标系，当工件装夹到机床上后，工件坐标系即处于机床坐标系的某个确定位置，但机床数控系统并无其相关位置信息。从理论上讲，机床数控系统只要知道工件坐标系原点在机床坐标系中的位置，即可将工件坐标系与机床坐标系关联起来，从而在机床坐标系中设定出工件坐标系，使得在工件坐标系下所编制的程序在机床上得到正确的执行，加工出合格的工件。

较典型的工件坐标系设定方法有两种：

其一是在加工前工件装到机床上后，测量出工件坐标系原点相对机床坐标系原点的偏置量，并将偏置量值预置到偏置寄存器（如 G54、G55…）中。加工时在程序中用相应的偏置寄存器指令（G54、G55…）直接调用相应偏置寄存器中存储的偏置量，从而建立起工件坐标系。在之后的程序中出现的坐标信息即为该工件坐标系下的目标位置，如图 1-30 所示。G54、G55…可存放多个不同的工件零点。

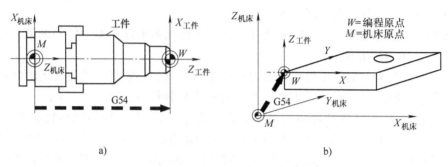

图 1-30　工件坐标系与机床坐标系的关系
a）数控车床　b）数控铣床

其二是采用工件坐标系设定功能（如 G50 或 G92），该类指令可通过后续坐标值设定程序启动时刀具出发点在工件坐标系中的位置，从而确定工件坐标系在机床上的位置。

三、局部坐标系

在实际编程工作中，对于一些重复结构要素或一些局部结构要素进行几何描述时，采用一个固定不变的坐标系往往比较麻烦，为了方便简化编程，可以在程序中考虑重新选择新的坐标系，这可通过坐标转换（平移、旋转等）功能来实现，坐标转换后形成的新坐标系即称为局部坐标系或当前坐标系，如图 1-31 所示。当然，广义地讲，当前坐标系是当前正在工作的坐标系，工件坐标系及机床坐标系也可以是当前坐标系。

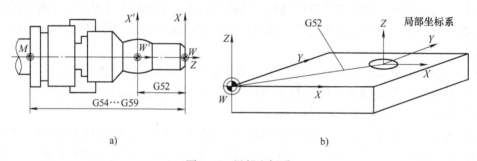

图 1-31　局部坐标系
a）数控车床　b）数控铣床

四、坐标轴与联动轴

数控机床要进行位移量控制的部件较多，所以要建立机床坐标系统，以便对各移动部件分别进行控制。对于一台数控机床而言，坐标轴数（坐标数）是指可数字控制的运动轴数。例如，对于一台数控车床，如果在 X、Z 方向采用了数字控制，则称为两轴（两坐标）数控车床；又如一台数控铣床，如果在 X、Y、Z 三个方向的运动都采用数字控制，则称为三轴

（三坐标）数控铣床。有些数控机床的运动部件较多，除了 X、Y、Z 三个移动坐标外，还有 A、B、C 旋转坐标，或者在同一坐标轴方向上有两个或更多的运动轴是数字控制的，这就出现了四轴、五轴等数控机床。

应注意的是，数控机床的轴数与联动轴数是两个不同的概念。例如，不要将三轴数控机床与三轴联动数控机床相混淆。对于三轴数控铣床，若只能控制任意两坐标轴实现插补联动加工，则称为"两轴联动"，这种铣床通常称为两轴半数控铣床；若能控制三坐标轴实现插补联动加工，则称为"三轴联动"。

第五节　程序结构与程序段格式

一、程序段格式

一个数控加工程序由若干程序段组成，程序段是按照一定顺序排列、能使数控机床完成某特定功能的一组指令，如 G0　X30　Z－20　F0.2　S500　M03。它由若干个程序字组成，程序字通常由代表一定意义的英文字母表示的地址符（用作程序功能指令识别的地址）和地址符后面的数字符号组成，如"Z－20"即为一程序字。

所谓程序段格式是指程序段的书写规则，分为固定程序段格式和可变程序段格式。可变程序段格式又分为使用地址符的可变程序段格式和使用分隔符的可变程序段格式两种。

1. 使用地址符的可变程序段格式

这种格式又称为地址格式，程序中每个字均以地址符为首，其后由一串数字组成序号字和各种数据字，若干个字构成程序段并以结束符结束。在这种格式中，如果上一段程序已经写明，而本程序段又不变的那些字仍然有效，可以不再重写。代表尺寸数据的尺寸字可只写有效数字，不必每个字都写满固定位数。用这种格式写出的各程序段长度与数据的个数都是可变的，故称为可变程序段格式。如：

N10　G0　G54　X20　Y30　Z2；

N20　G1　Z－5；

2. 使用分隔符的可变程序段格式

这种格式预先规定了输入时所有可能出现的字的顺序，这个顺序中每个数据字前以一个分隔符 B 为首，根据已出现了几个分隔符，就可按预定顺序知道下面是哪个数据字，这就可以不再使用地址符，只要按预定顺序把相应的一串数字跟在分隔符后面就可以了。如：

BX　BY　BJ　BZ

使用分隔符的可变程序段格式的长度和数据字的个数也是可变的。尺寸字中只写有效数字，重复的字可以略去。但应注意，原来排在那些略去字前的分隔符不能略去，这样，程序中若出现连在一起的两个分隔符，则表明其间略去了一个数据字。

3. 固定程序段格式

这种格式不使用地址符，也不使用计数用的分隔符，它规定了在输入中所有可能出现的字的顺序，也规定了各个字的位数。对重复的字不能省略。一个字的有效位数少时，要在前面用"0"补足规定的位数。因为程序段中的字数及每个字的位数都是固定的，所以按这种格式书写的程序段长度都是一样的。这种格式也允许用分隔符将字隔开，但此处的分隔符只起将字隔开、使程序段清晰的作用，对程序本身并不起作用。如：10　00　54　25　45　15。

目前一般的切削加工类数控机床普遍采用使用地址符的可变程序段格式，它比较灵活、直观、适应性强，能有效缩短程序长度。

二、程序段组成

通常程序段由若干个程序字组成，程序字又由地址符、符号、数字等组成。其中地址符是由具有特定意义的字母表示；符号为数字前面的正负号 ±，＋号可以省略。通常一个程序段的基本格式如下：

/N＿G＿X＿Y＿Z＿I＿J＿K＿F＿S＿M＿T＿H＿；

/：跳跃符，通过面板或接口信号控制其是否有效，从而控制该程序段在程序中是否执行。

N：程序段号，可用于检索，便于检查交流或指定跳转目标等，一般由地址符 N 后续四位数字组成，即 N0000～N9999，可用于主程序或子程序中。段号的数字可以是不连续的，一般可隔5或隔10排列，如 N1、N10、N20 等，以便调试程序时根据情况在段间补充插入新程序段。数控程序中的段号其实只是程序段的标识而已，其数字并不代表执行顺序。数控装置解释程序将各程序段按输入先后顺序排列存储，执行时按存储器内的排序进行，而与段号数据无关。程序段号也可以省略。

G：准备功能代码地址符，为机床准备某种运动方式而设定。详见后述。

X、Y、Z、I、J、K 等：几何信息地址符，根据零件图样及工艺确定获得。几何信息指令所用地址符较多，不同系统间可能会有一些差异，如半径可能使用的地址符有 R、CR、U 等。

F：进给率地址符，用于设定加工进给率值，通常用 F 后面的数据直接指定进给率，单位可以为 mm/min（进给速度）或 mm/r（进给量）。也有用代码法指定 F，如用 F 后跟两位不同代码对应表示不同的进给率。

S：主轴转速地址符，用于设定主轴转速，一般直接指定主轴转速，单位为 r/min。也有类似于 F 用代码法指定的。

M：辅助功能代码地址符，用于一些机床开关量的设定操作，如主轴的启停、切削液的开关、夹具的夹紧松开等。详见后述。

T：刀具代码地址符，用于指定工作刀具，通常后跟两位数字表示所选刀具的编号；也有的后跟四位数字，前两位表示所选刀具的编号，后两位表示用以存放刀具长度及半径等刀具补偿量数据的寄存器代号。刀具编号后一般在数控机床刀架或刀库中对号入座。

H（或 D）：刀具补偿号（或补偿量地址符），用以存放刀具长度及半径等刀具补偿量数据的寄存器代号。

；（或 LF）：段结束符，表示程序段的结束。

此外，每个程序段后面还可以加上注释，对程序段相关内容作必要的说明，以便阅读理解。

三、准备功能与辅助功能指令

1）准备功能指令，简称 G 功能，是为机床建立某种加工运动方式而设的指令。如可以设定工件坐标系、进给运动方式等。G 功能指令由地址符 G 后跟两位数字构成，从 G00 到

G99 共 100 种，表 1-1 为我国参照国际标准制定的 JB/T 3208—1999 标准，其中规定了 G 功能指令代码的定义。

G 代码又分为模态代码（又称续效代码）和非模态代码（又称非续效代码）两类。表 1-1 中第 2 列标有字母的行所对应的 G 代码为模态代码，标有相同字母的 G 代码为一组。模态代码在程序中一经使用后就一直有效（如 a 组中的 G01），直到出现同组中的其他任一 G 代码（如 a 组中的 G02）将其取代后才失效。表 1-1 中第 2 列没有字母的行所对应的 G 代码为非模态代码（又称段方式代码），它只在编有该代码的程序段中有效（如 G04）。G 代码后的两位数字中前 0 可以省略，如 G01 可以写成 G1。

同组的 G 代码在同一程序段中一般不同时出现，视具体系统不同而不同，如果允许同时出现，则后写的代码有效。非同组 G 代码可以在同一程序段中出现。

随着技术的不断发展进步，标准规定的 G00 ~ G99 已经不能满足要求，有些数控系统的 G 指令代码中的数字已经使用三位数。此外，就标准而言，其中尚有若干不指定与永不指定 G 代码（可由各系统自定义），导致一些不同数控系统的 G 指令字相差甚大，标准化程度较低，系统间的程序兼容性较差。因此，编程必须注意面向特定对象（系统或机床）。

表 1-1　准备功能 G 代码（JB/T 3208—1999）

代　码 （1）	功能保持到被取消或被同样字母 表示的程序指令所代替（2）	功能仅在所出现的 程序段内有作用（3）	功　能 （4）
G00	a		点定位
G01	a		直线插补
G02	a		顺时针方向圆弧插补
G03	a		逆时针方向圆弧插补
G04		*	暂停
G05	#	#	不指定
G06	a		抛物线插补
G07	#	#	不指定
G08		*	加速
G09		*	减速
G10 ~ G16	#	#	不指定
G17	c		XY 平面选择
G18	c		ZX 平面选择
G19	c		YZ 平面选择
G20 ~ G32	#	#	不指定
G33	a		螺纹切削，等螺距
G34	a		螺纹切削，增螺距
G35	a		螺纹切削，减螺距
G36 ~ G39	#	#	永不指定
G40	d		刀具补偿/刀具偏置取消
G41	d		刀具补偿—左
G42	d		刀具补偿—右
G43	# (d)	#	刀具偏置—正
G44	# (d)	#	刀具偏置—负

（续）

代　码 （1）	功能保持到被取消或被同样字母 表示的程序指令所代替（2）	功能仅在所出现的 程序段内有作用（3）	功　能 （4）
G45	#（d）	#	刀具偏置 +/ +
G46	#（d）	#	刀具偏置 +/ −
G47	#（d）	#	刀具偏置 −/ −
G48	#（d）	#	刀具偏置 −/ +
G49	#（d）	#	刀具偏置 0/ +
G50	#（d）	#	刀具偏置 0/ −
G51	#（d）	#	刀具偏置 +/0
G52	#（d）	#	刀具偏置 −/0
G53	f		直线偏移，注销
G54	f		直线偏移 X
G55	f		直线偏移 Y
G56	f		直线偏移 Z
G57	f		直线偏移 XY
G58	f		直线偏移 XZ
G59	f		直线偏移 YZ
G60	h		准确定位 1（精）
G61	h		准确定位 2（中）
G62	h		快速定位（粗）
G63		*	攻螺纹
G64 ~ G67	#	#	不指定
G68	#（d）	#	刀具偏置，内角
G69	#（d）	#	刀具偏置，外角
G70 ~ G79	#	#	不指定
G80	e		固定循环注销
G81 ~ G89	e		固定循环
G90	j		绝对尺寸
G91	j		增量尺寸
G92		*	预置寄存
G93	k		时间倒数，进给率
G94	k		每分钟进给
G95	k		主轴每转进给
G96	i		恒线速度
G97	i		每分钟转数（主轴）
G98 ~ G99	#	#	不指定

注：1. #号：如选作特殊用途，必须在程序格式说明中说明。

2. 如在直线切削控制中没有刀具补偿，则 G43 ~ G52 可指定作其他用途。

3. 在表中左栏括号中的字母（d）表示：可以被同栏中没有括号的字母 d 所注销或代替，亦可被有括号的字母（d）所注销或代替。

4. G45 ~ G52 的功能可用于机床上任意两个预定的坐标。

5. 控制机上没有 G53 ~ G59、G63 功能时，可以指定作其他用途。

2) 辅助功能指令，简称 M 功能，是用以控制机床辅助动作的指令。M 功能指令由地址符 M 后跟两位数字构成，从 M00 到 M99 共 100 种，表 1-2 为我国参照国际标准制定的 JB/T 3208—1999标准，其中规定了 M 代码的定义。使用时 M 代码后的两位数字中前 0 可以省略，如 M01 可以写成 M1。与 G 代码相同，M 代码编程也必须注意面向特定对象（系统或机床）。

表 1-2　辅助功能 M 代码（JB/T 3208—1999）

代码 (1)	功能开始时间		功能保持到被注销或被适当程序指令代替 (4)	功能仅在所出现的程序段内有作用 (5)	功　能 (6)
	与程序段指令运动同时开始 (2)	在程序段指令运动完成后开始 (3)			
M00		*		*	程序停止
M01		*		*	计划停止
M02		*		*	程序结束
M03	*		*		主轴顺时针方向
M04	*		*		主轴逆时针方向
M05		*	*		主轴停
M06	#	#		*	换刀
M07	*		*		2 号切削液开
M08	*		*		1 号切削液开
M09		*	*		切削液关
M10	#	#	*		夹紧
M11	#	#	*		松开
M12	#	#	#	#	不指定
M13	*		*		主轴顺时针方向，切削液开
M14	*		*		主轴逆时针方向，切削液开
M15	*			*	正运动
M16	*			*	负运动
M17 ~ M18	#	#	#	#	不指定
M19		*	*		主轴定向停止
M20 ~ M29	#	#	#	#	永不指定
M30		*		*	纸带结束
M31	#	#		*	互锁旁路
M32 ~ M35	#	#	#	#	不指定
M36	*		*		进给范围 1
M37	*		*		进给范围 2
M38	*		*		主轴速度范围 1
M39	*		*		主轴速度范围 2
M40 ~ M45	#	#	#	#	若有需要作为齿轮换档，此外不指定

（续）

代 码 (1)	功能开始时间		功能保持到被 注销或被适当 程序指令代替 (4)	功能仅在所 出现的程序 段内有作用 (5)	功能 (6)
	与程序段指令 运动同时开始 (2)	在程序段指令 运动完成后开始 (3)			
M46 ~ M47	#			#	不指定
M48		*	*		注销 M49
M49	*		*		进给率修正旁路
M50	*		*		3 号切削液开
M51	*		*		4 号切削液开
M52 ~ M54	#	#	#	#	不指定
M55	*		*		刀具直线位移，位置 1
M56	*		*		刀具直线位移，位置 2
M57 ~ M59	#	#	#	#	不指定
M60		*		*	更换工件
M61	*		*		工件直线位移，位置 1
M62	*		*		工件直线位移，位置 2
M63 ~ M70	#	#	#	#	不指定
M71	*		*		工件角度位移，位置 1
M72	*		*		工件角度位移，位置 2
M73 ~ M89	#	#	#	#	不指定
M90 ~ M99	#	#	#	#	永不指定

注：1. #号表示：如选作特殊用途，必须在程序说明中说明。
2. M90 ~ M99 可指定为特殊用途。

四、主程序与子程序

在实际加工中，常常会遇到多次重复进行一些相同操作的情况，如在不同位置加工几何形状完全相同的结构要素等。这种情况如果每次在不同位置编制相同运动轨迹的程序，不仅增加程序量，而且麻烦又浪费时间。这时，可将加工这些结构要素的程序段编成子程序并存储起来。子程序以外的程序称为主程序。主程序在执行过程中，如果需要执行子程序，只要调用该子程序即可，并可多次重复调用（一般在不同的位置），从而简化编程。

主程序与子程序原则上并没有区别，它们间的关系如图 1-32 所示。

以下是一个加工图 1-33 所示零件程序的简单例子，编程原点设于工件上平面，字深 1mm。采用 FANUC 0i 程序格式。通过此例先初步了解一下一个数控加工程序的组成。

O00001

N10	G54	F100	S2000	M03	T01	；工艺设定
N20	G0	X15	Y20			；快速引刀至左 C 上方定位
N30	G0	G43	Z2	H1		；建立刀具长度补偿，轴向引刀接近工件至左 C 上方 2mm 处

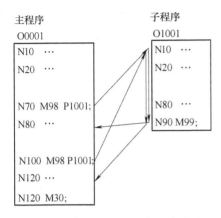

图1-32　主程序与子程序的关系图

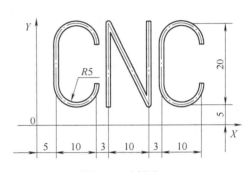

图1-33　刻字加工

N40	G1	Z－1	;下刀至刻字深度
N50	G3	X5　R5	;逆向刻左C上半圆
N60	G1	Y10	;向下刻C竖笔
N70	G3	X15　R5	;逆向刻左C下半圆
N80	G0	Z1	;抬刀至离工件上平面1mm处
N90		X18	;平移至N左下方离工件上平面1mm处
N100	G1	Z－1	;下刀至刻字深度
N110		Y25	;向上刻N左竖笔
N120		X28　Y5	;向右下刻N斜笔
N130		Y25	;向上刻N右竖笔
N140	G0	Z1	;抬刀至离工件上平面1mm处
N150		X41　Y20	;平移至右C上方离工件上平面1mm处
N160	G1	Z－1	;下刀至刻字深度
N170	G3	X31　R5	;逆向刻右C上半圆
N180	G1	Y10	;向下刻C竖笔
N190	G3	X41　R5	;逆向刻右C下半圆
N200	G0	Z100	;抬刀至离工件上平面100mm处
N210	M30		;结束程序

加工同一个零件，不同系统或机床会有不同的程序，即使是相同的系统或机床，不同的编程人员也会编制出不同的程序。尽管如此，编程还是有一定的规则可循的。

首先，程序一般得有个程序名，以便于程序的管理。不同数控系统程序名的命名不尽相同。如FANUC系统一般以O后跟四位数字组成，如上例的O0001；SIEMENS系统则由%后跟四位数字组成，如%0001，或采用多位字母数字等组成，如LX01。

一个完整的程序一般可以分成三部分，即准备程序段、加工程序段和结束程序段。

（1）准备程序段　　一般位于程序开始，加工程序段的前面，主要完成一些设置工作，包括工件坐标系的建立、尺寸系统设定、加工工艺参数设定、刀具选择、切削液选择、刀具的快速引进定位等。

（2）加工程序段　一般位于程序的中间，根据具体要加工零件的加工工艺，按刀具切削轨迹逐段编写出程序，实现对工件的加工。加工程序段是程序的主体部分。

（3）结束程序段　位于加工程序段的后面，包括退刀、取消刀具补偿、关闭切削液等，并以 M02 或 M30 代码结束程序。

第六节　数控编程中的数值计算与处理

数控机床是按工艺规划好的加工路径、切削参数等信息编写成的程序，控制刀具与工件间的相对运动而进行加工的。刀具路径规划的原始依据是零件图样。无论是直接编程还是计算机辅助编程，都要按已经确定的加工路线和允许的误差进行刀具运动轨迹的计算。

当刀具路径规划好后，刀具运动轨迹的计算所需要的数据在零件图上往往未必能直接获得。当被加工工件轮廓由直线和圆弧组成时，因一般数控机床都具有直线和圆弧插补加工功能，只需要计算刀具路径上各直线和圆弧要素的连接点坐标数据，就能进行编程。当被加工工件轮廓是非圆曲线，而数控机床又不具备相应的插补功能时，就只能用若干直线或圆弧段对非圆曲线进行拟合，以拟合线代替实际轮廓曲线，这就需要计算出各拟合段与实际轮廓曲线的交点坐标，从而编制出各拟合段的程序。

通常数学处理的内容主要包括：基点坐标的计算、节点坐标的计算及辅助计算等内容。

一、基点坐标的计算

所谓基点，就是指构成零件轮廓的各相邻几何要素间的交点或切点，如两直线间的交点、直线与圆弧的交点或切点等。一般来说，基点坐标数据可根据图样原始尺寸，利用三角函数、几何、解析几何等求出，数据计算精度应与图样加工精度要求相适应，一般最高精确到机床最小设定单位即可。

图 1-34 所示为一五角星，从设计角度考虑标出了外接圆尺寸，这已完全可以将五角星确定。但从工艺编程角度考虑，则必须求出 1、2、3、4、5、…五角星各边的交点，1、2、3、4、5、…即为基点。图中点 1 坐标可直接获得，即 $X_1 = 0$，$Y_1 = 25$。

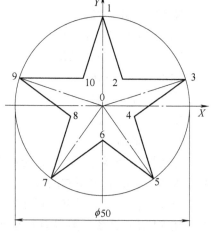

由图 1-34 可见，五角星各顶点关于 Y 轴对称。因此，只要求出第一、四象限各基点的坐标，第二、三象限各基点坐标即可根据对称性获得。分析可知，五角星各顶点与中心连线间夹角为 360/5 = 72°，$\overline{03}$ 与 X 轴的夹角为 18°，则

$$X_3 = \overline{03}\cos18° = 25 \times \cos18° = 23.776$$

$$Y_3 = \overline{03}\sin18° = 25 \times \sin18° = 7.725$$

图 1-34　轮廓基点坐标计算

对于点 2，其 Y 坐标同点 3，即 $Y_2 = 7.725$，而 $X_2 = (Y_1 - Y_2)\tan18° = (25 - 7.725) \times \tan18° = 5.613$。

同理可逐个求得其余各点的坐标值。

基点坐标的计算是直接编程中一项非常重要而繁琐的工作，基点坐标计算一旦出错，则

据此编制的程序也就不能正确反映加工所希望的刀具路径与精度，从而导致零件报废。人工计算效率低，数据可靠性低，只能处理一些较简单的图形数据。对于一些较复杂图形的数据计算建议采用 CAD 辅助图解法。

如图 1-35 所示，利用 CAD 软件将零件图形在给定坐标系按比例绘制后，选择软件菜单上的坐标查询功能，依次逐个选取各基点并确认后，即可得到图中各点的列表坐标数据，并可将其打印或保存。

采用 CAD 图解法求解基点坐标，工作效率高，数据可靠，校验方便。使用中注意查询数据精度的设定与求解精度要求相适应。目前，CAD 在企业、学校已经相当普及，要将 CAD 作为工作的一个工具，充分发挥你所拥有的资源和掌握的知识与工具，将其应用到相关工作中。

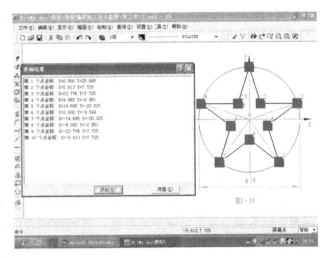

图 1-35　基点坐标 CAD 图解法

二、节点坐标的计算

所谓节点就是在满足容差要求前提下，用若干插补线段（直线或圆弧）拟合逼近实际轮廓曲线时，相邻两插补线段的交点。容差是指用插补线段逼近实际轮廓曲线时允许存在的误差。节点坐标的计算相对比较复杂，方法也很多，是直接编程的难点。因此，通常对于复杂的曲线、曲面加工，尽可能采用计算机辅助编程，以减少误差，提高程序的可靠性，减轻编程人员的工作负担。

节点坐标的计算方法很多，一般可根据轮廓曲线的特性及加工精度要求等选择。若轮廓曲线的曲率变化不大，可采用等步长法计算插补节点；若轮廓曲线曲率变化较大，可采用等误差法计算插补节点；当加工精度要求较高时，可采用逼近程度较高的圆弧逼近插补法计算插补节点。节点的数目主要取决于轮廓曲线特性、逼近线段形状及容差要求等，对于同一曲线，在相同容差要求下，采用圆弧逼近法与直线逼近法相比，可以有效减少节点数目；而容差值越小，计算节点数则应越多。下面介绍几种较常用的节点坐标计算法。

1. 等间距直线逼近的节点计算

等间距直线逼近的节点计算方法相对比较简单，其特点是使每一逼近线段的某一坐标增量相等，然后根据曲线的表达式求出另一个坐标值，即可得到节点坐标。如在直角坐标系中，可使相邻节点间的 X 或 Y 坐标增量相等；而在极坐标系中，则可使相邻节点间的极角增量相等或径向坐标增量相等。

如图 1-36 所示，从起点开始，每次增加一个坐标增量 Δx，将曲线 ［方程为 $y = f(x)$］ 沿 X 轴划分

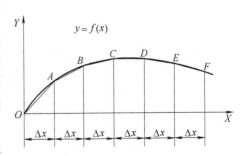

图 1-36　等间距直线逼近节点计算

成若干等间距段。A、B、C、D、…的 X 坐标值可依次累加求得，而将各点的 X 坐标代入 $y = f(x)$ 即可求出 Y 坐标。这样将相邻节点连成直线，用这些直线组成的折线代替实际的轮廓曲线，采用直线插补加工方式进行编程。由图 1-36 可见，Δx 取得越大，产生的拟合误差（逼近线与实际曲线间的最大垂直距离）就越大。Δx 的取值与曲线的曲率、允许的拟合误差、曲线的走势等有关，实际生产中，常由零件加工精度，根据经验选取。允许的拟合误差通常取为工件公差的 $1/10 \sim 1/5$。

等间距法计算简单，但由于 Δx 是定值，当曲线曲率变化较大，曲线走势变化较大时，为了保证加工精度，Δx 的值取决于最大曲率和曲线最陡斜处，由于该处计算得到的 Δx 值最小，从而导致逼近线段数目过多，计算工作量增加。

2. 等步长直线逼近的节点计算

采用等步长直线逼近轮廓曲线时，每段拟合线的长度都相等，通常也称作等弦长直线逼近，如图 1-37 所示。

由于轮廓曲线各处的曲率不等，因而各拟合段的逼近误差 δ 也不等。为了保证加工精度，必须将拟合的最大误差控制在允许范围内。采用等步长逼近曲线，其最大误差必定在曲率半径最小处。因此，只要求出最小曲率半径 R_{min}，就可以结合公差确定允许的步长 L，再按步长 L 计算各节点坐标。计算步骤如下：

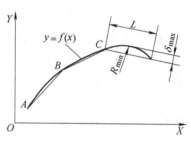

图 1-37   等步长直线逼近节点计算

（1）求最小曲率半径 R_{min} 曲线 $y = f(x)$ 上任意一点的曲率半径为

$$R = \frac{\sqrt{(1 + y'^2)^3}}{y''} \tag{1-1}$$

取 $dR/dx = 0$，即

$$3y'y''^2 - (1 - y'^2)y''' = 0 \tag{1-2}$$

根据 $y = f(x)$ 求得 y'、y''、y'''，并代入式（1-2）求得 x，再将 x 值代入式（1-1）即可求得 R_{min}。

（2）确定允许步长 L   由图中几何关系可以得等式：

$$(R_{min} - \delta)^2 + (L/2)^2 = R_{min}^2$$

则

$$L = 2\sqrt{R_{min}^2 - (R_{min} - \delta)^2} \approx 2\sqrt{2\delta R_{min}}$$

其中 δ 为允许误差值。

（3）计算节点 B 的坐标   以起点 A 为圆心，作半径为 L 的圆，与 $y = f(x)$ 曲线相交于 B 点，联立求解下列方程组

$$\begin{cases} (x - X_0)^2 + (y - Y_0)^2 = L^2 \\ y = f(x) \end{cases}$$

即可求得 B 点的坐标。式中 X_0、Y_0 为 A 点的坐标值。

按照上述步骤（3）依次向后作圆求解，即可逐个求出全部节点的坐标。

同样，当曲线各处的曲率相差较大时，采用等步长逼近法将有较多的节点数目，计算工作量大，程序长，但与等间距逼近法相比，排除了曲线走势的影响。等步长逼近法常用在曲线曲率变化不大的情况。

3. 等误差直线逼近的节点计算

用等误差法以直线逼近轮廓曲线时，每一拟合线的拟合误差 δ 相等，如图 1-38 所示。

其节点计算过程如下：

以轮廓曲线的起点 A 为圆心，允许拟合误差 δ 为半径作一圆，设 A 点的坐标为 (X_0, Y_0)，则圆方程为

$$(x - X_0)^2 + (y - Y_0)^2 = \delta^2 \qquad (1\text{-}3)$$

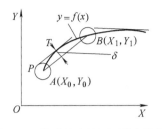

图 1-38　等误差直线逼近节点计算

过圆上一点 P 作圆与轮廓曲线的公切线 PT，T 是曲线上的切点。公切线 PT 的斜率为

$$k = (Y_T - Y_P)/(X_T - X_P) \qquad (1\text{-}4)$$

式中，(X_P, Y_P)、(X_T, Y_T) 为点 P 与 T 的坐标值。

若过 P 点求式(1-3)的导数，公切线 PT 的斜率又可表示为

$$k = \left.\frac{\mathrm{d}y}{\mathrm{d}x}\right|_P = -\frac{X_P - X_0}{Y_P - Y_0} \qquad (1\text{-}5)$$

若过 T 点求轮廓曲线 $y = f(x)$ 的导数，公切线 PT 的斜率还可表示为

$$k = \left.\frac{\mathrm{d}y}{\mathrm{d}x}\right|_T = f'(X_T) \qquad (1\text{-}6)$$

由式 (1-3) ～式 (1-6) 可得下列联立方程组

$$(Y_T - Y_P)/(X_T - X_P) = -(X_P - X_0)/(Y_P - Y_0)$$

$$(Y_T - Y_P)/(X_T - X_P) = f'(X_T)$$

$$Y_T = f(X_T)$$

$$Y_P = \sqrt{\delta^2 - (X_P - X_0)^2} + Y_0$$

解上述方程组可求得切点 P 和 T 的坐标 (X_P, Y_P)、(X_T, Y_T)，将其代入式(1-4)即可求得 k 值。

由于拟合线 AB 平行于 PT，所以可得直线 AB 的方程式为

$$y - Y_0 = k(x - X_0) \qquad (1\text{-}7)$$

将式(1-7)与 $y = f(x)$ 联立求解，可以求出 B 点的坐标 (X_1, Y_1)。再以 B 点为圆心作圆，按上述过程即可求出后一节点的坐标 (X_2, Y_2)，以此类推，求出全部节点。

等误差逼近法计算较复杂，但在同样容差前提下，可以使得节点数目最少，从而使得程序最短。

以上介绍的是用直线段拟合非圆轮廓曲线，也可以采用圆弧段拟合非圆轮廓曲线。由于圆弧拟合计算繁琐，人工处理具有一定的困难。但采用圆弧段拟合非圆轮廓曲线，在相同拟合精度下，通常可以使节点数目更少，程序更简洁，因此在计算机辅助编程中常被采用。

三、辅助计算

如前所述，编程人员在拿到图样进行编程时，首先要作必要的工艺分析处理，并在零件图上选择编程原点，建立编程坐标系。理论上讲，编程原点可以任意选取。而实际编程时，在保证加工要求的前提下，总希望选择的原点有利于简化编程加工，尽可能直接利用图样尺寸数据编程，以减少数据计算。

实际生产中，当编程原点选定并据此建立编程坐标系后，为适应数控编程及加工，往往还需要对图样上的一些标注尺寸进行适当的转换或计算，通常包括以下内容：

1. 尺寸换算

如图1-39所示零件，经分析后将编程原点定在其右端面与轴线交点处。如果采用绝对坐标编程，则端面 A、B 的 Z 坐标数据需要计算。对于端面 B 由于是未注公差，可以直接采用公称尺寸进行计算。而端面 A 的 Z 向坐标 Z_A（见图1-40），需要应用工艺尺寸链进行计算。根据尺寸链计算公式得：

$$15.1 = 40.05 - Z_{Amin} \qquad Z_{Amin} = 24.95$$
$$15 = 40 - Z_{Amax} \qquad Z_{Amax} = 25$$

2. 公差转换

零件图的工作表面或配合表面，一般都注有公差，公差带位置各不相同。图1-39中，有八个尺寸注有公差要求，其公差带均为单向偏置。数控加工与传统加工一样存在诸多的误差影响因素，总会产生一定的加工误差。如果按零件图样公称尺寸进行编程，加工后的零件尺寸将出现两种情况，其一大于公称尺寸，其二小于公称尺寸。从理论上讲，两种情况出现的概率各为0.5。对于公差带单向偏置的尺寸，如果按公称值进行编程加工，将会意味着50%的不合格可能性，其中一部分已经是废品（如外圆尺寸小于最小极限尺寸，即公称尺寸－下偏差），而另一部分还可以通过补充加工进行修正（如外圆尺寸大于最大极限尺寸，即公称尺寸＋上偏差）。上述两种情况的出现都将带来不必要的经济损失。

基于上述原因，数控编程时通常须将公差尺寸进行转换，使其公差带呈对称偏置，再以此尺寸公称值编程，从而最大程度地减少不合格品的产生，提高数控加工效率和经济效益。

图1-39经上述各项换算转换后即形成图1-40，编程时使用图1-40所注尺寸的公称数据即可。

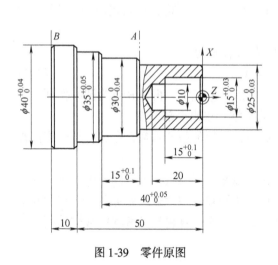

图1-39　零件原图　　　　　　　　图1-40　零件转换等效图

3. 粗加工及辅助程序段路径数据计算

数控加工与传统加工一样，一般不可能一次进给将零件所有余量切除，通常需要分粗精加工多次进给，以逐步切除余量并提高加工精度。当余量较大时，更要增加进给次数。故加工程序开始的切入路线与加工程序结束的切出路线，以及粗加工进给路线上的坐标信息都要进行计算（当粗加工进给路线必须由手工编程完成时）。粗加工进给路线上的坐标信息一般不需要太高的精度，为了方便计算，通常可利用一些已知特征点作一些必要的简化处理。

四、列表曲线的数学处理

在实际应用中，有些零件的轮廓形状是通过实验或测量方法得到的，如飞机的机翼、叶片、某些检验样板等，这时常以坐标点列表的形式描绘轮廓形状。这种由列表点给出的轮廓曲线称为列表曲线。列表曲线没有具体的方程式。

列表曲线轮廓零件在以传统的工艺方法加工时，其加工质量完全取决于钳工的技术水平，且生产效率极低。目前列表曲线广泛采用数控加工，但在直接编程时遇到了较大困难。这主要是由于试图用数学方程来描述列表曲线轮廓，以获得比较理想的拟合效果，其数学处理过程比较复杂。

当给出的列表曲线列表点已经密集到足以满足曲线的精度要求时，即可直接在相邻列表点间用直线或圆弧进行编程。但一般列表曲线给出的列表点往往较少，只能描述曲线的大致走向。为了保证加工精度，必须增加新的节点，也称插值。

在数学处理方面，目前处理列表曲线的方法通常采用二次拟合法。即在对列表曲线进行拟合时，第一次先选择直线方程或圆方程之外的其他数学方程式来拟合列表曲线，称为第一次拟合；然后根据编程容差要求，在已给定的各相邻列表点之间按照第一次拟合时的方程（称为插值方程）进行插点加密求得新的节点，也称第二次曲线拟合，以这些节点为基准便可编制逼近线段的程序。插值加密后相邻节点之间，采用直线段编程还是圆弧段编程，取决于第二次拟合时所选择的方法。第二次拟合的数学处理过程，与前面介绍的非圆曲线数学处理过程一致。

列表曲线一次拟合的方法很多，常用的有：三次样条曲线拟合、圆弧样条拟合和双圆弧样条拟合等，它们的数学处理比较复杂。目前，遇到较为复杂的列表曲线或非圆曲线加工问题，通常可采用 CAD/CAM 编程技术。随着测量技术与 CAD/CAM 技术的发展、推广、普及，复杂曲线的编程加工已经变得越来越方便且高效，并将编程人员从大量繁杂的数学计算中解放出来。而具备了直接编程技术的基础，学习 CAD/CAM 解决处理曲线加工问题也就较为容易了。

以上内容只涉及二维平面内图形的数学处理，下文对三维曲面的数学处理作一简略介绍。

五、曲面的数学处理

1. 三维曲面的数学模型

某些三维曲面可以用方程 $z = f(x,y)$ 来描述，如球面、锥面、直纹鞍形面等，这类曲面在数控机床上用行切法加工时，可以直接根据曲面方程来计算其加工轨迹。但是，实际生产中遇到的大量三维曲面加工，如飞机机体、汽车车身、模具型腔等，只有模型、实物或实验数据，而没有描述它们的解析方程。这类曲面在进行数控加工时，首先就是要建立曲面的数学模型。

为了建立曲面的数学模型，首先在零件模型或实物的表面上建立横向和纵向两组特征线，这两组线在零件表面上构成网格，这些网格定义了许多小的曲面片，每一块曲面片一般都以四条光滑连续的曲线作为边界，然后相对于某一基准面测定这些网格顶点（即交点或角点）的坐标值。这样，就可以根据这些交点的坐标值，对两组曲线和被曲线划分成网格的每块曲面片进行严格的数学描述，从而求出曲面的数学模型，这就是所谓的曲面拟合。

对曲线组和曲面片进行数学描述的方法很多，如双三次参数样条曲面、昆氏（Coons）

曲面、弗格森（Ferguson）曲面、贝塞尔（Bezier）曲面、B 样条曲面等。各种曲面的拟合方法所涉及的数学处理知识可参阅有关文献。

2. 多坐标曲面加工的刀具轨迹生成方法

多坐标曲面加工的刀具轨迹生成方法将在第七章介绍。

第七节　数控加工工艺概述

一、基本概念

1. 数控加工工艺

所谓数控加工工艺，就是采用数控机床加工零件时所运用的各种方法和技术手段的总和。它是伴随着数控机床的产生、发展而逐步完善起来的一种应用技术，是人们大量数控加工实践经验的总结。

2. 数控加工工艺过程

数控加工工艺过程是指在数控机床上利用切削工具直接改变加工对象的形状、尺寸、表面位置和表面状态等，使其成为成品或半成品的过程，其大致流程如图 1-41 所示。通常先根据工程图样和工艺计划等确定几何、工艺参数，进行数控编程，然后将数控加工程序记录在控制介质上，传递给数控装置，经数控装置处理后控制伺服装置输出执行，实现刀具与工件间的相对成形运动及其他相关辅助运动，完成工件加工。

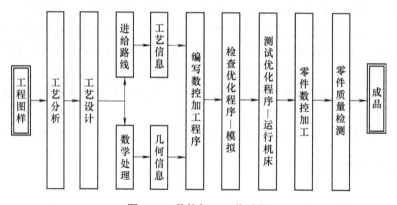

图 1-41　数控加工工艺过程

在数控机床上加工零件，首先要考虑的是工艺问题。数控机床加工工艺与普通机床加工工艺大体相同。只是数控机床加工的零件通常相对普通机床加工的零件要复杂得多，而且数控机床具备一些普通机床所不具备的功能。为了充分发挥数控机床的优势，必须熟悉其性能，掌握其特点及使用方法，在此基础上正确地制订加工工艺方案，进行工艺设计与优化，然后再着手编程。

二、数控加工工艺内容

数控加工工艺设计是对工件进行的数控加工前期工艺准备工作，必须在程序编制以前完成。只有在工艺方案确定后，编程才有依据。实践证明，工艺设计考虑不周是造成数控加工出错的主要原因之一。因此，编程前，一定要把工艺设计工作做得尽可能细致、周到，而不要草草了事，急于编程。

1. 数控加工工艺内容

通常数控加工工艺主要包括以下内容：

1）选择并确定适合在数控机床上加工的零件并确定工序内容。

2）加工零件图样的数控加工工艺分析，明确加工内容与技术要求。

3）零件图形的数学处理。

4）确定零件加工方案，制订数控加工工艺路线，如划分工序、安排加工顺序等。

5）数控加工工序设计，制订定位夹紧方案，划分工步，规划进给路线。

6）选择数控机床类型、规格。

7）夹具、刀具、辅具、量具的选择与设计。

8）确定切削用量，计算工序尺寸及公差等。

9）数控加工程序的编制、校验与修改。

10）首件试加工与现场问题处理。

11）数控加工工艺技术文件的定型与归档。

2. 数控加工工序内容确定原则

数控机床有其一系列的优点，但价格较贵，加上消耗大，维护费用高，导致加工成本的增加。因此从技术和经济等角度出发，对于某个具体零件来说，可能并非全部加工工艺过程都适合在数控机床上进行，而往往只选择其中一部分内容采用数控加工。因此，必须对零件图样进行详细的工艺分析，确定那些适合并需要进行数控加工的内容和工序。

哪些类型的零件加工或零件的哪些加工工序适于在数控机床上完成，本书绪论中已加以介绍，此处不再赘述。需要指出的是，在选择确定加工内容时，还要综合考虑生产批量、生产周期、工序间周转情况等。尽量做到合理，以充分发挥数控机床的优势，达到多、快、好、省的目的。

三、数控加工工艺特点

数控加工与传统加工在许多方面遵循的原则基本上是一致的。但数控加工具有自动化程度高、控制功能强、设备费用高等一系列特点，因此也就相应形成了数控加工工艺的自身特点：

1. 数控加工的工艺内容十分具体

在传统通用机床上进行单件小批加工时，一些具体的工艺问题，如工序中各工步的划分安排，刀具的形状、材料，进给路线，切削量等，很大程度上都是由操作工人根据自己的经验习惯考虑确定的，一般无须工艺人员在设计工艺规程时进行过多的规定。而在数控加工时，上述这些具体的工艺问题，不仅成为数控工艺设计时必须考虑的内容，而且还必须作出正确的选择并编入加工程序中。也就是说，在传统加工中，由操作工人在加工中灵活掌握，并可适时调整的许多具体工艺问题和细节，在数控加工时就转变成编程人员必须事先设计和安排的内容。

2. 数控加工的工艺工作十分严密

在传统通用机床加工时，操作者可根据加工中出现的问题，适时灵活地进行人为调整，以适应实际加工情况。数控加工是按事先编制好的程序自动进行的，在不具备完善的诊断与自适应功能等情况下，一旦出现故障或事故，将可能导致进一步扩大化。因此数控加工必须周密考虑每个细微环节，避免故障或事故的产生。例如钻小孔或小孔攻螺纹等容易出现断钻或断丝锥情况，工艺上应采取严密周到的措施，尽可能避免出现差错。又如零件图形数学处理的结果将用于编程，其正确性将直接影响最终的加工结果。

3. 工序相对集中

数控机床通常载有刀库（加工中心）或动力刀架（车削中心）等，甚至具有立/卧主轴或主轴能实现立/卧转换，以及多工位工作台或交换工作台等，可以完成自动换刀，从而实现工序复合，在一台机床上即可完成不同加工面的铣、钻、扩、铰、镗、攻螺纹等，实现工序的高度集中，从而缩短加工工艺路线和生产周期，减少加工设备、工装和工件运输工作量。

4. 采用轨迹法

数控车床具有多轴联动插补功能，因此对于零件上的一些成形面或锥面，一般不采用成形刀具进行加工，而是采用轨迹成形加工的方法，通过按零件轮廓编制的程序控制刀具进给轨迹而成。这样不仅省去了划线、制作样板、靠模等工作，提高了生产率，而且简化了刀具，避免了成形刀宽刃切削容易振动等问题，进一步提高加工质量。

5. 采用先进高效的工艺装备

为了满足数控加工高质量、高效率、自动化、柔性化等要求，数控加工中广泛采用各种先进的数控刀具、夹具和测量装备等。

作为一个编程人员，不仅需要多方面的知识基础，而且还必须具有耐心严谨的工作作风。编制零件加工程序就要综合应用各方面知识，全面周到地考虑零件加工的全过程，正确合理地确定零件加工程序。可以说，一个合格的程序员首先应该是一个优秀的工艺员。

第八节　数控加工工艺分析

在进行数控加工工艺分析时，工艺人员应根据数控加工的基本工艺特点与数控机床的功能和实际工作经验，把工作做得细致、扎实，以便为后续工作铺平道路。

一、数控加工零件结构工艺性

零件结构工艺性是指在满足使用要求前提下零件加工的可行性和经济性，即所设计的零件结构应便于加工成形并且成本低、效率高。对零件进行数控加工结构工艺性分析时要充分考虑数控加工的特点，过去用普通设备加工工艺性很差的结构改用数控设备加工，其结构工艺性则可能不再成为问题，比如现代产品零件中大量使用的圆弧结构、微小结构等。

夹具设计中经常使用的定位销，传统设计普遍采用图 1-42a 所示的锥形销头部结构，而国外现在则普遍采用图 1-42b 所示的球形销头部结构。从使用效果来说，球形头对工件的划伤要比锥形头小得多。但在工艺上，采用传统加工工艺加工球形头比较麻烦，而用数控车削加工则轻而易举。再比如倒角要素，传统设计一般标注成"宽度×角

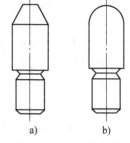

a)　　　　b)

图 1-42　定位销结构

度"（例如 $1 \times 45°$）的形式，而国外因大量使用数控机床加工，图样标注时对倒角宽度和角度都提出要求，或者设计成倒圆角。

　　数控加工技术在制造领域的应用，为产品结构设计提供了广阔的舞台，甚至对传统工程标准提出了挑战，这是一个值得注意的趋向。传统的串行工作产品开发方式，对图样的工艺性分析与审查，是在零件图样设计和毛坯设计完成以后进行的，此时零件设计已经定型。倘若在设计时并没考虑到数控加工工艺特点，加工前又要求根据数控加工工艺特点，对图样或毛坯进行较大更改（特别是要把原来采用普通机床加工的零件改为数控加工的情况下），一般是比较困难的。若采用并行工作产品开发方式，即在零件图样和毛坯图样初步设计阶段便进行工艺性审查与分析，通过工艺人员与设计人员密切合作，使产品更多地符合数控加工工艺的特点和要求，尽可能采用适合数控加工的结构，则可充分发挥数控加工的优越性。

二、零件结构工艺性分析的主要内容

　　数控加工工艺性分析涉及面很广，在此仅从数控加工的可能性和方便性两方面进行考虑。

1. 零件图样中的尺寸标注是否适应数控加工的特点

　　对数控加工来说，最倾向于以同一基准标注尺寸或直接给出坐标尺寸。这就是坐标标注法。这种标注法，既便于编程，也便于尺寸之间的相互协调，在保证设计、定位、检测基准与编程原点设置的一致性方面带来很大方便。由于零件设计人员往往在尺寸标注中较多地考虑装配等使用特性要求，而不得不采取局部分散的标注方法，这样会给工序安排与数控加工带来诸多不便。事实上，由于数控加工精度及重复定位精度都很高，不会因产生较大的积累误差而破坏使用特性，因而改变局部的分散标注法为集中标注或坐标式尺寸标注是完全可行的。目前，国外的产品零件设计尺寸标注绝大部分采用坐标法标注，这是他们在基本普及数控加工的基础上，充分考虑数控加工特点所采取的一种设计原则。

2. 零件图样中构成轮廓的几何元素的条件是否充分、正确

　　由于零件设计人员在设计过程中难免考虑不周，生产中可能遇到构成零件轮廓的几何元素的条件不充分或模糊不清或者相互矛盾的情况。如圆弧与直线、圆弧与圆弧的连接关系到底是相切还是相交，有些是明明画成相切，但根据图样给出的尺寸计算相切条件不充分或条件多余而变为相交或相离状态，使编程工作无从下手；有时，所给条件又过于"苛刻"或自相矛盾，增加了数学处理（基点计算等）的难度。因为在直接编程时要计算出每一个基点坐标，而计算机辅助编程要对构成轮廓的所有几何元素进行定义，无论哪一点不明确或不确定，编程都无法进行。所以，在审查与分析图样时，一定要仔细认真，发现问题及时与设计人员沟通解决。

　　图 1-43 所示的圆弧与斜线的关系要求为相切，但经计算后却为相交关系，而并非相切。又如图 1-44 所示，图样上给定几何条件自相矛盾，其给出的各段长度之和不等于其总长。诸如此类的情况是不允许存在的。

3. 审查与分析零件结构的合理性

　　零件内腔（包括孔）和外形的一些局部结构在满足使用要求的前提下，最好采用统一的几何类型和尺寸，从而可以减少刀具规格和换刀次数，简化编程，提高加工效率。

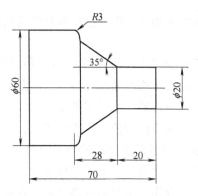

图1-43　几何要素缺陷示例一

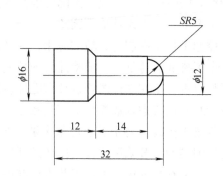

图1-44　几何要素缺陷示例二

如图1-45a所示的零件，其上的三个退刀槽设计成三种不同的宽度，需要用三把不同宽度的割刀分别对应加工，或按最窄的槽选择割刀宽度，当加工宽槽时分几次切出。这种情况如果不是设计的特殊需要，显然是不合理的。若改成图1-45b所示结构，只需一把刀即可分别切出三个槽。这样既减少了刀具数量，少占了刀架工位，又节省了换刀时间和切削时间。

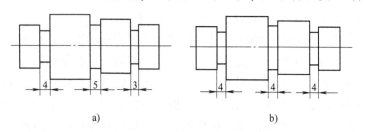

a)　　　　　　　　　　　　　　b)

图1-45　零件结构工艺性示例

三、精度及技术要求分析

对被加工零件的精度及技术要求进行分析，是零件工艺性分析的重要内容之一，只有在分析零件尺寸精度、形位精度和表面粗糙度的基础上，才能对加工方法、装夹方式、刀具及切削用量等进行正确合理的选择。

精度及技术要求分析的主要内容如下：

1）分析零件精度及各项技术要求是否齐全、合理。

2）分析本工序的数控加工精度能否达到图样要求，若达不到需采取其他措施弥补，则应给后续工序留有适当的余量。

3）找出图样上有位置精度要求的表面，这些表面应尽可能在一次安装下加工完成。

4）对表面粗糙度要求较高的表面，应认真规划，尽量采用恒线速度切削或高速切削加工，必要时安排后续光整加工。

第九节　数控加工工艺设计

数控加工工艺设计是后续工作的基础，其设计的质量会直接影响零件的加工质量与生产效率。工艺设计时应对零件图、毛坯图认真消化，结合数控加工的特点灵活运用普通加工工艺的一般原则，尽量把数控加工工艺路线设计得更合理一些。

一、工序的划分

数控机床加工零件，工序一般相对比较集中，在一次装夹中尽可能完成大部分或全部工作。首先应根据零件图样，考虑被加工零件是否可以在一台数控机床上完成整个零件的加工工作，若不能，则应决定其中哪些部分在数控机床上加工，哪些部分在其他机床上加工，并对零件的加工工序进行划分。一般工序划分有以下几种方式：

（1）按零件装夹定位方式划分工序　由于每个零件结构形状不同，各表面的技术要求也有所不同，故加工时，其定位方式各有差异。一般加工外形时，以内形定位；加工内形时又以外形定位。因而可根据定位方式的不同来划分工序。

（2）按粗、精加工划分工序　根据零件的加工精度、刚度和变形等因素来划分工序时，可按粗、精加工分开的原则来划分工序，即先粗加工再精加工。此时，可用不同的机床或不同的刀具进行加工。对于刚性差的工件，便于穿插时效、校正工序或调整夹紧力。通常在一次安装中，不允许将零件某一部分表面加工完毕后，再加工零件的其他表面，而是应先切除整个零件各加工面的大部分余量。再将其表面精加工一遍，以保证加工精度和表面粗糙度要求。

（3）按所用刀具划分工序　为了减少换刀次数，压缩空程时间，减少不必要的定位误差，可按刀具集中工序的方法加工零件，即在一次装夹中，尽可能用同一把刀具加工出可能加工的所有部位，然后再换另一把刀加工其他部位。在专用数控机床和加工中心中常采用这种方法。

二、加工顺序的安排

加工顺序安排应根据加工零件结构、毛坯状况及定位夹紧需要来考虑，重点保证定位夹紧和加工时工件的刚性和有利于保证加工精度。一般应遵循下列原则：

（1）基面先行原则　安排加工顺序时，首先要加工的表面，应该是后续工序作为精基准使用的表面，以便后续工序再以该基准面定位，加工其他表面。

（2）先主后次原则　零件上的加工表面，通常分为主要表面和次要表面两大类。主要表面通常是指尺寸、位置精度要求较高的基准面与工作表面；次要表面则是指那些要求较低，对零件整个工艺过程影响较小的辅助表面，如键槽、螺孔、紧固小孔等。这些次要表面与主要表面间有一定的位置精度要求。一般先对主要表面进行预加工，再以主要表面定位加工次要表面。对于整个工艺过程而言，次要表面加工安排在主要表面最终精加工前进行。

（3）先粗后精原则　按照各表面统一粗加工—精加工的顺序进行，逐步提高加工精度。粗加工应在较短的时间内将工件各表面上的大部分加工余量切掉，而不是把零件的某个表面粗精加工完毕后再加工其他的表面。粗加工时一方面要提高金属切除率，另一方面要满足精加工的要求。精加工要保证加工精度，按图样尺寸，尽可能一刀切出零件轮廓。

（4）先面后孔原则　对既有平面又有孔加工的零件，应先加工平面再进行孔加工，这样有利于提高孔的加工位置精度，并避免孔口毛刺的产生。

（5）先内后外、内外交叉原则　对既有内表面又有外表面需要加工的零件，安排加工顺序时，应先进行内外表面的粗加工，后进行内外表面的精加工，特别是内外表面间有相互位置精度要求时。由于内部加工相对困难，容易出现加工质量问题而报废，因此，同一加工精度阶段，先安排内表面加工，再安排外表面加工，这样如果出现废品也可以减少损失。

（6）保证刚性原则 在同一次安装中进行的多个工步，应先安排对工件刚性破坏较小的工步，以保证工件加工时的刚度要求。即一般先加工离夹紧部位较远的或在后续工序中不受力或受力小的部位，本身刚性差又在后续工序中受力的部位安排在后面加工。

（7）先近后远原则 这里所说的远与近，是按加工部位相对起刀点而言的。在一般情况下，离起刀点远的部位后加工，以便缩短刀具移动距离，减少空行程时间。先近后远一般还有利于保持坯件或半成品的刚性，改善其切削条件。

如图1-46所示的零件，如果按直径大小次序安排车削，不仅会增加刀具返回所需的空行程时间，而且一开始就削弱了工件的刚性，还可能使台阶的外直角处产生毛刺（飞边）。对这类直径相差不大，而且自身刚性较差的台阶轴，粗加工宜从右端开始按1、2、3顺序逐段安排车削。

（8）相同原则 以相同定位夹紧方式或同一把刀具加工的工序最好接连进行，以减少重复定位次数（有色金属零件尤其重要）、换刀次数与挪动压紧元件次数。

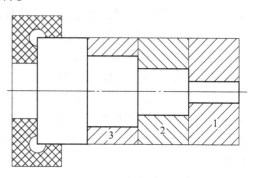

图1-46 先近后远示例

三、确定进给路线

进给路线泛指刀具从程序启动开始运动起，直至程序结束停止运动所经过的路径，包括切削加工的路径及刀具切入、切出等非切削空行程路径。

进给路线是刀具在整个加工工序中的运动轨迹，它不但包括了工步的内容，也反映出工步顺序。进给路线是编程的重要依据之一，工步的划分与安排一般可根据进给路线来进行。

1. 确定进给路线的基本原则

确定进给路线的工作重点，主要在于确定粗加工及空行程路线，因为精加工切削过程的进给路线基本上都是沿着零件轮廓进行的。

进给路线的确定原则，主要考虑以下几点：

1）进给路线应有利于保证零件加工质量。

2）进给路线应有利于延长刀具寿命。

3）进给路线应使数据计算简单，有利于减少编程工作量。

4）进给路线应尽可能短，以减少程序段，减少空刀时间，提高加工效率。

5）精加工时刀具的进刀、退刀（切入、切出）应平滑连续过渡，避免在切入、切出点留下刀痕缺陷。

以上各项有时是互相矛盾的，此时应分清主次，确保重点，适当兼顾，最终达到一个较为理想的效果。

2. 空行程路线安排

通过合理设置起刀点、换刀点和运动叠加等方法，尽可能地将空行程路线减到最短，从而减少空行程时间损失，这在批量生产中不可忽视。

（1）切削开始前的引刀与切入　切削加工开始前，由于要进行工件的装夹以及刀具的安装与交换等操作，刀具处于远离工件位置。这时一般采用机床最大运动速度（G0）进行快速引刀，在各个方向同时向工件切入点靠拢，只要保证刀具运行路径上没有障碍即可。

快速引刀终点与切入点的距离，需视切入点处的坯料情况而定。如果坯料切入点处质量较差（精度低），则距离取较大值，反之则可以取较小值，但至少大于加工余量。基本原则是在保证安全不碰撞的前提下，尽可能减小切入距离，以节省时间，提高效率。

快速引刀结束，刀具以工作进给的速度向工件切入点切入。切入结束，刀具已经切到一层加工余量。对于精加工，特别是连续轮廓零件，刀具的切入应注意平滑连续过渡，即沿轮廓切入处的切线方向切入，以避免在切入点处留下刀痕缺陷。

（2）切削结束后的切出与退刀　切削加工结束，刀具要退离工件。一般在轮廓终点处沿轮廓长度方向增加一小段长度，刀具要多切出这一小段距离。对于精加工，特别是连续轮廓零件，应尽量避免在轮廓中间切出，如果必须在轮廓中间切出，则须沿轮廓切出处的切线方向切出，以避免在切出点处留下刀痕缺陷。刀具的切出行程尽可能小，切出结束，即可以G0方式（快速）退刀。

3. 切削进给路线的安排

切削进给路线为最短，可有效地提高生产效率，降低刀具的损耗等。在安排粗加工或半精加工的切削进给路线时，应同时兼顾到被加工零件的刚性及加工的工艺性等要求，不要顾此失彼。

粗加工或半精加工时，切削进给路线相对较为复杂，与具体的加工工艺性质以及零件结构等情况有关，将在后续两章中按工艺性质分别详述。

精加工时，在安排可以一刀或多刀进行的精加工工序时，如前所述，零件的最终轮廓应尽可能由最后一刀连续加工而成，这时，加工刀具的进、退刀位置要考虑妥当，尽量不要在连续轮廓的中间安排切入和切出或换刀及停顿，以免因切削力突然变化而造成弹性变形，致使光滑连续的轮廓上产生表面划伤、形状突变或滞留刀痕等缺陷。

四、定位夹紧方案的确定与夹具选择

1. 定位基准与夹紧方案的确定

（1）基准统一原则　对于加工过程中的各道不同工序，在满足加工精度要求的前提下，尽量采用统一的定位基准，甚至使用统一的托盘安装输送零件，以避免因基准转换而产生误差，保证加工后各表面相对位置的准确性。如果零件上没有合适的统一基准面，可增设辅助基准面定位，如：活塞零件的止口、端面，箱体零件的定位销孔等。当零件上没有直接可作为定位基准使用的要素时，可选择零件上的某些次要孔作为工艺孔，将其加工精度提高后作为定位孔；必要时，甚至可在零件上增加工艺凸耳，并在其上作出工艺孔作为后续加工的定位基准，加工完成后视实际情况考虑是否将其切除。

（2）基准重合原则　高精度零件的精加工工序，当工艺系统精度裕量不够充分，精度保证有困难时，应该考虑基准重合，即采用设计基准作为定位基准，以避免因基准不重合而引起的定位误差，保证加工精度。

（3）可靠、方便、便于装夹原则　选择定位可靠、装夹方便的表面作为定位基准，优先采用精度高、表面粗糙度值小、支承面积大的表面作为基准面。避免采用占机人工调整方案，尽可能使夹具简单、操作方便。

数控加工具有切削速度高、切削用量大的特点，切削加工过程中的切削力、惯性力、离心力等比普通加工要大得多，对工件的夹紧除了考虑传统原则外，应该注意保证更加牢固可靠。因此，对数控夹具的夹紧力和自锁性能提出了更高的要求。

2. 夹具的选择

在定位基准与夹紧方案确定后，即可选择或设计夹具。数控加工用夹具最基本的要求是能保证夹具坐标方向与机床坐标方向的相对固定，从而协调零件与机床坐标系的关系，便于在机床坐标系中找正建立工件坐标系。此外，与普通机床夹具相比，还应提出高精度、高刚性、高效率、自动化、模块化等要求，以便与数控机床相适应。具体按以下原则考虑：

（1）高精度、高刚性要求　数控机床具有高精度、高刚性、连续多型面自动加工的特点，因此就要求数控机床夹具具有较高的精度与刚度，从而减少工件在夹具中的定位与夹紧误差及加工中的受力变形，与数控机床的高精度、高刚性相适应，实现对高精度零件的高效加工。

（2）定位要求　工件相对夹具一般应采用完全定位，且工件的基准相对机床坐标系原点应有严格确定的位置，以满足能在数控机床坐标系中实现刀具与工件的相对运动要求。同时，夹具在机床上也应完全定位，以满足数控加工中简化定位和安装的要求。

（3）空间要求　数控机床能够实现工序高度集中，在一次安装下加工多个表面。采用的夹具就应能在空间上满足各刀具均有可能接近所有待加工表面，也就是希望夹具要有良好的敞开性，其定位、夹紧机构元件不能影响加工中的进给，以免产生碰撞。此外，还要考虑带支承托盘的夹具在平移、升降、转动等动作时，夹具与机床其他部件间不应发生空间干涉。

（4）快速重组重调要求　数控加工可通过更换程序快速变换加工对象，为了能迅速更换工装，减少贵重设备的等待闲置时间，要求夹具在更换加工工件时能快速重组重调。此外，为了提高贵重机床利用率，缩短辅助时间，希望夹具在机动时间内，能在加工区外装卸工件，使工件装卸时间与加工时间重合。

根据以上原则，综合考虑经济性，如果是小批量加工时，应尽量采用组合夹具、可调式夹具及其他通用夹具；当成批生产时，可考虑采用专用夹具，但应力求结构简单；当批量较大时，应采用气动或液压夹具、多工位夹具等。

五、刀具的选择与刀具系统

数控机床刀具的配置必须与数控机床的高精度、高刚性、高速度、自动化等特点相适应，数控机床配置刀具、辅具应掌握的一条基本原则是：质量第一，价格第二。只要质量好，寿命高，虽然价格高一些，但综合经济效益同时得到提高。工艺人员还要特别注意国内外新型刀具的研究成果，以便适时采用。具体要求如下：

（1）高强度、高刚性　数控加工对刀具的强度和刚性要求较普通加工严格，刀具的强度和刚性不好，就不宜兼做粗、精加工，影响生产效率；同时容易出现打刀，并造成事故。当然，刀具刚性差，加工中刀具变形就大，加工精度也低。

（2）适于高速加工、具有良好的切削性能　为了提高生产效率和加工高硬度材料，数控机床正向着高速度、大进给、高刚性和大功率发展。中等规格的加工中心，其主轴最高转速一般为 5000 ~ 8000r/min，高速铣削中心主轴转速一般高达 15000 ~ 40000r/min，工作进给已由过去的 0 ~ 5m/min，提高到 60 ~ 80m/min，在这种工作条件下，刀具的平衡，刀片的连接强度等成为突出问题。直径 φ40mm 的铣刀，在主轴转速为 40000r/min 时，如果刀片脱落，其射出的速度达 87m/s，不亚于机枪子弹的速度，必须使用非常安全可靠的保护措施。

（3）高精度　为了适应数控加工高精度和自动换刀要求，刀具及其装夹结构也必须具有很高的精度，以保证它在机床上的安装精度（通常在 0.005mm 以内）和重复定位精度。数控机床使用的可转位刀片一般为 M 级精度，其刀体精度也要相应提高。如果数控车床是圆盘形或圆锥形刀架，要求刀具不经过尺寸预调而直接装上使用时，则应选用精密级可转位车刀，其所配用刀片应有 G 级精度，或者选用精化刀具，以保证高要求的刀尖位置精度。数控车床用的整体刀具也应有高精度的要求，以满足精密零件加工的要求。

（4）高可靠性　数控加工是自动加工，数控机床加工的基本前提之一是刀具必须可靠，加工中不会发生意外的损坏，从而避免造成重大事故。

（5）高而稳定的寿命　数控加工刀具性能一定要稳定可靠，同一批刀具的性能寿命一致性要好。自动化加工较先进的刀具管理方式就是定期强制换刀，即按寿命换刀，从而简化刀具的管理。而稳定的性能寿命便于实现按寿命换刀。所谓按寿命换刀，即根据刀具供应商提供的，或根据实际使用统计数据获得的刀具寿命时间来确定换刀，寿命时间到即强行换刀，不管实际使用的某把刀具是否确实磨损需要替换。对于精加工刀具，切削过程中的磨损会造成工件尺寸的变化，从而影响加工精度。故刀具的尺寸寿命决定了刀具在两次调整之间所能加工出合格零件的数量。刀具尺寸寿命短，加工尺寸变化大，加工精度低，同时需要频繁换刀、对刀，增加了辅助时间，且容易在工件轮廓上留下接刀刀痕，影响工件表面质量。在数控加工过程中，为了提高生产率，对于精加工刀具，提高其尺寸寿命非常重要。

（6）可靠的断屑与排屑性能　切屑的处理是自动化加工的一个重要课题，它对于保证机床的正常连续工作有着特别重要的意义。数控加工中，紊乱的带状切屑会给连续加工带来很多危害，而 C 形屑对于切削过程的平稳性及工件表面粗糙度有一定的影响。因此数控机床所用刀具在能可靠卷屑与断屑的基础上，还要确保排屑畅通无阻，尤其是孔加工刀具。

（7）精确而迅速的调整　中高档数控机床所用刀具一般最好带有调整装置，这样就能够补偿由于刀具磨损而造成的工件尺寸的变化。为了提高机床生产率，应加快调整速度。

（8）自动且快速的换刀　中高档数控机床一般可以采用机外预调刀具，而且换刀是在加工的自动循环过程中实现的，即自动换刀。这就要求刀具应能与机床快速、准确地接合和脱开，并能适应机械手或机器人的换刀操作。所以连接刀具的刀柄、刀杆、接杆和装夹刀头的刀夹，已发展成各种适应自动化加工要求的结构，成为包括刀具在内的数控工具系统的组成部分。

（9）刀具工作状态监测装置　这种装置可随时将刀具状态（磨损或破损）的监测结果输入计算机，及时发出调整或更换刀具的指令，以避免由于加工过程中偶然因素造成的损失以及由于刀具磨损而造成的加工精度下降，从而保证工作循环的正常进行与加工质量。

（10）刀具标准化、模块化、通用化及复合化　数控机床所用刀具的标准化，可使刀具品种规格减少，批量增加，成本降低，便于管理。为了适应数控机床的多功能发展需求，数控工具系统正向着模块化、通用化方向发展。为充分发挥数控机床的利用率，要求发展和利用多种复合刀具，使需要多道工序、几种刀具完成的加工，在一道工序中由一把刀具完成，从而提高生产率，保证加工精度。此外，刀具结构以机夹可转位为主，以适应数控加工刀具耐用、稳定、易调、可换等要求。由于数控加工工件一般较为复杂，选择刀具时还应特别注意刀具的形状，保证在切削加工过程中刀具不与工件轮廓发生干涉。

（11）**刀具材料**　目前，数控加工较多采用硬质合金或高速钢涂层刀具，以保证刀具寿命高，而且稳定可靠；陶瓷和超硬材料（如聚晶金刚石和立方氮化硼）的不断开发并进入实用，更使得数控机床的优势得以充分发挥。表1-3列出了数控机床用各种刀具材料及其特点与应用情况。

表1-3　数控机床用刀具材料的性能和应用范围

刀具材料		优　点	缺　点	典型应用
高速钢		抗冲击能力强，通用性好	切削速度低，耐磨性差	低速、小功率和断续切削，形状复杂的刀具
硬质合金		通用性最好，抗冲击能力强	切削速度有限	大多数材料的粗精加工，包括钢、铸铁、特殊材料和塑料等
涂层硬质合金		通用性很好，抗冲击能力强，中速切削性能好	切削速度限制在中速范围	除速度比硬质合金高外，其他与硬质合金一样
金属陶瓷		通用性很好，中速切削性能好	抗冲击能力差，切削速度限制在中速范围	钢、铸铁、不锈钢和铝合金等
陶瓷	陶瓷（热/冷压成形）	耐磨性好，可高速切削，通用性好	抗冲击能力差，抗热冲击性能也差	钢和铸铁的精加工，钢的滚压加工
	陶瓷（氮化硅）	抗冲击性好，耐磨性好	非常有限的应用	铸铁的粗、精加工
	陶瓷（晶须强化）	抗冲击性好，抗热冲击性能高	有限的通用性	可高速粗、精加工硬钢、淬火铸铁和高镍合金
立方氮化硼（CBN）		高热硬性，高强度，高抗热冲击能力	不能切削硬度低于45HRC的材料，成本高	切削硬度在 45 ~ 70HRC 间的材料
聚晶金刚石（PCD）		高耐磨性；高速性能好	抗冲击能力差，切削铁质金属化学稳定性差	高速、粗、精切削有色金属和非金属材料

六、确定对刀点与换刀点

所谓对刀具有两个方面的含义：其一是为了确定工件在机床上的位置，即确定工件坐标系与机床坐标系的相互位置关系；其二是为了求出各刀具的偏置参数，即各刀具的长度偏差和半径偏差等。这里只从第一种意义上来讨论。

一般情况下，对刀是从各坐标轴方向分别进行的，对刀时直接或间接地使对刀点与刀位点重合。所谓刀位点，是指刀具的定位基准点。对刀点则通常为编程原点，或与编程原点有稳定精确关系的点。对刀点可以设在被加工零件上，也可以设在夹具或机床上，但必须与工件的编程原点有准确的关系，这样才能确定工件坐标系与机床坐标系的关系。

对于平头立铣刀、面铣刀类刀具，刀位点一般为刀具轴线与刀具底面的交点；对球头铣刀，刀位点为球心；对于车削、镗削类刀具，刀位点为假想刀尖或刀具圆角中心；钻头则一般取钻尖为刀位点，如图 1-47 所示。

选择对刀点时要考虑到找正容易，编程方便，引起的加工误差小，加工时检查方便、可靠。具体选择原则如下：

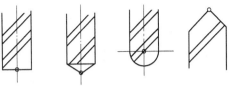

平头立铣刀　　钻头　　球头铣刀　　车刀、镗刀

图 1-47　刀位点

1）对刀点应尽量选在零件的设计基准或工艺基准上，如以孔定位的零件，可将孔的中心作为对刀点，以利提高对刀精度。

2）对刀点应选在便于观察、检测、方便的位置上。

3）对刀点尽量选在工件坐标系的原点上，或者选在已知坐标值的点上，以便于坐标值的计算。

由于具体的技术手段问题，对刀也不可避免存在误差，对刀误差属于常值系统性误差，可以通过试切加工结果进行调整，以消除对加工精度的影响。

换刀点是为加工中心、数控车床等具有自动换刀机构的机床而设置的，因为这些机床在加工过程中可自动换刀。为防止换刀时与零件或夹具等干涉，换刀点常常设置在被加工零件外围一定距离的地方，并要有一定的安全余量。对于数控车床，换刀点可以是固定的，也可以是随机的。固定位置换刀可通过数控系统进行换刀点位置设定，随机位置换刀则在程序中编入换刀点位置即可。加工中心通常采用固定位置换刀，换刀点位置直接由刀库或换刀机械手位置确定。

七、切削用量的确定

切削用量主要包括背吃刀量、主轴转速及进给速度等，这些参数在加工程序中必须得以体现。切削用量的选择原则与通用机床加工基本相同，具体数值应根据机床使用说明书和金属切削原理中规定的方法及原则，结合实际加工情况来确定。在数控加工中，以下几点应特别注意：

1）对于目前我国具有较高占有率的经济型数控机床，主轴一般采用普通三相异步电动机通过变频器实现无级变速，如果没有机械减速，往往在低速时主轴输出转矩不足，若切削用量过大，切削负荷增加，容易造成闷车。

2）切削用量过大，刀具磨损加快，故应尽可能选择合适的切削用量，使刀具能完成一个零件或一个工作班次的加工工作，大件精加工尤其要注意尽量避免加工过程中间换刀，确保能在刀具寿命内完成全部加工。

3）刀具进给速度选择应适当，否则工件拐角处会因进给惯性出现超程，从而造成"欠切"（外拐角）或"过切"（内拐角），如图 1-48 所示。

4）螺纹车削尽可能采用高速进行，以实现优质、高效生产。

5）目前，一般的数控车床都具有恒线速度功能，当加工工件直径有变化时，尽可能采用恒线速度进行加工，既可提高加工表面质量，又可充分发挥刀具的性能，提高生产效率。

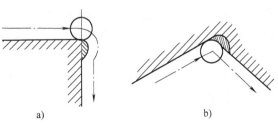

a)　　　　　　　　　　　　b)

图 1-48　拐角处超程引起的"欠切"与"过切"

6）采用高速加工机床进行加工时，切削用量的选择原则不同于传统切削加工。高速加工一般选取很高的进给速度，并采用极高的切削速度，以便与高进给速度相匹配，同时选取较小的切削深度。

7）当加工圆弧段时，实际进给速度 v_T，即刀触点的进给速度，并不等于设定的刀位点的进给速度 v_f。所谓刀触点，就是加工过程中刀具与工件实际接触的点，即刀具与工件加工轮廓的切点，由它产生最终的切削效果，如图1-49所示。

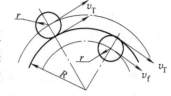

图1-49　圆弧切削的进给速度

由图可见，加工外圆弧时，刀触点实际进给速度为

$$v_T = v_f R / (R + r)$$

即 $v_T < v_f$；而加工内圆弧时

$$v_T = v_f R / (R - r)$$

即 $v_T > v_f$。当刀具半径 r 越是接近工件半径 R 时，刀触点的实际进给速度将变得非常大或非常小，从而可能损伤刀具与工件或降低生产效率。所以应该考虑到刀具半径与圆弧半径对工作进给速度的影响。

八、数控加工工艺文件的编写

编写数控加工工艺文件是数控加工工艺设计的重要内容之一。数控加工工艺文件既是数控加工、产品验收的依据，也是操作者遵守、执行的规程；有的则是加工程序的具体说明或附加说明，以便让操作者更加明确程序内容、定位装夹方式、刀具选择使用情况及其他需要了解的问题。

为了加强技术文件的管理，与传统加工工艺文件一样，数控加工工艺文件也应该标准化、规范化，然而目前尚无统一的国家标准，但在各企业或行业内部已有一定的规范可循。数控加工工艺文件通常包括数控加工工序卡、数控加工进给路线图、数控加工程序单、数控加工程序说明卡、数控加工刀具调整卡等。

1. 数控加工工序卡

数控加工工序卡与普通加工工序卡有许多相似之处，但必须反映出使用的辅具、刀具及切削参数等，并在零件草图中标明编程原点、坐标方向、对刀点及编程的简要说明（如机床或控制器型号、程序号）等。在工序加工内容不十分复杂的情况下，用数控加工工序卡的形式可以把零件加工图、尺寸、技术要求、工序内容及程序要说明的问题集中反映在一张卡片上，做到一目了然。表1-4所示为某支架零件精铣轮廓工序卡。

2. 数控加工进给路线图

在数控加工中，要注意并防止刀具在运动中与夹具、工件等发生意外的碰撞。此外，对有些被加工零件，由于工艺上的问题，必须在加工过程中移动压板，以改变夹紧位置，这就需要事先确定在哪个程序段前进行这一操作，原始夹紧点在零件的什么地方，需要更换到什么地方，采用什么样的夹紧元件等，以防加工时准备不足出现安全问题。这些用程序说明卡和工序说明卡难以说明或表达清楚的过程，用进给路线图加以附加说明，效果就会更好。

表 1-4　支架零件精铣轮廓工序卡

数控加工工序卡	零、组件图号	零、组件名称	版　次	文件编号	第　页
	ZG03·01	支架	1	××-××	共××页
	工序号	50		工序名称	精铣轮廓
	加工车间	2		材料牌号	2A50
	设备型号	××××			

工艺凸耳及定位孔

Z原点

X Z=0

机床真空平台

过渡真空夹具

X、Y 轴的交点为编程及对刀重合原点

编程说明及操作		
控制机	SINUMERIK7M	切削速度	m/min
程序介质	纸带	主轴转速	800r/min
程序标记	ZG03·01-2	进给速度	100～500mm/min
		原点编码	G57
编程方式	G90	编程直径	φ21～φ3707.722
镜像加工	无	刀补界限	$R_{max} < 10.5$
转心距			

工步号	工序内容	工　装 名称	图号	对刀高度
		过渡真空夹具	ZG311/201	
1	补铣型面轮廓周边圆角 R5	立铣刀	ZG101/107	
2	铣扇形框内外形	成形铣刀	ZG103/018	
3	铣外形及 φ70 孔	立铣刀	ZG101/106	
		更改标记	更改单号	更改者/日	有效批/架次
工艺员 ××× 校对 ××× 审定 ×××		批准		×××

为简化进给路线图，一般可采取统一约定的符号来表示。不同的机床可以采用不同图例与格式。表 1-5 所示即为某支架零件外形铣削的进给路线图。

3. 数控加工程序单

数控加工程序是编程员根据工艺分析情况，经数值计算后，按照具体数控机床或数控系统的指令代码编制的。它真实体现了数控加工工艺过程中的各种几何运动与工艺信息等，是实现数控加工所必需的。数控加工程序单记录了完整的数控加工程序，通常应复制保存，以便于检查、交流或下次加工时调用。

4. 数控加工程序说明卡

实践证明，仅用加工程序单、工艺规程来指导实际数控加工会有许多问题。由于操作者对程序内容不清楚，对编程人员的意图理解不够，经常需要编程人员在现场说明与指导。因此，对加工程序进行详细说明很必要，特别是对于那些需要长时间保存和使用的程序尤其重要。

表1-5　支架零件外形铣削进给路线图

数控机床进给路线图		零件图号		ZG03·01	工序号	50	工步号	3	程序编号	ZG03·01-3
机床型号	××××	程序段号	N8401～N8438		加工内容		铣削外形及内孔 φ70		共3页	第3页

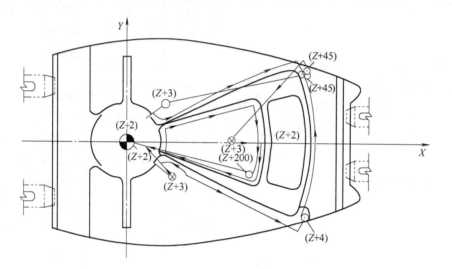

								编程	×××	校对	×××	审批	×××
符号	⊙	⊗	◕	○→	←	⌐→	- - -	○○○→	▭→	→⌐	↓⌐
含义	抬刀	下刀	编程原点	起始	进给方向	进给线相交	爬斜坡	钻孔	行切	轨迹重叠	回切

一般来说，数控加工程序说明卡主要包括如下内容：

1）所用数控设备型号及控制器型号。

2）对刀点及允许的对刀误差。

3）工件坐标系相对于机床的坐标方向及位置（用简图表述）。

4）所用刀具的规格、图号及其在程序中对应的刀具号，若必须利用调整修改实际刀具半径或长度补偿值进行加工（如用同一程序、同一把刀具作粗加工，而利用加大刀具半径补偿值进行时），则应指出更换该刀具补偿值的程序段号等。

5）整个程序加工内容的顺序安排（相当于工步内容说明与工步顺序）。

6）子程序的说明。对程序中编入的子程序应说明其内容和用途。

7）其他需要作特殊说明的问题，如需要在加工中更换夹紧点（挪动压板）的计划停止程序段号，中间测量用的计划停止程序段号，允许的最大刀具半径和长度补偿值等。

5. 数控加工刀具调整卡

数控加工刀具调整卡主要包括数控刀具卡（简称刀具卡）和数控刀具明细表（简称刀具表）两部分。

数控加工时，对刀具的要求十分严格，一般生产企业当数控机床数量较多时，均配备有机外对刀仪，从而可事先调整好刀具直径和长度，减少占机对刀调整时间。

刀具卡主要反映刀具编号、刀具结构、尾柄规格、组合件名称代号、刀片型号和材料等，它是组装刀具和调整刀具的依据。刀具卡的格式见表1-6。

表1-6　数控刀具卡

零件图号	JSO102-4	数控刀具卡片				使用设备	
刀具名称	镗刀					TC-30	
刀具编号	T13003	换刀方式	自动	程序编号			
刀具组成	序号	编号	刀具名称	规格	数量	备注	
	1	7013960	拉钉		1		
	2	390.140-5063050	刀柄		1		
	3	391.35-4063114M	镗刀杆		1		
	4	448S-405628-11	镗刀体		1		
	5	2148C-33-1103	精镗单元	$\phi50 \sim \phi72mm$	1		
	6	TRMR110304-21SIP	刀片		1		

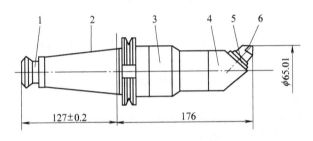

备注								
编制		审核		批准		共　　页	第　　页	

数控刀具明细表是调刀人员调整刀具和加工人员输入数据的主要依据。刀具明细表格式见表1-7。

表1-7　数控刀具明细表

零件图号	零件名称	材料	数控刀具明细表		程序编号	车间	使用设备
JSO102-4							
刀号	刀位号	刀具名称	刀具图号	刀具		刀补地址	换刀方式	加工部位

刀号	刀位号	刀具名称	刀具图号	直径/mm		长度/mm	刀补地址		换刀方式	加工部位
				设定	补偿	设定	直径	长度	自动/手动	
T13001		镗刀		$\phi63$		137			自动	
T13002		镗刀		$\phi64.8$		137			自动	
T13003		镗刀		$\phi65.01$		176			自动	
T13004		镗刀		$\phi65 \times 45°$		200			自动	
T13005		环沟铣刀		$\phi50$	$\phi50$	200			自动	
T13006		镗刀		$\phi48$		237			自动	

（续）

零件图号	零件名称	材料	数控刀具明细表			程序编号	车间	使用设备
JSO102-4								

刀号	刀位号	刀具名称	刀具图号	刀具			刀补地址		换刀方式	加工部位
				直径/mm		长度/mm				
				设定	补偿	设定	直径	长度	自动/手动	
T13007		镗刀		ϕ49.8		237			自动	
T13008		镗刀		ϕ50.01		250			自动	
T13009		镗刀		ϕ50×45°		300			自动	
编制		审核		批准			年 月 日		共 页	第 页

思考与练习

1-1 简述机床数控技术的组成。

1-2 数控加工技术主要涉及哪些内容？为什么先进的数控加工技术是发挥数控机床性能、提高数控机床利用率的可靠保证？

1-3 什么是数控加工程序编制？简述零件加工程序编制的各种方式。

1-4 简述数控机床的分类方法。

1-5 按进给伺服装置类型不同数控机床分为哪几类？各有何特点？

1-6 当前机床数控技术的研究与发展热点有哪些？

1-7 何为复合机床？复合机床有什么优点？举例说明。

1-8 为什么要对高速、高精度加工技术进行研究？

1-9 何为虚拟切削加工技术？为什么目前要对这项技术进行研究？

1-10 简述新的数控技术标准与规范的内容与现状。

1-11 如何确定标准坐标系（机床坐标系）？

1-12 何为工件坐标系？工件坐标系原点的选择原则是什么？

1-13 何为局部坐标系？采用局部坐标系有何意义？

1-14 何为坐标轴和联动轴？两者有何区别？

1-15 何为程序段格式？程序段格式有哪几种类型？

1-16 程序段号的意义是什么？其编制规则如何？

1-17 何为准备功能与辅助功能？举例说明。

1-18 何为模态代码与非模态代码？举例说明。

1-19 何为主程序与子程序？采用子程序有何意义？

1-20 何为基点与节点？

1-21 非圆曲线节点坐标计算常用哪几种方法？各有何特点？

1-22 简述一般数控加工对零件图样尺寸转换或计算的主要内容。

1-23 简述数控加工工艺的特点。

1-24 数控加工顺序安排的基本原则有哪些？

1-25 数控加工进给路线的确定应遵守哪些基本原则？

1-26 数控加工定位夹紧方案确定的基本原则有哪些？

1-27　数控加工刀具的选择原则有哪些?

1-28　何为对刀与对刀点? 如何选择对刀点?

1-29　何为刀位点? 常用刀具刀位点如何确定?

1-30　简述确定数控加工切削用量时应注意的要点。

1-31　数控加工工艺文件通常有哪些? 各作何用途?

第二章 数控车削编程加工技术

第一节 数控车床

一、数控车床类型

数控技术发展很快，但由于经济发展的不平衡，用户使用要求和经济承受力的不同，也就出现了各种不同性能和技术等级的数控车床。这些数控车床在配置结构和使用上都有其各自的特点。按照数控车床的技术水平或机械结构，可以将数控车床分类如下：

1. 经济型数控车床

所谓经济型数控车床，如图2-1所示，是相对标准全功能型数控车床而言的。经济型的概念在不同国家和不同时期有不同的含义，其特点是根据实际机床的使用要求，合理地进行简化，以降低价格。目前在我国，通常把单板机、单片机和步进电动机组成的数控车床称为经济型数控车床。经济型数控车床的数控系统功能比较单一，一般只有两个坐标的控制和联动。经济型数控车床一般都为中小型数控车床，通常以卧式车床为基础经改进设计而成，也有一部分是对普通车床改造而得。经济型数控车床属于低档数控车床，目前在我国有一定的生产批量与市场占有率。

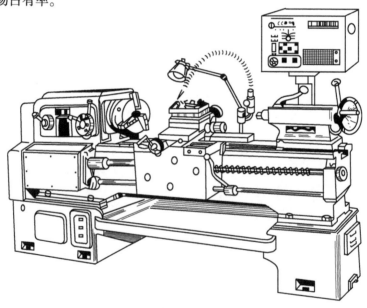

图2-1　经济型数控车床

2. 全功能数控车床

区别于经济型数控车床，把功能比较齐全的数控车床，称为全功能数控车床，或称为标准型数控车床，如图2-2所示。全功能数控车床配有高分辨率的显示器，带有各种显示、图形仿真、刀具和各种误差补偿等功能，带有通信或网络接口。全功能数控车床采用闭环或半闭环控制伺服系统，可以进行多个坐标轴的控制与联动。全功能数控车床一般采用斜床身或立床身后置刀架结构，配有较完善的辅助设备，具有高精度、高刚性、高速度、高效率等特点。

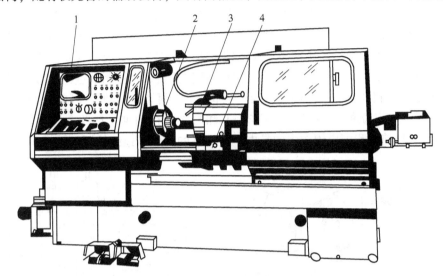

图 2-2　全功能数控车床
1—显示器　2—卡盘　3—回转刀架　4—十字滑板

3. 车削中心

以全功能数控车床为主体，配置动力刀架、C轴控制、自动上下料装置等，从而可以实现多工序集中复合加工的数控车床，称为车削中心，如图2-3所示。所谓动力刀架，即刀架具有自驱电动机，可以驱动其上的回转类刀具（如钻头、铣刀等）实现回转主运动。而C轴即

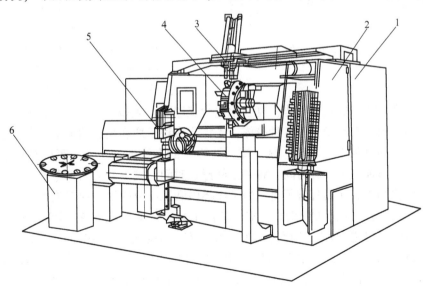

图 2-3　车削中心
1—主机　2—刀库　3—换刀机械手　4—刀架　5—装卸料机械手　6—载料机

对主轴进行位置控制，可以将主轴锁定在某一角度位置，或使其按一定的要求进行圆周进给等。在车削中心上，工件一次装夹后，可以完成回转类零件的车、铣、钻、镗、铰、螺纹加工等多种工序，可以在工件径向和轴向进行上述加工。图2-4所示为车削中心加工示例。车削中心功能全面而强大，加工质量和效率很高，但价格较贵。

与普通车床一样，在实际应用中，数控车床还可根据主轴布局形式和数量进行分类。主轴轴线为水平位置的数控车床即为卧式数控车床，图2-1~图2-3所示均为卧式数控车床。主轴轴线为垂直位置的数控车床即为立式数控车床，如图2-5所示。具有两根主轴的数控车床称为双主轴数控车床，如图2-6所示。此外，根据数控系统控制的进给轴数，可以分为两轴控制数控车床（机床只有一个回转刀架，只有 Z、X 两个坐标轴的控制）和四轴控制数控车床（机床有两个独立的回转刀架，有 Z、X 和与之平行的 W、U 四个坐标轴的控制，如图2-6所示）。目前，我国应用较多的是中小型规格的两坐标连续控制的数控车床。

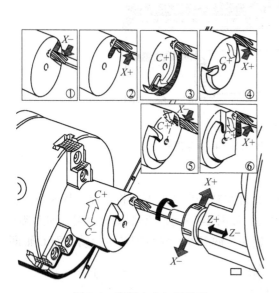

图2-4　车削中心加工示例

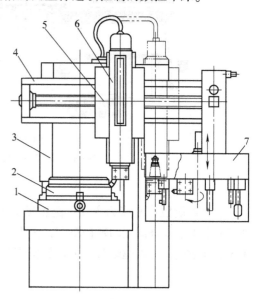

图2-5　带自动换刀的立式数控车床
1—工作台　2—工件　3—立柱　4—横梁
5—刀架滑座　6—刀架滑枕　7—刀库

复合化是数控机床的发展趋势，复合化包含工序复合化和功能复合化。工件在一台设备上一次装夹后，通过自动换刀等各种措施，来完成多种工序和表面的加工。在一台数控设备上能完成多工序切削加工（如车、铣、镗、钻等）的车铣加工中心，可以替代多台机床的多次装夹加工，既能减少装卸时间，省去工件搬运时间，减少半成品库存量，又能保证和提高工件形状位置精度，从而打破了传统的工序界限和工序分散加工的工艺规程。

日本MAZAK公司推出的INTEGEX30车铣中心，备有链式刀库，可选刀具数量较多，使用动力刀具时，可进行较重负荷的切削，并具有 Y 轴功能（±90mm），该机床实质上为车削中心和铣削加工中心的"复合体"。韩国大宇和我国沈阳机床集团也相继开发出同类的车铣复合加工中心，图2-7所示为韩国大宇推出的双主轴车铣复合加工中心，该机床附有 Y 轴功能，下部为12位转塔刀架，上部为带摆动的铣削主轴并配有刀库，图中左下方为该机床加工的典型零件。

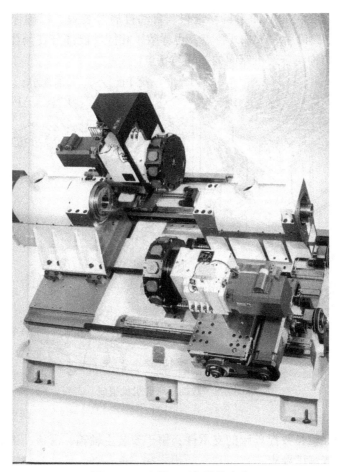

图 2-6　双主轴双刀架数控车床

图 2-7　车铣复合加工中心

二、数控车床结构特点

数控车床与普通车床在机械主体结构上基本相同，主要包括床身、主轴箱、进给机构、刀架、尾座及液压、冷却、润滑等部分。另外，由于数控机床的自动化加工等要求，在辅助装置的配置上较为完善，如增加了自动送料、自动排屑等装置，以确保工作的连续性，如图 2-8 所示。由于数控机床的一系列特点，也导致了相同功能部分在具体结构上的不同，形成了数控机床机械结构与普通机床间的差异与特点。

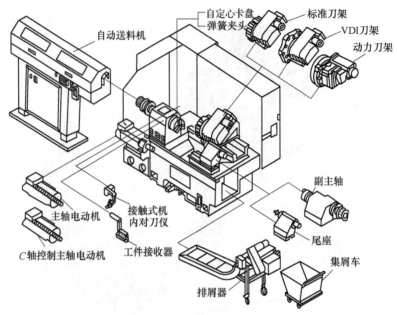

图 2-8　数控车床的机械组成

1. 数控车床床身导轨

数控车床床身导轨是数控车床的支承件，用于安装主轴箱、滑板、刀架等部件，以保证它们之间的相互位置精度要求。

由于数控车床有其自身一系列的特点与要求，因此对数控车床的床身导轨布局需要作出相应的调整。图 2-9 所示为卧式数控车床床身导轨的四种布局形式。

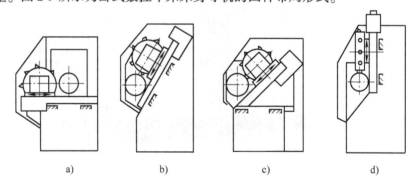

图 2-9　卧式数控车床床身导轨布局
a) 水平式　b) 床身倾斜式　c) 水平床身斜滑板式　d) 直立式

图 a 所示的水平式与普通车床布局形式相同，在水平床身上布置滑板和刀架，其主要缺点是排屑不畅，切屑容易积聚在水平拖板上，将大量切削热散发传递给机床床身，从而使床身局部温度升高，导致较大的机床热变形，影响加工精度。此外，刀架前置将挡住操作者视线，阻碍操作者观察工件加工情况。

图 b、c 所示的倾斜式与图 d 所示的直立式克服了上述水平式布局的缺点，切屑可以直接落入床身下部并通过排屑装置及时排出机床外，从而避免机床局部温度升高，控制和减小机床热变形，提高加工精度。刀架后置将有利于操作者观察工件加工情况。

床身倾斜式结构除了上述各项优点外，对于提高整个床身的刚性和动态特性都有一定的效果，受力情况也大有改善。

数控车床导轨除了采用普通滑动导轨外，对于要求较高的数控车床，通常采用滚动导轨。滚动导轨在动导轨与静导轨间通过滚动元件（滚珠或滚柱）将滑动摩擦转换为滚动摩擦。

滚动导轨具有下列特点：

1）摩擦因数低，运动灵敏度高，低速不爬行。

2）摩擦功耗小，移动轻便。

3）定位精度远高于滑动导轨。

4）耐磨性高，磨损小，精度保持性好，寿命长。

5）润滑系统简单，维护方便。

6）结构复杂，制造困难；接触面积小，抗振性较差；对脏、杂物较敏感，防护要求高。

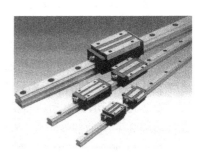

由于滚动导轨具有上述一系列特点，因此广泛应用于高速、高定位精度、高灵敏度要求的机床。图 2-10 和图 2-11 分别表示了 LM 系列直线滚动导轨的外观和结构。

图 2-10　LM 系列滚动导轨外观

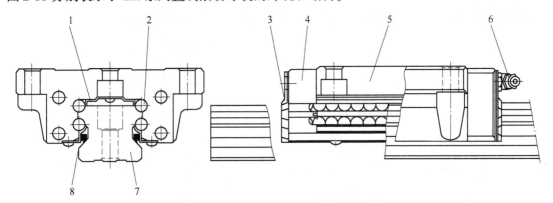

图 2-11　LM 系列滚动导轨结构

1—保持架　2—负荷钢珠列　3—末端密封垫　4—侧面平板
5—LM 滑板　6—润滑油接口　7—LM 轨道　8—侧面密封垫

对于一些精密高速数控机床，采用动压或静压导轨作为机床主运动导轨。动压导轨借助导轨面间的相对运动形成压力油楔将导轨微微抬起，使导轨面间充满润滑油形成的高压油膜将导轨面隔离，形成液体摩擦条件，从而提高导轨耐磨性。静压导轨则将具有一定压力的油液，经节流器输送到导轨面上的油腔中，形成承载油膜将相互接触的导轨面隔开，形成液体摩擦条件，提高导轨耐磨性。动压或静压导轨摩擦因数小，机械效率高，可长期保持导轨精度，承载油膜具有较好的吸振性，运行平稳。

2. 数控车床主传动系统

数控车床主传动系统通常要求主轴转速在较大范围内连续可调，主轴转速变换迅速可靠，具有较高的最高转速和足够的功率。主轴部件要求具有较高的回转精度和运转稳定性以及足够的刚度与抗振性。

目前，经济型数控车床主传动系统一般采用普通三相异步电动机变频调速方案。普通三相异步电动机变频调速，低速加工时主轴输出转矩往往不足，而机床低速段往往用以粗加工，切削力矩通常很大，容易造成闷车现象。因此，一般变频调速经济型数控车床主传动系统设有几对降速齿轮，以扩大输出转矩，操作一般与普通机床一样通过手柄实现换档。

大中型数控车床主轴箱中通常也设有齿轮降速机构，以满足主轴低速时对输出转矩特性的要求。

图 2-12 所示为三种较为典型的主传动方案。

图 2-12a 所示为在电气无级变速的基础上，配以齿轮变速，使之成为分段无级变速。滑移齿轮的移位一般采用液压拨叉或直接由液压缸带动齿轮实现。

图 2-12b 所示为主轴电动机通过一级传动带直接传动主轴。这种传动方式克服了齿轮传动容易产生振动与噪声的不足，但只能适用于低转矩特性要求的主轴，主要应用于轻型数控车床。

图 2-12c 所示为电动机直接驱动传动方式，这种传动方式大大简化了主传动系统结构，有效地提高了主轴部件刚度，但主轴输出转矩小，电动机发热对主轴影响较大。

图 2-13 所示为 TND360 数控车床主传动系统，具有一定的典型意义。主电动机通过传动带与主轴箱输入轴相连。主轴箱输入轴通过一对滑移齿轮与主轴上两齿轮啮合。滑移齿轮由变速油缸操纵实现与主轴齿轮的啮合变换。这样，传动带传动可以吸收电动机在运转时产生的振动，减少电动机工作对机床的影响，使得主轴处在最佳工作状态。

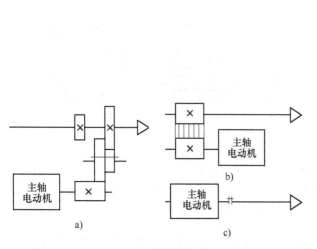

图 2-12　数控车床主传动配置方案

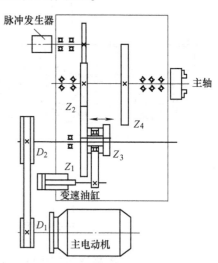

图 2-13　TND360 数控车床主传动系统

主轴通过一对 1:1 的齿轮与主轴脉冲信号发生器相连。主轴脉冲信号发生器（车削螺纹或主轴准停等的信号源）一般有光电式和电磁式两种。TND360 数控车床采用光电式脉冲发生器，图 2-14 所示为光电脉冲发生器工作原理图。

在漏光盘 3 上，沿圆周方向刻有两圈条纹，外圈为圆周等分线条，一般刻有 2^n 条，比如 1024（即 2^8）条，用于发送脉冲；内圈仅有 1 条条纹。在光栅板 5 上，刻有 A、B、C 三条透光条纹。A 条纹与 B 条纹之间的距离有这样的关系：当 A 条纹与漏光盘 3 上的任意一

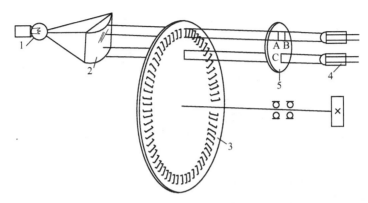

图 2-14　光电脉冲发生器工作原理图
1—灯泡　2—聚光镜　3—漏光盘　4—光敏管　5—光栏板

条条纹重合时，B 条纹应与漏光盘 3 上的另一条条纹位置相错 1/4 周期。在光栏板 5 的三条条纹的后面均安装有一光敏三极管。这样，当漏光盘 3 上的一条条纹与光栏板 5 上的条纹重合时，就构成一条输出通道。

灯泡 1 发出的散射光线，经过聚光镜 2 聚光后，形成一条平行光束。当漏光盘 3 与车床的主轴同步旋转时，由于漏光盘 3 上的条纹与光栏板 5 上的条纹出现重合和错位，使光敏管接收到光线亮暗的变化信号，引起光敏管内电流的大小发生变化。这个交变的信号电流，经整形放大电路，输出为矩形脉冲信号。车削螺纹时这一序列脉冲可作为计数脉冲由数控装置采集处理后协调主轴与进给运动。

由于光栏板 5 上的 A 条纹与漏光盘 3 上的条纹重合时，光栏板 5 上的 B 条纹与漏光盘 3 上的另一条条纹错位 1/4 周期，因此 A、B 两通道输出的波形相位也相差 1/4 周期。

脉冲发生器中漏光盘 3 内圈的一条刻线与光栏板 5 上的 C 条纹重合时，输出的脉冲为同步（又称零位）脉冲。这个同步脉冲可作为主轴准停装置的准停信号。数控车床车削螺纹时，也要利用这个同步脉冲，作为螺纹车削进刀点（脉冲计数开始）的控制信号，以保证在多次进给车削螺纹时不会出现乱牙（又称乱扣）现象。

3. 数控车床主轴部件

数控车床主轴部件是影响机床加工性能的主要功能部件。主轴的回转精度将直接影响工件的加工精度。主轴的功率与转速将直接影响加工效率。主轴结构与机床规格、精度等因素有关，主轴轴承是最重要的元件之一。一般中小规格的数控车床主轴部件多采用成组高精度滚动轴承，重型数控车床采用液体静压轴承，高速数控车床主轴采用陶瓷滚珠轴承等。

一般来说，数控车床主轴转速较普通车床要高得多。为了减少主轴的发热，控制主轴温升，必须改善主轴轴承的润滑条件。数控车床主轴轴承较多地采用高级油脂密封永久润滑方式，加入一次油脂可以使用 7～10 年。高档数控车床也有采用油气润滑的，除在轴承中加入少量润滑油外，还引入压缩空气，使滚动体上包有油膜起到润滑作用，压缩空气还有循环冷却功用。

图 2-15 所示为 TND360 数控车床主轴结构。主轴全部采用推力角接触球轴承，以满足较高的转速要求。主轴前轴承采用三个一组均为推力角接触球轴承，其中前面两个轴承 4 和 5 大口朝向主轴前端，接触角为 25°，轴承 3 大口朝向主轴后端，接触角为 14°。主轴前轴承

3、4、5 的内外圈轴向由轴肩和箱体孔
台阶固定，实现轴向定位，以在承受径
向载荷的同时承受轴向负荷。后轴承 1、
2 也由一对背对背的推力角接触球轴承
组成，但轴向可以浮动，只承受径向载
荷。前后轴承组均成组配套进行预紧，
以提高回转精度和主轴刚性。

　　主轴前端采用短锥法兰式结构，定心
精度高，连接刚度好，卡盘悬伸长度小，
结构紧凑。主轴制成空心结构，既可减轻
自重，也便于通过长棒料以及气动、液压
等夹紧装置的传动杆等。

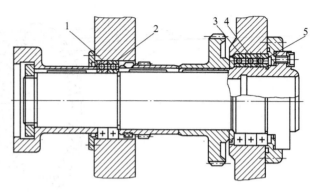

图 2-15　TND360 数控车床主轴结构
1、2—后轴承　3、4、5—前轴承

　　目前电主轴也已逐步在数控车床上得到应用，所谓电主轴，就是将主轴电动机与机床主
轴合二为一，从而使主轴部件从机床传动系统和整体结构中独立出来，制成模块化、系列化
的主轴单元功能部件。目前电主轴产品主要采
用交流高频电动机，故也称高频主轴。电主轴
由于没有中间传动环节，也称为直接传动主
轴。电主轴是一种智能型功能部件，不但转速
高，功率大，而且还有一系列控制主轴温升和
振动等机床运行参数的功能，以确保高速运转
的可靠性与安全性，因此电主轴是一个完整的
系统。图 2-16 所示为洛阳轴承研究所开发生产
的数控车床用电主轴，采用油脂润滑并配以水
冷却，最高转速可达12000r/min。

图 2-16　数控车床用电主轴

　　4. 数控车床进给传动结构

　　数控车床进给传动系统，必须对进给运动的位置和速度两个方面同时实现自动控制，与
普通车床相比，要求其进给系统有较高的定位精度和良好的动态响应特性。一个完整的进给
系统（闭环控制），通常由位置比较和放大单元、驱动单元、机械传动装置及检测反馈元件
等组成。机械传动装置是将驱动源旋转运动转化为工作台直线运动的整个机械传动链，包括
减速装置和丝杠螺母副等。

　　为了满足数控车床一系列性能特点，要求数控车床进给传动系统具有高的传动精度与定
位精度并能长期保持不变，宽的进给调速范围（可达 1：2000 以上），高响应速度和高稳定
性，传动无间隙，低速不爬行，负载变化不共振。

　　综上可见，对进给机械传动装置的基本要求是：消除间隙、减少摩擦、减小运动惯量、
提高传动精度和刚度。

　　为了确保满足上述各项要求，数控车床进给机械传动装置通常采用低摩擦的传动副，如
滚动导轨副和滚珠丝杠螺母副等；采用减速传动并选择最佳降速比，提高机床分辨率，并实
现系统惯量的最佳匹配；提高传动件制造精度，并尽量消除传动间隙，减少反向死区误差；
采用合理的预紧和支承形式，提高传动系统刚度；在满足刚度要求前提下，尽量减少运动部

件自重，以减小运动部件惯量。

　　滚珠丝杠螺母副是回转运动与直线运动相互转换的新型传动装置，在数控机床上得到了广泛的应用。滚珠丝杠螺母副在具有螺旋槽的丝杠和螺母间装有滚珠作为中间传动元件，从而将滑动摩擦转换为滚动摩擦，减小摩擦力。

　　如图 2-17 所示，丝杠和螺母上均开有圆弧形螺旋槽，两者对合起来就形成了螺旋滚道。在螺旋滚道内装有一定数量的滚珠，当丝杠与螺母相对运动时，滚珠沿螺旋槽向前滚动，在丝杠上滚过数圈后通过回程引导装置逐个地又滚回丝杠螺母间，如此循环构成一个闭合回路。

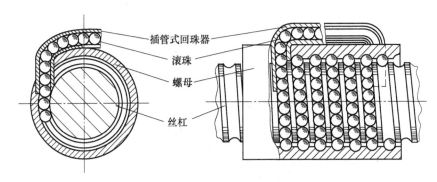

插管式回珠器
滚珠
螺母
丝杠

图 2-17　滚珠丝杠螺母副工作原理图

　　滚珠丝杠螺母副的优点是摩擦因数小，传动效率高，灵敏度高，传动平稳，不易产生爬行，随动精度和定位精度高，磨损小，精度保持性好，寿命长。滚珠丝杠螺母副还可以通过预紧消除间隙，提高刚度和反向精度。此外，滚珠丝杠螺母副具有运动可逆性，不仅可以将旋转运动转换为直线运动，也可将直线运动转换为旋转运动。

　　滚珠丝杠螺母副在垂直安装时因不能自锁，一般需要附加平衡装置或制动机构。

　　图 2-18 所示为 MJ–50 数控车床横向（X 轴）进给装置结构。图 2-18a 中，交流伺服电动机 15 经过同步带轮 14 和 10 以及同步带 12，带动滚珠丝杠 6 转动。丝杠上的滚珠螺母 7 带动图 2-18b 所示的刀架 21 沿滑板 1 的导轨移动，从而实现横向进给运动。电动机轴与同步带轮 14 之间用键 13 联结。滚珠丝杠采用前后两个支撑。前支撑 3 由三个角接触球轴承组成，一个轴承大口向前，两个轴承大口向后，分别承受双向的轴向载荷。前支撑的轴承由螺母 2 进行预紧。后支撑 9 为一对角接触球轴承，轴承大口相背放置，由螺母 11 预紧。这种丝杠两端固定的支撑形式，其结构和工艺都较复杂，但可以保证和提高丝杠的轴向刚度。脉冲编码器 16 安装在伺服电动机的尾部。图中 5 和 8 是缓冲块，在出现意外碰撞时可以起保护作用。

　　图 2-18 中的 A—A 剖面图表示滚珠丝杠前支撑的轴承座 4 用螺钉 20 固定在滑板上。滑板导轨如 B—B 剖视图所示，为矩形导轨。调整镶条 17、18、19 用来调整刀架与滑板导轨的间隙。

　　图 2-18 中 22 为导轨防护板，26、27 为机床参考点的限位开关和挡块。调整镶条 23、24、25 用于调整滑板与床身导轨的间隙。

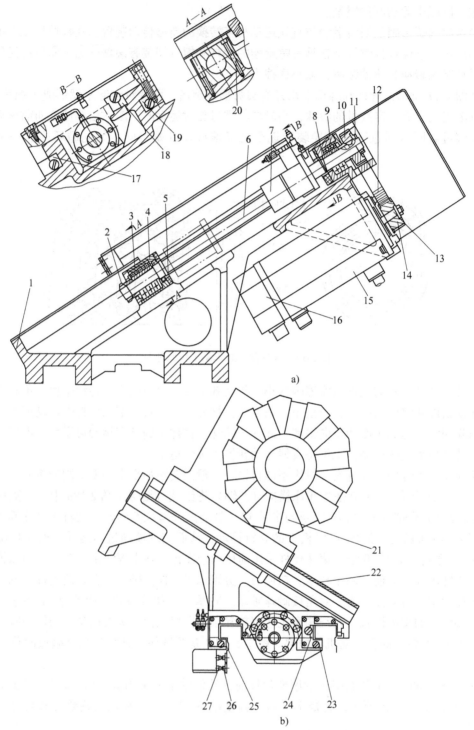

a)

b)

图 2-18　MJ－50 数控车床横向（X 轴）进给装置结构

1—滑板　2、11—螺母　3—前支撑　4—轴承座　5、8—缓冲块　6—滚珠丝杠　7—滚珠螺母
9—后支撑　10、14—同步带轮　12—同步带　13—键　15—交流伺服电动机
16—脉冲编码器　17、18、19、23、24、25—调整镶条　20—螺钉
21—刀架　22—导轨防护板　26—限位开关　27—挡块

因为滑板顶面导轨与水平面倾斜30°，滚珠丝杠螺母副不能自锁，回转刀架会由于自身的重力而发生下滑，所以机床要依靠交流伺服电动机的电磁制动来实现自锁。

图2-19所示为MJ-50数控车床纵向（Z轴）进给装置结构。交流伺服电动机14经同步带轮12和2以及同步带11传动到滚珠丝杠5。再由滚珠螺母4带动滑板连同刀架沿床身13的矩形导轨进行移动，这样就实现了纵向进给运动。与横向进给不同的是，纵向进给伺服电动机轴与同步带轮12之间是用锥环无键联结的。局部放大视图中的19和20是锥面相互配合的内外锥环。当拧紧螺钉17时，法兰18的端面就压迫外锥环20，使其向外膨胀，

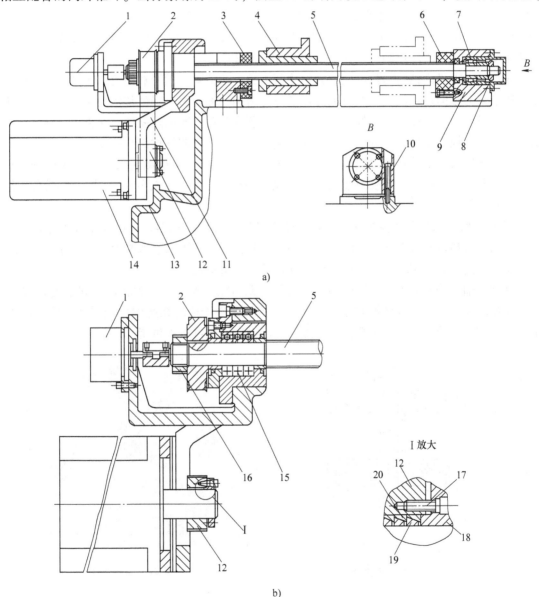

a)

b)

图2-19　MJ-50数控车床纵向（Z轴）进给装置结构

1—脉冲编码器　2、12—同步带轮　3、6—缓冲挡块　4—滚珠螺母　5—滚珠丝杠　7—圆柱轴承　8—间隙调整螺母

9—支撑座　10—螺钉　11—同步带　13—床身　14—电动机　15—角接触球轴承

16—锁紧螺母　17—螺钉　18—法兰　19—内锥环　20—外锥环

内锥环 19 受力后向电动机轴方向收缩，从而使电动机轴与同步带轮连接在一起。这种连接方式无需在被连接件上开键槽，而且两锥环的内外圆锥面压紧后，使连接配合面无间隙，对中性也好。选用锥环对数的多少，取决于所传递力矩的大小。

滚珠丝杠的左支撑由三个角接触球轴承 15 组成。其中右边两个轴承与左边一个轴承的大口相对布置，由锁紧螺母 16 进行预紧。滚珠丝杠的右支撑 7 为一个圆柱滚子轴承，只用于承受径向载荷，轴承间隙用螺母 8 来调整。滚珠丝杠的支撑形式为左端固定，右端浮动，留有丝杠受热膨胀后轴向伸长的余地。3 和 6 为缓冲挡块，起越程保护作用。B 向视图中的螺钉 10 将滚珠丝杠的右支撑座 9 固定在床身 13 上。

如图 2-19b 所示，纵向进给装置的脉冲编码器 1 与滚珠丝杠 5 相联接，直接检测丝杠的回转角度，实现半闭环控制，以提高机床实际运行精度。

滚珠丝杠螺母副轴向间隙可通过施加预紧力的方法消除。预紧载荷可以有效地减小弹性变形所带来的轴向位移误差。但过大的预紧力将增加摩擦阻力，降低传动效率，并使寿命大为缩短。所以，一般在一定工作条件下有一最佳预紧载荷，既消除间隙，又能灵活运转。目前，滚珠丝杠螺母副均由专业厂生产，其预紧力可由制造厂调好供用户使用。

在横向进给（X 轴）和纵向进给（Z 轴）上，都可以安装检测装置，组成闭环或半闭环伺服控制系统。在伺服系统中使用的检测元件的种类很多，如旋转变压器、感应同步器、光栅、磁栅等。

图 2-20 所示为目前数控机床应用最为普及的膜片弹性联轴器。这种联轴器的中间柔性片分别用螺钉和球面垫圈与两边的联轴套相连，联轴套与轴则通过两端螺钉压迫法兰套轴向顶胀紧锥环而锁紧，两端的位置偏差由柔性片的变形来抵消。

这类联轴器传递力矩大，转速高，寿命长，无间隙，噪声小，对联接轴同轴度要求低，能承受振动和冲击，安装维护方便，因而在数控机床进给传动系统中广泛采用。图 2-21 所示为其中的胀紧锥环，两个一组，随联轴器一起供应，也可单独供货。

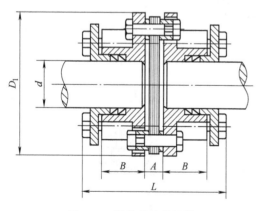

图 2-20　膜片弹性联轴器

图 2-21　胀紧锥环

5. 数控车床刀架

刀架是数控车床的重要功能部件，刀架的结构形式很多，主要取决于机床的形式、工艺范围以及刀具的种类和数量等。刀架的一个最重要的精度指标是回转重复定位精度，它将直接影响加工精度。

数控车床常用的刀架有：立轴方刀架、卧轴盘形刀架和动力刀架等。

图 2-22 所示为一种数控车床卧轴盘形刀架。该刀架可配置 8 工位或 12 工位刀盘。刀架

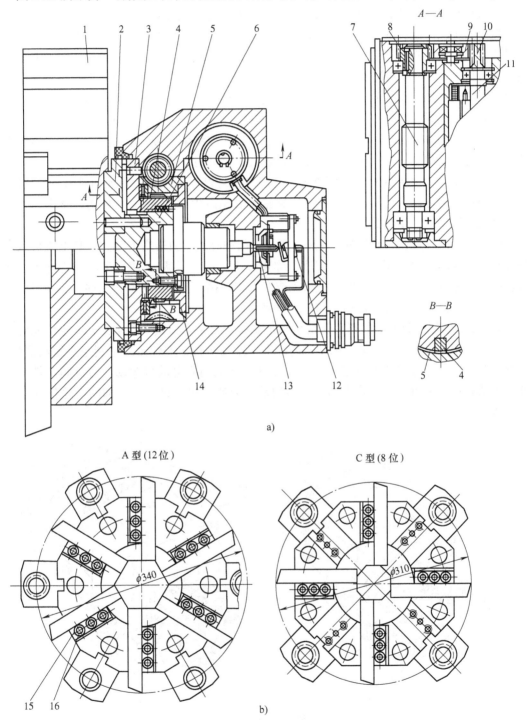

a)

A 型 (12 位)　　　　C 型 (8 位)

b)

图 2-22　数控车床卧轴盘形刀架

1—刀盘　2、3—鼠牙盘　4—滑块　5—蜗轮　6—轴　7—蜗杆　8、9、10—传动齿轮
11—电动机　12—微动开关　13—小轴　14—圆盘　15—压板　16—调节楔铁

转位为机械传动，鼠牙盘定位。转位开始时，电磁制动器断电，电动机 11 通电转动，通过传动齿轮 10、9、8 带动蜗杆 7 旋转，使蜗轮 5 转动。蜗轮内孔制有螺纹与轴 6 上的螺纹配合。这时轴 6 不能回转，当蜗轮转动时，使得轴 6 沿轴向向左移动。因刀盘 1 与轴 6、活动鼠牙盘 2 固定在一起，故也一起向左移动，使鼠牙盘 2 与 3 脱开。轴 6 上有两个对称槽，内装滑块 4，在鼠牙盘脱开后，蜗轮转到一定角度时，与蜗轮固定在一起的圆盘 14 上的凸块便碰到滑块 4，蜗轮便通过 14 上的凸块带动滑块连同轴 6、刀盘一起进行转位。到达要求位置后，电刷选择器发出信号，使电动机 11 反转，这时圆盘 14 上的凸块与滑块 4 脱离，不再带动轴 6 转动。蜗轮与轴 6 上的螺纹使轴 6 右移，鼠牙盘 2、3 结合定位。当鼠牙盘压紧，同时轴 6 右端的小轴 13 压下微动开关 12 时，发出转位结束信号，电动机断电，电磁制动器通电，维持电动机轴上的反转力矩，以保持鼠牙盘之间有一定的压紧力。

刀具在刀盘上由压板 15 及调节楔铁 16（见图 2-22b）来夹紧，更换和对刀十分方便。

刀架选位由电刷选择器进行，松开、夹紧位置检测由微动开关 12 控制。整个刀架控制是一个纯电气系统，结构简单可靠。

图 2-23a 所示为适用于全功能数控车床及车削中心的动力转塔刀架。刀盘上既可以安装各种非动力辅助刀座（车刀座、镗刀座、弹簧夹头、莫氏刀柄），夹持刀具进行加工，还可安装动力刀座进行主动切削，配合主机完成车、铣、钻、镗等各种复杂工序，实现工序高度集中，进一步提高加工过程自动化和加工效率等。

图 2-23b 所示为该动力转塔刀架的传动示意图。刀架采用鼠牙盘作为分度定位元件，刀架转位由三相异步电动机驱动，电动机内部带有制动机构，刀位由二进制绝对编码器识别，并可双向转位和任意刀位就近选刀。动力刀具由交流伺服电动机驱动，通过同步带、传动轴、传动齿轮、端面齿离合器将动力传递到动力刀座，再通过刀座内部的齿轮传动刀具回转，实现主动切削。

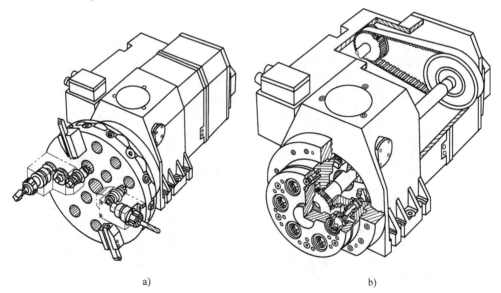

a)　　　　　　　　　　　　　　　　　　b)

图 2-23　动力刀架

6. 数控车床液压尾座

尾座是数控车床的一个简单部件，为了适应自动化要求，中高档数控车床一般配置液压尾座。如图2-24所示，顶尖与尾座套筒间以锥孔连接，尾座套筒1通过液压缸带动顶尖一起移动。在机床自动运行循环中，可通过加工程序，由数控系统控制尾座套筒的移动。当数控系统发出尾座套筒伸出指令时，液压电磁阀动作，液压油通过活塞杆的内孔进入套筒液压缸活塞3的左端，推动尾座套筒伸出；当数控系统发出尾座套筒退回指令时，液压电磁阀换向，液压油进入套筒液压缸的右端腔，从而使尾座套筒退回。

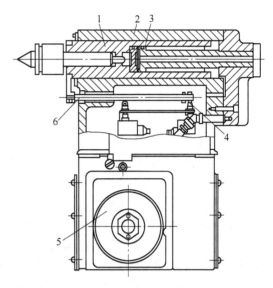

图2-24　液压尾座
1—套筒　2—尾座体　3—活塞
4—行程开关　5—锁紧液压缸　6—行程杆

尾座套筒的移动行程，可以通过调整与套筒外部连接的行程杆6上的挡块位置来实现，图中行程杆6上的挡块处于右端极限位置，套筒行程最长。

尾座可以整体移动，以在更大范围内适应不同长度的工件。尾座的整体移动可以人工进行，也可以通过滑板带动。尾座整体移动后必须通过锁紧液压缸5将其锁紧在机床导轨上，可以是人工锁紧，也可以通过程序自动锁紧。

三、数控车床主要技术参数

机床的性能指标通常由其技术参数体现，一台数控车床的主要技术参数如下：

床身上最大工件回转直径　　　　□□□mm
滑块上最大工件回转直径　　　　□□□mm
最大工件长度　　　　　　　　　□□□□mm
最大车削长度　　　　　　　　　□□□□mm
主轴孔径　　　　　　　　　　　□□mm
主电动机功率　　　　　　　　　□□kW
进给电动机功率　　　　　　　　横向（X轴）□□kW；纵向（Z轴）□□kW
主轴转速范围（无级）　　　　　□□~□□□□r/min
快速移动速度（G0）　　　　　　横向（X轴）□□m/min；纵向（Z轴）□□m/min
进给速度范围　　　　　　　　　□□~□□m/min
最小设定单位　　　　　　　　　横向（X轴）0.□□□mm；纵向（Z轴）0.□□□mm
定位精度　　　　　　　　　　　0.□□□mm
重复定位精度　　　　　　　　　0.□□□mm
平均反向间隙　　　　　　　　　0.□□□mm
刀架工位数　　　　　　　　　　□□把
刀架重复定位精度　　　　　　　0.□□□mm
刀架换刀时间　　　　　　　　　□s
机床工作精度　　　　　　　　　加工外圆圆度0.□□□mm

数控系统型号	□□□□□□
电源规格	相/电压/功率
机床外形尺寸	长×宽×高
机床质量	□□kg

数控车床主轴一般均可以通过电气控制实现无级变速。与普通车床相比，数控车床变速范围大，额定转速高，可以在加工过程中连续平滑地调整改变主轴转速，从而实现恒线速度切削与切削速度的最优化。

数控车床的快速移动速度是很重要的性能指标之一。通常刀具的引进与退出等辅助运动采用快速移动，以节省辅助时间。目前，全功能数控车床的快速移动速度一般在20m/min左右，高者可达每分钟上百米。

最小设定单位是机床进给运动所能移动的最小单位，也称为脉冲当量，通常也是编程的最小单位。最小设定单位的大小将直接影响加工精度。目前，一般生产型数控车床的最小设定单位在0.001~0.005mm范围。由于横向（X轴）最小设定单位对加工直径的影响是2倍关系，纵向（Z轴）最小设定单位对加工轴向尺寸的影响是1倍即等量关系，因此，数控车床横向最小设定单位一般为纵向的1/2。

数控车床的定位精度与重复定位精度是两项极其重要的性能指标，直接影响到机床的加工精度。定位精度是指数控车床运动部件（刀架）沿某一坐标轴运动时实际值与给定值的接近程度，运动部件实际位置与理想位置间的误差称为定位误差。重复定位精度是反映坐标轴运动稳定性的一个基本指标，是指在同一台机床上，应用相同程序、相同代码加工一批零件，所得结果的一致程度，一般情况下它是正态分布的偶然性误差。它决定着加工零件质量的稳定性和一致性。一般生产型数控车床的定位精度与重复定位精度可达微米级精度，且重复定位精度允差值为定位精度允差值的1/2。

数控车床进给传动普遍采用滚珠丝杠副，可以通过采取一系列措施消除滚珠丝杠副传动间隙，甚至进行预加载荷以提高传动刚度。传动链各环节可采用无隙连接技术，使整个传动链做到没有间隙。国家标准规定，数控车床进给系统允许有微量的反向间隙，这一间隙可以通过数控系统的反向间隙补偿功能进行补偿，以消除对加工精度的影响。

数控车床一般均采用电动转位刀架实现刀具的自动更换。相对而言，数控车床一般加工较为复杂的工件，需要使用的刀具数量较多。因此，希望刀架的工位数也多些。为了保证加工零件尺寸的一致性，对数控车床刀架要求有相当高的重复定位精度，一般仅允许有几个微米的误差。

数控系统的配置对数控车床的性能操作等有非常大的影响。一般对同一规格的数控车床，用户可以选配不同型号的数控系统。不同型号的数控系统的功能指令和操作界面等可能有较大的差异。

第二节　数控车床夹具

在数控车床加工中，大多数情况是使用工件或毛坯的外圆或内孔表面定位。除了采用普通车床常用的自定心卡盘等通用夹具外，通常还采用一些先进或高效的通用或专用夹具。

一、卡盘或楔式夹具

1. 动力卡盘

为了减少辅助时间和劳动强度，并适应自动和半自动加工的需要，中高档数控车床较多地采用动力卡盘装夹工件。目前使用较多的是自定心液压动力卡盘。该卡盘主要由卡盘和带引油导套液压缸两部分组成。

图 2-25 是卡盘的结构图。卡盘通过过渡法兰安装在机床主轴上，它有两组螺孔，分别适用于带螺纹主轴端部及法兰式主轴端部的机床。滑体 3 通过拉杆 2 与液压缸活塞杆相连，当液压缸作往复移动时，拉动滑体 3。卡爪滑座 4 和滑体 3 以斜楔接触，当滑体 3 轴向移动时，卡爪滑座 4 可在卡盘体 1 上的三个 T 形槽内作径向移动。卡爪 6 用螺钉固定在 T 形滑块 5 的齿面上，与卡爪滑座构成一个整体。当卡爪滑座作径向移动时，卡爪 6 将工件夹紧或松开。调整卡爪 6 在齿面上的位置，可以适应不同的工件直径。

图 2-26 所示为液压动力卡盘带引油导套液压缸结构。过渡装置将液压缸体 2 通过法兰盘 4 固定在主轴尾端，随主轴一起旋转，其他液压辅助装置则不允许转动，引油导套 1 就是为解决这一问题设置的。当发出夹紧或松开指令之后，通过液压系统使液压油送入液压缸的左腔或右腔，使活塞 3 向左或向右移动，通过拉杆使卡爪夹紧或松开。

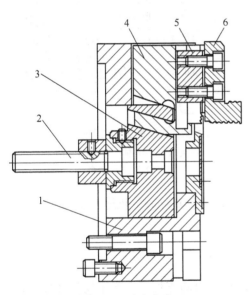

图 2-25　动力卡盘

1—卡盘体　2—拉杆　3—滑体
4—卡爪滑座　5—T 形滑块　6—卡爪

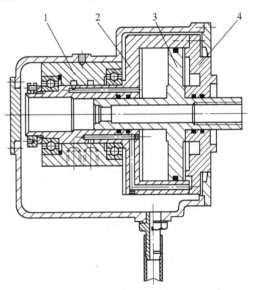

图 2-26　动力卡盘带引油导套液压缸结构

1—引油导套　2—液压缸体
3—活塞　4—法兰盘

这种液压动力卡盘夹紧力较大，性能稳定，适用于强力切削和较高速度切削，其夹紧力可以通过液压系统进行调整，因此，能够适应包括薄壁零件在内的各类零件加工。这种卡盘还具有结构紧凑、动作灵敏等特点。

2. 高速卡盘

数控机床高速化是发展的一个方向。高速车削加工中的一个重要技术问题是工件的夹紧方法。高速旋转时卡盘产生的巨大离心力和应力使传统的自定心卡盘不再能胜任工件的夹紧工作。动力卡盘的夹紧油缸也限制了旋转速度的提高，所以要开发用于高速车床的专用卡盘。

图 2-27 是由弹性胀套组成的多层卡盘。这种卡盘缺乏自定心卡盘的灵活性，但是适合于高速切削。

使用时将工件插入卡盘，拧紧夹紧螺母 7 向左压迫工件夹紧块 1，通过其斜楔增力对工件进行定心夹紧，并锁紧防松螺母 6。加工时，当转速上升，离心力增大，离心块 4 受力向外滑动，通过楔形推动夹紧外环 3 带动右端夹紧螺母 7 向左移动，并以端面将工件夹紧块 1 向左压缩，从而把工件夹得更紧。

3. 楔式夹爪自定心夹具

图 2-28 所示为一机动楔式夹爪自定心夹具。当工件以内孔及左端面在夹具上定位后，通过气缸拉杆 4 使六个径向均匀分布的夹爪 1 左移，由于本体 2 上斜面的作用，夹爪 1 左移的同时向外胀开，将工件定心夹紧。反之，夹爪右移时，在弹簧卡圈 3 的作用下使夹爪收拢，将工件松开。

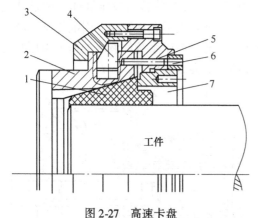

图 2-27　高速卡盘
1—工件夹紧块　2—夹紧内环　3—夹紧外环　4—离心块
5—定位销　6—防松螺母　7—夹紧螺母

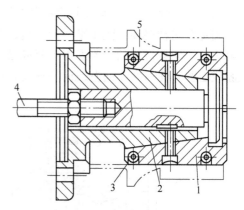

图 2-28　机动楔式夹爪自定心夹具
1—夹爪　2—本体　3—弹簧卡圈
4—拉杆　5—工件

这种定心夹具结构简单，定心精度一般可达 $\phi(0.02 \sim 0.07)\,\mathrm{mm}$，较适合于工件以内孔作为定位基准面的半精加工工序。

二、弹性自定心夹具

这类夹具的共同特点是：利用弹性体零件在外加夹紧力的作用下，产生均匀弹性变形，对零件实现定心夹紧。主要有如下几种：

1. 弹簧筒夹式夹头与心轴

这种定心夹紧机构常用于安装轴套类工件。图 2-29a 所示为用于装夹工件以外圆柱面为定位基面的弹簧夹头。工作时，旋转螺母 4 时，其端面推动弹性筒夹 2 左移，此时锥套 3 的内锥面迫使弹性筒夹 2 上的簧瓣向中心收缩，从而将工件定心夹紧。图 2-29b 所示是用于工件以内孔为定位基面的弹簧心轴。因工件的长径比 (L/d) 较大，故弹性筒夹 2 的两端各有簧瓣。旋转螺母 4 时，其端面推动锥套 3，同时推动弹性筒夹 2 左移，锥套 3 和夹具体 1 的外锥面同时迫使弹性筒夹 2 的两端簧瓣向外均匀扩张，从而将工件定心夹紧。反向转动螺母，带动锥套向右，便可松开工件。

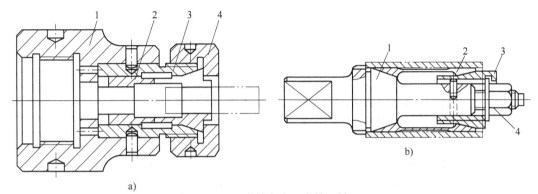

图 2-29　弹簧夹头和弹簧心轴
1—夹具体　2—弹簧筒夹　3—锥套　4—螺母

弹簧筒夹定心夹紧机构的结构简单、体积小、操作方便迅速，因而应用十分广泛。其定心精度可稳定在 $\phi(0.04 \sim 0.10)$ mm 之间。为保证弹簧筒夹正常工作，工件定位基面的尺寸公差应控制在 $0.1 \sim 0.5$ mm 范围内，故一般适用于精加工或半精加工的场合。

2. 波纹套定心夹紧夹具

图 2-30 所示为一波纹套定心心轴。旋紧螺母 5 时，轴向压力使两薄壁波纹套 3 径向均匀胀大，将工件 4 定心胀紧。波纹套 3 及支承圈 2 可以更换，以适应孔径不同的工件，扩大心轴的通用性。

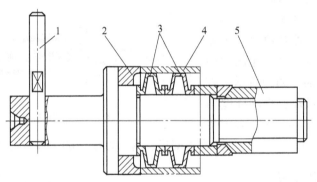

图 2-30　波纹套心轴
1—拨杆　2—支承圈　3—波纹套　4—工件　5—螺母

这种定心机构结构简单、安装方便、使用寿命长，其定心精度可达 $\phi(0.005 \sim 0.01)$ mm，适用于定位基准孔 $D > 20$ mm，且公差等级不低于 IT8 级的工件，在齿轮、套筒类工件的精加工工序中应用较多。

3. 液性塑料定心夹紧夹具

图 2-31 所示为液性塑料定心夹具的两种结构，其中图 2-31a 是工件以内孔为定位基面，图 2-31b 是工件以外圆表面为定位基面，虽然两者的定位基面不同，但其基本结构与工作原理是相同的。起直接夹紧作用的薄壁套筒 2 压配在夹具体 1 上，在所构成的环槽中注满了液性塑料 3。当旋转夹紧螺钉 5 通过柱塞 4 向腔内加压时，液性塑料便向各个方向传递压力，在压力作用下薄壁套筒产生径向均匀的弹性变形，从而将工件定心夹紧。图 2-31a 中的限位螺钉 6 用于限制加压螺钉的行程，防止薄壁套筒因超负荷而产生塑性变形。

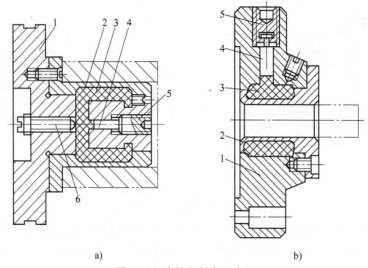

a)　　　　　　　　　　　　b)

图 2-31　液性塑料定心夹具

1—夹具体　2—薄壁套筒　3—液性塑料　4—柱塞　5—夹紧螺钉　6—限位螺钉

　　这种定心机构的结构非常紧凑，操作方便，定心精度高，可达 $\phi(0.005 \sim 0.01)\,\mathrm{mm}$，主要用于定位基面孔径 $D > 18\,\mathrm{mm}$ 或外径 $d > 18\,\mathrm{mm}$，尺寸公差为 IT8 ~ IT7 级工件的精加工或半精加工。

　　4. 静压膨胀式定心心轴

　　图 2-32 所示为静压膨胀式定心心轴，其结构原理与液性塑料定心夹紧夹具基本相同，只不过其传递压力的介质采用的是液体油。如图所示，拧动左侧的扳手，通过螺钉推动柱塞向右移动加压，依靠液体向各个方向传

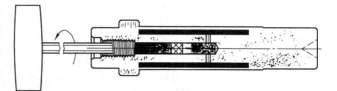

图 2-32　静压膨胀式定心心轴

递压力，使薄壁套筒产生径向均匀的弹性变形，将与之配合的工件定心夹紧。

三、自定心中心架

　　图 2-33 所示为数控车床使用的自定心中心架，它可以减少细长轴加工时的受力径向变形，提高加工精度。该中心架可以通过安装架与机床导轨相连，工作时由主机发出信号，通过液压或气动力源作夹紧或松开。该中心架与其他机床附件一样，由专业机床附件厂生产，作为机床附件提供。

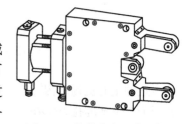

图 2-33　数控自定心中心架

第三节　数控车削刀辅具

一、数控车削刀具

　　1. 数控车削刀具类型

　　数控车床最常用的刀具是车刀。按加工表面特征可分为外圆车刀、端面车刀、切断车

刀、螺纹车刀和内孔车刀等。图 2-34 所示为数控车床常用车刀的类型和用途。

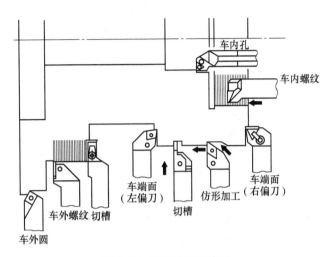

图 2-34　车刀类型和用途

各种车刀按结构特征可分为整体式、焊接式、机夹式和可转位式，如图 2-35 所示。它们的特点与应用见表 2-1。

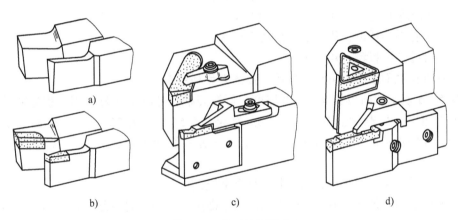

图 2-35　车刀结构形式
a) 整体式　b) 焊接式　c) 机夹式　d) 可转位式

表 2-1　数控车床常用车刀结构类型、特点和用途

名　　称	特　　　点	应 用 情 况
整体式	整体高速钢制造，刃口锋利，刚性好	小型车刀和加工非铁金属场合
焊接式	可根据需要灵活刃磨获得刀具几何形状，结构紧凑，制造方便	各类车刀，特别是小型车刀，与经济型数控车床配套
机夹式	避免焊接内应力而引起刀具寿命下降，刀杆利用率高，刀片可通过刃磨获得所需参数，使用灵活方便	大型车刀 螺纹车刀 切断车刀
可转位式	避免了焊接的缺点，刀片转位更换迅速，可使用涂层刀片，生产率高，断屑稳定可靠	广泛使用

2. 可转位车刀刀片

可转位车刀刀片的形状、尺寸、精度、结构等在国标 GB/T 2076—2007 至 GB/T 2081—1987 中作了详细规定。共用 10 个代号表示，其标注示例如图 2-36 所示。图中：

号位 1 表示刀片形状。常用的刀片形状及其使用特点如下：

正三角形(T)多用于刀尖角小于 90° 的外圆、端面车刀。刀尖强度差，宜用于较小的切削用量。

正方形(S)刀尖角等于 90°，通用性广，可用于外圆、端面、内孔、倒角车刀等。

带副偏角的三边形(F)刀尖角等于 82°，多用于偏头车刀。

凸三边形(W)刀尖角等于 80°，刀尖强度、寿命比正三角形刀片好。应用较广，除工艺系统较差者均宜采用。

菱形刀片(V、D)刀尖角较小，适合于复杂形状零件的精加工。

圆刀片(R)适合用于加工成形曲面或精车刀具。

号位 2 表示刀片后角。其中 N 型刀片后角为 0，使用最广。

号位 3 表示刀片尺寸公差等级，共有 11 种，其中 U 为普通级，M 为中等，其余 A、F、G…均属精密级。

号位 4 表示刀片结构类型。其中：

A ——带孔无屑槽型，用于不需断屑的场合；

N ——无孔平面型，用于不需断屑的上压式；

R ——无孔单面槽型，用于需断屑的上压式；

M ——带孔单面槽型，用途最广；

G ——带孔双面槽型，可正反使用，提高刀片利用率。

号位 5、6 表示切削刃长度与刀片厚度。可按刀柄尺寸标准选择。刀片廓形的基本参数用内切圆直径 d 表示。D 的尺寸系列是：5.56mm、6.35mm、9.52mm、12.7mm、15.875mm、19.05mm、22.225mm、25.4mm。切削刃长度可由内切圆直径与刀尖角计算得到。

号位 7 表示刀尖圆弧半径，由刀具几何参数选定。

号位 8 表示刃口形式：F——锐刃，E——钝圆刃，T——倒棱刃，S——钝圆加倒棱刃。

号位 9 表示切削方向：R——右切，L——左切，N——左、右切。

号位 10 表示断屑槽槽型与槽宽。

例如：SNUM150612—V4 代表正方形、零后角、普通级精度、带孔单面 V 形槽型刀片，刃长 15.875mm，厚度 6.35mm，刀尖圆弧半径 1.2mm，断屑槽宽 4mm。

3. 数控车床刀具选配原则

1) 在可能的范围内，使工件的形状、尺寸标准化，从而减少刀具的种类，实现不换刀或少换刀，以减少准备调整工作量，并节省换刀时间。

2) 使刀具规格化和通用化，以减少刀具的种类，便于刀具管理。

3) 尽可能采用可转位刀片，磨损后只需更换刀片，增加刀具的互换性。

4) 在设计或选择刀具时，应注意与机床性能档次相配合。

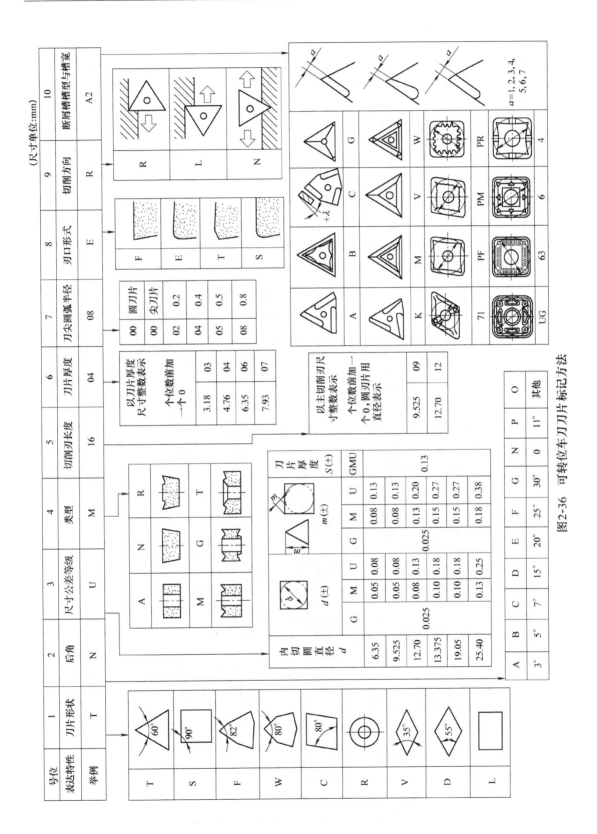

图2-36　可转位车刀刀片标记方法

二、数控车削工具系统

数控车削工具系统必须根据刀架刀盘结构形式进行选择。

经济型低档数控车床，配套的刀架通常为电动立式四方刀架，电动立式四方刀架由于刀位少，较难适应复杂零件加工对刀具数量的要求，在生产型机床上应用逐渐减少。这类机床一般将车刀直接安装在刀架的矩形槽中。

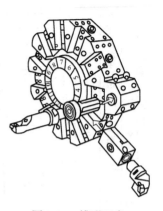

图 2-37　槽形刀盘

中高档数控车床一般配有卧轴转塔刀架。这类刀架的刀盘一般为槽形结构，即刀盘上设有矩形槽安装接口，如图 2-37 所示。卧轴转塔刀架具有较多的刀位数，一般有 6、8、12、16 刀位等。在端面矩形槽中，可以通过刀座或直接安装外圆刀具。在与刀盘轴线平行的多棱面上，可以通过刀座、刀套等附件安装镗刀、钻头等孔加工刀具。图 2-38 所示为与这类刀架刀盘配套的工具系统。

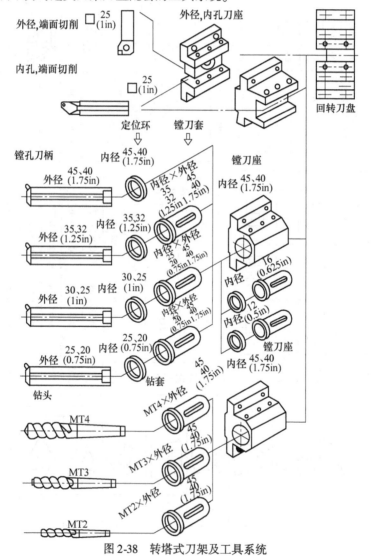

图 2-38　转塔式刀架及工具系统

高档数控车床或车削中心一般配置了高档动力刀架。这类刀架的刀盘一般为孔形结构。刀架的刀盘表面经精密加工，并在其上开有精密安装孔，如图 2-39 所示。不同刀具通过各种不同的刀座附件以端面和孔为定位基准安装到刀盘上，因此可以采用机外对刀。

配置孔形刀盘的动力刀架既可通过各种非动力辅助刀座夹持刀具进行加工，也可安装动力刀座进行主动切削，配合主机完成各种复杂工序，实现高效自动化集中加工。

图 2-40 所示为与上述动力刀架配套的 CZG 车削工具系统，它类同于德国标准 DIN69880。

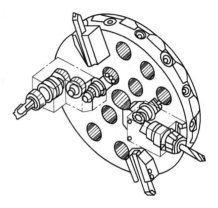

图 2-39 孔形刀盘

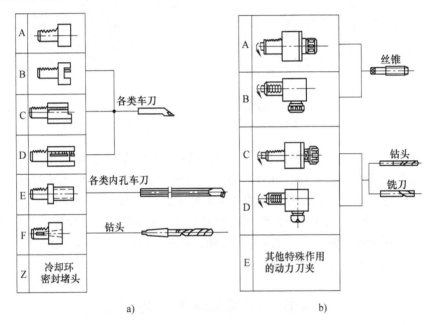

a)   b)

图 2-40 CZG 车削类数控工具系统（DIN69880）

a）非动力刀架组合形式　b）动力刀架组合形式

CZG 车削工具系统与刀架连接的柄部由一段圆柱和法兰组成，在圆柱轴线垂直方向作有齿槽，如图 2-41 所示。在刀架上，安装刀夹柄部圆柱孔的侧面设有一个由螺栓带动的可

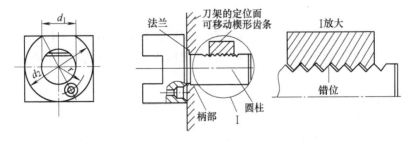

图 2-41 CZG 车削类数控工具系统柄部及其工作状态

移动楔形齿条，该齿条与刀夹柄部上的齿条啮合，并有一定的轴向错位。当旋转夹紧螺栓将楔形齿条径向压向柄部齿条时，由于齿条间存在轴向错位，使柄部法兰紧密贴紧在刀架定位面上，并产生足够的轴向拉紧力配合径向夹紧力将其夹紧。

这种刀架系统装卸操作简单快捷，连接刚度高，重复定位精度高，可以实现机外对刀。

此外，国外许多刀具制造商研制开发了只更换刀头模块的模块式车削工具系统，这些模块式车削工具系统的工作原理基本相似。图2-42所示即为山特维克公司生产的这类系统。其工作原理如下：

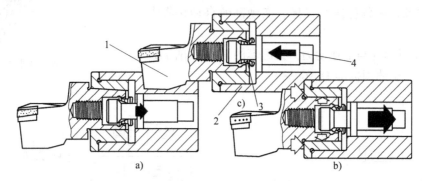

图2-42 山特维克模块式车削工具系统
1—带椭圆三角短锥接柄的刀头模块 2—刀柄 3—胀环 4—拉杆

如图2-42 a、b所示，当拉杆4向后（右）移动，前方胀环3端部由拉杆4轴肩拉动沿接口中心线后（右）拉，胀环3外缘周边嵌入刀头模块内沟槽，将刀头模块锁定在刀柄2上。当拉杆4向前（左）推进时，如图2-42c所示，前方胀环3端部由拉杆4沿中心线方向前（左）推，胀环3收缩，其外缘周边和刀头模块内沟槽分离，拉杆将刀头模块推出。

拉杆可以通过液压装置驱动，也可以采用螺纹传动或凸轮驱动。该系统可以实现快速换刀，并具有很高的重复定位精度（±2μm）和连接刚度。

第四节　数控车床换刀与对刀

一、数控车床换刀

如前所述，数控车床刀具直接或通过各种刀座安装在刀架上，一般刀架上各刀位编有刀位码，刀具在刀架上安装时对号入座，数控车床通过识别选择刀座编码来选择相应的刀具。

换刀是通过程序选择刀具后控制刀架回转，将所选刀具转到工作工位的过程。换刀时应注意，刀架连同刀具的回转不应与机床上的任何物体相干涉。因此，换刀点应设在远离工件的地方。

通常有两种换刀点设置方式：

1. 固定位置换刀

固定位置换刀方式的换刀点是机床上的一个固定点，它不随工件坐标系位置的改变而发生位置变化。该固定点位置必须保证换刀时刀架或刀盘上的任何刀具不与工件发生碰撞。换句话说换刀点轴向位置（Z轴）由轴向最长的刀具（如内孔镗刀、钻头等）确定；换刀点径向位置（X轴）由径向最长刀具（如外圆刀、切刀等）决定。

这种设置换刀点方式的优点是编程简单方便，缺点是增加了刀具到零件加工表面的辅助运动距离，降低了加工效率，在单件小批生产中尚可以采用，大批量生产时往往不采用这种设置换刀点的方式。

2. 随机位置换刀

随机位置换刀通常也称为"跟随式换刀"。在批量生产时，为缩短辅助空行程路线，提高加工效率，可以不设置固定的换刀点，每把刀有其各自不同的换刀位置。这里应遵循的原则是：第一，确保换刀时刀具不与工件发生碰撞；第二，力求最短的换刀路线，即在不与工件发生干涉碰撞的前提下，尽可能靠近工件换刀，以节省辅助时间。这在批量生产中很有意义。

跟随式换刀不使用机床数控系统提供的返回换刀点指令，而使用 G0 快速定位指令。这种换刀方式的优点是能够最大程度地缩短换刀路线，但每一把刀具的换刀位置要经过仔细计算或试验，以确保换刀时刀具不与工件碰撞。跟随式换刀常应用于被加工工件有一定批量、使用刀具数量较多、刀具类型多、径向及轴向尺寸相差较大时。

另外跟随式换刀还尤其适合于一次装夹加工多个工件的情况，如图 2-43 所示。此时若采用固定换刀点换刀，工件会离换刀点越来越远，使空程路线增加。

跟随式换刀时，每把刀具有各自的换刀点，设置换刀点时只考虑换下一把刀具是否与工件发生碰撞，而不用考虑刀盘上所有刀具是否与工件发生碰撞，即换刀点位置只参考下一把刀具，但这样做的前提是刀盘上的刀具是按加工使用顺序排列的。调试时从第一把刀具开始，具体有两种做法。

第一种做法是：直接在机床上调试。这种方法的优点是直观，缺点是增加了机床的辅助时间。如图 2-44 所示，第二把外圆刀的安装位置与第一把外圆刀的安装位置不会完全重合。以第一把刀刀尖作为 ΔX、ΔZ 的坐标原点，比较第二把刀的刀尖与第一把刀的刀尖位置差和方向，在换第二把刀时，第一把刀所在的位置应该是刀尖距工件的加工部位最近点再叠加上第二把刀尖与第一把刀尖的差值 ΔX、ΔZ。

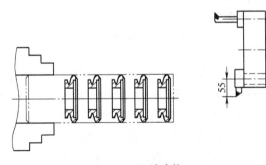

图 2-43　跟随式换刀

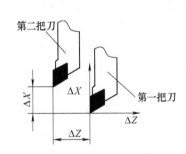

图 2-44　跟随式换刀测量

第二种方法是：使用机外对刀仪对刀。这种方法可直接得出程序中所有使用刀具的刀尖位置差。换刀点可根据对刀仪测得数据按上述方法直接计算，写入程序。但如果计算错误，就会导致换刀时刀具与工件发生碰撞，轻则损坏刀具、工件，重则使机床严重受损。

使用跟随式换刀方式，换刀点位置的确定与刀具的安装参数有关。如果加工过程中更换刀具，刀具的安装位置改变，程序中有关的换刀点位置也要作相应的调整。

二、数控车床对刀

对刀（对刀点与刀位点重合的过程）是数控加工必不可少的一项内容，车刀刀位点为假想刀尖或刀具圆角中心。数控车床刀架上安装的刀具，在对刀前刀位点在工件坐标系下的位置是无法确定的，而且各把刀刀位点的位置差异也是未知的。在这里，对刀的实质就是测出各把刀的位置差，将各把刀的刀位点统一到同一工件坐标系下的某个固定位置，以使各刀尖点均能按同一工件坐标系指定的坐标值移动，从而可以在编程时不用考虑刀具的长度参数，而照样加工出合格的工件。

对于采用相对式测量系统的数控车床，开机后不论刀架在什么位置，显示器上显示的 X、Z 坐标值均为零。执行回参考点操作后，刀架上不论是什么刀，显示器上都会显示出一组固定的 X、Z 坐标，但此时显示的坐标值是刀具基准点（刀架参考点）在机床坐标系下的坐标，而不是所选刀具刀尖点在机床坐标系下的坐标值。对刀的过程就是将所选刀具的刀尖点与显示器上显示的坐标值统一起来。

不同类型的数控车床采用的对刀形式可以有所不同，这里介绍常用的几种方法。

1. 试切法对刀

试切法是数控车床普遍采用的一种简单而实用的对刀方法，对于不同的数控车床，由于测量系统和计算系统的差别，具体实施时又有所不同。

这里以某经济型数控车床为例，说明试切对刀的基本过程。

在机床开机刀架返回参考点后，试切工件外圆，如图 2-45 所示。试切后测得直径为 $\phi52.384$（刀尖的实际位置），但此时显示器上显示的坐标值却为 X255.364（刀架基准点在机床坐标系下的 X 坐标），记住这两个数据值；然后刀具移开外圆再试切端面，此时刀尖的实际位置可认为是 Z1（编程原点在右端面，试切后端面还有 1mm 余量），但此时显示器上显示的坐标

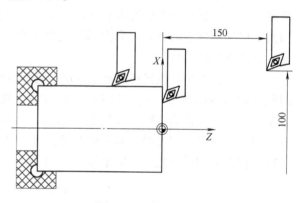

图 2-45　试切法对刀

为 Z295.478（刀架基准点在机床坐标系下的 Z 坐标），同样记住这两个数据值。

为了将刀尖调整到图示工件坐标系下的 X100、Z150（起刀点）位置，即相当于刀尖要从 X52.384、Z1 移动到 X100、Z150。为此，刀尖在 X、Z 方向分别需要移动 47.616（100 - 52.384）和 149（150 - 1）的距离。移动 X、Z 轴，使显示器上的坐标变为 X302.98（255.364 + 47.616）、Z444.478（295.478 + 149）。这时，刀尖恰好在 X100、Z150 位置，此时，执行坐标系设定指令 G50 X100 Z150，刀架不移动，显示器上的显示值则变为 X100、Z150，至此，刀尖的实际位置与显示器上的显示一致了，即统一在工件坐标系下。

上述这把试切并建立工件坐标系的刀具，相当于在 X、Z 方向的长度偏差等于 0，可以作为基准刀具，将其刀尖在刀架上的位置作为其他刀具长度测量的基准，即作为其他刀具的参考点。因此，只要在加工前，利用系统的测量功能测出各把刀具在 X、Z 方向的长度偏置

量（可以使各刀具与基准刀具触碰同一外圆及端面，由显示器上显示的坐标与基准刀坐标的差值作为各刀具的长度偏置量），将其作为刀具补偿值输入到数控系统内部，即可通过补偿进行加工。

在实际工作中，为了"保住"这把基准刀，以便在后续工作中作为其他新旧刀具的测量基准，基准刀常常不使用，甚至有时会选择一标准轴作为"基准刀"。

一些操作功能较强的数控系统，可以对所有刀具在手动状态下进行图 2-45 所示的试切对刀，将每把刀具试切时测得的 X、Z 值在刀具调整屏幕菜单下直接输入，系统会自动计算出每把刀具的偏置量，不必进行人为计算后再输入。

上述试切对刀，实质上是使每把刀具的刀尖，与试切件的端面与外圆素线的交点接触，利用这一交点为基准，算出各把刀具在 X、Z 方向的刀偏量。

2. 机内对刀装置对刀

数控车床机内对刀装置对刀有人工和自动之分。

数控车床机内人工对刀装置对刀，一般通过人工操作，将刀具运行到位置固定的对刀装置的某位置，例如使刀尖处于光学放大镜的十字线交点，此时读取系统显示器的显示坐标值，与基准刀具的坐标值比较即可获得偏置量。

数控车床机内自动对刀装置对刀，一般将刀具触及一个位置固定的测头，通过测头发出信号，使数控系统自动读取刀具当前位置坐标信息，从而通过计算取得刀偏量。

3. 机外对刀仪对刀

当数控车床加工的零件复杂，使用的刀具数量较多时，消耗在对刀上的辅助时间比例就会增加，从而降低机床的利用率。这种情况下，如果有一定的机床数量，可以考虑采用机外对刀仪。这种对刀仪一般具有两个方向的高精度位移测量系统。刀具通过刀座以在刀架上一样的安装方式在对刀仪上安装。被测刀具刀尖可以通过光学放大显示在屏幕上。测量时通过相对移动光学测头，使得刀尖圆弧与光学屏幕十字线相切，读取测量系统显示的坐标信息即可。

由于具体的技术手段问题，对刀也不可避免存在误差，对刀误差属于常值系统性误差，可以通过试切加工结果进行调整，以消除对加工精度的影响。

三、数控车床对刀装备

图 2-46 所示为在数控车床上使用的一种机内人工对刀光学对刀仪，使用时把对刀仪固定安装在车床床身的某一位置，然后将基准刀安装在刀架上，调整对刀仪的镜头位置或移动刀架，使显微镜内的十字线交点对准基准刀的刀尖点，如图 2-47 所示，以此作为其他刀具安装或测量的基准。

图 2-48 所示为在数控车床上使用的一种机内自动对刀接触式对刀仪。使用时将其摆臂摆到测量位置，控制刀具逐把移向对刀仪触头，利用机床位移测量系统获取各刀具的偏置量参数。对刀结束，将摆臂退出测量位置，以免影响加工。

图 2-49 所示为一种典型的数控车床机外对刀仪。它由导轨、测量系统、光学放大系统、刀具台安装座和底座等组成。机外对刀的本质是测量出刀具假想刀尖点（刀位点）与刀台

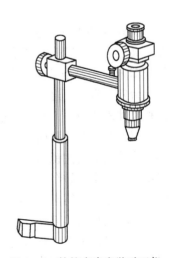

图 2-46　数控车床光学对刀仪

某一基准点间的 X、Z 向偏移距离，作为刀具在 X、Z 向的长度值。

a)　　　　　　　b)　　　　　　　c)

图 2-47　刀尖在放大镜下的对刀投影

a）端面外径刀尖　b）对称刀尖　c）端面内径刀尖

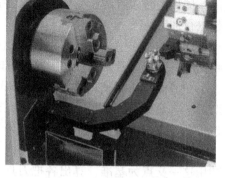

图 2-48　数控车床机内自动对刀仪

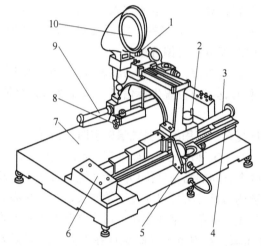

图 2-49　数控车床机外对刀仪

1—X 向进给手柄　2—Z 向进给手柄　3、9—轨道　4—刻度尺　5—微型读数器
6—刀具台安装座　7—底座　8—光源　10—投影放大镜

机外对刀时必须连刀夹一起校对，所以刀具必须通过刀夹再安装在刀架上。将刀具固紧在刀夹上后，不管安装到哪个刀位上，对刀得到的刀具长度应该是一样的。针对某台具体的数控车床（主要是具体的刀架及其相应的刀夹），应制作相应的对刀刀具台，并将其安装在刀具台安装座上。这个对刀刀具台与刀夹的连接结构和尺寸应该同该机床刀台每个刀位的结构和尺寸完全相同，甚至制造精度也要求与机床刀台该部位一样。

对刀时将刀具随同刀夹一起紧固在对刀刀具台上，摇动 X 向和 Z 向进给手柄，使移动部件载着投影放大镜沿着两个方向移动，直到假想刀尖点（刀位点）与放大镜中的十字线交点重合为止，如图 2-47 所示。此时，通过 X 和 Z 向的微型读数器分别读出 X 和 Z 向读数值，即为这把刀的对刀长度。使用时将这把刀连同刀夹一起移装到机床某刀位上之后，把对刀长度输到相应的刀补号或程序中就可以了。

使用机外对刀仪对刀的最大优点是对刀过程不占用机床的时间，从而可提高数控车床的利用率。这种对刀方法的缺点是刀具必须连同刀夹配套使用。

第五节　数控车削加工工艺

一、数控车削加工的适应对象

通常数控车床最适合加工如下几类零件：

1. 高精度的回转体零件

由于数控车床刚性好，制造和对刀精度高，以及能方便和精确地进行人工调整、补偿和自动补偿，所以能加工尺寸精度要求较高的零件，在有些场合甚至可以以车代磨。此外，数控车削的刀具运动是通过高精度插补运算和伺服驱动来实现的，再加上机床的刚性好和制造精度高，所以它能加工对素线直线度、圆度、圆柱度等形状精度要求高的零件。对于圆弧以及其他曲线轮廓，加工出的形状与图样上所要求的几何形状的接近程度比用仿形车床要高得多。数控车削加工由于可以实现工序集中，对提高位置精度还特别有效。不少位置精度要求高的零件用普通车床车削时，因机床制造精度低，工件装夹次数多，而达不到要求，只能在车削后用磨削或其他方法弥补。例如，图 2-50 所示的滚锥轴承内圈，原采用三台液压半自动车床和一台液压仿形车床加工，需多次装夹，因而造成较大的壁厚

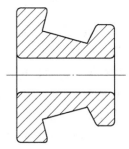

图 2-50　滚锥轴承内圈

差，达不到图样要求。改用数控车床加工后，一次装夹即可完成滚道和内孔的车削，壁厚差大为减小，而且加工质量稳定。

2. 低表面粗糙度值的回转体零件

数控车床具有恒线速度切削功能，因此能加工出表面粗糙度值小而均匀的零件。在材质、精车余量和刀具等其他加工条件一定的情况下，表面粗糙度取决于进给量和切削速度。在普通车床上车削锥面和端面等结构要素时，由于转速恒定不变，车削到不同直径处的切削速度不一样，致使车削后的表面粗糙度不一致，只有某一直径处的粗糙度值最小。使用数控车床的恒线速度切削功能，就可选用最佳线速度来切削锥面和端面等，使车削后的表面粗糙度值既小又匀。

3. 复杂形状的回转体零件

由于数控车床具有直线和圆弧插补等功能，所以可以车削由任意直线和曲线组成的形状复杂的回转体零件。如图 2-51 所示的腔体零件内部成形面，在普通车床上是很难加工甚至是无法加工的，而在数控车床上则很容易加工出来。

组成复杂零件轮廓的曲线可以是数学方程式描述的曲线，也可以是列表曲线。对于由直线或圆弧组成的轮廓，直接利用机床的直线或圆弧插补功能进行切削，对于由非圆曲线组成的轮廓，则可通过数学处理用直线或圆弧去逼近进行加工。

4. 带特殊螺纹的回转体零件

普通车床所能车削的螺纹相当有限，一般只能车等螺距的圆柱米、寸制螺纹，而且一台车床只能

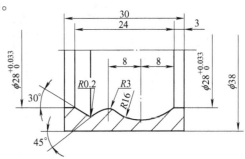

图 2-51　成形内腔零件

限定加工若干种螺距。数控车床不但可以车削任何等螺距的直、锥和端面螺纹，而且可以车变螺距（增螺距、减螺距）螺纹，如图2-52所示，以及要求等螺距与变螺距之间平滑过渡的螺纹。数控车床车削螺纹时主轴转向不必像普通车床那样交替变换，它可以一刀又一刀不停顿地循环车削，直到完成，所以它车螺纹的效率很高。数控车床一般具备精密螺纹切削功能，再加上一般采用硬质合金成形刀

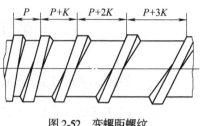

图2-52　变螺距螺纹

片，以及可以使用较高的转速，所以车削螺纹精度高、表面粗糙度值小、效率高。

二、零件结构工艺分析

数控车床所能加工零件的复杂程度相对其他数控机床而言比较简单，常见的数控车床一般最多控制三个轴（即 X、Z、C 轴），加工出的曲面是刀具（包括成形刀具）的平面运动和主轴的旋转运动共同形成的，所以数控车床的刀具轨迹不会太复杂。数控车床加工要解决的主要问题在于加工效率、加工精度的提高，特别是对切削性能差的材料或切削工艺差的零件，例如小深孔、薄壁件、窄深槽等的加工。这些结构的零件允许刀具运动的空间狭小，工件结构刚性差，安排工序时要作特殊考虑。下面以数控车床加工的一些典型结构为例，作些简要分析。

1. 悬伸结构

大部分车削零件的加工是在悬伸状态下进行的。悬伸件的加工一般有两种形式，一种是尾端无支撑，另一种是尾端带有顶尖支撑。尾端用顶尖支撑是为了避免工件悬伸过长时，由于刚性下降，造成切削过程引起较大的工件径向变形。

工件切削过程中的径向变形随悬伸长度的增加而增大，加工中必须采取适当的措施，减小或补偿悬伸工件的径向变形，降低或消除其对加工精度的影响。

（1）合理选择刀具参数　加工时，径向切削分力越小，工件的径向变形就越小。增大刀具主偏角（如采用93°主偏角），选择较大的刀具前角（15°~30°），采用正刃倾角以及减小刀尖圆角半径等均有利于减少径向切削分力，从而减少工件的径向弯曲变形。

（2）合理选择余量去除方式　对于悬伸较长、尾端无支撑、工件刚性较好、径向变形较小的阶梯轴零件，数控车床在粗加工时（棒料毛坯）要去除较多的余量，一般采用循环的方法进行编程加工。循环去余量的方式有两种，一种是横向循环加工去余量，如图2-53a所示，另一种是纵向循环加工去余量，如图2-53b所示。

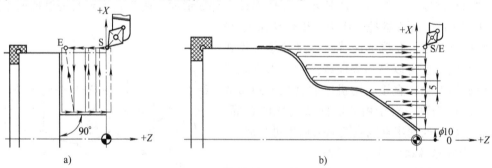

图2-53　循环加工去余量方式

a）横向循环加工去余量　b）纵向循环加工去余量

纵向循环加工去余量方式的径向进刀次数少、效率高，但会在切削开始时就减小工件根部尺寸，从而削弱工件抵抗切削力变形的能力；横向循环去除余量方式从被加工件的悬臂端依次向卡盘方向循环去除余量，此种方式虽然增加了轴向进刀次数，降低了加工效率，但工件可获得更好的抵抗切削力变形的能力。

（3）改变刀具轨迹补偿切削力引起的变形　随着工件悬伸量的加大，工件因切削力产生的变形将增大，在很多情况下采用上述的方法仍不能解决问题。

因切削力产生变形的规律是离固定端越远，变形越大，因此在尾端无支撑情况下容易形成所谓的倒锥形，而在尾端有支撑的情况下则形成所谓的腰鼓形。在这种情况下，可以反向修正刀具轨迹来补偿因切削力引起的工件变形，加工出符合图样要求的工件。刀具轨迹的修正可根据实际测得的工件变形量进行。

2. 空间狭小类结构

某些套类零件直径较小、长度较长、内表面起伏较大，使得切削空间狭小、刀具动作困难。针对这类结构的工件在设定刀具切削运动轨迹时，不能完全按照工件的结构形状编程，必须留出退刀空间。

如图 2-54 所示的零件，其内部型腔深而长。为增强镗刀杆的刚性，刀杆在型腔的允许空间内应尽可能粗。而型腔内部结构轮廓起伏又比较大，这样就限制了镗刀杆尺寸的增加。镗刀杆结构如图 2-55 所示，内部型腔空间对镗刀各部分的要求如下：

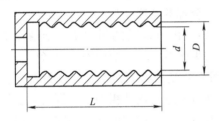

图 2-54　空间狭小结构零件

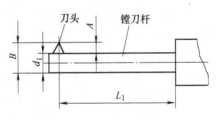

图 2-55　镗刀杆结构

刀头伸出长度　　$A \geqslant (D-d)/2$

镗刀宽度　　　　$B = A + d_1$，且 $B \leqslant d$

镗刀杆直径　　　$d_1 = B - A$

对加工曲线起伏大的内轮廓表面同加工阶梯轴一样，要首先循环去除余量。通常考虑采用如图 2-56a 所示的零点漂移方式按完全平行等距的轨迹循环去除余量，这种方式编程简单，但加工中间进给有空程，且由于镗刀需要较大的退刀空间，只能减小镗杆尺寸，与刚性要求相矛盾。因此需要根据零件内轮廓形状重新设计去除余量的刀具轨迹，如图 2-56b 所示，这样虽然增加了编程难度和工作量，但却能保证加工的顺利完成，而且加工效率也有提高。

3. 台阶式曲线深孔结构

此类结构与空间狭小类结构有相似之处，

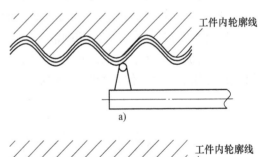

a)

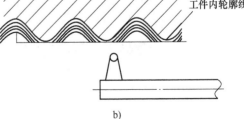

b)

图 2-56　曲线起伏轮廓加工

不同的是内孔曲面自端面向内逐渐缩小，且大小端直径尺寸相差较大，此类结构比较典型的是圆瓶模具型腔，如图2-57所示。加工这类结构零件的主要问题是刀杆刚性、刀头合理的悬伸长度及刀具的切削角度。加强刀杆刚性有两种途径，一种是根据被加工型腔曲线设计变截面刀杆，材料可选用合金钢加淬火处理。若仍不能满足使用要求，则可采用硬质合金刀杆，但成本相对较高。

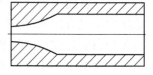

图2-57　圆瓶模具型腔

4. 薄壁结构

薄壁类零件自身结构刚性差，在切削过程中易产生振动和变形，承受切削力和夹紧力能力差，容易引起热变形，在编制加工此类结构工件的程序时要注意以下几方面的问题：

（1）增加切削工序以逐步修正由于材料去除所引起的工件变形　对于结构刚性较好的轴类零件，因去除多余材料而产生变形的问题不严重，一般只安排粗车和精车两道工序。但对于薄壁类零件，至少要安排粗车→半精车→精车甚至更多道工序。在半精车工序中修正因粗车引起的工件变形，如果还不能消除工件变形，要根据具体变形情况适当再增加切削工序。

从理论上讲，工件被去除的金属越多，引起的变形量就越大，反之亦然。薄壁零件前道工序加工给后道工序加工所留的加工余量是可以计算的，但引起薄壁件切削变形的因素较多且十分复杂，如材料、结构形状、切削力、切削热等，预先往往很难估计，通常是在实际加工中通过测量，根据实际测量值安排最佳切削工序和合理的工序余量。

（2）合理安排工步顺序　薄壁类零件的加工要经过内外表面的粗加工、半精加工、精加工等多道工序，工序间的顺序安排对工件变形量的影响较大，一般应作如下考虑：

1）粗加工时优先考虑去除余量较大的部位。因为余量去除大，工件变形量就大，两者成正比。如果工件外圆和内孔需切除的余量相同，则首先进行内孔粗加工，因为先去除外表面余量时工件刚性降低较大，而在内孔加工时，排屑较困难，使切削热和切削力增加，两方面的因素会使工件变形扩大。

2）精加工时先加工精度等级低的表面，因为虽然精加工切削余量小，但也会引起被切削工件微小变形。然后再加工精度等级高的表面，以再次修正被切削工件的微小变形量。

3）保证刀具锋利，加注切削液。

4）增加装夹接触面积，使夹紧力均匀分布在工件上，减少工件变形。通常采用开缝套筒或特殊软爪装夹工件，如图2-58所示。

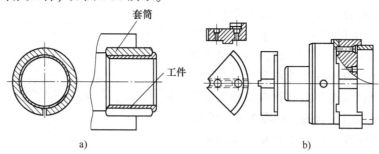

图2-58　薄壁零件装夹

a）开缝套筒　b）特殊软爪

三、切削用量与进给路线的确定

1. 切削用量的选择

切削用量主要包括背吃刀量、主轴转速及进给速度等，这些参数在加工程序中必须得以体现。切削用量的选择原则与普通车床加工基本相同，具体数值应根据机床使用说明书和金属切削原理中规定的方法及原则，结合实际加工情况来确定。在数控车床加工中，以下几点应特别注意：

1）对于目前我国具有较高占有量的经济型数控车床，一般采用普通三相异步电动机通过变频器实现无级变速，如果没有机械减速，往往在低速时主轴输出转矩不足，如果切削负荷较大，则容易造成闷车。

2）螺纹车削不同于普通车床，数控车床是自动加工机床，可以按照预先规划好的路径进行螺纹切削，且具有很高的定位精度，也不必像普通车床那样担心来不及退刀而发生刀具碰撞。因此，数控车床车螺纹应尽可能采用较高的速度，以实现优质、高效生产。

3）目前，一般的数控车床都具有恒线速度功能，当加工工件直径有变化时，尽可能采用恒线速度进行加工，既可提高加工表面质量，又可充分发挥刀具的性能，提高生产效率。

2. 进给路线的确定

数控加工确定进给路线的基本共性原则已在第一章作了阐述。这里就具体数控车床加工进给路线问题进行讨论。

（1）基本要素加工路线分析

1）锥面切削加工路线分析。图2-59所示为车正锥面的两种加工路线。按图2-59a车正锥面时，需要计算刀距 S。假设圆锥大径为 D，小径为 d，锥长为 L，背吃刀量为 a_p，则由相似三角形可得

$$(D-d)/(2L)=a_p/S$$

则 $S=2La_p/(D-d)$，这种加工路线刀具切削运动的距离较短，加工效率高。

当按图2-59b所示的进给路线车正锥面时，则不需要计算刀距 S，只要确定了背吃刀量 a_p，即可车出圆锥轮廓，编程方便。但在每次车削中背吃刀量是变化的，且切削运动路线较长，效率较低。

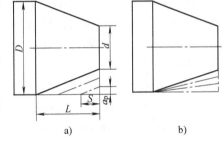

图2-59 车正锥面的两种加工路线

2）圆弧切削加工路线分析。应用G02（或G03）指令车圆弧轮廓，一般根据毛坯情况必须经多次切削加工。先经粗车将大部分余量切除，最后精车出所需圆弧。

图2-60所示为车圆弧同心圆法切削路线，即用不同半径的同心圆来车削，最后将所需圆弧加工出来。此方法在确定了每次背吃刀量 a_p 后，对特殊角度圆弧（如90°）的起点、终点坐标较易确定。这种方法对图2-60a所示的凹圆弧可以得到比较短的进给路线，但对图2-60b所示的凸圆弧，显然其加工的空行程较长，从而影响加工效率。

图2-61所示为加工圆弧的车锥法切削路线，即先车一个圆锥，再车圆弧。但要注意车锥法的起点和终点的确定。若确定不好，则可能会损坏圆弧表面，或导致后续加工余量过大。确定方法是连接 OB 交圆弧于 D，过 D 点作圆弧的切线 AC，通过几何关系求出 A、C 点

坐标。这种方法数值计算较繁，但其刀具切削路线较短。

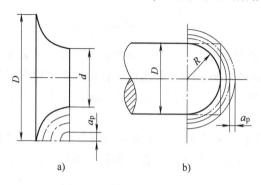 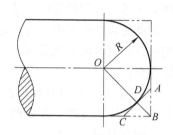

图 2-60　同心圆法切削路线　　　　　　图 2-61　车锥法切削路线

（2）空行程进给路线

1）放弃固定点换刀，尽量采用跟随式换刀，使换刀点尽可能靠近工件加工部位，以减少引刀、退刀时间。

2）起刀点设定尽可能靠近工件加工位置。

图 2-62 所示为采用矩形循环方式进行粗车的情况。图中换刀点 A 的设定考虑到精车等加工过程中需要方便地换刀，故设置在离工件较远的位置处。

图 2-62a 将加工起刀点与换刀点重合在一起，按三刀粗车的进给路线安排如下：

第一刀为　　$A—B—C—D—A$

第二刀为　　$A—E—F—G—A$

第三刀为　　$A—H–I—J—A$

图 2-62b 将起刀点与换刀点分离，并设于图示 B 点位置，仍按相同的切削量进行三刀粗车，其进给路线安排如下：

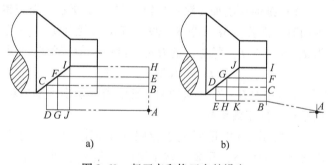

起刀点到对刀点的空行程 $A—B$

第一刀为　　$B—C—D—E—B$

第二刀为　　$B—F—G—H—B$

第三刀为　　$B—I—J—K—B$

图 2-62　起刀点和换刀点的设定

显然，图 2-62a 所示的进给路线包含大半的空程路径，使加工时间成倍增加。而图 2-62b 总进给长度较短，可以节省大量加工时间。

3）加工路径封闭原则。一个程序的全部路径尽可能封闭，即从起刀开始到加工结束刀具再次回到起刀点，从而为下一次工作直接做好准备。中间每一程序段的终点即为下一步工作的起点，不留对加工无效的程序段。

4）在确保安全条件下尽可能采用多轴联动运行。采用多轴联动辅助运动可以有效缩短进给路径，并提高运行速度，从而节省辅助时间。但必须注意刀具路径畅通，避免造成干涉碰撞。同样使用车削循环指令时，应防止刀具与工件发生碰撞。如图 2-63a 所示，从 A 点开始执行图示车削循环指令将是安全的。而如果从图 2-63b 所示 B 点开始执行车削循环指令，刀具返回时将与工件发生干涉碰撞。

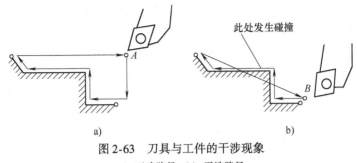

图 2-63　刀具与工件的干涉现象

a）正确路径　b）干涉路径

（3）粗加工进给路线　切削进给路线最短，可以有效地提高生产效率，降低刀具的损耗等。在安排粗加工或半精加工的切削进给路线时，应同时兼顾到被加工零件的刚性及加工的工艺性等要求。

图 2-64 所示为粗车时的几种不同切削进给路线安排示意图。其中图 2-64a 为利用其矩形循环功能而安排的"矩形"进给路线；图 2-64b 表示利用程序循环功能安排的"三角形"进给路线；图 2-64c 表示利用数控系统具有的仿形复合循环功能控制车刀沿着工件轮廓进行进给的路线。

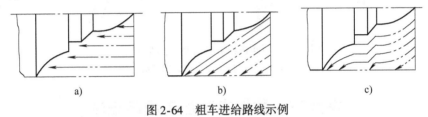

a）　　　　　　　　　　b）　　　　　　　　　　c）

图 2-64　粗车进给路线示例

以上三种切削进给路线，经分析判断可知，矩形循环进给路线的进给长度总和最短。因此，在同等条件下，其切削所需的时间（不含空行程）最短，刀具的损耗最少。

当某些表面的余量较多需分层多次进给切削时，从第二刀开始就要注意防止进给至终点时切削深度的猛增。如图 2-65 所示，以 90° 主偏刀车削外圆，合理的安排应是每一刀的切削终点依次提前一小段距离 e（例如 $e=0.05\mathrm{mm}$）。如果 $e=0$，则每一刀都终止在同一轴向位置上，由于数控车床不可避免地存在一定的定位误差，主切削刃在终点处就可能受到瞬时的重负荷冲击。当刀具的主偏角大于 90°，但仍然接近 90° 时，也应作出层层递退的安排。经验表明，这对延长粗加工刀具的寿命是有利的。

（4）特殊进给路线　在数控车削加工中，一般情况下，Z 坐标轴方向的进给运动都是沿着负方向进给的，但有时按其常规的负方向安排进给路线并不合理，甚至可能损坏工件。

例如，当采用尖角车刀加工大圆弧内表面零

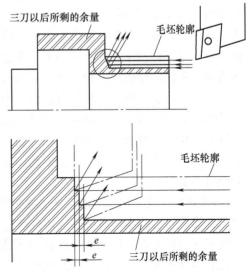

图 2-65　分层切削时刀具的终止位置

件时，安排两种不同的进给方法，如图 2-66 所示，其结果可能会有较大的差异。对于图 2-66a 所示的第一种进给方法（负 Z 走向），因尖形车刀的主偏角为 $100° \sim 105°$，这时切削力在 X 方向的较大分力 F_p 将沿着图 2-66a 所示的正 X 方向作用，当刀尖运动到圆弧的换象限处，即由负 Z、负 X 向负 Z、正 X 变换时，背向力 F_p 与传动横向滑板的传动力方向相同。若丝杠副间有机械传动间隙，就可能使刀尖嵌入零件表面（即扎刀），其嵌入量在理论上等于其机械传动间隙量。即使该间隙量很小，由于刀尖在 X 方向换向时，横向滑板进给过程的位移量变化也很小，加上处于动摩擦与静摩擦之间呈过渡状态的滑板惯性的影响，仍会导致横向滑板产生严重的爬行现象，从而大大降低零件表面质量。

对于图 2-66b 所示的第二种进给方法，因为刀具运动到圆弧的换象限处，即由正 Z、负 X 向正 Z、正 X 方向变换时，背向力 F_p 与丝杠传动横向滑板的传动力方向相反，不会受丝杠副机械传动间隙的影响而产生扎刀现象，所以图 2-66b 所示的进给方案是较合理的。

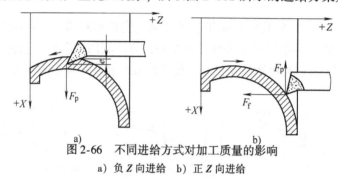

图 2-66　不同进给方式对加工质量的影响

a）负 Z 向进给　b）正 Z 向进给

第六节　数控车削加工程序编制

一、概述

如前所述，数控编程是数控加工的一个重要环节，程序的准确合理与否往往决定着加工的成败。由于不同的数控系统具有各自的指令系统和语法规范，并将最终体现在用户程序中，因此数控编程应该是面向对象的，即编程一般必须针对具体数控机床所采用的数控系统而进行，甚至即使采用了相同的数控系统，由于机床具体硬件结构配置等的不同，也会引起编程指令系统应用时的差异，导致不同机床间程序不能互相通用。

目前，社会上流行的数控系统有几十种之多，这些数控系统间相互兼容性均存在问题，这给学习者使用者带来了麻烦。但是，从本质上来看，各种不同的数控系统都是为了服务于实际社会生产，其指令系统的各项功能都是因生产实际的需要而设，只是在具体的工作形式上或代码表达上有所不同而已。因此，学习中应该从本质上去理解各指令功能的意义，从而做到触类旁通。

FANUC 是较早进入中国市场的数控系统品牌，我国在"六五"期间就开始引进，通过消化、吸收、合作生产并推广应用，曾经占有我国数控系统市场的"半壁江山"，编程及维护技术支持保障好，因此已经被社会所普遍接受。FANUC 系统的特点是其指令系统与国际标准兼容性较好，因此，系统间兼容性较好，学习较为方便容易，此外，其宏程序功能通过系统变量将机床数据等向编程用户开放，从而给用户进行二次开发提供了条件。

FANUC—0i 是 FANUC 新近推出的一种普及型机床数控系统，其高可靠性和良好的性能价格比为其赢得市场奠定了基础，在我国教学或培训领域也有较高的市场占有率，并具有较好的市场发展前景。

FANUC 编程指令系统与国际标准较为接近，兼容性较好。FANUC 0i—TB 编程指令系统详见表 2-2。

表 2-2　FANUC 0i—TB 指令系统

指令或地址	组别	功 能 含 义	编　　程
G		准备功能字，设定机床运动模式等	G00 ~ G99
* G00		快速定位	G00　IP
G01		直线插补	G01　IP　F
G02	01	顺圆插补	G02　IP　I　K G02　IP　R
G03		逆圆插补	G03　IP　I　K G03　IP　R
G04		暂停，时间单位 s	G04　P G04　X G04　U
G07.1 （G107）	00	圆柱插补	
G11		可编程数据输入方式取消	G11
G12.1 （G112）	21	极坐标插补方式	G12.1
* G13.1 （G113）		极坐标插补方式取消	G13.1
G17		XY 平面选择	G17
* G18	16	ZX 平面选择	G18
G19		YZ 平面选择	G19
G20	06	英制（inch）尺寸输入模式	G20
G21		公制（mm）尺寸输入模式	G21
* G22	09	存储行程检查接通	G22
G23		存储行程检查断开	G23
* G25	08	主轴速度波动检测断开	G25
G26		主轴速度波动检测接通	G26
G27		返回参考点检查	G27　IP；IP 为参考点坐标
G28		返回参考点	G28　IP；IP 为中间点
G30	00	返回第 2、3 和 4 参考点	G30　P2　IP；IP 为中间点 G30　P3　IP；IP 为中间点 G30　P4　IP；IP 为中间点
G31		跳转功能	G31　P99　IP　F G31　P98　IP　F
G32	01	恒螺距螺纹切削	G32　IP　F　Q；F：长轴方向螺距；Q：螺纹起始角

（续）

指令或地址	组别	功能含义	编　程
G34		变螺距螺纹切削	G34　IP　F　K；K：主轴一转螺距变化
G36	00	自动刀具补偿 X	
G37		自动刀具补偿 Z	
* G40		取消刀尖半径补偿	G00　G40　IP G01　G40　IP
G41	07	刀尖半径左补偿	G00　G41　IP G01　G41　IP
G42		刀尖半径右补偿	G00　G42　IP G01　G42　IP
G50	00	坐标系设定或最大主轴速度设定	G50　IP；IP：在工件坐标系中的坐标 G50　S
G50.3		工件坐标系预置	
* G50.2 （G250）	20	多边形车削注销	
G51.2 （G251）		多边形车削	
G52	00	局部坐标系设定	G52　IP；设定局部坐标系 G52　IP0；取消局部坐标系
G53		机床坐标系设定	G53
* G54		选择工件坐标系 1	G54
G55		选择工件坐标系 2	G55
G56	14	选择工件坐标系 3	G56
G57		选择工件坐标系 4	G57
G58		选择工件坐标系 5	G58
G59		选择工件坐标系 6	G59
G65	00	宏程序非模态调用	G65　P　L
G66	12	宏程序模态调用	G66　P　L
* G67		宏程序模态调用取消	G67
G70		精车循环	G70　P（ns）　Q（nf）
G71		纵向粗车复合循环	G71　U（Δd）　R（e） G71　P（ns）　Q（nf）　U（Δu）　W（Δw）　F（f）　S（s）　T（t）
G72	00	横向粗车复合循环	G72　W（Δd）　R（e） G72　P（ns）　Q（nf）　U（Δu）　W（Δw）　F（f）　S（s）　T（t）
G73		仿形粗车复合循环	G73　U（Δi）　W（Δk）　R（d） G73　P（ns）　Q（nf）　U（Δu）　W（Δw）　F（f）　S（s）　T（t）

（续）

指令或地址	组别	功 能 含 义	编　　程
G74		端面复合切槽或钻孔循环	G74　R(e) G74　X(U)　Z(W)　P(Δi)　Q(Δk)　R(Δd)　F(f)
G75		内外径复合切槽或钻孔循环	G75　R(e) G75　X(U)　Z(W)　P(Δi)　Q(Δk)　R(Δd)　F(f)
G76		螺纹车削复合循环	G76　P(m)　(r)　(a)　Q(Δdmin)　R(d) G76　X(U)　Z(W)　R(i)　P(k)　Q(Δd)　F(L)
* G80		固定钻削循环取消	G80
G83	10	正面（Z向）钻孔循环	G83　X(U)　C(H)　Z(W)　R　Q　P　F　K　M
G84		正面（Z向）攻螺纹循环	G84　X(U)　C(H)　Z(W)　R　P　F　K　M
G85		正面（Z向）镗孔循环	G85　X(U)　C(H)　Z(W)　R　P　F　K　M
G87		侧面（X向）钻孔循环	G87　Z(W)　C(H)　X(U)　R　Q　P　F　K　M
G88		侧面（X向）攻螺纹循环	G88　Z(W)　C(H)　X(U)　R　P　F　K　M
G89		侧面（X向）镗孔循环	G89　Z(W)　C(H)　X(U)　R　P　F　K　M
G90	01	纵向单一车削循环	G90　IP　F G90　IP　R　F
G92		螺纹单一切削循环	G92　IP　F G92　IP　R　F
G94		横向单一切削循环	G94　IP　F G94　IP　R　F
G96	02	设定恒线速度加工 m/min	G96　S
* G97		取消恒线速度加工 r/min	G97　S
G98	05	进给率单位 mm/min	G98
* G99		进给率单位 mm/r	G99

带 * 者为系统默认代码

M	辅助功能字，设定机床开关量操作	M00 ~ M99
M00	程序暂停，即计划停止	M00
M01	程序条件暂停	M01
M02	程序结束	M02
M03	主轴正转起动	M03
M04	主轴反转起动	M04
M05	主轴停	M05
M06	换刀	M06
M07	切削液打开	M07
M09	切削液关闭	M09
M30	程序结束	M30

（续）

指令或地址	组别	功能含义	编 程
M98		子程序调用	M98　P□□□×××× □□□：重复调用次数 ××××：子程序号
M99		子程序结束	M99
M198		子程序调用	

M 功能有些由系统内定，有些由 PLC 程序指定，因此有可能因机床制造厂商的不同而有所差异，具体请注意阅读机床说明书

O		零件程序号	O1 ~ 9999
N		程序段号	N1 ~ 99999
X、Z		绝对数据	G　X　Z
U、W		增量数据	G　U　W
R		圆弧半径	G2　X　Z　R G3　X　Z　R
I、K		圆弧中心坐标	G2　X　Z　I　K G3　X　Z　I　K
F		进给率字 单位由 G98/G99 设定。G98：mm/min；G99：mm/r	F1 ~ 240000mm/min F0.01 ~ 500mm/r
S		主轴机能，指定主轴转速，单位为 r/min G96 时为切削线速度，单位为 m/min	S0 ~ 20000
T		刀具机能	T□□××；□□：刀具号，××：刀偏号 EXP：T0101
P, X, U		暂停时间，单位 s	P0 ~ 99999.999 X0 ~ 99999.999 U0 ~ 99999.999
P		子程序号指定	P1 ~ 9999
P		子程序重复调用次数	P1 ~ 999
P, Q		固定循环参数	

注：有三种 G 代码系统，即 A、B 和 C 代码系统，通过设定 3401 号参数第六位（GSB）和第七位（GSC）进行选择，上表所列为 A 代码系统。G 与 M 地址后的数字前 0 可以省略，如 G01 = G1，M01 = M1。IP 表示 X、Z 坐标数据组合。

二、系统基本设置

1. 绝对/增量尺寸输入制式

根据被加工零件实际情况可以选择不同的尺寸输入方式——绝对/增量尺寸输入制式，以坐标尺寸字地址符加以区分。见表 2-3，当坐标尺寸字地址符采用 X、Z 时，为绝对尺寸

输入，即输入的坐标数据是坐标系中目标点的坐标尺寸。而当坐标尺寸字地址符采用 U、W 时，则为增量尺寸输入，此时 U、W 分别表示在 X、Z 方向待运行的位移量。可以在同一程序段采用两种输入，从而实现同一程序段中绝对/增量制式的混合编程。

表 2-3　绝对/增量尺寸指令

	绝对尺寸指令地址符	增量尺寸指令地址符
X 轴移动指令	X	U
Z 轴移动指令	Z	W

例：

N10	X20	Z0	；绝对尺寸输入
N20	U30	W−10	；增量尺寸输入
N30	X40	W−10	；X 为绝对尺寸输入，Z 轴增量尺寸输入
N40	U5	Z−20	；Z 为绝对尺寸输入，X 轴增量尺寸输入

选择合适的编程数据输入制式可以简化编程。当图样尺寸由一个固定基准标注时，则采用绝对尺寸输入较为方便；当图样尺寸采用链式标注时，则采用增量尺寸输入较为方便；对于一些规则分布的重复结构要素，采用子程序结合增量尺寸输入编程可以大大简化程序。

2. 公制/英制尺寸输入制式 G21/G20

用 G21/G20 指令在程序的开始坐标系设定之前，在一个单独的程序段中指定输入单位制式——公制（mm）/英制（inch）。G21/G20 对下列数据有效：

1）F 指令的进给率。

2）坐标位置数据。

3）编程原点偏移值。

4）刀具补偿值。

5）脉冲手轮刻度单位。

6）增量进给移动距离。

通常系统默认设置为 G21，即公制尺寸输入制式自动生效。

3. 直径/半径尺寸输入制式

为了编程方便，对于 X 方向的尺寸，可以根据实际情况通过 1006 号参数第三位设定成直径或半径数据方式进行编程。通常情况下将其设定成直径编程。此时对各数据项目影响见表 2-4。

表 2-4　直径数据方式编程对各数据的影响

项　　目	作　　用
X 绝对指令	直径值指定
U 增量指令	直径值指定
坐标系设定（G50）	直径值指定
刀偏值分量	由 5004 号参数第一位决定是直径或半径值
固定循环参数，如沿 X 轴切深（R）	半径值指定
圆弧插补中的半径（R，I 等）	半径值指定
沿轴进给速度	半径数据指定
轴位置显示	直径值显示

三、坐标系设定或选择

1. 机床坐标系选择 G53

机床坐标系以机床原点为零点，在开机通电后通过手动使刀架返回参考点而设定。如图 2-67 所示，机床坐标系作为数控机床的基准坐标系，在实际加工时较少直接采用，只有在进行一些特定的操作时才考虑选择机床坐标系。

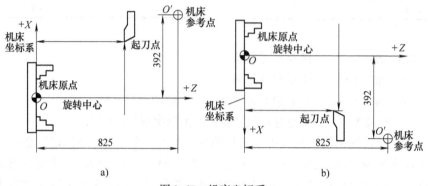

图 2-67　机床坐标系

a) 后置刀架　b) 前置刀架

机床坐标系选择采用 G53 指令，它是非模态指令，即只在其指令的程序段中有效。G53 指令必须用绝对值指定，如果采用增量值编程，G53 指令将被忽略。如果编程了 G53 指令，刀具半径补偿和刀具偏置也就同时被取消。

2. 工件坐标系选择 G54 ~ G59

如图 2-68 所示，加工前，当工件装夹到机床上后，可先求出编程原点在机床坐标系中的位置（编程原点以机床原点为基准偏移）偏移量，并通过操作面板预置输入到规定的偏置寄存器（G54 ~ G59）中。加工时程序可以通过选择相应的 G54 ~ G59 偏置寄存器激活预置值，从而确定编程原点的位置，在机床上建立工件坐标系。

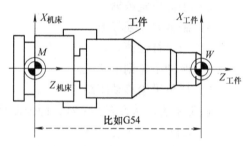

图 2-68　G54 ~ G59 工件坐标系选择

G54　　　　；工件坐标系选择 1

G55　　　　；工件坐标系选择 2

G56　　　　；工件坐标系选择 3

G57　　　　；工件坐标系选择 4

G58　　　　；工件坐标系选择 5

G59　　　　；工件坐标系选择 6

编程举例

N10　G54　　　　；选择工件坐标系 1

N20　G0　X　Z　；在工件坐标系 1 中运行

……

N90　G53　G0　X；选择机床坐标系（取消工件坐标系 1）

3. 工件坐标系设定 G50

采用 G50 指令，通过设置刀具起点在设定工件坐标系中的坐标值，来设定工件坐标系原点的位置，从而建立工件坐标系。

编程格式：G50　X　Z；

其中 X、Z 下数据分别表示刀尖起始点在设定工件坐标系中的坐标值。

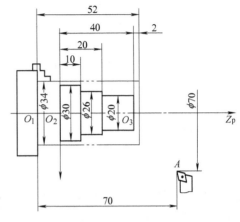

如图 2-69 所示，设 O_1 点为编程原点时，设定工件坐标系程序段为

G50　X70　Z70；

设 O_2 点为编程原点时，设定工件坐标系程序段应为

G50　X70　Z60；

如果设 O_3 点为编程原点，则设定工件坐标系程序段为

G50　X70　Z20；

图 2-69　G50 工件坐标系设定示例

A—刀具起点　O_1、O_2、O_3—编程原点

4. 局部坐标系设定 G52

如果工件上在不同的位置有重复出现的形状或结构，或者选用了一个新的参考点，在这种情况下，可以采用 G52 指令，在工件坐标系（G54～G59）中通过指定偏置量产生新的坐标原点，从而变更坐标系位置，生成新的子坐标系——局部坐标系，如图 2-70 所示。

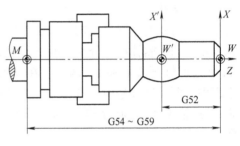

图 2-70　G52 局部坐标系设定

编程格式：G52　X　Z；

其中 X、Z 下数据分别表示局部坐标系原点在原工件坐标系中的坐标值。

为了取消局部坐标系，恢复为原来的工件坐标系，应该使局部坐标系零点与工件坐标系零点重合，编程 G52 X0 Z0 即可。

四、坐标运动与进给设定指令

1. 快速定位 G0

刀具以快速运动速度从当前位置到达由绝对或增量尺寸指令指定的目标位置。通过 1401 号参数第一位，可以设置成非线性插补与线性插补两种轨迹运行方式。如图 2-71 所示，在非线性插补定位方式时，刀具按各轴的快速运动速度定位，刀具轨迹通常不是直线，而是一条折线。在线性插补定位方式时，刀具轨迹与直线插补（G1）相同，各轴以不大于快速运动速度在最短时间内定位，刀具轨迹为一直线。

编程格式：

G0　X　Z　　　；绝对尺寸输入

或　G0　U　W　　　；增量尺寸输入

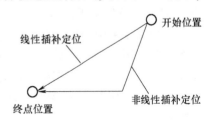

图 2-71　G0 快速定位的两种轨迹运行方式

G0 快速线性移动速度的最大值是数控机床的重要性能指标之一，受系统伺服驱动等性能的限制。有时从安全角度出发，将实际机床快速移动速度数据设定成小于最大值是可以的，反之通常是不允许的。快速移动速度在程序中不可以编辑，但在程序执行时可通过倍率开关按比例进行修调。

2. 直线插补 G1

直线插补运动指令 G1 可以指令刀具按直线轨迹从起始点移动到目标位置，以地址 F 下编程的进给速度运行，如图 2-72 所示。

编程格式：

　　　G1　X　Z　F　　　；绝对尺寸输入

　或　G1　U　W　F　　　；增量尺寸输入

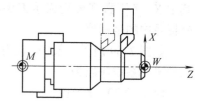

图 2-72　用 G1 进行直线插补加工

直线插补移动速度也是数控机床的重要性能指标之一，其最大值受数控系统等性能的限制。直线插补移动速度在编程时通过 F 设定，并在程序执行时可通过倍率开关按比例进行修调。

3. 圆弧插补 G2/G3

圆弧插补指令使刀具在指定平面内按 F 给定的进给速度作圆弧运动，以加工圆弧结构要素。圆弧插补指令分为顺时针圆弧插补 G2 和逆时针圆弧插补 G3 两种。在车削 ZX 平面中，顺时针和逆时针是从与 ZX 平面垂直的 Y 轴反方向观察定义的，如图 2-73 所示。

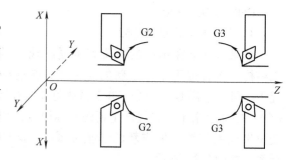

图 2-73　圆弧插补 G2/G3 方向的规定

编程格式 1：终点 + 圆心

　　　G2　X　Z　I　K　F；

或　G2　U　W　I　K　F；

　　　G3　X　Z　I　K　F；

或　G3　U　W　I　K　F；

编程格式 2：终点 + 半径

　　　G2　X　Z　R　F；

或　G2　U　W　R　F；

　　　G3　X　Z　R　F；

或　G3　U　W　R　F；

采用终点 + 圆心编程时，I、K 地址后的数据始终是从圆弧起点指向圆心的矢量分量，如图 2-74 所示，即总是以增量值指定，I0 和 K0 可以省略。如果 X、Z 被省略（终点与起点相同）且圆心用 I、K 指定时，即表示定义了一个 360° 的圆弧（整圆）。

采用终点 + 半径编程不能指定等于或大于 180° 的圆弧，如果 X、Z 被省略（终点与起点相同）且用半径 R 编程时，将定

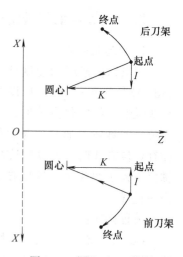

图 2-74　圆心 I、K 编程

义出一个 0°的圆弧。

4. 暂停 G4

通过在两个程序段之间插入一个 G4 程序段，可以使进给加工中断给定的时间，在此之前编程的进给率 F 和主轴转速 S 保持存储状态。

编程格式：

G4   P

G4   X

G4   U

地址 P、X、U 用以指令暂停时间，单位为秒（s）。G4 只对自身程序段有效。

编程举例：加工图 2-75 所示槽。

| N10 | G54 | F0.2 | S300 | M3 | T0101 | ；工艺数据设定 |

N10   G54   F0.2   S300   M3   T0101   ；工艺数据设定

N20   G0   X32   Z－15   ；快速引刀接近槽口

N30   G1   X19.95   ；割槽至深度

N40   G4   P1   ；槽底进给暂停

N50   G1   X32   ；退出

N60   M30

5. 恒螺距螺纹加工 G32

采用 G32 可以加工恒螺距螺纹，包括圆柱螺纹、圆锥螺纹和端面螺纹。螺纹加工时，与主轴连接的位置编码器实时地读取主轴转速，并通过系统转换为刀具的进给量，从而保证螺纹螺距精度。螺纹加工是在主轴位置编码器每转输出一个零位脉冲信号开始的，以保证每次沿着同样的刀具轨迹重复进行切削，避免乱牙。螺纹加工期间，主轴转速必须保持恒定，否则将无法保证螺纹螺距的正确性。

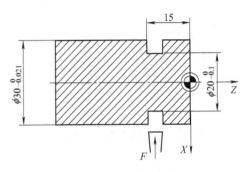

图 2-75 G4 编程割槽

编程格式：

　　G32   X   Z   F   Q   ；绝对尺寸输入

或　G32   U   W   F   Q   ；增量尺寸输入

其中 F 为螺纹导程，当加工锥螺纹时，取 X、Z 方向中分量较大者即可。Q 为起始点偏移，用于指定主轴一转零位脉冲信号与螺纹切削起点的偏移角度，便于切削多线螺纹，如图2-76所示。Q 不能指定小数，而以最小设定单位计量。Q 为非模态指令，每次使用必须指定，如果不指定则作 0 处理。

（1）右旋螺纹或左旋螺纹　当采用丝锥或板牙进行攻螺纹或套螺纹时，右旋或左旋螺纹由主轴旋转方向 M3（正转）和 M4（反转）确定，M3 加工右旋螺纹，M4 加工左旋螺纹。主轴转速在地址字 S 下编程。当进行螺纹的车削加工时（包括内、外螺纹），主轴的旋向应该由刀具的安装方向决定，以确保刀具能正常工作为前提。螺纹的旋向由 G32 进给方向确定，如图 2-77 所示。

（2）车多线螺纹　多线螺纹的加工可以采用周向起始点偏移法或轴向起始点偏移法，如图 2-78 所示。周向起始点偏移法车多线螺纹时，不同螺旋线在同一轴向起点切入，利用

Q周向错位360°/n（n为螺纹线数）的方法分别进行车削。轴向起始点偏移法车多线螺纹时，不同螺旋线在轴向错开一个螺距位置切入，采用相同的Q。

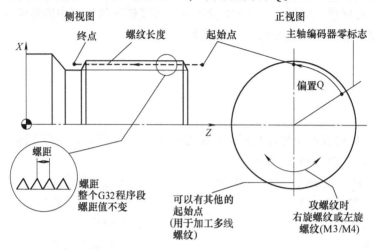

图 2-76　G32 起始点偏移等可编程量

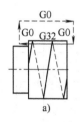
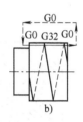

图 2-77　车削左旋或右旋螺纹

a）车左旋螺纹　b）车右旋螺纹

图 2-78　车多线螺纹

a）周向起始点偏移法　b）轴向起始点偏移法

通常由于伺服系统滞后等因素会在螺纹切削起点和终点产生螺距误差，为了解决这一问题，一般在螺纹两端各延伸一段长度，即增加导入和导出量，如图 2-79 中的 δ_1 和 δ_2。

此外，在加工锥螺纹或端面螺纹时，如果恒线速度切削（G96）有效，主轴转速将发生变化，从而将无法保证螺距的正确性，因此，螺纹切削期间必须取消恒线速度切削功能。

如图 2-79 所示，双线锥螺纹在 Z 向导程分量 4mm，导入量 $\delta_1 = 2$mm，导出量 $\delta_2 = 2$mm。编制螺纹加工程序如下：

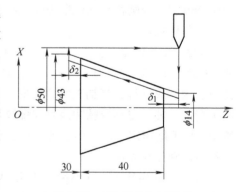

图 2-79　G32 螺纹加工示例

```
…
G0    X13.5   Z72                      ;径向进刀
G32   X42.5   Z28   F4   Q0            ;车第一螺旋线第一刀
G0    X50                              ;径向退刀
```

Z72	；轴向返回
X13	；径向进刀
…	；继续车第一螺旋线
G0　X13.5　Z72	；径向进刀
G32　X42.5　Z28　F4　Q180000	车第二螺旋线第一刀
…	；继续车第二螺旋线

6. 变螺距螺纹加工 G34

采用 G34 加工变螺距螺纹，如图 2-80 所示，通过对每一螺距指令一个增加值或减少值即可。

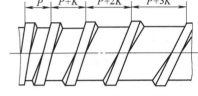

编程格式：

　　G34　X　Z　F　K　　　；绝对尺寸输入

或　G34　U　W　F　K　　　；增量尺寸输入

其中 F 为长轴方向螺纹起点导程；K 为主轴每转导程的增减量，范围为 ±0.0001 ～ ±500.0000mm/r。

图 2-80　G34 变螺距螺纹

7. 返回参考点 G27/G28/G30

参考点是数控机床上的固定点。利用参考点返回指令可以将刀架自动返回到参考点。系统最多可以设置四个参考点，各参考点的位置可以利用参数事先设置。接通电源后必须先进行第一参考点返回，以便建立起机床坐标系，然后才能进行其他操作。

返回参考点有两种方法，手动参考点返回和自动参考点返回。后者一般用于接通电源已进行手动参考点返回后，在程序中需要执行换刀等操作时使用。

自动返回参考点有以下三种指令：

（1）返回参考点检查 G27　G27 用于检查刀架是否按程序正确地返回到第一参考点。其编程格式为：

　　G27　X　Z

或　G27　U　W

G27 后的坐标为参考点在工件坐标系中的值。执行 G27 时，各轴以快速移动速度向参考点定位，且系统内部检查检验参考点行程开关信号。如果定位结束后检测到开关信号发令正确，参考点指示灯亮，说明刀架正确回到了参考点位置。如果检测到的信号不正确，则显示报警信息。

如果在刀具偏移方式下执行 G27，刀架到达的位置加上了刀具偏移值，将导致刀架不能正确回到参考点位置，机床将报警。因此在执行 G27 指令前，应当取消刀具偏移。

（2）返回参考点 G28　G28 用于使刀架以快速移动速度通过中间点返回到第一参考点。其编程格式为：

　　G28　Z　X

或　G28　U　W

G28 后的坐标为中间点坐标。为了安全，执行 G28 指令前最好取消刀具半径补偿和刀具偏移。

（3）返回第二、第三、第四参考点 G30　当有不同的换刀位置时，可以使用 G30 指令返回第二、第三、第四参考点。其编程格式如下：

G30　Pn　X　Z

或　G30　Pn　U　W

G30 后的 Pn 用于指定参考点，n 可以为 2、3、4。P2、P3、P4 分别表示第二、第三、第四参考点，P2 可以省略，坐标为中间点坐标。如果不需要通过中间点，而是直接返回参考点，可以编程 G30　Pn　U0　W0。

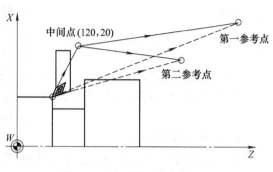

图 2-81　返回第二参考点过程

图 2-81 所示为返回第二参考点过程，刀具从当前位置经中间点（120，20）返回参考点，其指令为：

G30　X120　Z20

如果按图中虚线路径所示，不经过中间点直接返回参考点，刀具将与工件碰撞，引起事故。

8. 进给运动与进给速度单位

在执行 G1、G2、G3 等插补指令时，必须设定进给率，进给率通过指令 F 设定，其值为所有移动坐标轴速度的矢量和。加工螺纹时，F 则为长轴方向螺纹导程。

进给率可以有两种模式，即进给量（每转进给模式，单位 mm/r）和进给速度（每分钟进给模式，单位 mm/min），分别通过 G99/G98 设定，系统默认模式为 G99。

编程举例

G01　X　Z　F　　　　　　；F 单位为 mm/r（默认）

G98　　　　　　　　　　　；设定每分钟进给模式

G01　X　Z　F　　　　　　；F 单位为 mm/min

G99　　　　　　　　　　　；设定每转进给模式

G01　X　Z　F　　　　　　；F 单位为 mm/r

五、主轴运动指令

1. 主轴转速 S 及旋转方向

当机床具有受控主轴时，主轴的转速可以编程在地址字 S 下，单位为转/分钟（r/min）。旋转方向通过 M 指令规定，M3 为主轴正转，M4 为主轴反转，M5 为主轴停。

编程举例

N10　S280　M3　　　　　；主轴以 280r/min 正转起动

…

N80　S450…　　　　　　；改变转速

…

N180　M5　　　　　　　；主轴停止

2. 恒线速度加工

传统的恒转速加工，根据刀具和工件材料性能等确定切削线速度，然后按最大加工直径计算主轴转速。这样带来的问题是，当刀具加工到小直径处时性能得不到充分发挥，从而影响实际加工生产率。同时，在不同直径处表面粗糙度会有较大的差异。

当车削表面直径变化较大时，为了保证车削后表面粗糙度一致和高生产率，可以采用恒线速度切削加工，车削过程中数控系统根据车削时工件不同位置处的直径自动计算并调整主轴转速，从而始终保证刀具切削点处执行的切削线速度 S 为编程设定的常数，即：主轴转速×直径＝常数，如图2-82所示。恒线速度加工由 G96 设定。

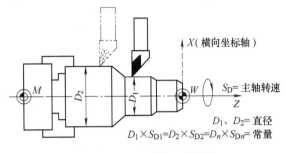

图 2-82　G96 恒线速度切削

编程格式：

G96　S —；

其中 S 后的数字表示恒定切削线速度，单位为 m/min。

设置恒线速度后，如果不再需要，可以通过 G97 取消，编程格式：

G97　S —；

其中 S 后的数字表示主轴转速，单位为 r/min。

设置恒线速度加工后，由于主轴转速在不同直径处是变化的，为了防止主轴转速过高而发生危险，可以通过 G50 将主轴最高转速限制在某一最高值，编程格式：

G50　S —；

其中 S 后的数字表示主轴最高转速限值，单位为 r/min。

为了保证恒线速度加工的正确性，在设定加工坐标系时应禁止 X 轴偏置，使 X 轴原点处于工件回转中心。

六、刀具与刀具补偿

1. 刀具补偿基本原理

在对工件进行加工编程时，无需考虑刀具长度或刀尖半径，而可以直接根据图样对工件尺寸进行编程。

所谓刀具长度也只是相对的，为了确定刀具长度，在机床刀架上设有刀架参考点 F，如图2-83 所示，以刀架参考点作为各刀具共同的度量基准，从而确定一批刀具的长度。理论上当没有刀具长度补偿时，将由刀架参考点 F 按编程轨迹运行，可以想象工件将被多切去一个刀具长度层。而当建立起刀具长度补偿后，则由刀具长度确定的"假想刀尖"随编程轨迹运行，从而加工出希望的零件。

实际切削加工中，为了提高刀尖强度，降低加工表面粗糙度值，通常在车刀刀尖处制有一圆弧过渡刃。一般的不重磨刀片刀尖处均呈圆弧过渡，且有一定的半径值。即使是专门刃磨的"尖刀"，其实际状态还是有一定的倒圆角，不可能绝对是尖角。因此，实际上真正的刀尖是不存在的，所谓的刀尖只是一"假想刀尖"而已。由于当刀具长度补偿建立后，是假想刀尖随编程轨迹运行，在加工起点和终点处将出现欠切，如图2-84所示。对于与坐标方向不平行的轮廓，刀尖圆

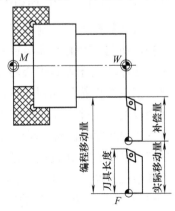

图 2-83　刀具长度补偿

弧将引起尺寸和形状误差，图中的锥面和圆弧面尺寸均较编程轮廓大，而且圆弧形状也发生了变化。这种误差的大小不仅与轮廓形状、走势有关，而且与刀具刀尖圆弧半径有关。如果零件要求精度较高，就可能出现超差。

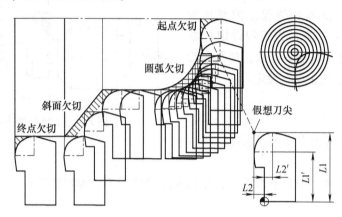

图2-84　刀尖半径引起欠切和加工误差

　　早期的经济型车床数控系统，一般不具备半径补偿功能。当出现上述问题时，精加工采用刀尖半径小的刀具可以减小误差，但这将降低刀具寿命，导致频繁换刀，降低生产率。较好的方法是采用局部补偿计算加工或按刀尖圆弧中心编程加工。

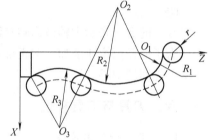

　　图2-85所示为按刀尖圆弧中心轨迹编程加工的情况，对图中所示手柄的三段轮廓圆弧分别作距离为刀尖半径的等距线，即图中虚线，求出其上各基点坐标后，按此虚线轨迹编程，但此时使用的刀具补偿长度为刀尖中心长度参数，如图2-84中的$L1'$、$L2'$，当长度补偿建立后，即由刀具中心跟随编程轨迹（图中虚线）运行，

图2-85　刀具中心轨迹编程

实际工件轮廓通过刀尖刃口圆弧包络而成，从而解决了上述误差问题。

　　刀尖圆弧中心编程存在的问题是中心轮廓轨迹需要人工处理，轮廓复杂程度的增加将给计算带来困难，尤其在刀具磨损、重磨或更换新刀时，刀尖半径发生变化，刀具中心轨迹必须重新计算，并对加工程序作相应修改，既繁琐，又不易保证加工精度，生产中缺乏灵活性。

　　现代数控车床控制系统一般都具有刀具半径补偿功能。所谓刀具半径补偿，就是在编程时不必计算上述刀具中心的运动轨迹，而只需要直接按零件轮廓编程，并在加工前输入刀具半径数据，通过在程序中使用刀具半径补偿指令，数控装置可自动计算出刀具中心偏置轨迹，并使刀具中心按此轨迹运动。也就是说，执行刀具半径补偿后，刀具中心将自动在偏离工件（编程）轮廓一个半径值的轨迹上运动，从而加工出所要求的工件轮廓，如图2-86所示。

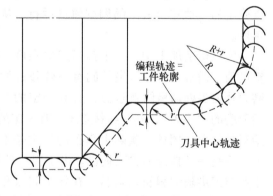

图2-86　刀具半径补偿原理

实际加工中，刀具长度和半径等参数需在启动程序加工前，单独输入到一专门的数据区。在程序中只要调用所需的刀具号及其补偿参数，控制器利用这些参数执行所要求的轨迹补偿，从而加工出所要求的工件。

2. 刀具选择与刀偏号

刀具选择采用 T 指令，可以后续两位或四位数字（由机床制造商设定），一般后续四位数字组成 T□□××，前两位□□表示刀具号，后两位××表示刀偏号，即刀具补偿寄存器地址号。

例如：T0101；表示选择 01 号刀具和 01 刀偏号中的补偿数据。

补偿寄存器中预置有刀具长度和刀尖圆角半径，包括基本尺寸和磨损尺寸两分量。控制器处理这些分量，计算并得到最后尺寸（总和长度、总和半径）。在激活补偿寄存器时这些最终尺寸有效，即补偿是按总和长度及总和半径进行的。

当一把刀具用过一段时间有一定的磨损后，实际尺寸发生了变化，此时可以直接修改补偿基本尺寸，也可以加入一个磨损量，使最终补偿量与实际刀具尺寸相协调，从而仍能加工出合格的零件。

在零件试加工等过程中，由于对刀等误差的影响，执行一次程序加工结束，不可能一定保证零件就符合图样要求，有可能出现超差。如果超差但尚有余量，则可以进行修正。此时可利用原来的刀具和加工程序的一部分（精加工部分），不需要作任何坐标修改，而只需在刀具补偿中增加一磨损量（等于相应的单边余量）后再补充加工一次，就可将余量切去。此时，实际刀具并没有磨损，故此称为虚拟磨损量。

对于车刀，当采用刀具半径补偿时，还需给出刀尖位置参数。刀尖位置根据假想刀尖与实际刀尖圆弧中心的相对关系进行判别分类，如图 2-87 所示。

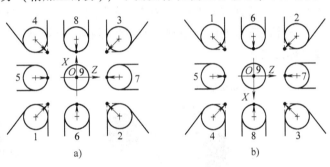

图 2-87　刀尖位置

a）后置刀架刀尖位置　b）前置刀架刀尖位置

3. 刀具长度补偿

刀具长度补偿通过选择带刀具补偿号的刀具实现，长度补偿必须在一个程序段的执行过程中完成，且程序段中必须有 G0 或 G1 指令才能生效。

4. 刀具半径补偿

精加工或刀具磨损后，可以采用刀具半径补偿，从而避免误差，简化编程。刀具半径补偿通过 G41/G42/G40 设定或取消。

G41/G42 用于建立刀尖半径补偿。控制器自动计算出当前刀具运行所产生的、与编程轮廓等距离偏置的刀具中心轨迹。

G41 为左刀补，即沿进给前进方向观察，刀具处于工件轮廓的左边。

G42 为右刀补，即沿进给前进方向观察，刀具处于工件轮廓的右边。

上述原则适合于沿刀具运动平面的第三轴反方向判断，如图 2-88a 所示，即沿与 ZX 平面垂直的 Y 轴反方向观察。反之，判断原则相反，如图 2-88b 所示。

G40 用于取消刀尖半径补偿，此状态也是编程开始时所处的状态。G40 指令之前的程序段刀具以正常方式结束（结束时补偿矢量垂直于轨迹终点处切线）。在运行 G40 程序段之后，刀尖到达编程终点。在选择 G40 程序段编程终点时注意确保运行不会发生碰撞。

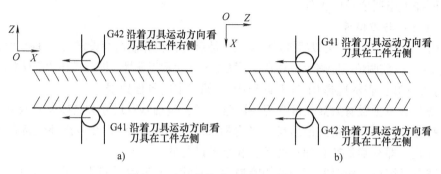

图 2-88　工件轮廓左边/右边补偿

a）后置刀架　b）前置刀架

通过 G41/G42 功能建立刀尖半径补偿时，刀尖中心以直线接近轮廓，并在轮廓起始点处与轨迹切向垂直偏置一个刀尖半径，如图 2-89 所示。需要正确选择起始点，保证刀具运行不发生碰撞。刀尖半径补偿一旦建立便一直有效，即刀尖中心与编程轨迹始终偏置一个刀尖半径量，直到被 G40 取消为止，如图 2-90 所示。G40 取消刀尖半径补偿时，刀具在其前一个程序段终点处法向偏置一个刀尖半径的位置结束，在 G40 程序段刀具假想刀尖回到编程目标位置。

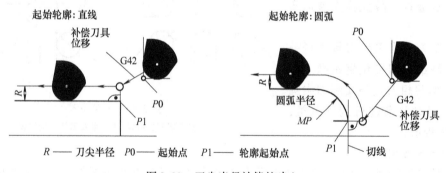

图 2-89　刀尖半径补偿的建立

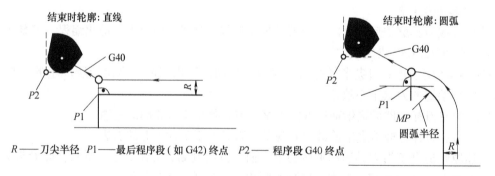

图 2-90　刀尖半径补偿的取消

注意：只有在线性插补（G0，G1）时才可以进行 G41/G42 和 G40 的选择，即只有在线性插补程序段才能建立和取消刀尖半径补偿。在通常情况下，在 G41/G42 程序段之后紧接着工件轮廓的第一个程序段。

编程举例

N10	G56　F　S　M　T		;		
N20	G0　X　Z		; *P0*——起始点		
N30	G1　G42　X　Z		; 工件轮廓右边补偿，*P1*（图 2-89）		
N40	X　Z		; 补偿进行中		

…

N120　X　Z　　　　　　　　　　；

N130　G1　G40　X　Z　　　　　；取消刀尖半径补偿，*P2*（图 2-90）

七、辅助功能指令

利用辅助功能 M 可以设定一些开关操作，如"打开/关闭切削液"、"起动/停止主轴"等。除少数 M 功能（如 M0）被数控系统生产厂家固定地设定了某些功能之外，其余部分一般可供机床生产厂家自由设定（通过 PLC 执行）。因此，M 功能的使用应注意阅读机床说明书。

1. 常用 M 功能说明

M0——程序停止、暂停程序的执行，按"启动键"程序继续执行。通常用于加工中间有计划的人工干预，如测量、检查、更换压板等，因此也称为计划暂停。

M1——程序有条件停止，与 M0 一样，但仅在"条件停（M1）有效"功能被软键或接口信号触发后才生效。加工中可以随机设置控制其是否有效。

M2——程序结束，主程序结束与子程序结束都可使用。

M3——主轴正转，即从主轴尾部向头部看顺时针旋转（采用右旋刀具的加工旋转方向）。

M4——主轴反转，即从主轴尾部向头部看逆时针旋转。

M5——主轴停。

M7——冷却液开。

M9——冷却液关。

M30——主程序结束。

M98——子程序调用。

M99——子程序结束。

2. 编程举例

N10　G54　S　M7　　　　　；工艺设定，开切削液

N20　X　M3　　　　　　　　；起动主轴

…

N60　M0　　　　　　　　　　；暂停，检查刀具

…

N80　M5　　　　　　　　　　；主轴停，观察检查工件

...

N100　M2　　　　　　　　　　　；结束程序

八、子程序

1. 子程序结构

原则上讲主程序和子程序之间并没有区别。通常用子程序编写零件上需要重复进行的加工，比如某一确定轮廓形状的结构要素，如图 2-91 所示。子程序位于主程序中适当的地方，在需要时进行调用、运行。子程序以 M99 结束，子程序结束后返回主程序。子程序结构如图 2-92 所示。

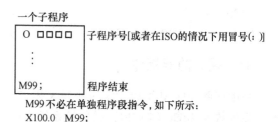

一个子程序

O □□□□　　子程序序号[或者在ISO的情况下用冒号（：）]
　：
　：
M99；　　　程序结束

M99不必在单独程序段指令，如下所示：
X100.0　M99；

图 2-92　子程序结构

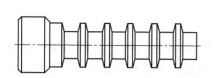

图 2-91　零件上的重复结构要素

2. 子程序调用

子程序通过 M98 指令调用，并由 P 后续数字指定连续调用次数及调用子程序号，如图 2-93 所示。

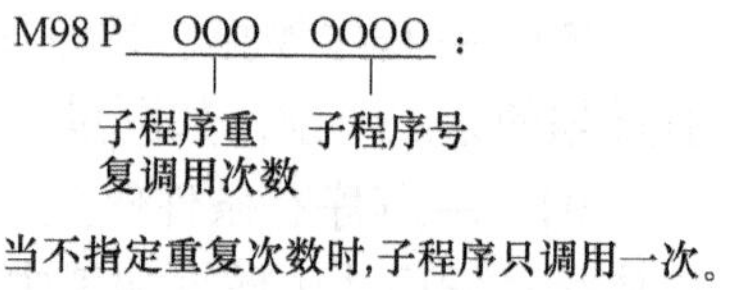

M98 P ＿＿＿ ＿＿＿＿ ；

子程序重　　子程序号
复调用次数

当不指定重复次数时,子程序只调用一次。

图 2-93　子程序调用

3. 子程序嵌套

子程序可以被主程序调用，被调用子程序也可以调用其他子程序，即子程序的嵌套。子程序最多可嵌套四级，如图 2-94 所示。

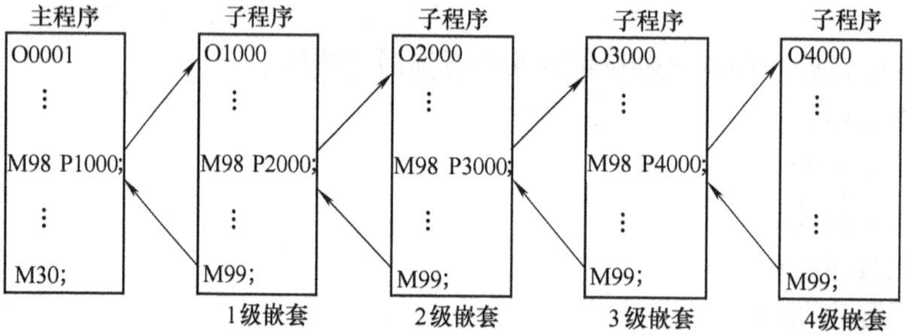

主程序	子程序	子程序	子程序	子程序
O0001	O1000	O2000	O3000	O4000
：	：	：	：	：
M98 P1000;	M98 P2000;	M98 P3000;	M98 P4000;	：
：	：	：	：	：
M30;	M99;	M99;	M99;	M99;
	1级嵌套	2级嵌套	3级嵌套	4级嵌套

图 2-94　子程序嵌套

4. 编程举例

编制加工图 2-95 所示零件上 10 矩形环槽的程序。

主程序：

O0001

N10　G54　F　S　M　T　　　　　；工艺数据设定

N20　G0　X32　Z0　　　　　　　；快速引刀接近工件，Z 向离第一槽隔一个槽距

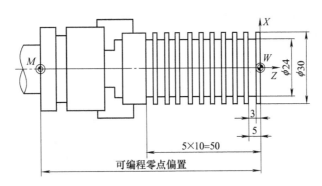

图 2-95　子程序编程举例

N30	M98	P101001	；调用子程序 O1001 共 10 次割 10 槽

N30　M98　P101001　　　　　；调用子程序 O1001 共 10 次割 10 槽
N40　G0　X100　Z150　　　　；快速退刀
N50　M30　　　　　　　　　　；结束程序
子程序：
O1001
N10　G0　W－5　　　　　　　；轴向相对进一槽距
N20　G1　U－8　　　　　　　 ；径向割槽至深度
N30　G4　P1　　　　　　　　 ；槽底停留
N40　G1　U8　　　　　　　　 ；径向退刀
N50　M99　　　　　　　　　　；结束子程序

九、固定循环

固定循环是预先给定一系列操作，用来控制机床各坐标轴位移和主轴运转以完成一定的加工。采用固定循环可以有效缩短程序长度，减少程序所占内存，并简化编程。

（一）单一固定循环

1. 纵向单一车削循环 G90
采用 G90 可以车削圆柱或圆锥表面，每调用一次循环仅进行一次切削（包含 4 个操作）。
编程格式：
　　G90　X　Z　R　F；
和　G90　U　W　R　F；
图 2-96 所示为采用 G90 加工轴类零件圆锥表面的应用情况。其中 X（U）、Z（W）为循环中车削进给路径的终点坐标，R 为锥度部分大端与小端的半径差。U、W 及 R 值的符号与刀具轨迹间的关系如图 2-97 所示。

当 $R = 0$ 时可以省略，表示为柱面加工，图 2-98 所示即为采用 G90 加工轴类零件圆柱表面的应用情况。

循环指令中的各参数均为模态值，在其他

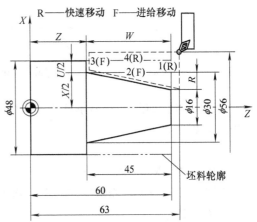

图 2-96　G90 锥面切削循环过程

G 指令（G04 除外）改变各参数前保持不变。因此用 G90 进行粗车时，每执行一次循环车削一层余量，再次循环时只需按车削深度改变径向 X 轴坐标数据即可。

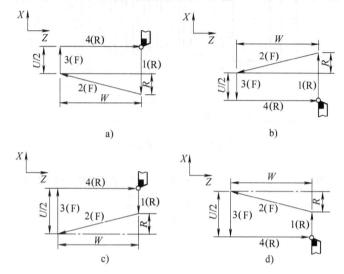

图 2-97　G90 锥面切削循环 U、W 及 R 值符号

a) $U<0$，$W<0$，$R<0$　b) $U>0$，$W<0$，$R>0$　c) $U<0$，$W<0$，$R>0$，

at $\left| R \right| \le \left| \dfrac{U}{2} \right|$　d) $U>0$，$W<0$，$R<0$，at $\left| R \right| \le \left| \dfrac{U}{2} \right|$

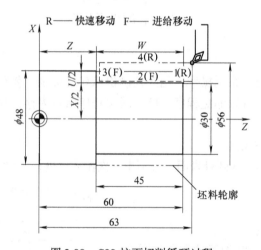

图 2-98　G90 柱面切削循环过程

编程示例：如图 2-96 所示零件，采用 G90 进行粗车，径向切深 2mm，各面留精车余量 0.2mm。程序如下：

…

N10	G0　X56　Z63	；快速定位至循环起点
N20	G90　X58　Z15.2　R-7　F0.3	；粗车第一层
N30	X54	；粗车第二层
N40	X50	；粗车第三层

N50	X46	；粗车第四层
N60	X42	；粗车第五层
N70	X38	；粗车第六层
N80	X34	；粗车第七层
N90	X30.4	；粗车第八层

…

编程示例：如图 2-98 所示零件，采用 G90 进行粗车，径向切深 2mm，各面留精车余量 0.2mm。程序如下：

…

N10	G0	X56	Z63		；快速定位至循环起点
N20	G90	X44	Z15.2	F0.3	；粗车第一层
N30	X40				；粗车第二层
N40	X36				；粗车第三层
N50	X32				；粗车第四层
N60	X30.4				；粗车第五层

…

2. 螺纹单一切削循环 G92

采用 G92 指令可以切削恒螺距圆柱和圆锥螺纹，图 2-99 所示为循环工作过程，其循环路线与 G90 基本相同，只是地址字 F 下编程的是螺纹螺距值。

编程格式：

G92　X　Z　R　F；

或　G92　U　W　R　F；

其中 R 为锥螺纹终点半径与起点半径的差值，当 R = 0 时可以省略，表示为圆柱螺纹。U、W 及 R 值的符号判断与 G90 相同。

螺纹切削结束，在螺尾处以接近 45°角退刀，如图 2-99 所示，退刀部分长度 r 可以通过 5130 号参数控制在 (0.1 ~ 12.7) L 之间。

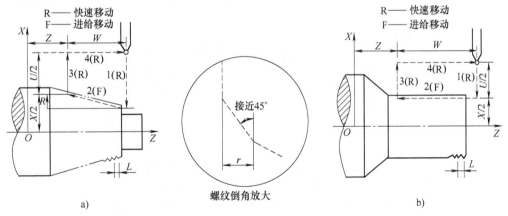

图 2-99　G92 螺纹切削循环过程

a）锥螺纹　b）直螺纹

3. 横向单一车削循环 G94

G94 指令用于在零件的垂直端面或锥形面上毛坯余量较大或直接从棒料进行粗车，车削循环过程如图 2-100 和图 2-101 所示。

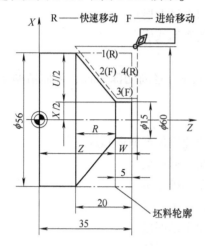

图 2-100 G94 锥端面切削循环过程

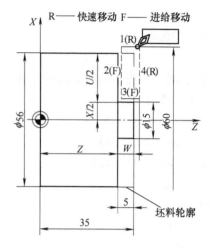

图 2-101 G94 平端面切削循环过程

编程格式：

    G94　X　Z　R　F;

和　G94　U　W　R　F;

图 2-100 所示为采用 G94 加工锥端面的应用情况。U、W 及 R 值的符号与刀具轨迹间的关系如图 2-102 所示。

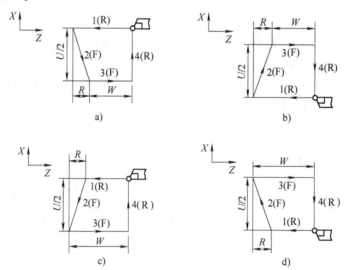

图 2-102 G94 锥端面切削循环 U、W 及 R 值符号

a) $U < 0$, $W < 0$, $R < 0$　b) $U > 0$, $W < 0$, $R < 0$

c) $U < 0$, $W < 0$, $R > 0$, at $|R| \leqslant |W|$　d) $U > 0$, $W < 0$, $R < 0$, at $|R| \leqslant |W|$

当 $R = 0$ 时可以省略，表示为平端面加工，图 2-101 所示即为采用 G94 加工平端面的应用情况。

编程示例：如图 2-100 所示，用 G94 进行粗车，每次切深 2mm，各面留精车余量 0.2mm。程序如下：

...

N10　G0　X60　Z38　　　　　　　　　　；快速定位到循环起点
N20　G94　X15.4　Z48　R-15　F0.3　；粗车第一层
N30　Z46　　　　　　　　　　　　　　；粗车第二层
N40　Z44　　　　　　　　　　　　　　；粗车第三层

...

N80　Z30.2　　　　　　　　　　　　　；粗车最后一层

...

编程示例：如图 2-101 所示零件，采用 G94 进行粗车，每次切深 2mm，各面留精车余量 0.2mm。程序如下：

...

N10　G0　X60　Z38　　　　　；快速定位到循环起点
N20　G94　X15.4　Z33　F0.3　；粗车第一层
N30　Z31　　　　　　　　　　；粗车第二层
N40　Z30.2　　　　　　　　　；粗车第三层

...

（二）复合固定循环

复合固定循环与单一固定循环指令一样，调用一次可以完成多个操作，用于需要多次重复加工才能加工到规定尺寸形状的结构零件。利用复合固定循环功能，只要给出最终精加工路径、精加工余量、循环次数等信息，系统就能自动决定粗加工刀具路径并重复切削直至加工完毕。因此，复合固定循环能够实现更为复杂的零件加工。

1. 精车循环 G70

G70 精车循环用于在粗车循环指令 G71、G72、G73 后进行精车，编程格式如下：

G70　P(ns)　Q(nf)；

其中，ns 指定精加工程序第一个程序段的段号；nf 指定精加工程序最后一个程序段的段号。

精车过程中的 F、S、T 必须在程序段 ns 到 nf 之间指定，在程序段 ns 到 nf 之间不能调用子程序。

2. 纵向粗车复合循环 G71

G71 适合于圆柱毛坯料的外径和圆筒毛坯料的内径的粗车。图 2-103 所示表达了该循环的加工路径，其中 C 为循环起点，A 为毛坯外径与端面的交点，B 为加工轮廓终点，直线 AB、AA' 与轮廓 A'B 间包容的区域即为循环切削内容。

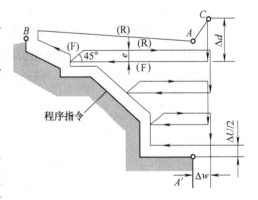

图 2-103　G71 纵向粗车复合循环过程

编程格式：

G71　U(Δd)　R(e)；
G71　P(ns)　Q(nf)　U(Δu)　W(Δw)　F(f)　S(s)　T(t)；

N（ns）…

…　　　　　　　　　　　; N（ns）到 N（nf）间程序段定义 $A{\rightarrow}A'{\rightarrow}B$ 的运动轨迹

N（nf）…

其中

Δd：　切削深度（半径指定），无符号。切削方向取决于 AA' 的方向；

e：　　退刀量；

ns：　精车加工程序第一个程序段段号；

nf：　精车加工程序最后一个程序段段号；

Δu：　X 方向精加工余量大小和方向；

Δw：　Z 方向精加工余量大小和方向；

f、s、t：粗加工采用的 F、S、T 值。在程序段 N（ns）到 N（nf）间编程的 F、S、T 在粗加工时都将被忽略。如果在 G71 中没有编程 F、S、T，则在 G71 程序段前编程的 F、S、T 有效。

Δu 与 Δw 的符号如图 2-104 所示。

对于恒线速度（G96）加工指令，如果在程序段 N（ns）到 N（nf）间，即 $A{\rightarrow}A'{\rightarrow}B$ 的运动轨迹程序段间指定 G96 或 G97 则无效，而在 G71 程序段或以前的程序段中指定的 G96 或 G97 有效。

A 到 A' 间的刀具轨迹包含在顺序号为 ns 的程序段中，采用 G0 或 G1 指定，当采用

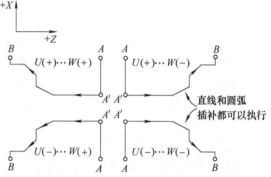

图 2-104　G71 纵向粗车复合循环 Δu 与 Δw 符号规定

G0 指定时，$A{\rightarrow}A'$ 执行 G0 快速移动，当采用 G1 指定时，$A{\rightarrow}A'$ 执行 G1 进给移动，在该程序段中，不能指定 Z 轴运动。

G71 循环有两种类型，即类型 Ⅰ 与类型 Ⅱ。类型 Ⅰ 从 $A'{\rightarrow}B$ 的轮廓程序段沿 X 方向必须单调递增或递减，即径向不可以有凹面。类型 Ⅱ 则没有单调性要求，且最多可以有十个凹面，但沿 Z 向轮廓必须单调递增或递减。

在程序段 ns 到 nf 之间不能调用子程序。

编程示例：如图 2-105 所示零件，先采用 G71 进行粗车，每次切深 3mm，各面留精车

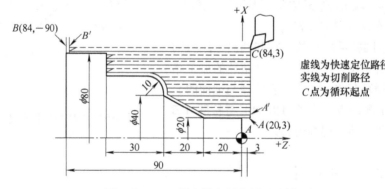

图 2-105　G71 纵向粗车复合循环示例

余量 0.2mm，最后采用 G70 进行精车。

程序如下：

O1001

N10	G50	X120	Z100		; 工件坐标系设定
N20	G30	U0	W0		; 返回第二参考点准备换粗车刀
N30	T0101	S500	M03	M07	; 调用 01 号粗车刀，主轴预起动，开切削液
N40	G96	S100			; 设定粗车恒线速度 100m/min
N50	G50	S2000			; 最高转速限制
N60	G0	X84	Z3		; 快速定位至循环起点 C
N70	G71	U3	R1		;
N80	G71	P90	Q170	U0.4 W0.2 F0.3	; G71 循环粗车轮廓
N90	G0	X20			; 开始定义精车轨迹
N110	G1	W−23	F0.15		;
N120	X40	W−20			;
N130	G3	X60	W−10	R10	;
N140	G1	W−20			;
N150	X80				;
N160	Z−90				;
N170	X84				; 精车轨迹结束
N180	G30	U0	W0		; 返回第二参考点准备换精车刀
N190	T0202				; 调用 02 号精车刀
N100	G96	S150			; 设定精车恒线速度 150m/min
N200	G0	X84	Z3		; 快速定位至循环起点 C
N210	G70	P90	Q170		; G70 循环精车轮廓
N220	G30	U0	W0		; 退刀至第二参考点
N230	M30				; 结束程序

3. 横向粗车复合循环 G72

G72 指令的含义与 G71 基本相同，如图 2-106 所示，不同之处在于 G72 的切削进给是沿 X 轴方向进行的。注意 A 到 A′ 间的刀具轨迹包含在顺序号为 ns 的程序段中，采用 G0 或 G1 指定，在该程序段中，不能指定 X 轴运动。

编程格式：

G72 W（Δd） R（e）;

G72 P（ns） Q（nf） U（Δu） W（Δw） F（f） S（s） T（t）;

N（ns）…

… ; N（ns）到 N（nf）间程序段定义 A→A′→B 的运动轨迹

N（nf）…

其中各参数的含义参考 G71。Δu 与 Δw 的符号如图 2-107 所示。

编程示例：如图 2-108 所示零件，先采用 G72 进行粗车，每次切深 3mm，各面留精车余量0.2mm，最后采用 G70 进行精车。

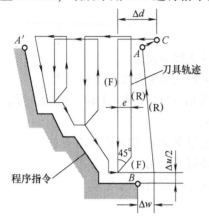

图 2-106　G72 横向粗车复合循环过程

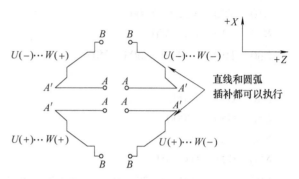

图 2-107　G72 横向粗车复合循环 Δu 与 Δw 符号规定

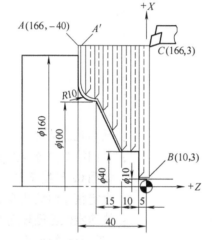

虚线为快速定位路径
实线为切削路径
C 点为循环起点

图 2-108　G72 横向粗车复合循环示例

程序如下：

O1002

N10	G50	X220	Z100	；工件坐标系设定
N20	G30	U0	W0	；返回第二参考点准备换粗车刀
N30	T0101	S200	M03　M07	；调用 01 号粗车刀，主轴预起动，开切削液
N40	G96	S100		；设定粗车恒线速度 100m/min
N50	G50	S2000		；最高转速限制
N60	G0	X166	Z3	；快速定位至循环起点 C
N70	G72	W3	R1	；
N80	G72	P90　Q160	U0.4　W0.2　F0.3	；G72 循环粗车轮廓
N90	G0	Z-40		；开始定义精车轨迹
N110	G1	X120	F0.15	；

N120	G3	X100	W10	R10	;
N130	G1	X40	W15		;
N140	W10				;
N150	X10				;
N160	Z3				; 精车轨迹结束
N170	G30	U0	W0		; 返回第二参考点准备换精车刀
N180	T0202				; 调用02号精车刀
N185	G96	S150			; 设定精车恒线速度150m/min
N190	G0	X166	Z3		; 快速定位至循环起点 C
N200	G70	P90	Q160		; G70循环精车轮廓
N210	G30	U0	W0		; 退刀至第二参考点
N220	M30				

4. 仿形粗车复合循环 G73

G73 可以随工件毛坯轮廓形状进给进行切削，如图2-109所示。这种切削循环适合于切削毛坯轮廓形状与工件形状接近的坯料，如铸造成形、锻造成形或已经粗车成形的工件。

编程格式：

G73　U（Δi）　　W（Δk）　　R（d）；

G73　P（ns）　　Q（nf）　　U（Δu）　　W（Δw）　　F（f）　　S（s）　　T（t）；

N（ns）…

…　　　　　　　；N（ns）到 N（nf）间程序段定义 A→A′→B 的运动轨迹

N（nf）…

其中

Δi：X 方向粗加工余量大小和方向；

Δk：Z 方向粗加工余量大小和方向；

d：分割数，即粗切重复次数；

其余各参数的含义参考 G71。

编程示例：如图2-110所示零件，采用 G73 进行粗车，分割次数为3次，各面留精车余量0.2mm，X 和 Z 轴方向单边加工余量6mm。

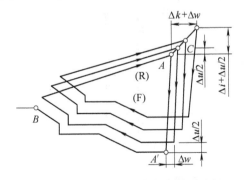

图 2-109　G73 仿形粗车复合循环过程

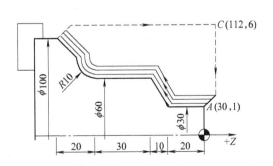

图 2-110　G73 仿形粗车复合循环示例

程序如下：

O1003

N10	G50 X150 Z100	；工件坐标系设定
N20	G30 U0 W0	；返回第二参考点准备换粗车刀
N30	T0101 S300 M03 M07	；调用01号粗车刀，主轴预起动，开切削液
N40	G96 S100	；设定粗车恒线速度100m/min
N50	G50 S2000	；最高转速限制
N60	G0 X112 Z6	；快速定位至循环起点 C
N70	G73 U6 W6 R3	；
N80	G73 P90 Q150 U0.4 W0.2 F0.3	；G73循环粗车轮廓
N90	G0 X30 Z1	；开始定义精车轨迹
N110	G1 Z-20 F0.15	；
N120	X60 W-10	；
N130	W-30	；
N140	G2 X80 W-10 R10	；
N150	G1 X100 W-10	；精车轨迹结束
N160	G30 U0 W0	；返回第二参考点准备换精车刀
N170	T0202	；调用02号精车刀
N175	G96 S150	；设定精车恒线速度150m/min
N180	G0 X112 Z6	；快速定位至循环起点 C
N190	G70 P90 Q150	；G70循环精车轮廓
N200	G30 U0 W0	；退刀至第二参考点
N210	M30	；

5. 端面复合切槽或钻孔循环 G74

G74端面复合切槽或钻孔循环，可以实现端面宽槽的多次复合加工、端面窄槽的断屑加工以及端面深孔断屑加工，其操作过程如图2-111所示。

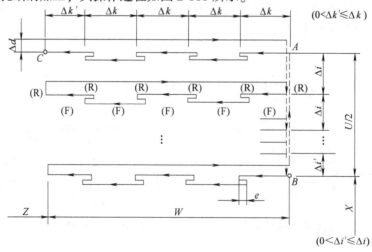

图2-111　G74端面复合切槽或钻孔循环过程

编程格式：

G74　R（e）；

G74　X（U）＿Z（W）＿P（Δi）　Q（Δk）　R（Δd）　F（f）；

其中

e：回退量（Z 向），模态有效，也可通过参数设定；

X（U）：B 点的 X 坐标（或 A 到 B 的 X 坐标增量）；

Z（W）：C 点的 Z 坐标（或 A 到 C 的 Z 坐标增量）；

Δi：X 方向的移动量，无符号值，方向由系统进行判断，半径值指定，不支持小数点输入，而以最小设定单位编程；

Δk：Z 方向的每次切深，无符号值，不支持小数点输入，而以最小设定单位编程；

Δd：刀具在底部的退刀量，正值指定，但如果 X（U）和 Δi 省略，就要指定退刀方向的符号；

f：进给率。

G74 端面复合切槽或钻孔循环以 A 为起点，如果使用切槽刀进行切槽加工，要注意考虑两个刀尖的选择和刀具宽度，A 点的坐标要根据刀尖位置和 U 的方向决定。

程序执行时，刀具快速到达 A 点，从 A 到 C 为切削进给，每切一个 Δk 深度便快速后退一个 e 的距离以便断屑，最终到达 C 点。在 C 点处，刀具可以横移一个距离 Δd 后退回 A 点，但要为刀具结构性能所允许，钻孔到孔底绝对不允许横移，割槽到槽底横移也容易引起刀具折断，因此一般设定 Δd＝0。刀具退回 A 点后，按 Δi 移动一个距离，割槽时 Δi 由割槽刀宽度确定，要考虑重叠量，在平移到新位置后再次执行上述过程，直至完成全部加工，最后刀具从 B 点快速返回 A 点，循环结束。

如果省略 X（U）和 Δi，则可在起点 A 位置执行深孔钻削循环加工，对于一般数控车床，A 点位置只能在工件回转中心。

编程示例：如图 2-112 所示零件，采用 G74 进行深孔循环断屑钻孔，程序如下：

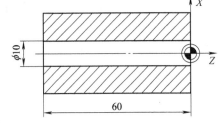

图 2-112　G74 端面深孔钻削循环示例

N10　G54　S500　M03　M07　　　；选择工件坐标系，工艺设定

N20　T0101　　　　　　　　　；选择调用 01 号钻头

N30　G0　X0　Z2　　　　　　　；快速定位至循环起点

N40　G74　R1　　　　　　　　　；

N50　G74　Z－65　Q10　R0　F0.2　；G74 循环钻深孔

N60　G0　Z100　　　　　　　　；

N70　M30　　　　　　　　　　　；

6. 内外径复合切槽或钻孔循环 G75

G75 内外径复合切槽或钻孔循环，可以实现内外宽槽的多次复合加工、内外窄槽的断屑加工以及内外深孔断屑加工（车削中心），其操作过程如图 2-113 所示，可见，除了 X 与 Z 方向操作互换外，含义与 G74 基本相同。

编程格式：

G75　R（e）；

G75　X（U）＿Z（W）＿P（Δi）　Q（Δk）　R（Δd）　F（f）；

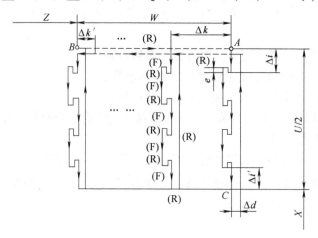

图 2-113　G75 内外径切槽循环过程

其中各参数的含义与工作过程参考 G74。

　　编程示例：如图 2-114 所示零件，采用 G75 进行外径窄槽和宽槽复合加工，割槽刀宽 3mm，程序如下：

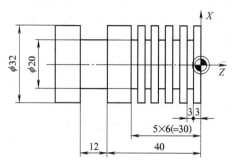

图 2-114　G75 内外径切槽循环示例

N10	G54	S1000	M03	M07	；选择工件坐标系，工艺设定
N20	T0101				；选择调用 01 号割槽刀左刀尖
N30	G96	S100			；设定恒线速度
N40	G50	S2000			；最高转速限制
N50	G0	X34	Z－6		；快速定位至循环起点
N60	G75	R0.2			；
N70	G75	X20	Z－30	P2000 Q6000 R0 F0.15	；G75 循环割 5 个 3mm 槽
N80	G0	Z－52			；快速定位至循环起点
N90	G75	R0.2			；
N100	G75	X20	Z－43	P2000 Q2500 R0 F0.15	；G75 循环割宽 12mm 槽
N110	G0	X100	Z150		；
N120	M30				；

7. 螺纹车削复合循环 G76

G76 螺纹车削复合循环，可以在循环中一次性指定有关参数，通过循环自动完成螺纹加工。循环工作过程如图 2-115 所示。

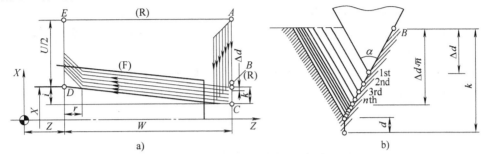

图 2-115　G76 螺纹车削复合循环过程

编程格式：

G76　P（m）（r）（α）　　Q（Δdmin）　　R（d）；

G76　X（U）＿Z（W）＿R（i）　　P（k）　　Q（Δd）　　F（L）；

其中

m：精加工重复次数（1～99）；

r：螺尾倒角值，可以在（0.0～9.9）L 间设定，单位为 0.1L，用 00～99 间的两位整数来表示，L 为螺距；

α：刀尖角度，可以从 80°、60°、55°、30°、29°、0°六个角度中选择，用两位整数表示；

m、r、α 用地址 P 同时指定，例如：m＝2，r＝1.2L，α＝60°，可以指令 P021260。

Δdmin：最小切深，半径指定。车削过程中每次切深由第一刀切深按设定规则逐渐递减，如图 2-115b 所示，当计算切深小于最小切深时，车削深度便锁定在此值；

d：精加工余量，半径指定；

X（U）、Z（W）：螺纹根部终点坐标；

i：螺纹半径差，i＝0 即为圆柱螺纹；

k：螺纹高度，半径指定，不支持小数点输入，而以最小设定单位编程；

Δd：第一刀切深，半径指定，不支持小数点输入，而以最小设定单位编程；

L：螺纹螺距值。

编程示例：如图 2-116 所示零件，采用 G76 粗精车螺纹，螺纹高度 3.68mm，螺距 6mm，螺尾倒角 1.0L，牙型角 60°，首次切深 0.3mm，最小切深 0.1mm，精加工余量 0.05mm。

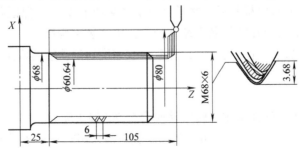

图 2-116　G76 螺纹车削复合循环示例

程序如下：

N10	G50	X120	Z150				；工件坐标系设定

```
N10   G50   X120   Z150                        ;工件坐标系设定
N20   G30   U0   W0                            ;返回第二参考点准备换螺纹刀
N30   T0101   S100   M07   M03                 ;调用01号粗车刀，开切削液
N40   G0   X100   Z130                         ;快速引刀至循环起点
N50   G76   P021060   Q100   R0.05             ;
N60   G76   X60.640   Z25   R0   P3680   Q300   F6.0   ;G76循环粗精车螺纹
N70   G0   X100   Z150                         ;
N80   M30                                      ;
```

第七节　数控车削加工示例

一、轴类零件加工示例1

编程加工如图2-117所示零件，工件材料45钢。

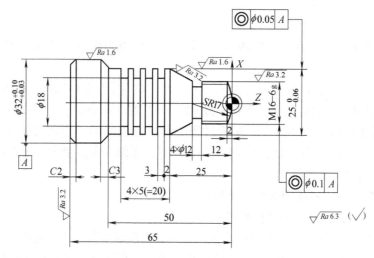

图2-117　轴类零件加工示例1零件图

1. 工艺分析

图2-117所示为阶梯轴零件，其成品最大直径为 $\phi32$ mm，由于直径较小，可以采用 $\phi35$ mm 的圆柱棒料加工后切断即可，这样可以节省装夹料头，并保证各加工表面间具有较高的相互位置精度。装夹时注意控制毛坯外伸量，提高装夹刚性。

由于阶梯轴零件径向尺寸变化较大，注意恒线速度切削功能的应用，以提高加工质量和生产效率。

2. 工艺安排

根据零件加工要求，端面采用可转位硬质合金90°偏头端面车刀，轮廓粗、精车均采用可转位硬质合金93°偏头外圆车刀，切槽及螺纹退刀槽采用宽3mm机夹硬质合金切槽刀，螺纹采用可转位硬质合金外螺纹刀，以便采用较高的切削速度，从而提高加工质量和效率，最

终切断采用宽4mm高速钢切断刀。具体过程见表2-5。

表2-5　加工工艺过程

加工步骤	加工内容要求	刀　具	主轴转速或切削速度	进给量/（mm/r）	备　注
1	粗车端面，留余量0.2mm	T01：可转位硬质合金90°偏头端面车刀	50m/min	0.3	
2	精车端面至要求	T01：可转位硬质合金90°偏头端面车刀	80m/min	0.2	
3	粗车外圆轮廓，留单面余量0.2mm	T02：可转位硬质合金93°偏头外圆车刀	50m/min	0.3	G71
4	精车外圆轮廓至要求	T02：可转位硬质合金93°偏头外圆车刀	80m/min	0.2	G70
5	切4个3mm槽	T03：宽3mm机夹硬质合金切槽刀	60m/min	0.1	子程序
6	切螺纹退刀槽	T03：宽3mm机夹硬质合金切槽刀	60m/min	0.1	
7	车螺纹	T04：可转位硬质合金外螺纹刀	500r/min		G76
8	切断	T05：宽4mm高速钢切断刀	20m/min	0.1	右刀尖刀补

3. 加工程序

O0001

N10	G54	F0.3	S800	M03	M07	T0101	；工艺设定

N20　G50　S2000　　　　　　　　　　　；限制主轴最高转速2000r/min

N30　　G96　　S50　　　　　　　　　　　；设定粗车端面恒线速度加工
　　　　　　　　　　　　　　　　　　　　　50m/min

N40　G0　X40　Z0.2　　　　　　　　　；快速引刀接近工件

N50　G1　X-2　　　　　　　　　　　；粗切端面

N60　G0　X40　Z2　　　　　　　　　　；

N70　G96　S80　　　　　　　　　　　　；设定精车端面恒线速度加工
　　　　　　　　　　　　　　　　　　　　　80m/min

N80　Z0　　　　　　　　　　　　　　　；

N90　G1　X-2　F0.15　　　　　　　；精切端面

N100　G30　U0　W0　　　　　　　　　；返回第二参考点准备换外圆车刀

N110　T0202　　　　　　　　　　　　；调用T02外圆车刀

N120　G0　X36　Z2　　　　　　　　　；快速引刀接近工件，准备粗车外
　　　　　　　　　　　　　　　　　　　　　轮廓

N130　G96　S50　　　　　　　　　　　；设定粗车外轮廓恒线速度加工

								50m/min

N140　G71　U2　R1　　　　　　　　　　　　　　　　　；

N150　G71　P160　Q250　U0. 4　W0. 2　F0. 3　；G71 循环粗车外轮廓

N160　G0　X0　　　　　　　　　　　　　　　　　　；外轮廓精车程序开始

N170　G1　Z0　F0. 2　　　　　　　　　　　　　　　；

N180　G3　X15. 8　Z－2　R17　　　　　　　　　　　；

N190　G1　Z－16　　　　　　　　　　　　　　　　　；

N200　X24. 97　Z－25　　　　　　　　　　　　　　；

N210　Z－50　　　　　　　　　　　　　　　　　　　；

N220　X26　　　　　　　　　　　　　　　　　　　　；

N230　X32. 065　Z－53　　　　　　　　　　　　　　；

N240　Z－70　　　　　　　　　　　　　　　　　　　；

N250　X35　　　　　　　　　　　　　　　　　　　　；外轮廓精车程序结束

N260　G96　S80　　　　　　　　　　　　　　　　　　；设定精车外轮廓恒线速度加工
　　　　　　　　　　　　　　　　　　　　　　　　　　　80m/min

N270　G70　P160　Q250　　　　　　　　　　　　　　；G70 循环精车外轮廓

N280　G30　U0　W0　　　　　　　　　　　　　　　　；返回第二参考点准备换切槽刀

N290　T0303　　　　　　　　　　　　　　　　　　　；调用 T03 切槽刀，左刀尖有效

N300　G96　S60　　　　　　　　　　　　　　　　　　；设定切槽恒线速度加工 60m/min

N310　G0　X26　Z－25　　　　　　　　　　　　　　；快速引刀至轴向离第一槽一个
　　　　　　　　　　　　　　　　　　　　　　　　　　　槽距

N320　M98　P41001　　　　　　　　　　　　　　　　；调用子程序切 4 个 3mm 槽

N330　G0　Z－16　　　　　　　　　　　　　　　　　；轴向接近螺纹退刀槽

N340　G0　X18　　　　　　　　　　　　　　　　　　；

N350　G1　X12　　　　　　　　　　　　　　　　　　；

N360　G0　X18　　　　　　　　　　　　　　　　　　；

N370　W1　　　　　　　　　　　　　　　　　　　　　；

N380　G1　X12　　　　　　　　　　　　　　　　　　；

N390　G0　X18　　　　　　　　　　　　　　　　　　；

N400　G30　U0　W0　　　　　　　　　　　　　　　　；返回第二参考点准备换外螺纹刀

N410　T0404　　　　　　　　　　　　　　　　　　　；调用 T04 外螺纹车刀

N420　G0　X20　Z0　S500　　　　　　　　　　　　　；快速引刀接近螺纹外圆，设定转
　　　　　　　　　　　　　　　　　　　　　　　　　　　速 500r/min

N430　G76　P020060　Q100　R0. 05　　　　　　　　；

N440　G76　X13. 2　Z－14　R0　P1300　Q300　F2；G76 循环车螺纹

N450　G30　U0　W0　　　　　　　　　　　　　　　　；返回第二参考点准备换切断刀

N460　T0505　　　　　　　　　　　　　　　　　　　；调用 T05 切断刀右刀尖

N470　G96　S20　　　　　　　　　　　　　　　　　　；设定切断恒线速度加工 20m/min

N480　G0　X33　Z－65　　　　　　　　　　　　　　；快速引刀接近切断位置

N490	G1	X28	F0.1	；预切至直径 φ28
N500	G0	X33		；径向退刀
N510	Z−62.5			；轴向移动准备切 C2 倒角
N520	G1	X28	Z−65	；倒 C2 角
N530	X−1			；径向切断
N540	G30	U0	W0	；返回第二参考点刀具远离工件
N550	M30			；程序结束
O1001				
N1010	G0	W−5		；轴向相对移一个槽距
N1020	G1	U−8	F0.1	；径向切槽至深度
N1030	G4	P0.5		；槽底暂停
N1040	G0	U8		；径向退出
N1050	M99			；程序结束

二、轴类零件加工示例 2

编程加工如图 2-118 所示零件，工件材料 HT200。

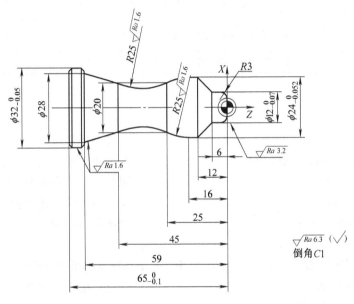

图 2-118 轴类零件加工示例 2 零件图

1. 工艺分析

图中所示的异形零件，采用图 2-119 所示的铸造毛坯，各向留余量 3mm，左侧带 φ15mm 的装夹工艺料头，加工完成后切断即可。

2. 工艺安排

根据零件加工要求，轮廓粗、精车均采用可转位硬质合金 93°偏头外圆车刀，切断采用宽 4mm 机夹硬质合金切断刀。具体过程见表 2-6。

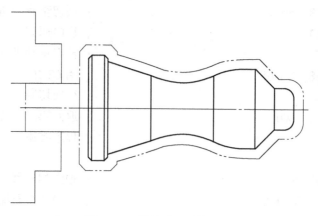

图2-119 　零件毛坯及装夹图

表2-6 　加工工艺过程

加工步骤	加工内容要求	刀　具	主轴转速或切削速度/(m/min)	进给量/(mm/r)	备　注
1	粗车外轮廓，留单面余量0.2mm	T01：可转位硬质合金93°偏头外圆车刀	80	0.3	G73
2	精车外圆轮廓至要求	T02：可转位硬质合金93°偏头外圆车刀	120	0.2	G70
3	切断	T03：宽4mm机夹硬质合金切断刀	80	0.1	右刀尖刀补

3. 加工程序

O0002

N10	G50	X50	Z80	；工件坐标系设定

N10　G50　X50　Z80 　　　　　　　　；工件坐标系设定

N20　T0101　S800　M03　F0.3 　　　；调用T01粗车刀，主轴预起动

N30　G50　S2000 　　　　　　　　　；限制主轴最高转速2000r/min

N40　G96　S80 　　　　　　　　　　；设定粗车恒线速度加工80m/min

N50　G0　X50　Z10 　　　　　　　　；快速引刀接近工件

N60　G73　U3　W3　R2 　　　　　　；

N70　G73　P80　Q190　U0.2　W0.2　F0.3　；G73循环粗车外轮廓

N80　G0　X0　Z0 　　　　　　　　　；外轮廓精车程序开始

N90　G1　X5.97　F0.2 　　　　　　　；

N100　G3　X11.97　Z－3　R3 　　　；

N110　G1　Z－6 　　　　　　　　　；

N120　X23.975　Z－12 　　　　　　；

N130　Z－16 　　　　　　　　　　；

N140　G3　X20　Z－25　R25 　　　；

N150　G2　Z－45　R25 　　　　　　；

N160　G1　X28　Z－59 　　　　　　；

N170　X30 　　　　　　　　　　　；

N180	X31.975　Z−60	;
N190	Z−68	;外轮廓精车程序结束
N200	G0　X50　Z80	;快速退刀，准备换精车刀
N210	T0202	;调用T02精车刀
N220	G96　S120	;设定精车外轮廓恒线速度加工120m/min
N230	G70　P80　Q190	;G70循环精车外轮廓
N240	G0　X50　Z80	;快速退刀，准备换切断刀
N250	T0303	;调用T03切断刀右刀尖
N260	G96　S80	;设定切槽恒线速度加工80m/min
N270	G0　X34　Z−64.95	;快速引刀接近零件左端面
N280	G1　X30　F0.1	;预切槽至30
N290	G0　X33	;
N300	Z−63.5	;
N310	G1　X30　Z−64.95	;倒角
N320	X−1	;切断
N330	G0　X100　Z150	;退刀远离工件
N340	M30	;程序结束

三、盘套类零件加工示例

编程加工图2-120所示零件，材料：硬铝。

1. 工艺分析

图示小型盘类零件，其最大直径为 $\phi56mm$，毛坯可以考虑采用 $\phi60mm$ 的圆柱棒料。尽管坯料直径较大，但中间孔径较大，采用切断刀切断较容易，因此在备料时可由锯床锯成较长的段料，一根坯料可用来加工几个工件，$\phi32mm$ 孔预钻成 $\phi30mm$。

端面加工时，注意恒线速度切削功能的应用，以提高加工质量和生产效率。

由于采用长坯料，装夹刚性非常好，采用自定心卡盘直接装夹，如图2-121所示。注意每加工一件后，修改工件零点偏置值（Z 向减25mm）。

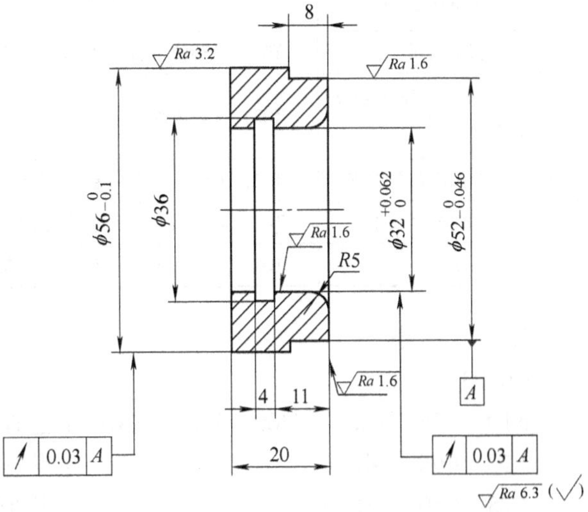

2. 工艺安排

根据零件加工要求，端面和外轮廓粗、精车均采用可转位硬质合金90°偏头外圆车刀，内孔粗、精镗采用可转位硬质合金90°内孔车刀，内槽采用宽4mm机夹硬质合金内切槽刀，切断采用宽4mm机夹硬质合金切断刀。具体过程见表2-7。

图2-120　盘套类零件加工示例零件图

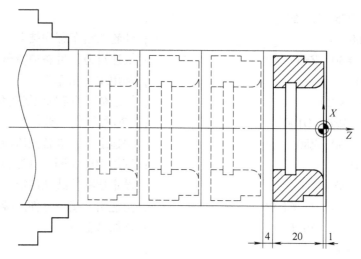

图 2-121　零件毛坯及装夹图

表 2-7　加工工艺过程

加工步骤	加工内容要求	刀　具	主轴转速或切削速度	进给量/（mm/r）	备　注
1	粗车端面	T01：可转位硬质合金 90°偏头外圆车刀	100m/min	0.3	
2	粗车外圆轮廓，留单面余量 0.2mm	T01：可转位硬质合金 90°偏头外圆车刀	100m/min	0.3	
3	粗镗内孔，留单面余量 0.2mm	T02：可转位硬质合金 90°内孔车刀	1500r/min	0.2	
4	精车端面	T03：可转位硬质合金 90°偏头外圆车刀	180m/min	0.2	
5	精车外圆轮廓至要求	T03：可转位硬质合金 90°偏头外圆车刀	180m/min	0.2	
6	精镗内孔至要求	T04：可转位硬质合金 90°内孔车刀	2500r/min	0.15	
7	切内槽至要求	T05：宽 4mm 机夹硬质合金内切槽刀	500r/min	0.1	左刀尖刀补
8	切断	T06：宽 4mm 机夹硬质合金切断刀	600r/min	0.15	左刀尖刀补

3. 加工程序

O0003

N10　G55　F0.3　S300　M3　T0101　；选择刀具，设定工艺数据

N20　G96　S100　　　　　　　　　　；设定粗车端面恒线速度

N25　G50　S3000　　　　　　　　　　；限制最高转速 3000r/min

N30　G0　X65　Z0.2　　　　　　　　；快速引刀接近工件，准备粗车端面

N40　G1　X - 2　　　　　　　　　　　；粗车端面

N50　G0　X52.4　Z2　　　　　　　　；斜向退刀，准备粗车外轮廓

N60　G1　Z - 7.8　　　　　　　　　　；开始粗车外轮廓

N70　X56.4　　　　　　　　　　　　　；

N80　Z - 25　　　　　　　　　　　　　；外轮廓粗车结束

N90	G0	X100	Z150		; 快速退刀，准备换粗镗内孔刀
N100	T0202	S1500	F0.2		; 换 T02 刀，调整工艺参数
N110	G0	X31.6	Z1		; 快速引刀接近工件，准备粗镗内孔
N120	G1	Z-25			; 开始粗镗内孔
N130	G0	X30			;
N140	Z-5				;
N150	G1	X31.6			;
N160	G3	X42	Z0.2	R=5.2	; 内孔粗镗结束
N170	G0	X100	Z150		; 快速退刀，准备换精车刀
N180	T0303				; 换 T03 刀
N190	G96	S180			; 设定精车恒线速度
N200	G0	X32	Z5		; 快速引刀接近工件，准备精车端面和外轮廓
N210	G1	G42	X40	Z0	; 直线切入，建立刀尖半径补偿，开始精车端面和外轮廓
N220	X51.977				;
N230	Z-8				;
N240	X55.95				;
N250	Z-25				;
N260	G0	G40	X100	Z150	; 直线退刀，取消刀尖半径补偿，准备换精镗刀
N270	T0404	S2500	F0.15		; 换 T04 刀，调整工艺参数
N280	G0	X30	Z5		; 快速引刀接近工件，准备精镗孔
N290	G1	G41	X42	Z0	; 直线切入，建立刀尖半径补偿，开始精镗孔
N300	G2	X32.031	Z-5	R=5	;
N310	G1	Z-25			;
N320	G0	X30			;
N330	Z2				;
N340	G0	G40	X100	Z150	; 直线退刀，取消刀尖半径补偿，准备换内切槽刀
N350	T0505	S500	F0.1		; 换 T05 刀，调整工艺参数
N360	G0	X25	Z5		; 快速引刀接近工件，准备切内槽
N370	X30	Z-15			;
N380	G1	X36			;
N390	G4	P1			;
N400	G0	X30			;
N410	Z5				;
N420	X100	Z150			; 快速退刀，准备换切断刀
N430	T0606	S600	F0.15		; 换 T06 刀，调整工艺参数
N440	G0	X58	Z-24		;
N450	G1	X31			;

```
N460   G0   X100   Z150              ;
N470   M30                           ;程序结束
```

四、综合零件加工示例

编程加工图 2-122 所示的零件，材料：硬铝。

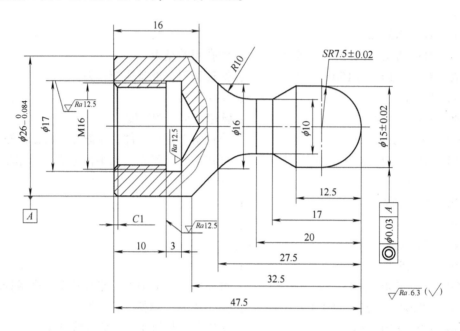

图 2-122　综合零件加工示例零件图

1. 工艺分析

图示零件，其最大直径为 φ26mm，可以考虑采用 φ30mm 的圆柱棒料。由于坯料直径不大，尚可采用切断刀切断，因此可采用 φ30mm 长料外伸约 60mm，一次装夹下车各外轮廓，以保证图中同轴度要求，如图 2-123a 所示，车完切断，左端面留 1mm 余量，调头夹 φ26mm 已加工外圆，加工左端面及内孔各要素，如图 2-123b 所示。

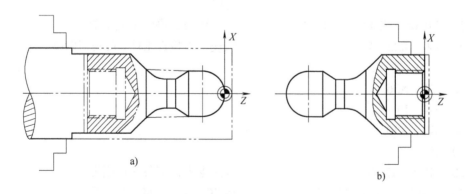

图 2-123　零件安装加工示意图
a）工序 1 车右端　b）工序 2 调头车左端

零件径向尺寸变化较大，尤其还有车端面，注意恒线速度切削功能的应用，以提高加工质量和生产效率。

棒料采用自定心卡盘装夹，切断后在第二台机床调头装夹，为了防止损坏已加工表面，可以采用软爪装夹，单件生产也可以包铜皮保护。

2. 工艺安排

根据零件加工要求，端面采用可转位硬质合金90°偏头端面车刀，外轮廓粗、精车均采用可转位硬质合金90°偏头外圆车刀（副偏角 = 30°），切断采用宽4mm高速钢切断刀，内孔先采用φ13mm高速钢钻头预钻孔，镗孔采用焊接硬质合金镗刀，内槽采用宽3mm高速钢内切槽刀，螺纹采用高速钢内螺纹车刀。具体过程见表2-8、表2-9。

表2-8　工序1加工工艺过程（程序 O0004）

加工步骤	加工内容要求	刀　具	主轴转速或切削速度/(m/min)	进给量/(mm/r)	备　注
1	车端面	T01：可转位硬质合金90°偏头端面车刀	100	0.3	
2	粗车外圆轮廓，留单面余量0.2mm	T02：可转位硬质合金90°偏头外圆车刀	100	0.3	G71
3	精车外圆轮廓至要求	T03：可转位硬质合金90°偏头外圆车刀	180	0.2	
4	切断	T04：宽4mm高速钢切断刀	40	0.2	左刀尖刀补

表2-9　工序2加工工艺过程（程序 O0005）

加工步骤	加工内容要求	刀　具	主轴转速或切削速度/(m/min)	进给量/(mm/r)	备　注
1	粗车端面，留余量0.2mm	T01：可转位硬质合金90°偏头端面车刀	100m/min	0.3	
2	精车端面至要求	T01：可转位硬质合金90°偏头端面车刀	180m/min	0.2	
3	预钻孔φ13mm	T02：φ13mm高速钢钻头	500r/min	0.2	
4	切退刀槽	T03：宽3mm高速钢内切槽刀，左刀尖	500r/min	0.1	
5	镗孔	T04：焊接硬质合金镗刀	2500r/min	0.15	
6	车螺纹	T05：高速钢内螺纹车刀	500r/min		G76

3. 加工程序

O0004

N10　G56　F0.3　S600　M3　T0101　；选择刀具，设定工艺数据

N20	G96	S100			；设定恒线速度
N30	G50	S3000			；限制最高转速 3000r/min
N40	G0	X35	Z0		；快速引刀接近工件，准备车端面
N50	G1	X−2			；车端面
N60	G0	X100	Z150		；快速退刀，准备换轮廓粗车刀
N70	T0202				；换 T02 刀
N80	G0	X35	Z3		；快速引刀接近工件，准备粗车外轮廓
N90	G71	U3	R1		；调用 G71 循环外轮廓粗加工
N100	G71	P110	Q190	U0.4　W0.2　F0.3;	
N110	G1	X0			；开始定义轮廓轨迹
N130	G1	Z0			；
N140	G3	X15	Z−7.5	R7.5	；
N150	G1	Z−12.5			；
N160	G1	X16	Z−27.5		；
N170	X25.958	Z−32.5			；
N180	Z−53				；
N190	X30				；轮廓轨迹结束（考虑坯料直径 φ30mm）
N200	G0	X16	Z−12.5		；准备粗切凹部
N210	G1	X15.4			；
N220	X10.4	Z−17			；
N230	Z−20				；
N240	G2	X16.4	Z−27.5	R10	；粗切凹部结束
N250	G0	X100	Z150		；快速退刀，准备换轮廓精车刀
N260	T0303				；换 T03 刀
N270	G96	S180			；设定精车外轮廓恒线速度
N280	G0	X0	Z2		；快速引刀接近工件，准备精车外轮廓
N290	G1	G42	Z0	F0.2	；切入并建立刀具半径补偿
N300	G3	X15	Z−7.5	R7.5	；
N310	G1	Z−12.5			；
N320	X10	Z−17			；
N330	Z−20				；
N340	G2	X16	Z−27.5	R10	；
N350	X25.96	Z−32.5			；
N355	Z−52.5				；精车外轮廓结束
N360	G0	X100	Z150		；快速退刀，准备换切断刀
N370	T0404				；换 T04 切断刀
N380	G96	S40			；设定切断恒线速度
N390	G0	X28	Z−52.5		；快速引刀接近工件，准备切断
N400	G1	X−1			；切断

| N410 | G0 | X100 | Z150 | ；快速退刀 |

```
N410   G0   X100   Z150            ；快速退刀
N420   M30                         ；结束程序
O0005
N10    G57   F0.3   S500   M3   T0101   ；选择刀具，设定工艺数据
N20    G96   S100                 ；设定粗车端面恒线速度
N25    G50   S3000                ；限制最高转速 3000r/min
N30    G0   X30   Z0.2            ；快速引刀接近工件，准备粗车端面
N40    G1   X-2                   ；粗车端面
N50    G0   X30   Z1              ；斜向退刀
N60    Z0                         ；轴向进刀
N70    G96   S180                 ；设定精车端面恒线速度
N80    G1   X-2   F0.2            ；精车端面
N90    G0   X22   Z1              ；斜向退刀，准备倒角
N100   G1   X28   Z-2             ；倒角
N110   G0   G97   X100   Z150     ；取消恒线速度，快速退刀，准备换钻头
N120   T0202   S500              ；换 T02 钻头，调整工艺数据，准备钻孔
N130   G0   X0   Z5              ；
N140   G1   Z-16                 ；
N150   G0   Z200                 ；
N160   T0303   F0.1              ；换 T03 内切槽刀，调整工艺数据，准备切内槽
N170   G0   X12   Z5             ；
N180   Z-13                      ；
N190   G1   X17                  ；
N200   G0   X12                  ；
N210   Z200                      ；
N220   T0404   F0.15   S2500     ；换 T04 镗刀，调整工艺数据，准备镗螺纹底孔
N230   G0   X15.5   Z1           ；
N240   G1   Z0                   ；
N250   X13.5   Z-1               ；倒角
N260   Z-11                      ；
N270   G0   X12                  ；
N280   Z200                      ；
N290   T0505   S500              ；换 T05 螺纹刀，调整工艺数据，准备车内螺纹
N300   G0   X12   Z5             ；快速引刀至循环起点
N310   G76   P020060   Q100   R0.05   ；调用 G76 循环车螺纹
N320   G76   X15.8   Z-11   R0   P1150   Q200   F2   ；
N330   G0   X100   Z150          ；
N340   M30                       ；
```

思考与练习

2-1　按技术水平或机床结构不同，数控车床可分成哪几类？各有何特征？

2-2　数控车床机械结构包括哪些部分？

2-3　卧式数控车床床身导轨有哪几种布局？各有何特点？

2-4　数控车床导轨有哪几种？滚动导轨有何特点？

2-5　数控车床主传动系统有何要求？常采用哪些传动方案？各有何特点？

2-6　数控车床对进给传动系统有何要求？滚珠丝杠螺母副有何优点？

2-7　数控车床刀架有哪几种？刀架最重要的性能指标是什么？

2-8　何为最小设定单位？数控车床最小设定单位有何特点？

2-9　何为定位精度与重复定位精度？

2-10　数控车床高速加工对夹具有何要求？

2-11　数控车床刀具选配的基本原则有哪些？

2-12　数控车床通常采用哪几种换刀点设置方式？各有何特点？

2-13　数控车床通常采用哪几种对刀方式？各有何特点？

2-14　数控车削通常适合加工何种类型的零件？

2-15　悬伸或薄壁类零件加工应注意些什么？

2-16　圆弧加工时如何判断顺圆（G2）或逆圆（G3）插补？

2-17　数控车床如何车削左旋螺纹和多线螺纹？

2-18　何为恒线速度加工？采用恒线速度加工有何意义？

2-19　何为刀具长度补偿与刀具半径补偿？采用刀具半径补偿有何优越性？

2-20　刀具磨损量参数在实际生产中有何实用意义？

2-21　试拟订图 2-124 所示零件的加工工艺方案，选择刀具并编制加工程序。

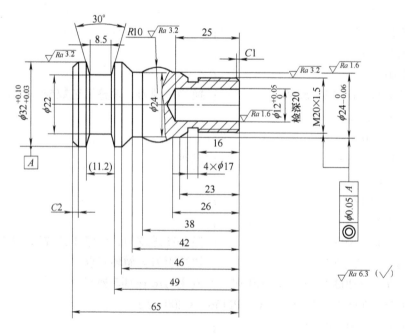

图 2-124　题 2-21 图

2-22　试拟订图 2-125 所示零件的加工工艺方案，选择刀具并编制加工程序。

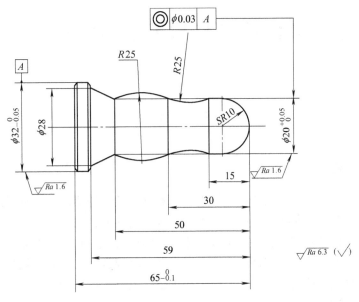

图 2-125　题 2-22 图

2-23　试拟订图 2-126 所示零件的加工工艺方案，选择刀具并编制加工程序。

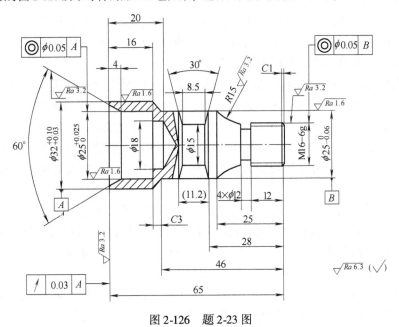

图 2-126　题 2-23 图

第三章　数控铣床与加工中心编程加工技术

第一节　数控铣床与加工中心

一、数控铣床与加工中心分类

数控铣床适合加工型面复杂的各种平面轮廓和立体轮廓的零件，这种零件的母线形状除直线和圆弧外，还有各种曲线；其空间曲面可以是解析曲面，也可以是列表点表示的自由曲面。加工中心是一种备有刀库，并能自动更换刀具对工件进行多工序加工的数控机床，集铣、钻、镗等加工为一体，具有多种工艺手段，是一种综合加工能力较强的设备。加工中心对形状较复杂、精度要求高的单件加工或中小批量多品种生产更为适用。

（一）数控铣床分类

与通用铣床的分类方法相同，数控铣床也可以分为以下三类：

1. 立式数控铣床

立式数控铣床在数量上一直占据数控铣床的大多数，应用范围也最广。一般来说，中小型立式数控铣床采用纵向和横向工作台移动而主轴沿立柱上下移动的方式；大型立式数控铣床则往往采用龙门架移动式，龙门架沿床身作纵向运动。

目前三坐标立式数控铣床还是占有相当的数量，一般可进行三坐标联动加工，也有部分机床只能进行三个坐标中的任意两个坐标联动加工（常称为二点五坐标加工）。此外，还有部分机床的主轴可以绕 X、Y、Z 坐标轴中的一个或两个轴作数控摆角运动，完成四坐标和五坐标数控立铣加工。一般来说，机床控制的坐标轴越多，特别是要求联动的坐标轴越多，机床的功能、加工范围及可选择的加工对象也越多，但机床的结构也更复杂，对数控系统的要求更高。

为了扩大立式数控铣床的功能、加工范围，可以附加数控转台。当转台面水平放置时，可增加一个 C 轴；转台面垂直放置时，可增加一个 A 轴或 B 轴。为了提高数控立铣加工的生产效率，还可采用自动交换工作台来减少零件装卸的生产准备时间。

2. 卧式数控铣床

卧式数控铣床的主轴轴线平行于水平面。为了扩大加工范围和扩充功能，卧式数控铣床通常采用增加数控转台或万能数控转台来实现四、五坐标加工。这样，不但工件侧面上的连续回转轮廓可以加工出来，而且可以实现在一次安装中，通过转台改变工位进行"四面加工"。利用万能数控转台，可以将工件上不同角度的加工面摆成水平，从而省去很多专用夹具或专用角度成形铣刀。带有数控转台的卧式数控铣床利于对工件进行"四面加工"，在很多方面甚至胜过带数控转台的立式数控铣床。

3. 立卧两用数控铣床

立卧两用数控铣床的主轴方向可以更换，因此在一台机床上既可以进行立式加工，又可以进行卧式加工。由于具备上述两类机床的功能，故其使用范围更广，功能更全，选择加工对象的余地也更大，给用户带来不少方便。

立卧两用数控铣床的主轴方向更换方法有手动和自动两种。采用数控万能主轴头的立卧两用数控铣床可以任意转换主轴头的方向，从而加工出与水平面成不同角度的表面。图 3-1 表示一台立卧两用数控铣床的两种使用状态：图 a 所示为机床处于卧式加工状态，图 b 所示为机床处于立式加工状态。

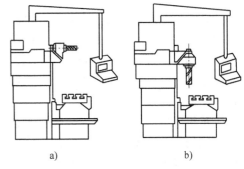

a)　　　　　　b)

图 3-1　立卧两用数控铣床

立卧两用数控铣床增加数控转台后，可以对工件进行五面加工，除了工件与转台贴合的定位面外，其他表面的加工可以在一次安装中完成。由此可见，这类机床的加工性能非常优越，其发展前景十分看好。

（二）加工中心分类

加工中心常按主轴在空间所处的状态分为立式加工中心和卧式加工中心，加工中心的主轴在空间处于垂直状态的称为立式加工中心，主轴在空间处于水平状态的称为卧式加工中心。主轴可作垂直和水平转换的称为立卧式加工中心或五面加工中心，也称复合加工中心。

按加工中心立柱的数量不同，分为单柱式和双柱式（龙门式）。

按加工中心运动坐标数和同时控制的坐标数不同，分为三轴二联动、三轴三联动、四轴三联动、五轴四联动、五轴五联动等。联动是指控制系统可以同时控制运动的坐标数。

按工作台的数量和功能不同，分为单工作台加工中心、双工作台加工中心和多工作台加工中心。

按加工精度不同，分为普通加工中心和高精度加工中心。普通加工中心分辨率一般为 $1\mu m$，最大进给速度为 $15\sim25m/min$，定位精度为 $10\mu m$ 左右；高精度加工中心分辨率一般为 $0.1\mu m$，最大进给速度为 $15\sim100m/min$，定位精度为 $2\mu m$ 左右。介于上述两者之间的，可称精密级加工中心。

二、数控铣床与加工中心的结构特点

（一）数控铣床的结构特点

数控铣床相比普通铣床，在结构上主要有两个突出特点：其一是坐标联动，即要求伺服系统能在多坐标方向同时协调动作，并保持预定的相互关系，以控制刀具沿设定的直线、圆弧或空间直线与圆弧轨迹运动。数控铣床能够实现二轴、三轴、四轴或五轴联动。因此，数控铣床所配置的数控系统在档次上一般都比其他数控机床更高一些。其二是主轴的控制。主轴的开启与停止、正反转、主轴变速等都可以按程序自动执行。在数控铣床的主轴套筒内一般都设有自动拉紧、松开刀具装置，能在数秒内完成装刀与卸刀，使换刀较方便。此外，多坐标数控铣床的主轴可以绕 X、Y 或 Z 轴作数控摆动，也有的数控铣床带有万能主轴头，扩大了主轴自身的运动范围，但主轴结构更加复杂。

（二）加工中心的结构特点

为了满足加工中心高自动化、高速度、高精度、高可靠性的要求，加工中心一般均刚度高、抗振性好、主轴功率大、调速范围宽，并可无级调速，速度一般为 10 ~ 20000r/min 无级变速。

加工中心都设置有刀库和换刀机构。刀库容量少的有几把，多的达几百把。这些刀具通过换刀机构能自动调用和更换，也可通过控制系统对刀具寿命进行管理，进一步提高了加工中心的功能。有些加工中心具有多个工作台，工作台可自动交换，不但能对一个工件进行自动加工，而且可对一批工件进行自动加工。随着加工中心控制系统的发展，其智能化的程度也在不断提高。

从机床运动角度来说，一般机床必须具备主运动与进给运动，因此，主运动与进给运动机械结构是数控车床、数控铣床、加工中心等所必须具备的最基本的机械结构，它们具有相同的基本要求和配置特点，这些在第二章已有介绍，在此不再赘述。

第二节　数控铣床与加工中心夹具

数控铣削与加工中心加工时，一般不要求很复杂的夹具，只要求有简单的定位、夹紧机构就可以了。其设计原理与通用加工时的夹具相同，只是需要结合数控加工的特点。一般常用的夹具有以下几种。

一、通用夹具

数控加工中的夹具结构力求简单，夹具的标准化、通用化和自动化对加工效率的提高及加工费用的降低有很大影响。对形状简单的单件小批量生产的零件，可选用通用夹具，主要有台虎钳、分度头和自定心卡盘等。

二、专用夹具

专用夹具是根据某一零件的结构特点专门设计的夹具，具有结构合理、刚性强、装夹稳定可靠、操作方便、提高安装精度及装夹迅速等优点。选用这种夹具，一批工件加工后尺寸比较稳定，互换性也较好，可大大提高生产率。但是，专用夹具所固有的、只能为一种零件加工所专用的狭隘性，与产品品种不断变型更新的形势不相适应，特别是专用夹具的设计和制造周期长，花费的劳动量较大，加工简单零件显然不太经济。因此，作为特别为某一项或类似的几项工件设计制造的夹具，专用夹具一般在批量生产或研制中非要不可时采用。对于工厂的主导产品，批量较大、精度要求较高的关键性零件，选用专用夹具是非常必要的。

三、组合夹具

组合夹具由一套结构已经标准化、尺寸已经规格化的通用组合元件构成，可以按工件的加工需要组成各种功能的夹具。组合夹具有槽系组合夹具和孔系组合夹具。图 3-2 所示为孔系组合夹具。

组合夹具的基本特点是满足三化：标准化、系列化、通用化，具有组合性、可调性、模拟性、柔性、应急性和经济性，使用寿命长，能适应产品加工中的周期短、成本低等要求，比较适合数控铣床和加工中心应用。

　　但是，由于组合夹具是由各种通用标准元件组合而成的，各元件间相互配合的环节较多，夹具精度、刚性比不上专用夹具，尤其是元件连接的接合面刚度，对加工精度影响较大。通常，采用组合夹具时其尺寸加工精度只能达到IT8～IT9级，这就使得组合夹具在应用范围上受到一定限制。此外，使用组合夹具首次投资大，总体显得笨重，还有排屑不便等不足。对中小批量、单件（如新产品试制等）或加工精度要求不十分严格的零件，可以选择组合夹具。

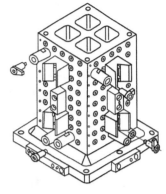

图3-2　孔系组合夹具

四、可调整夹具

　　可调整夹具能有效地克服专用夹具和组合夹具的不足，既能满足加工精度，又有一定的柔性，是一种很有发展前途的新颖的机床夹具结构型式，尤其在加工中心上得到广泛的应用。

　　可调整夹具与组合夹具有很大的相似之处，所不同的是可调整夹具具有一系列整体刚性好的夹具体。在夹具体上设置有可定位、夹压等多功能的T形槽及台阶式光孔、螺孔，配制有多种夹紧定位元件。图3-3所示为一种可调整夹具，在不同的工位，可分别装夹不同种工件，夹具在四个工位上分别夹压十几种工件。可调整夹具扩大了夹具的使用范围，只要配制通用夹具元件，即可实现快速调整。其刚性好的特

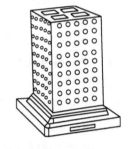

图3-3　可调整夹具

点，能较好地保证加工精度。这种夹具可以同时装夹多个工件，以减少换刀次数，也便于一面加工，一面装卸工件，有利于缩短准备时间，提高生产率，不仅适用于多品种、中小批量生产，而且在少品种、大批量生产中也会体现出明显的优越性。

五、成组夹具

　　成组夹具是随成组加工工艺的发展而出现的。使用成组夹具的基础是对零件的分类（即编码系统中的零件族）。通过工艺分析，把形状相似、尺寸相近的各种零件进行分组，编制成组工艺，然后把定位、夹紧和加工方法相同的或相似的零件集中起来，统筹考虑夹具的设计方案。对结构外形相似的零件，采用成组夹具，具有经济、夹紧精度高等特点。

六、气动或液压夹具

　　气动或液压夹具适用于生产批量较大，采用其他夹具又特别费工、费力的工件，能减轻工人劳动强度和提高生产率。但此类夹具结构较复杂，造价往往较高，而且制造周期较长。

七、真空夹具

　　真空夹具适用于有较大定位平面或具有较大可密封面积的工件。有的数控铣床（如壁板铣床）自身带有通用真空平台，在安装工件时，对形状规则的矩形毛坯，可直接用特制

的橡胶条（有一定尺寸要求的空心或实心圆形截面）嵌入夹具的密封槽内，再将毛坯放上，开动真空泵，就可以将毛坯夹紧。对形状不规则的毛坯，用橡胶条已不太适应，需在其周围抹上腻子（常用橡皮泥）密封，这样做不但很麻烦，而且占机时间长，效率低。为了解决这一问题，可以采用特制的过渡真空平台，将其叠加在通用真空平台上使用。

总之，在数控铣床和加工中心上选用夹具时，通常需要考虑产品的生产批量、生产效率、质量保证及经济性等因素。在生产量小或研制时，应广泛采用万能组合夹具，在组合夹具无法解决工件装夹问题时，可考虑采用可调整夹具；小批或成批生产时可考虑采用专用夹具，但应尽量简单；在生产批量较大时可考虑采用多工位夹具和气动、液压夹具。当然，还可使用自定心卡盘、台虎钳等大家熟悉的通用夹具。

虽然数控铣床和加工中心机床的刚度较高，但是若工件及其夹具没有足够的刚性，也会出现自激振动或尺寸偏差，因此，在考虑夹紧方案时，应注意工件的稳定性。不合理的装夹也会在装夹过程中使刚性不好的工件发生变形。

在考虑夹紧方案时，夹紧力应力求靠近主要支承点，或在支承点所组成的平面内，并力求靠近切削部位及刚性好的地方，尽量不要在被加工孔的上方。同时，考虑各个夹紧部件不要与加工部位和所用刀具相互干涉。

夹具在机床上的安装误差和工件在夹具中的定位、安装误差对加工精度将产生直接影响。如果编程原点不是根据工件本身，而是按照夹具的基准来测量，则在编制工艺文件时，应根据零件的加工精度对装夹提出特殊要求。夹具中工件定位面的任何磨损以及任何污秽都会引起加工误差，因此，操作者在装夹工件时一定要将污物擦干净，并按工艺文件上的要求找正定位面，使其在一定的精度范围内。

夹具必须保证最小的夹紧变形。零件在粗加工时，切削力大，需要的夹紧力大，但又不能把零件夹压变形，因此，必须慎重选择夹具的支承点、定位点和夹紧点，比如压板的夹紧点要尽量接近支承点，避免把夹紧力加在零件无支承的区域。当采用某些措施仍不能控制零件变形时，只能将粗、精加工工序分开，或者粗加工程序仅编制粗加工过程，在粗加工后编一任选停止指令，操作者松开压板，放松夹具，使零件消除变形后，再继续进行精加工。

第三节　数控铣床与加工中心刀辅具

数控铣床和加工中心上使用的刀具主要有铣削用刀具和孔加工用刀具两大类。

一、数控铣床与加工中心对刀具的基本要求

1. 刀具的切削性能强

为了提高生产率，国内外数控铣床与加工中心正向着高速、高刚性和大功率方向发展，一般主轴转速已达 $5000 \sim 10000 r/min$，这就要求刀具必须具有能够承受高速切削和强力切削的性能，而且一定要性能稳定，同一批刀具在切削性能和刀具寿命方面不得有较大差异。在选刀具材料时，一般原则为尽可能选用硬质合金刀具，凡加工情况允许选用硬质合金刀具时，就不应选用高速钢刀具。精密镗孔等还可选用性能更好、更耐磨的立方氮化硼和金刚石刀具。

2. 刀具的精度要求高

加工中心的 ATC（自动换刀装置）功能要求能快速准确地完成自动换刀，同时加工的零件日益复杂和精密，这就要求刀具必须具备较高的形状精度。加工中心对于刀具的精度要求可归纳为以下几点：

1）准确调整切削刃相对于主轴的一个固定点的轴向位置。

2）准确调整切削刃相对于主轴轴线的径向位置，即刀具必须能够以快速、简单的方法准确地预调到一个固定的几何尺寸。

3）通过尽可能短的结构长度或尽可能短的夹持长度，来提高刀具刚性。

4）采取措施保持刀杆和装刀孔的清洁。

5）同一把刀具多次装入装刀孔时，切削刃位置应重复不变。

6）尽可能通过槽键式形状连接且不影响对中的带动方式来进行完善的转矩传递。

7）装刀孔必须能够允许通过适当的拉紧和推出机构，以完成快速更换刀具。

二、常用铣刀种类及工艺特点

1. 面铣刀

一般采用在盘状刀体上机夹刀片或刀头，主要用于面积较大的平面铣削和较平坦的立体轮廓的多坐标加工。

硬质合金面铣刀与高速钢铣刀相比，铣削速度较高，加工效率高，加工表面质量也较好，并可加工带有硬皮和淬硬层的工件，故得到广泛应用。硬质合金面铣刀按刀片和刀齿安装方式的不同，可分为整体焊接式、机夹焊接式和可转位式三种（见图3-4）。

数控加工中广泛使用可转位式面铣刀。目前先进的可转位式数控面铣刀的刀体趋向于用轻质高强度铝镁合金制造，切削刃采用大前角、负刃倾角，转位刀片（多种几何形状）带有三维断屑槽，便于排屑。

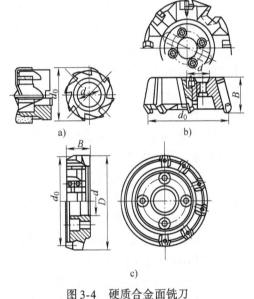

图 3-4　硬质合金面铣刀

a）整体焊接式　b）机夹焊接式　c）可转位式

2. 立铣刀

立铣刀也可称为圆柱铣刀，是数控铣削中最常用的一种铣刀，广泛用于加工平面类零件。立铣刀按端部切削刃的不同可分为过中心刃和不过中心刃两种。过中心刃立铣刀可直接轴向进刀；按螺旋角大小可分为30°、40°、60°等几种形式；按齿数可分为粗齿、中齿、细齿三种。立铣刀的圆柱表面和端面上都有切削刃，它们可同时进行切削，也可单独进行切削，图3-5是两种最常见的立铣刀。

数控加工除了用普通的高速钢立铣刀以外，还广泛使用以下几种先进的结构类型：

（1）整体式立铣刀　硬质合金立铣刀侧刃采用大螺旋升角（≤62°）结构，立铣刀头部的过中心端刃（或螺旋中心刃）往往呈弧线形、负刃倾角，增加了切削刃长度，提高了切削平稳性、工件表面精度及刀具寿命，适应数控高速、平稳三维空间铣削加工的技术要求。

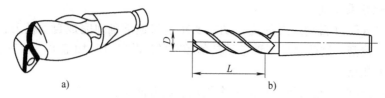

图3-5　常见立铣刀

a）硬质合金立铣刀　b）高速钢立铣刀

（2）可转位立铣刀　各类可转位立铣刀由可转位刀片（往往设有三维断屑槽）组合而成侧齿、端齿与过中心刃端齿（均为短切削刃），可满足数控高速、平稳三维空间铣削加工技术要求。

（3）波形立铣刀　波形立铣刀如图3-6所示，其特点是：能将狭长的薄切屑变成厚而短的碎切屑，使排屑变得流畅；在相同进给量的条件下，它的切削厚度比普通立铣刀要大些，并且减小了切削刃在工件表面的滑动现象，比普通立铣刀容易切进工件，从而提高了刀具的寿命；与工件接触的切削刃长度较短，刀具不易产生振动；由于切削刃是波形的，因而使切削刃的长度增大，有利于散热。

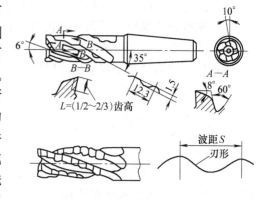

图3-6　波形立铣刀

3. 模具铣刀

模具铣刀由立铣刀发展而成，它是加工金属模具型面的铣刀的通称，可分为圆锥形立铣刀、圆柱形球头立铣刀和圆锥形球头立铣刀三种，其柄部有直柄、削平型直柄和莫氏锥柄三种。它的结构特点是球头或端面上布满切削刃，圆周刃与球头刃圆弧连接，可以作径向和轴向进给。加工曲面时球头刀的应用最普遍，不但适用于加工空间曲面零件，有时也用于平面类零件较大的转接凹圆弧的插补加工，但是越接近球头刀的底部，切削条件就越差，因此近年来有用环形刀（包括平底刀）代替球头刀的趋势。模具铣刀的工作部分用高速钢或硬质合金制造。国家标准规定直径 $d = 4 \sim 63$ mm。图3-7所示为用高速钢制造的

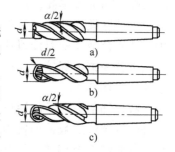

图3-7　高速钢模具铣刀

a）圆锥形立铣刀

b）圆柱形球头立铣刀

c）圆锥形球头立铣刀

模具铣刀，图3-8所示为用硬质合金制造的模具铣刀。小规格的硬质合金模具铣刀多制成整体结构，直径 $\phi 16$ mm 以上的铣刀制成焊接或机夹可转位刀片结构。

4. 键槽铣刀

键槽铣刀一般有两个刀齿，圆柱面和端面都有切削刃，端面刃延至中心，也可把它看成立铣刀的一种。按国家标准规定，直柄键槽铣刀直径 $d = 2 \sim 22$ mm，锥柄键槽铣刀直径 $d = 14 \sim 50$ mm。键槽铣刀直径的偏差有

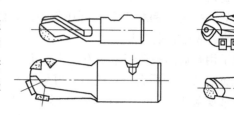

图3-8　硬质合金模具铣刀

e8 和 d8 两种。键槽铣刀的圆周切削刃仅在靠近端面的一小段长度内发生磨损。重磨时，只需刃磨端面切削刃，因此重磨后铣刀直径不变。用键槽铣刀铣削键槽时，一般先轴向进给达到槽深，然后沿键槽方向铣出键槽全长。由于切削力引起刀具和工件变形，一次进给铣出的键槽形状误差较大，槽底一般不是直角，因此，通常采用两步法铣键槽，即先用小号铣刀粗加工出键槽，然后以逆铣方式精加工四周，可得到较好的直角，获得较好的精度，如图 3-9 所示。

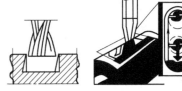

图 3-9　两步法铣键槽

5. 鼓形铣刀

图 3-10 所示为一种典型的鼓形铣刀，它的切削刃分布在半径为 R 的圆弧面上，端面无切削刃。鼓形铣刀多用来对诸如飞机结构件中的变斜角类零件的变斜角面进行近似加工。这种表面最理想的加工方案是多坐标侧铣，在单件或小批量生产中可用鼓形铣刀加工来代替，这是单件或小批量生产中取代四坐标或五坐标机床的一种变通措施。加工时控制刀具上下位置，相应改变切削刃的切削部位，可以在工件上切出从负到正的不同斜角。R 越小，鼓形铣刀所能加工的斜角范围越广，但所获得的表面质量也越差。这种刀具的缺点是刃磨困难，切削条件差，而且不适合加工有底的轮廓表面。锥形铣刀也能加工变斜角零件。锥形铣刀的情况相反，刃磨容易，切削条件好，加工效率高，工件表面质量也较好，但是加工变斜角零件的灵活性小。当工件的斜角变化范围大时，需要中途分阶段换刀，留下的金属残痕多，增大了手工锉修量。

6. 成形铣刀

图 3-11 所示是常见的几种成形铣刀，一般都是为特定的工件或加工内容专门设计制造的，适用于加工平面类零件的特定形状（如角度面、凹槽面等），也适用于加工特形孔或台。

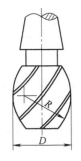

图 3-10　鼓形铣刀

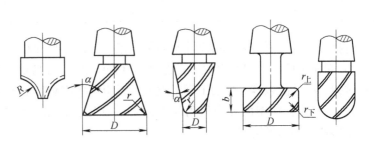

图 3-11　成形铣刀

7. 锯片铣刀

锯片铣刀可分为中小规格的锯片铣刀和大规格锯片铣刀（GB/T 6130—2001），数控铣床及加工中心主要用中小规格的锯片铣刀。其分类及主要尺寸参数范围见表 3-1。目前国外还有可转位锯片铣刀。

锯片铣刀主要用于大多数材料的切槽、切断、内外槽铣削、组合铣削、缺口等的槽加工以及齿轮毛坯粗齿加工等。

表 3-1　中小规格的锯片铣刀分类及尺寸参数范围　　　　（单位：mm）

分类及范围	锯片铣刀外圆直径	锯片铣刀厚度
高速钢（粗）	$\phi50 \sim \phi315$	0.80 ~ 6.0
高速钢（中）	$\phi32 \sim \phi315$	0.30 ~ 6.0
高速钢（细）	$\phi20 \sim \phi315$	0.20 ~ 6.0
整体硬质合金	$\phi8 \sim \phi125$	0.20 ~ 5.0

三、铣刀的选择

数控铣削加工要求铣刀刚性要好，这是因为数控加工中常采用大切削用量，并且加工过程中难以调整切削用量。数控铣削中，因铣刀刚性较差而断刀并造成工件损伤的事例是常有的，因此解决数控铣刀的刚性问题很重要。数控铣削要求铣刀寿命要长，尤其当一把铣刀加工的内容很多时，若刀具磨损较快，就会影响工件的表面质量与加工精度，而且会增加换刀引起的调刀与对刀次数，也会使工作表面留下因对刀误差而形成的接刀台阶，降低了工件的表面质量。表 3-2 给出了常用铣刀磨钝限度。

除此之外，铣刀切削刃的几何角度参数的选择及排屑性能等也非常重要，切屑粘刀形成积屑瘤在数控铣削中是十分忌讳的。总之，应根据被加工工件材料的热处理状态、切削性能及加工余量，选择刚性好、寿命长的铣刀，这是充分发挥数控铣床的生产效率和获得满意加工质量的前提。

表 3-2　常用铣刀磨钝限度

刀 具 类 型	刀 具 材 料	后刃面允许磨损量/mm
三面刃铣刀	高速钢	0.4 ~ 0.6
立铣刀	高速钢	0.3 ~ 0.5
锯片铣刀	高速钢	0.15 ~ 2
面铣刀	硬质合金	1.0 ~ 1.2

选择铣刀时，要使刀具的尺寸与被加工工件的表面尺寸和形状相适应。

1）粗铣平面时，切削力大，宜选较小直径的铣刀，以减少切削扭矩；精铣时，可选大直径铣刀，尽量能包容工件加工面的宽度，以提高效率和加工表面质量。

2）对一些立体型面和变斜角轮廓外形的加工，常采用球头铣刀、环形铣刀、鼓形铣刀、锥形铣刀和盘形铣刀。

3）曲面加工常采用球头铣刀，但加工曲面较平坦的部位时，刀具以球头顶端刃切削，切削条件较差，这时应选用环形铣刀。

4）加工较大的平面应选择面铣刀；加工空间曲面、模具型腔或凸模成形表面等多选用模具铣刀；加工封闭的键槽选择键槽铣刀；加工变斜角零件的变斜角面应选用鼓形铣刀；加工各种直的或圆弧形的凹槽、斜角面、特殊孔等应选用成形铣刀。

5）加工平面零件周边轮廓（内凹或外凸轮廓），或者加工凹槽、较小的台阶面等常采用立铣刀；加工凸台或凹槽时，可选用高速钢立铣刀；加工毛坯表面时可选用镶硬质合金的玉米铣刀。

当选择立铣刀加工时，刀具的有关参数（见图3-12）建议按推荐的经验数据选取。

1）铣内凹轮廓时，铣刀半径 R 应小于内凹轮廓面的最小曲率半径 ρ，一般取 $R = (0.8 \sim 0.9) \rho$。铣外凸轮廓时，铣刀半径尽量选得大些，以提高刀具的刚度和寿命。同时为保证刀具足够的刚度，零件的加工厚度 $B \leqslant (1/8 \sim 1/4) R$。

2）对不通凹槽或孔的加工，选取刀具的 $l = H + (5 \sim 10)$ mm，其中 l 为切削部分长度，H 为零件的加工厚度。

3）对通槽或外形的加工，选取 $l = H + r_\varepsilon + (5 \sim 10)$ mm，其中 r_ε 为刀尖圆角半径。

4）粗加工内凹轮廓面时，铣刀最大直径 $D_粗$ 可按式（3-1）进行估算，如图3-13所示。

$$D_粗 = \frac{2[\delta\sin(\varphi/2) - \delta_1]}{1 - \sin(\varphi/2)} + D \tag{3-1}$$

式中　D——轮廓的最小圆角直径；

　　　δ——圆角邻边夹角等分线上最大的精加工余量；

　　　δ_1——单边精加工余量；

　　　φ——零件内壁的最小夹角。

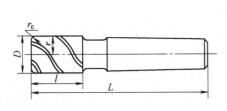

图3-12　立铣刀刀具尺寸

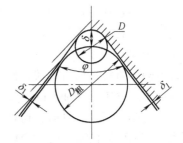

图3-13　粗加工内凹轮廓面时铣刀直径的估算

四、数控铣床与加工中心工具系统

工具系统作为刀具与机床的接口，除包含刀具本身外，还包括实现刀具快换所必需的定位、夹紧、抓取及刀具保护等机构。数控铣床与加工中心工具系统主要为镗铣类工具系统。工具系统从结构上可分为整体式与模块式两种。整体式工具系统基本由整体柄部与整体刃部组成，如常用的钻头、铣刀、铰刀等就属于整体式刀具。整体式刀具由于不同品种和规格的刃部都必须和对应的柄部相连接，给生产、使用和管理带来诸多不便。模块式工具系统克服了这些弱点，将刀具系统按功能进行分割，做成系列化的标准模块（如刀柄、刀杆、接长杆、接长套、刀夹、刀体、刀头、切削刃等），根据需要快速地组装成不同用途的刀具，便于减少刀具储备，节省开支。但模块式刀具系统刚性不如整体式好，而且一次性投资偏高。

1. 工具系统型号

我国工具系统型号表示方法如下：

JT（BT）40		XS16		75
①	—	②	—	③

其中①、②、③项表示的含义分别是：

① 项表示柄部型式及尺寸。其中 JT 表示采用国际标准 ISO7388 加工中心机床用锥柄柄

部（带机械手夹持槽），其后数字为相应的 ISO 锥度号，如 50 和 40 分别代表大端直径为 69.85mm 和 44.45mm 的 7：24 锥度；BT 表示采用日本标准 MAS403 加工中心机床用锥柄柄部（带机械手夹持槽），其后数字为相应的 ISO 锥度号，如 50 和 40 分别代表大端直径为 69.85mm 和 44.45mm 的 7：24 锥度。最常用的是 40 号和 50 号刀柄，几乎占了 95% 的比例，刀柄大端直径越大，则刚性越好。

② 项表示刀柄用途及主参数。其中，XD 表示装三面铣刀刀柄；MW 表示无扁尾莫氏锥柄刀柄；XS 表示装三面刃铣刀刀柄；M 表示有扁尾莫氏锥柄刀柄；Z（J）表示装钻夹头刀柄（贾氏锥度加 J）；G 表示攻螺纹夹头；T 表示镗孔刀具；XP 表示装削平柄铣刀刀柄。用途后的数字表示工具的工作特性，其含义随工具不同而异，有些工具的该数字为其轮廓尺寸 D 或 L；有些工具的该数字表示应用范围。

③ 项表示工作长度。

2. 数控铣床与加工中心的刀辅具系统

刀辅具的标准化和系列化十分重要，刀辅具系统是联系主轴与刀具之间的辅助系统。编程人员应根据数控加工的范围，按标准刀具目录和标准刀辅具系统选取、配置需要的刀具和辅具。工具系统的各种刀辅具均由以下几部分组成：与机床主轴孔相适应的工具柄部、与工具柄部相连接的工具装夹部分和各种刀具。

（1）**工具柄部**　加工中心上一般采用 7：24 圆锥工具柄，并采用相应型式的拉钉拉紧结构。这种锥柄不自锁，换刀比较方便，并且与直柄相比有较高的定心精度和较高的刚性。加工中心在加工过程中，主轴上的工具要频繁更换，为了达到较高的换刀精度，要求工具柄部必须有较高的制造精度。目前，这种工具的锥柄部分及相应的拉钉已经标准化。我国刀柄结构（国家标准 GB/T 10944.1、10944.2—2006）与国际标准 ISO 7388—1—2007 规定的结构几乎一致，如图3-14所示。此外，相应的拉钉国家标准 GB/T 10945.1、10945.2—2006 包括两种型式的拉钉，分别用于不带钢球的拉紧装置和带钢球的拉紧装置。

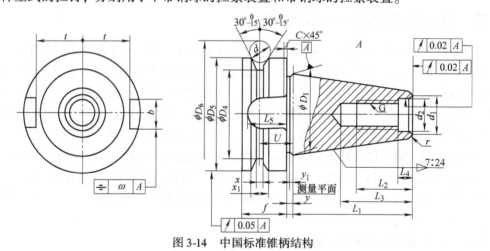

图 3-14　中国标准锥柄结构

（2）**与工具柄部相连的工具装夹部分——工具系统**　由于加工中心要适应多种型式零件不同部位的加工，故工具装夹部分的结构型式、尺寸也是多种多样的。将通用性较强的几种装夹工具系列化、标准化就是通常说的工具系统。工具系统从结构上可分为整体式与模块式两种。

　　1）整体式结构。在整体式结构的工具系统中，每把工具的柄部与夹持刀具的工作部分连成一体，不同品种和规格的工作部分都必须加工出一个能与机床相连接的柄部。刀具的工作部分与各种柄部标准相结合组成需要的数控刀具。

　　2）模块式结构。整体式刀具由于不同品种和规格的刃部都必须和对应的柄部相连接，给生产、使用和管理带来诸多不便。模块式工具系统克服了这些弱点。所谓"模块式"是将整体式刀杆分解成柄部（主柄）、中间连接块（连接杆）、工作部（工作头）三个主要部分（即模块），分别做成系列化的标准模块。通过各种连接结构，在保证刀杆连接精度、刚性的前提下，可根据需要快速地将这三部分连接成一个整体。使用者可根据加工零件的尺寸、精度要求、加工程序、加工工艺，任意组合成钻、铣、镗、铰及攻螺纹的各种工具进行切削加工。模块式工具便于减少刀具储备，节省开支，但模块式工具系统刚性不如整体式好，而且一次性投资偏高。

　　3．工具系统中刀柄的选择

　　（1）刀柄的选择方法

　　1）直柄工具的刀柄。此类刀柄主要有立铣刀刀柄和弹簧夹头刀柄。立铣刀刀柄的定位精度好，刚性强，能夹持相应规格的直柄立铣刀和其他直柄工具；弹簧夹头刀柄因有自动定心、自动消除偏摆的优点，在夹持小规格的直柄工具时被广泛采用。

　　2）各种铣刀刀柄。三面刃铣刀选用三面刃铣刀刀柄（XS）系列，套式立铣刀选用套式立铣刀刀柄（XM）系列，可转位面铣刀选用可转位面铣刀刀柄（XD）系列。刀柄的选用应当按铣刀的装刀孔直径来选取。莫氏柄立铣刀应选用无扁尾莫氏孔刀柄。

　　3）钻孔工具刀柄。钻孔工具刀柄主要有钻夹头刀柄，配上相应的钻夹头，可夹持直柄钻头、中心钻等。莫氏锥柄钻头可选用带扁尾莫氏孔刀柄。套式扩孔钻选用套扩、铰刀柄。

　　4）攻螺纹工具刀柄。攻螺纹工具刀柄主要选用攻螺纹夹头，它是由攻螺纹夹头刀柄和攻螺纹夹套两部分组成的。

　　5）镗孔工具。镗刀刀柄主要有倾斜微调镗刀刀柄系列、双刃镗刀刀柄系列、倾斜型粗镗刀刀柄系列、直角型粗镗刀刀柄系列、复合镗刀刀柄系列和可调镗刀刀柄系列等。

　　（2）选择刀柄应注意的事项

　　1）整体式刀柄与模块式刀柄。整体式刀柄对于机床与零件的变换适应能力较差，刀柄的利用率较低。模块式刀柄通过各种系列化的模块组装而成。针对不同的加工零件和使用的机床可以有不同的组装方案，提高了刀柄的利用率。但并不是在机床上全部配备模块式刀柄就是最佳，对一些长期反复使用、不需要拼装的简单刀具，以配备整体式刀柄为宜，如柱面铣刀刀柄、弹簧夹头刀柄及钻夹头刀柄等。当加工孔径、孔长经常变化的多品种、小批量零件时，最好选用模块式刀柄。

　　2）所选刀柄应与机床、机械手相适应。加工中心的主轴孔一般多选定为不自锁的7∶24锥度，刀柄与机床相配的柄部（除锥角外的部分）并没有完全统一，为了保证刀具的安装和便于换刀，所选择的刀柄要与机床主轴孔的规格（30号、40号、45号还是50号）相一致，刀柄抓取部分要适应机械手的形态位置要求，拉钉的形状、尺寸要与主轴里的拉紧机构相匹配。

　　3）注意刀具与刀柄的配套。TSG工具系统中有许多刀柄是不带刀具的（如面铣刀、丝锥、钻头等），需要另外订购刀具，因此需要注意刀柄与刀具的匹配问题。特别是在选用攻螺纹刀柄时，要注意配用的丝锥传动方头的尺寸。

4）尽量选用高效和复合刀柄。为了提高加工效率，尽可能选用加工效率较高的刀柄和刀具。例如粗镗孔时选用双刃镗刀刀柄，既可以提高加工效率，又可减少加工振动；选用强力弹簧夹头不仅可以夹持直柄刀具，也可以通过接杆夹持带孔刀具等。当加工零件的批量较大时，可以考虑将某些工序的刀具复合在一起成为一把复合刀具，这样可以减少加工时间和换刀次数，提高生产效率。

第四节　数控铣床与加工中心的换刀与对刀

一、编程原点的确定

为确定刀具与机床及工件的相对位置，对刀是数控加工中的一个重要环节。对于铣床和加工中心而言，应首先明确三个原点的关系，即机床原点（M）、编程原点（W）和刀具原点（N）。机床原点是由制造厂家确定的，一般设在主轴孔端面中心，刀具原点设置在刀具端面的中心点上，而编程原点由编程者确定，可以是工件上任何位置。三者的关系如图3-15所示。图中机床原点 M 到编程原点 W 处的距离是编程原点偏置 G54 的含义。在实际操作中，当把某一把刀具安装到主轴上时，应考虑该刀具的长

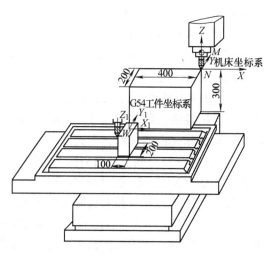

图 3-15　工件坐标系与机床坐标系的关系（一）

度补偿值，即从机床原点 M 到编程原点 W 的长度值，测量该数值（负值），直接输入到 G54 的 Z 坐标中；然后测量该刀具原点 N 到机床原点 M 的值（正值），并输入到刀具长度补偿单元（如 H01）中，补偿值与 G54 的 Z 坐标叠加后，形成了图中出现的 G54 的 Z 坐标含义，最终的补偿结果是刀具原点 N 到编程原点 W 的数据（负值）。

为了编程方便，一般要根据工件形状和标注尺寸的基准，以及计算最方便的原则来确定工件上某一点为编程原点。如图3-16所示零件的 ϕ10H7 孔，需要测量从 N 点到编程原点 W 的距离 X_W、Y_W 及 Z_W 的尺寸，输入到 G54 中。在以 W 为编程原点的工件坐标系中，ϕ10H7 孔的中心坐标分别为：$X = 0$、$Y = 0$、$Z = 0$，顶点 A 的坐标为 $X = -40$、$Y = -30$、$Z = 0$；而在以 N 为原点的机床坐标系中，ϕ10H7 孔的中心坐标分别为：$X = X_W + 0$、$Y = Y_W + 0$、$Z = Z_W + 0$，顶点 A 的坐标分别为：$X = X_W + (-40)$、$Y = Y_W + (-30)$、$Z = Z_W + 0$，所以编程时必须先确定工件的编程原点，并进行编程原点的偏置。

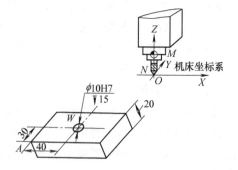

图 3-16　工件坐标系与机床坐标系的关系（二）

编程原点的设定有三种方法。

1. 直接置零法

操作时，手动控制机床运动，使刀具中心对准工件的某一点（编程时设定的编程原点），将此时的 X、Y、Z 坐标值设定为零（可以利用机床控制面板上的"置零"按键），这时工件的这一点就设置为编程原点。

2. G92 指令指定法

用指令"G92 X Y Z;"设定编程原点，其中的 X、Y、Z 的坐标值是刀具刀位点在工件坐标系中的值。执行这一程序段时，机床并不动作，只是显示器上的工件坐标系的各坐标值发生变化。操作时，用手动控制机床运动，使刀具中心对准工件的某一点（编程时设定的编程原点），将此时的 X、Y、Z 坐标值设定为零（可以通过 MDI 方式，利用"G92 X0 Y0 Z0;"的方法置零），然后再利用 MDI 功能使机床移动到 G92 设定的 X、Y、Z 值处。必须注意：开始加工时，刀具原点应位于这个坐标系中的 X、Y、Z 值处，才能正确进行切削加工。

3. 输入偏置寄存器法

如果需要设置多个不同的编程原点，并灵活调用，就可以把不同的编程原点偏置量输入到机床的偏置寄存器中。分别用 G54～G59 指令建立 6 个工件坐标系。加工之前，通过 MDI（手动数据输入）方式设定这 6 个坐标系原点在机床坐标系中的位置，系统将它们分别存储在 6 个寄存器中。程序出现 G54～G59 中的某一个指令时，就相应地选择了这 6 个坐标系中的一个，如图 3-16 中 W 点的原点偏置值为从 N 点到编程原点 W 的距离 X_W、Y_W、Z_W，把对应数据输入到偏置寄存器中（G54 或 G55、G56、G57、G58、G59），就实现了编程原点的设置。

二、对刀与换刀

数控铣床与加工中心的对刀方法主要有三种。

1. 采用机外对刀仪进行 X、Y、Z 向对刀

机外对刀仪如图 3-17 所示，主要是测量刀具的长度、直径和刀具形状、角度，准确记录预执行刀具的主要参数。如果在使用中刀具损坏需更新，则用对刀仪可测量新刀具的主要参数值，以便掌握与原刀具的偏差，然后通过修改刀补值确保其正常加工。机外对刀仪由下列三个部分组成：

（1）刀柄定位机构　对刀仪的刀柄定位机构与标准刀柄相对应，它是测量的基准，所以要有高的精度，必须保证测量与使用时定位基准的一致性。定位机构包括回转精度很高的主轴，使主轴回转的传动机构以及拉紧主轴与刀具的预紧机构。

（2）测头与测量机构　测头有接触式

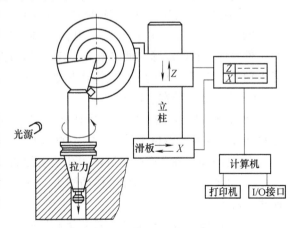

图 3-17　机外对刀仪示意图

和非接触式两种。接触式测头直接接触切削刃的主要测量点（最高点和最大外径点）；非接触式测头主要用光学的方法，把刀尖投影到光屏上进行测量。测量机构提供切削刃的切削点

处的 Z 轴和 X 轴（半径）尺寸值，即刀具的轴向尺寸和径向尺寸。测量的读数有机械式（如游标刻线尺），也有数显或光学式等显示方式。

（3）测量数据处理装置　此装置可以把刀具的测量值自动打印，或与上一级管理计算机联网进行柔性加工，实现自动修正和补偿。

2. 刀具 X、Y 向对刀

（1）对刀点为圆柱孔（或圆柱面）的中心点

1）采用杠杆百分表（或千分表）对刀，如图3-18所示。其操作步骤如下：

① 用磁力表座将杠杆百分表吸在机床主轴端面上，并利用手动输入 M03 低速正转。

② 手动操作使旋转的表头依 X、Y、Z 的顺序逐渐靠近孔壁（或圆柱面）。

③ 移动 Z 轴，使表头压住被测表面，指针转动约 0.1mm。

④ 逐步降低手动脉冲发生器的 X、Y 移动量，使表头旋转一周后，其指针的跳动量在允许的对刀误差内，如 0.02mm，此时可认为主轴的旋转中心与被测孔中心重合。

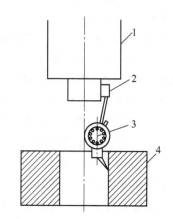

图3-18　采用杠杆百分表（或千分表）对刀
1—主轴　2—磁力表座　3—百分表　4—工件

⑤ 记下此时机床坐标系中的 X、Y 坐标值。此 X、Y 坐标值即为 G54 指令建立工件坐标系时的偏置值。若用 G92 建立工件坐标系，保持 X、Y 坐标不变，刀具沿 Z 轴移动到某一位置，则指令形式为：“G92 X0 Y0;”。

这种操作方法比较麻烦，效率较低，但对刀精度较高，对被测孔的精度要求也较高，最好是经过铰或镗加工的孔，仅粗加工后的孔不宜采用。

2）采用寻边器对刀。光电式寻边器一般由柄部和触头组成，常应用在加工中心上。触头和柄部之间有一个固定的电位差，触头装在机床主轴上时，工作台上的工件（金属材料）与触头电位相同，当触头与工件表面接触时就形成回路电流，使内部电路产生光电信号，如图3-19所示。其操作步骤如下：

① 把寻边器装在主轴上。

② 依 X、Y、Z 的顺序手动操作将寻边器测头靠近被测孔，使其大致位于被测孔的中心上方。

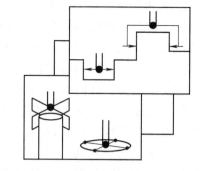

图3-19　用寻边器以孔（或轴）对刀

③ 将测头下降至球心超过被测孔上表面的位置。

④ 沿 X（或 Y）方向缓慢移动测头，直到测头接触到孔壁，指示灯亮，然后反向移动，使指示灯灭。

⑤ 降低移动量，移动测头直至指示灯亮。

⑥ 逐级降低移动量（0.1mm→0.01mm→0.001mm），重复上面④、⑤两项操作，最后使指示灯亮。

⑦ 把机床相对坐标 X（或 Y）置零，用最大移动量将测头向另一边孔壁移动，指示灯

亮，然后反向移动，使指示灯灭。

⑧ 重复第④～⑥项的操作。

⑨ 记下此时机床相对坐标的 X（或 Y）值。

⑩ 将测头向孔中心方向移动到前一步骤记下的 X（或 Y）坐标的一半处，即得被测孔中心的 X（或 Y）坐标。

⑪ 沿 Y（或 X）方向重复以上操作，可得被测孔中心的 Y（或 X）坐标。

这种方法操作简便、直观，对刀精度高，应用广泛，但被测孔应有较高的精度。

（2）对刀点为两相互垂直直线的交点

1）采用刀具试切对刀。如果加工精度要求不高，为方便操作，可以采用加工时所使用的刀具进行试切对刀，如图 3-20 所示。其操作步骤如下：

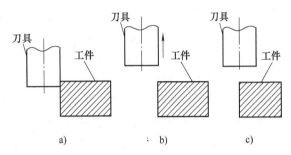

图 3-20 试切对刀
a）步骤①② b）步骤③ c）步骤④⑤

① 将所用铣刀装在主轴上，并使主轴中速旋转。

② 手动移动铣刀沿 X（或 Y）方向靠近被测边，直到铣刀周刃轻微接触到工件表面，听到切削刃与工件的摩擦声（但没有切屑）。

③ 保持 X、Y 坐标不变，将铣刀沿 $+Z$ 向退离工件。

④ 将机床相对坐标 X（或 Y）置零，并沿 X（或 Y）向移动刀具半径的距离。

⑤ 此时机床坐标系下的 X（或 Y）值输入系统偏置寄存器中，该值就是被测边的 X（或 Y）坐标。

⑥ 重复以上操作，可得被测边的 Y（或 X）坐标。

这种方法比较简单，但对刀精度不够高，会在工件表面留下痕迹，为避免损伤工件表面，可在刀具和工件之间加入塞尺进行对刀，这时应将塞尺的厚度减去，但主轴不宜旋转。与此类似，还可以采用心轴和块规来对刀，如图 3-21 所示。

2）采用寻边器对刀。如图 3-22 所示，其操作步骤与采用刀具对刀相似，只是将刀具换成了寻边器，移动距离是寻边器触头的半径。这种方法简便，对刀精度较高。

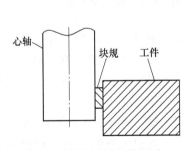

图 3-21 采用心轴和块规对刀

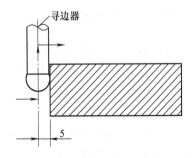

图 3-22 采用寻边器对刀

3. 刀具 Z 向对刀

刀具 Z 向对刀数据与刀具在刀柄上的装夹长度及工件坐标系的 Z 向原点位置有关，通

过 Z 向对刀确定工件坐标系原点在机床坐标系中的位置。可以采用刀具直接试切对刀，也可以利用 Z 向设定器进行精确对刀，如图 3-23 所示。这种方法的工作原理与寻边器相同。对刀时将刀具的端刃与工件表面或 Z 向设定器的测头接触，利用机床坐标的显示来确定对刀值。当使用 Z 向设定器对刀时，要将 Z 向设定器的高度考虑进去。

数控加工中，经常遇到需要换刀的情况，换刀以后需要重新进行轴向对刀，所以必须考虑一个程序中的多把刀具编程，以实现换刀情况下正确的自动加工。

在编程时，每一把刀具工作的程序内容之间用 M00 实现停止，然后按顺序把已经对好的刀具装到主轴上，按"循环启动"键继续加工。在对刀时，必须把每把刀具 Z 向到坐标原点的距离测量出来，作为每把刀具的长度补偿值，输入到对应的刀具长度补偿单元号中。将工件坐标系 G54～G59 的零点偏置指令中的 Z 值设置为零，或者把其中最长的（或者最短的）、到工件距离最小（或者最大）的刀具到工件表面的距离作为工件坐标系的 Z 值。设定该把刀具的长度补偿单元中的数值为零，其他刀具到工件表面的距离与该把刀具到工件表面的距离的差值作为其他刀具的长度补偿值（详见下面"机上对刀"的操作步骤）。因此，必须在机床上或专用对刀仪上测量每把刀具的长度（即刀具预调）。方法如下：

（1）机上对刀　这种方法是采用 Z 向设定器依次确定每把刀具与工件在机床坐标系中的相互位置关系，其操作步骤为：

1）依次将刀具装在主轴上，利用 Z 向设定器确定每把刀具在 Z 向到工件坐标系原点的距离，如图 3-24 所示的 A、B、C，并记录下来。

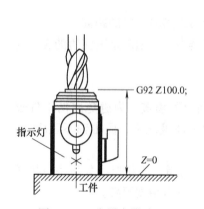

图 3-23　Z 向设定器对刀

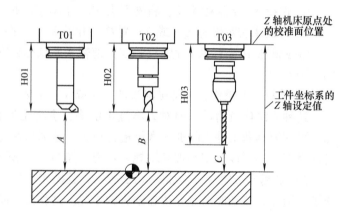

图 3-24　机上对刀中的刀具长度补偿

2）找出其中最长的（或者最短的）、到工件距离最小（或者最大）的刀具，如图 3-24 中的 T03（或 T01），将其对刀值 C（或 A）作为工件坐标系的 Z 值，此时 H03 = 0。

3）确定其他刀具的长度补偿值，即 $H01 = \pm|C - A|$，$H02 = \pm|C - B|$，正负号由程序中的 G43 或 G44 来确定。

这种方法对刀效率和精度较高，投资少，但工艺文件编写不便，对生产组织有一定的影响。

（2）机外刀具预调 + 机上对刀　机外刀具预调是指首先在机床外利用对刀仪精确测量每把刀具的轴向和径向尺寸，确定每把刀具的长度补偿值，然后在机床上用长度最长或最短的一把刀具进行 Z 向对刀，确定工件坐标系。这种方法对刀精度和效率高，便于工艺文件的编写及生产组织，但投资较大。

第五节　数控铣床与加工中心加工工艺

一、数控铣床与加工中心的工艺特点

通常数控铣床和加工中心在结构、工艺和编程等方面有许多相似之处。特别是全功能型数控铣床与加工中心相比，区别主要在于数控铣床没有自动刀具交换装置及刀具库，只能用手动方式换刀，而加工中心因具备 ATC 及刀具库，故可将使用的刀具预先安排存放于刀具库内，需要时由 ATC 自动换刀。数控铣床和加工中心都能够进行铣削、钻削、镗削及攻螺纹等加工。数控铣床和加工中心除了能铣削普通铣床所能铣削的各种零件表面外，还能铣削普通铣床不能铣削的需二至五坐标联动的各种平面轮廓和立体轮廓。特别是加工中心，除具有一般数控铣床的工艺特点外，由于工序的集中和自动换刀，减少了工件的装夹、测量和机床调整等时间，使机床的切削时间达到机床开动时间的 80% 左右；同时也减少了工序之间的工件周转、搬运和存放工作量，缩短了生产周期，具有明显的经济效益。

1. 三坐标数控铣床与加工中心

三坐标数控铣床与加工中心的共同特点是除具有普通铣床的工艺性能外，还具有加工形状复杂的二维以及三维复杂轮廓的能力。这些复杂轮廓零件的加工有的只需二轴联动（如二维曲线、二维轮廓和二维区域加工），有的则需三轴联动（如三维曲面加工），它们所对应的加工一般相应称为二轴（或二点五轴）加工与三轴加工。

对于三坐标加工中心（无论是立式还是卧式），由于具有自动换刀功能，适于多工序加工，如箱体等需要铣、钻、铰及攻螺纹等多工序加工的零件。特别是在卧式加工中心上，加装数控分度转台后，可实现四面加工，若主轴方向可换，则可实现五面加工，因而能够一次装夹完成更多表面的加工，特别适合于加工复杂的箱体类、泵体、阀体、壳体等零件。

2. 四坐标数控铣床与加工中心

四坐标是指在 X、Y 和 Z 三个平动坐标轴基础上增加一个转动坐标轴（A 或 B），且四个轴一般可以联动。其中，转动轴既可以作用于刀具（刀具摆动型），也可以作用于工件（工作台回转/摆动型）；机床既可以是立式的，也可以是卧式的；此外，转动轴既可以是 A 轴（绕 X 轴转动），也可以是 B 轴（绕 Y 轴转动）。由此可以看出，四坐标数控机床可具有多种结构类型，但除大型龙门式机床上采用刀具摆动外，实际中多以工作台旋转/摆动的结构居多。但不管是哪种类型，其共同特点是相对于静止的工件来说，刀具的运动位置不仅是任意可控的，而且刀具轴线的方向在刀具摆动平面内也是可以控制的，从而可根据加工对象的几何特征来调整刀具相对零件表面的位置，以保持有效切削状态并避免刀具干涉等。因此，四坐标加工可以获得比三坐标加工更广的工艺范围和更好的加工效果。

3. 五坐标数控铣床与加工中心

对于五坐标机床，不管是哪种类型，它们都具有两个回转坐标（A、B 或 C）。相对于静止的工件来说，其运动合成可使刀具轴线的方向在一定的空间内（受机构结构限制）任意控制，从而具有保持最佳切削状态及有效避免刀具干涉的能力。因此，五坐标加工又可以获得比四坐标加工更广的工艺范围和更好的加工效果，特别适宜于三维曲面零件的高效、高质量加工以及异形复杂零件的加工。采用五轴联动机床对三维曲面零件加工，可采用刀具最佳几何形状进行切削，不仅加工表面粗糙度值低，而且效率也大幅度提高。一般认为，一台五轴联动机床的效率可以等于两台三轴联动机床，特别是使用立方氮化硼等超硬材料铣刀进行高速铣削淬硬钢零件时，五轴联动加工可比三轴联动加工发挥更高的效益。

五轴联动除 X、Y、Z 以外的两个回转轴的运动有两种实现方法：一是在工作台上用复合 A、C 轴转台，二是采用复合 A、C 轴的主轴头。这两种方法完全由工件形状决定，方法本身并无优劣之分。过去因五轴联动数控系统、主机结构复杂等原因，其价格要比三轴联动数控机床高出数倍，加之编程技术难度较大，制约了五轴联动机床的发展。当前由于电主轴的出现，使得实现五轴联动加工的复合主轴头结构大为简化，其制造难度和成本大幅度降低，数控系统的价格差距缩小，因此促进了复合主轴头类型五轴联动机床和复合加工机床（含五面加工机床）的发展。

二、数控铣削与加工中心的适应对象

（一）数控铣削的主要加工对象

从铣削加工的角度来看，适应于下列加工对象。

1. 平面类零件

加工面平行、垂直于水平面或其加工面与水平面的夹角为定角的零件称为平面类零件。根据定义，图3-25所示的三个零件都属于平面类零件。目前，在数控铣床上加工的绝大多数零件属于平面类零件。

平面类零件的特点是，各个加工单元面是平面，或可以展开成为平面，例如图3-25中的曲线轮廓面 M 和正圆台面 N，展开后均为平面。平面类零件是数控铣削加工对象中最简单的一类，一般只需用三坐标数控铣床的两坐标联动就可以把它们加工出来。

有些平面类零件的某些加工单元面（或加工单元面的母线）与水平面既不垂直也不平行，而是呈一个定角。对于这种平面类零件的斜面，常用的加工方法如下：

以图3-25b所示的斜面为例，当工件尺寸不大时，可用斜垫板垫平后加工；若机床主轴可以摆动，则可摆成适当的定角来加工；当工件尺寸很大、斜面坡度又较小时，也常用行切法加工，但会在加工面上留下进刀时的刀峰残痕，要用钳修方法加以清除。当然，加工斜面的最佳方法还是利用五坐标铣床加工，可以不留残痕。

对于图3-25c所示的正圆台和斜筋表面，一般可用专用的角度成形铣刀来加工，在这种情况下采用五坐标铣床摆角加工反而不合算。

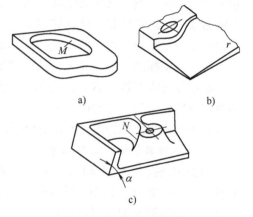

图3-25　典型的平面类零件
a）带平面轮廓的平面零件
b）带斜平面的平面零件
c）带正圆台和斜筋的平面零件

2. 变斜角类零件

加工面与水平面的夹角呈连续变化的零件称为变斜角类零件，这类零件多数为飞机零件，此外还有检验夹具与装配型架等。

变斜角类零件的典型特点是变斜角加工面不能展开为平面，但在加工中，加工面与铣刀圆周接触的瞬间为一条直线。图 3-26 所示为飞机上的一种变斜角梁缘条，该零件在第 2 筋至第 5 筋的斜角 α 从 3°10′均匀变化为 2°32′，从第 5 筋至第 9 筋再均匀变化为 1°20′，从第 9 筋到第 12 筋又均匀变化至 0。

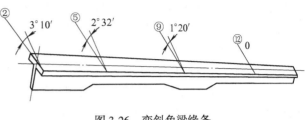

图 3-26　变斜角梁缘条

加工变斜角类的零件，最好采用四坐标和五坐标数控铣床摆角加工，有时也可在三坐标数控铣床上进行二点五坐标近似加工。加工变斜角面的常用方法主要有三种：

1）用四坐标联动的数控铣床（X、Y、Z、A）加工，刀具使用圆柱铣刀，运用直线插补方式摆角加工。这种方法适用于曲率变化较小的变斜角面，当工件斜角过大，超过铣床主轴摆角范围时，可用角度成形刀加以弥补。

2）用五坐标联动的数控铣床（X、Y、Z、A、B 或 C），运用圆弧插补方式摆角加工。这种方法适用于曲率变化较大的变斜角面，这时用四坐标联动、直线插补的方法难以满足加工要求。

3）用三坐标数控铣床进行二点五坐标加工，刀具使用球头铣刀和鼓形铣刀，运用直线或圆弧插补的方式分层铣削，所留迭刀残痕用钳修的方法加以清除。图 3-27 所示为用鼓形铣刀铣削变斜角面的情况。由于鼓形刀的鼓径可以做得比较大，要比球头刀的球径大，所以加工后的迭刀刀峰较小，加工效果比球头刀好。球头刀只能加工大于 90°的开斜角面，而鼓形刀可以加工小于 90°的闭斜角面。

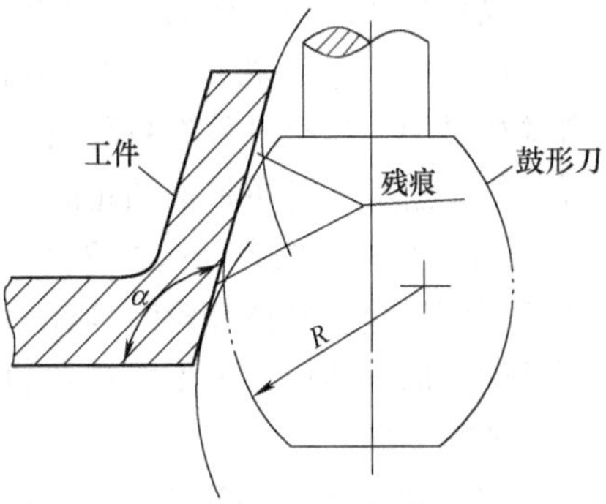

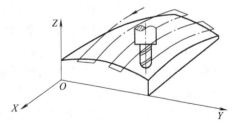

图 3-27　用鼓形铣刀分层铣削变斜角面

3. 曲面类（立体类）零件

加工面为空间曲面的零件称为曲面类零件。这类零件的特点之一是加工面不能展开为平面，之二是加工面与铣刀始终为点接触。

此类零件一般采用三坐标数控铣床加工，刀具通常使用球头铣刀，以避免由于干涉铣伤邻近表面。加工曲面的常用方法有两种：

1）采用三坐标数控铣床进行二坐标联动的二点五坐标加工。加工时只有两个坐标联动，另一个坐标按一定行距周期性进给。对于不太复杂的空间曲面的加工常用此法，图 3-28 是对曲面进行二点五坐标行切加工的示意图。

图 3-28　二点五坐标行切加工曲面示意图

2）采用三坐标数控铣床进行三坐标联动的方法加工空间曲面。加工时通过 X、Y、Z 三坐标联动完成空间直线插补。较复杂空间曲面的加工常用此法。

（二）加工中心的主要加工对象

基于自身的结构特点，加工中心尤其适宜于加工复杂、工序多、要求较高、需用多种类型的普通机床和众多刀具夹具、且经多次装夹和调整才能完成加工的零件。其加工的主要对象有箱体类零件，复杂曲面，异形件，盘、套、板类零件和特殊加工五类。

1. 箱体类零件

箱体类零件一般是指具有一个以上孔系，内部有型腔，在长、宽、高方向有一定比例的零件。这类零件在机床、汽车、飞机制造等行业用得较多。箱体类零件一般都需要进行多工位孔系及平面加工，公差要求较高，特别是几何公差要求较为严格，通常要经过铣、钻、扩、镗、铰、锪、攻螺纹等工序，需要刀具较多，在普通机床上加工难度大，工装套数多，费用高，加工周期长，需多次装夹、找正，手工测量次数多，加工时必须频繁地更换刀具，工艺难以制订，更重要的是精度难以保证。

加工箱体类零件时，当加工工位较多，需工作台多次旋转角度才能完成加工时，一般选卧式镗铣类加工中心。当加工的工位较少，且跨距不大时，可选立式加工中心，从一端进行加工。

2. 复杂曲面

复杂曲面在机械制造业，特别是航天航空工业中占有特殊重要的地位。复杂曲面类零件（如各种叶轮，导风轮，球面，各种曲面成形模具，螺旋桨以及水下航行器的推进器，还有一些其他形状的自由曲面），这类零件均可用加工中心进行加工。比较典型的有下面几种：

（1）凸轮、凸轮机构　作为机械式信息储存与传递的基本元件，被广泛地应用于各种自动机械中，这类零件有各种曲线的盘形凸轮、圆柱凸轮、圆锥凸轮、桶形凸轮、端面凸轮等。加工这类零件可根据凸轮的复杂程度选用三轴、四轴联动或选用五轴联动的加工中心。

（2）整体叶轮类　这类零件常见于航空发动机的压气机、制氧设备的膨胀机、单螺杆空气压缩机等。整体叶轮除具有一般曲面加工的特点外，还存在通道狭窄、容易产生刀具对邻近曲面的干涉以及加工面本身的干涉等难点。所以这样的型面，采用四轴以上联动的加工中心才能完成。

（3）模具类　如注塑模具、橡胶模具、真空成形吸塑模具、精密铸造模具等。采用加工中心加工模具，由于工序高度集中，动模、静模等关键件的精加工基本上是在一次安装中完成全部机加工内容，可减少尺寸累计误差，减少修配工作量。同时，模具的可复制性强，互换性好。机械加工残留给钳工的工作量少，使模具钳工的工作量主要在于抛光。

（4）球面　可采用加工中心铣削。三轴铣削只能用球头铣刀作逼近加工，效率较低，五轴铣削可采用面铣刀作包络面来逼近球面。

用四轴或五轴联动的加工中心进行复杂曲面的加工，特别是在五坐标的场合下，刀具位置有了更大的灵活性，刀具与曲面可能接触于一条线，虽不一定是理想的接触线，但从工程的角度允许这类误差的存在。这种线接触成形具有高效的优势，而且由这样的"线"扫出来的"面"在线方向上不存在残留高度的问题，大大减少了铣削后的抛光工作量。但是在这种线接触成形中，存在一个刀具对加工表面的干涉问题，编程时应设法使干涉量降至最小。

3. 异形件

异形件是外形不规则的零件，大都需要点、线、面多工位混合加工，如一些支架、泵体、靠模等。异形件的刚性一般较差，夹压变形难以控制，加工精度也难以保证。用加工中心加工时应采用合理的工艺措施，一次或二次装夹，利用加工中心多工位点、线、面混合加工的特点，完成多道工序或全部的工序内容。根据经验，异形件形状越复杂，精度要求越高，使用加工中心越能显示其优越性。

4. 盘、套、板类零件

盘、套、板类零件带有键槽，或径向孔，或端面有分布的孔系，曲面的盘、套或轴类零件，如带法兰的轴套，带键槽或方头的轴类零件等，以及具有较多孔加工的板类零件，如各种电机盖等。端面有分布孔系、曲面的盘类零件宜选择立式加工中心，有径向孔的可选卧式加工中心。

5. 特殊加工

在熟练掌握了加工中心的功能之后，配合一定的工装和专用工具，利用加工中心可完成一些特殊的工艺工作，如在金属表面上刻字、刻线、刻图案；在加工中心的主轴上装上高频电火花电源，可对金属表面进行线扫描表面淬火；在加工中心装上高速磨头，可实现小模数渐开线锥齿轮磨削及各种曲线、曲面的磨削等。

三、零件结构工艺分析

1. 零件图的工艺性分析

根据数控铣削加工的特点，考虑加工中经常遇到的一些工艺性问题，对零件图进行结构工艺分析时应注意以下几个要点：

1）零件所要求的加工精度、尺寸公差是否都可以得到保证。虽然数控机床加工精度高，但仍需要进行这种分析。特别要注意过薄的腹板与缘板的厚度公差。"铣工怕铣薄"，数控铣削也是一样，因为加工时产生的切削拉力及薄板的弹性退让极易引起切削面的振动，使薄板厚度尺寸公差难以保证，其表面粗糙度值也将变大。根据实践经验，当面积较大的薄板厚度小于 3mm 时就应充分重视这一问题。

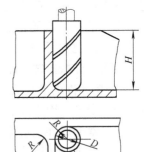
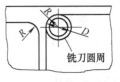

图 3-29 缘板高度及内转接圆弧对零件铣削工艺性的影响

2）内槽及缘板之间的内转接圆弧是否过小。因为这种内圆弧半径常常限制刀具的直径。如图 3-29 所示，如工件的被加工轮廓高度低，转接圆弧半径也大，可以采用较大直径的铣刀来加工，加工其腹板面时，进给次数也相应减少，表面加工质量也会好一些，因此工艺性较好，反之，数控铣削工艺性较差。一般来说，当 $R < 0.2H$（被加工轮廓面的最大高度）时，可以判定为零件该部位的工艺性不好。

3）零件铣削面的槽底圆角或腹板与缘板相交处的圆角半径 r 是否太大。如图 3-30 所示，当 r 越大，铣刀端刃铣削平面的能力越差，效率也越低；当 r 大到一定程度时甚至必须用球头刀加工，这是应当尽量避免的。因为铣刀与铣削平面接触的最大直径 $d = D - 2r$（D 为铣刀直径），当 D 越大而 r 越小时，铣刀端刃铣削平面的面积越大，

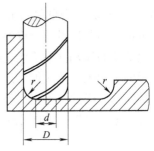

图 3-30 零件底面圆弧对铣削工艺性的影响

加工平面的能力越强，铣削工艺性当然也越好。有时候，当铣削的底面面积较大，底部圆弧 r 也较大时，不得不用两把 r 不同的铣刀（一把 r 小些，另一把 r 符合零件图）进行两次切削。

4）零件图中各加工面的凹圆弧（R 与 r）是否过于零乱，是否可以统一。因为在数控铣床上多换一次刀要增加不少新问题，如增加铣刀规格、计划停车次数和对刀次数等，不但给编程带来许多麻烦，增加生产准备时间而降低生产效率，而且也会因频繁换刀增加了工件加工面上的接刀阶差而降低了表面质量。所以，在一个零件上的这种凹圆弧半径在数值上的一致性问题对数控铣削的工艺性显得相当重要。一般来说，即使不能寻求完全统一，也要力求将数值相近的圆弧半径分组靠拢，达到局部统一，以尽量减少铣刀规格与换刀次数。

5）零件上有无统一基准以保证两次装夹加工后其相对位置的正确性。有些工件需要在铣完一面后再重新安装铣削另一面，如图3-31所示的工件。由于数控铣削时不能使用通用铣床加工时常用的试削方法来接刀，往往会因为工件的重新安装而影响接刀（即与上道工序加工的面接不齐或造成本来要求一致的两对应面上的轮廓错位）。为了避免上述问题的产生，减小两次装夹误差，最好采用统一基准定位，因此零件上最好有合适的孔作为定位基准孔。如果零件上没有基准孔，也可以专门设置工艺孔作为定位基准（如在毛坯上增加工艺凸耳或在后继工序要铣去的余量上设基准孔）。如实在无法制出基准孔，起码也要用经过精加工的面作为统一基准。如果连这也办不到，则最好只加工其中一个最复杂的面，另一面放弃数控铣削而改由通用铣床加工。

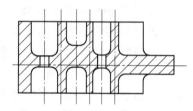

图 3-31　必须两次安装加工的零件

6）分析零件的形状及原材料的热处理状态，考虑零件会不会在加工过程中变形，哪些部位最容易变形。因为数控铣削最忌讳工件在加工时变形，这种变形不但无法保证加工的质量，而且经常造成加工不能继续进行下去。所以应当考虑采取一些必要的工艺措施进行预防，如对钢件进行调质处理，对铸铝件进行退火处理，对不能用热处理方法解决的，也可考虑粗、精加工及对称去余量等常规方法。此外，还要分析加工后的变形问题，以决定采取什么工艺措施来解决。

2. 零件毛坯的工艺性分析

在对零件图进行工艺性分析后，还应结合数控铣削的特点，对所用毛坯（常为板料、铸件、自由锻及模锻件）进行工艺性分析。根据经验，下列几方面应作为毛坯工艺性分析的要点：

1）毛坯的加工余量是否充分，批量生产时的毛坯余量是否稳定。毛坯主要指锻、铸件，因模锻时的欠压量与允许的错模量会造成余量多少不等，铸造时也会因沙型误差、收缩量及金属液体的流动性差不能充满型腔等造成余量不等。此外，锻、铸后，毛坯的翘曲与扭曲变形量的不同也会造成加工余量不充分、不稳定。数控铣削加工过程中很难照顾到何处余量不足的问题。因此，除板料外，不管是锻件、铸件还是型材，数控铣削加工前应保证各加工面均有较充分的余量。加工前有必要对毛坯的设计进行必要更改或在设计时充分考虑毛坯余量。

2）分析毛坯在安装定位方面的适应性。主要分析加工毛坯时在安装定位方面的可靠性与方便性，以便数控铣削时在一次安装中加工出尽可能多的待加工面。为此考虑要不要另外增加装夹余量或工艺凸台，以方便定位与夹紧，什么地方可以制出工艺孔或要不要另外准备工艺凸耳来特制工艺孔等。如图 3-32 所示的工件，加工上下腹板与内外轮廓时因缺少定位安装面造成装夹困难，这时只要在上下两筋上分别增加两个工艺凸台就可以较好地解决装夹问题了。又如图 3-33 所示，该工件缺少定位用的基准孔，用其他方法很难保证工件的定位精度，如果在图示位置增加两个工艺凸耳，在凸耳上制出定位基准孔就可以解决这一问题了。对于增加的工艺凸台或凸耳，可以在它们完成定位安装使命后通过补加工去掉。

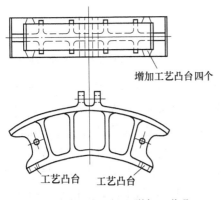

图 3-32　在毛坯上增加工艺凸台以提高定位面的稳定性

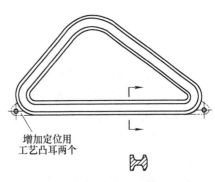

图 3-33　在毛坯上增加工艺凸耳以提高定位精度

3）分析毛坯的余量大小及均匀性。主要是考虑在加工时要不要分层切削，分几层切削，也要分析加工中与加工后的变形程度，考虑是否应采取预防性措施与补救措施。如对于热轧中、厚铝板，经淬火时效后很容易在加工中与加工后变形，最好采用经预拉伸处理后的淬火板坯。

四、进给路线与切削用量的确定

1. 进给路线的确定

在数控铣削加工中，为减少接刀的痕迹，保证轮廓表面的质量，切入、切出部分应考虑外延，因此要仔细设计刀具的切入和切出程序。如图 3-34 所示，铣削外表面轮廓时，铣刀的切入和切出点应沿工件轮廓曲线的延长线切向切入和切出工件表面，而不应沿法线直接切入工件，避免在加工表面上产生划痕，以确保零件轮廓光滑。

铣削整圆时，不但要注意安排好刀具的切入、切出，还要尽量避免在交接处重复加工，以免出现明显的接痕。在整圆加工完毕后，不要在切点处取消刀补和退刀，而要安排一段沿切线方向继续运动的距离，避免取消刀补时因刀具与工件相撞而报废工件和刀具。图 3-35 所示为铣切外圆的加工路线。当铣切内圆时，也应切向切入，最好安排从圆弧过渡到圆弧的加工路线，切出时也应多安排一段过渡圆弧再退刀，以降低接刀处的接痕。图 3-36 所示为铣切内圆的加工路线示意图。

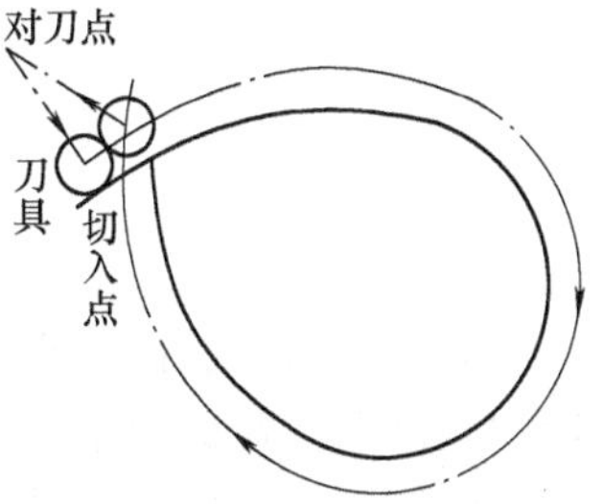

图 3-34　铣削外表面轮廓的切入和切出方式

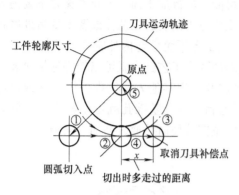

图 3-35　铣削外圆时的加工路线图

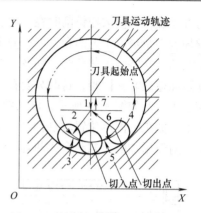

图 3-36　铣削内圆时的加工路线图

　　用立铣刀铣削内表面轮廓时，切入和切出都无法外延，这时铣刀只有沿工件轮廓的法线方向切入和切出，并将其切入点和切出点选在工件轮廓两几何元素的交点处。但是不同的进给路线会带来不同的加工结果。图3-37所示为加工内槽的三种进给路线。所谓内槽，是指以封闭曲线为边界的平底凹坑。这种内槽在飞机零件中常见，一律用平底立铣刀加工，刀具圆角半径应符合内槽的图样要求。图 3-37a 和 b 分别表示用行切法（即刀具与工件轮廓的切点轨迹在垂直于刀具轴线平面内的投影为相互平行的迹线）和环切法（即刀具与工件轮廓的切点轨迹在垂直于刀具轴线平面内的投影为一条或多条环形迹线）加工凹槽的进给路线。两种进给路线的共同点是都能切净内腔中的全部面积，不留死角，不伤轮廓，同时尽量减少了重复进给的搭接量。但是行切法将在每两次进给的起点与终点间留下残留高度而达不到要求的表面粗糙度。而环切法从数值计算的角度看，其刀位点计算稍微复杂，需要逐次向外扩展轮廓线，而且从进给路线的长短比较，环切法也略逊于行切法。图 c 则表示先用行切法最后环切一刀精加工轮廓表面，这样光整了轮廓表面而获得较好的效果。因此这三种方案中，图 c 代表的方案最佳。

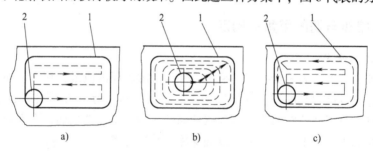

图 3-37　凹槽铣削加工的进给路线
a）行切法　b）环切法　c）先行切后环切
1—工件凹槽轮廓　2—铣刀

　　另外，加工过程中的工件、刀具、夹具、机床这一工艺系统会暂时处于动态平衡弹性变形的状态下，若进给停顿，切削力明显减小，会改变系统的平衡状态，刀具会在进给停顿处的工件表面留下划痕，因此在轮廓加工中应避免进给停顿。

　　铣削曲面时，常用球头刀进行加工。图 3-38 表示加工边界敞开的直纹曲面可能采取的三种进给路线，即沿曲面的 Y 向行切、沿 X 向的行切和环切。对于直母线的叶面加工，采用图 b 的方案，每次直线进给，刀位点计算简单，程序段短，而且加工过程符合直纹面的形成规律，可以准确保证母线的直线度。当采用图 a 的加工方案时，符合这类工件表面给出的数据，便于加工后检验，保证叶形的准确度高。由于曲面工件的边界是敞开的，没有其他表面限制，所以曲面边界可以外延，为保证加工的表面质量，球头刀应从边界外进刀和退刀。图 c 所示的环切方案一般应用在凹槽加工中，在型面加工中由于编程繁琐，一般都不用。

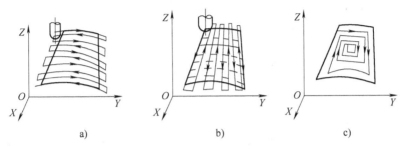

图 3-38　加工直纹曲面的三种进给路线

a) Y 方向行切　b) X 方向行切　c) 环切

铣削加工中采用顺铣还是逆铣，对加工后表面粗糙度也有影响。究竟采用哪种铣削方法，应视零件图的加工要求、工件材料的性质与特点以及具体机床、刀具等条件综合考虑，其确定原则与普通机械加工相同。一般来说，由于数控机床传动采用滚珠丝杠，其运动间隙很小，并且顺铣优点多于逆铣，所以应尽可能采用顺铣。如图 3-39 所示，在精铣内外轮廓时，为了改善表面粗糙度，应采用顺铣的进给路线。

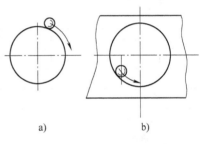

图 3-39　顺铣加工进给路线

a) 外轮廓铣削　b) 内轮廓铣削

对于铝镁合金、钛合金和耐热合金等材料来说，建议也采用顺铣加工，这对于降低表面粗糙度值和提高刀具寿命都有利。但如果零件毛坯为黑色金属锻件或铸件，表皮硬而且余量一般较大，这时采用逆铣则较为有利。

2. 切削用量的确定

编程人员选择切削用量时，一定要充分考虑影响切削的各种因素，正确选择切削条件。切削速度、切削深度、切削进给率为影响切削条件的主要因素。

根据切削用量的选择原则，确定主轴转速 n（切削速度 v）、切削深度及进给量 f（或进给速度 v_f）等参数。

（1）主轴转速的确定　主轴转速应根据允许的切削速度 v 和工件（或刀具）的直径来选择。其计算公式为

$$n = 1000v/(\pi D) \tag{3-2}$$

式中　v——切削速度（m/min）；

　　　n——主轴转速（r/min）；

　　　D——工件直径或刀具直径（mm）。

编程时根据主轴转速 n 的计算值，结合机床说明书选取机床具备的或较接近的转速值。

式（3-2）中，一个重要的参数为切削速度 v。切削速度是指单位时间内刀具从工件表面所切过的距离。切削速度的快慢直接影响切削效率。若切削速度过小，则切削时间会加

长，刀具无法发挥其功能；若切削速度太快，则刀具易产生高热而影响其寿命。决定切削速度的因素很多，其中以刀具材质、切削深度与进刀量等为主要因素。表 3-3 给出了常用铣刀的推荐切削速度，表 3-4 给出了常用铣刀的进给量。

表 3-3　铣刀切削速度　　　　　　　　　　　　（单位：m·min⁻¹）

工件材料	铣刀材料					
	碳素钢	高速钢	超高速钢	合金钢	碳化钛	碳化钨
铝合金	75～150	180～300		240～460		300～600
镁合金		180～270				150～600
钼合金		45～100				120～190
黄铜（软）	12～25	20～25		45～75		100～180
青铜	10～20	20～40		30～50		60～130
青铜（硬）		10～15	15～20			40～60
铸铁（软）	10～12	15～20	18～25	28～40		75～100
铸铁（硬）		10～15	10～20	10～28		45～60
可锻铸铁	10～15	20～30	25～40	35～45		75～110
钢（低碳）	10～14	18～28	20～30		45～70	
钢（中碳）	10～15	15～25	18～28		40～60	
钢（高碳）		10～15	12～20		30～45	
合金钢					35～80	
合金钢（硬）					30～60	
高速钢			12～25		45～70	

表 3-4　各种铣刀进给量　　　　　　　　　　　　（单位：mm/齿）

铣刀　　工件材料	平铣刀	面铣刀	圆柱铣刀	成形铣刀	高速钢镶刃刀	硬质合金镶刃刀
铸铁	0.2	0.2	0.07	0.04	0.3	0.1
可锻铸铁	0.2	0.15	0.07	0.04	0.3	0.09
低碳钢	0.2	0.2	0.07	0.04	0.3	0.09
中高碳钢	0.15	0.15	0.06	0.03	0.2	0.08
铸钢	0.15	0.1	0.07	0.04	0.2	0.08
镍铬钢	0.1	0.1	0.05	0.02	0.15	0.06
高镍铬钢	0.1	0.1	0.04	0.02	0.1	0.05
黄铜	0.2	0.2	0.07	0.04	0.03	0.21
青铜	0.15	0.15	0.07	0.04	0.03	0.1
铝	0.1	0.1	0.07	0.04	0.02	0.1
Al－Si 合金	0.1	0.1	0.07	0.04	0.18	0.08
Mg－Al－Zn	0.1	0.1	0.07	0.03	0.15	0.08
Al－Cu－Mg Al－Cu－Si	0.15	0.1	0.07	0.04	0.02	0.1

（2）切削深度的确定　切削深度主要根据机床、夹具、工件和刀具的刚度来决定。在刚度允许的条件下，应尽可能加大切削深度，如果不受加工精度的限制，可以使切削深度等于零件的加工余量，以减少进给次数，提高生产效率。为了保证加工精度和表面粗糙度，一般都要留一点余量最后精加工。数控加工中的精加工余量可小于普通加工。

（3）进给速度的确定　进给量或进给速度（单位为 mm/r 或 mm/min）是数控机床切削用量中的重要参数，主要根据零件的加工精度和表面粗糙度要求以及刀具、工件的材料性质选取。当加工精度要求高、表面粗糙度要求低时，进给量的数值应小些。最大进给速度受机床刚度和进给系统的性能限制，并与脉冲当量有关。一般数控机床进给量是连续变化的，各档进给量可在一定范围内进行无级调整，也可在加工过程中利用控制面板上的进给速度倍率开关由操作者设定。

一般来说，当工件的质量要求能够得到保证时，为提高生产效率，可选择较高的进给速度；用高速钢刀具加工时，宜选择较低的进给速度，一般在 20~50mm/min 范围内；当加工精度、表面粗糙度要求高时，进给速度应选小些，一般在 20~50mm/min 范围内；当刀具空行程时，特别是远距离"回零"时，可以选择该机床数控系统的最高进给速度。

在选择进给速度时，还要注意零件加工中的某些特殊因素。例如轮廓加工中，应考虑由于惯性或工艺系统的变形而造成轮廓拐角处的"超程"或"欠程"。如图 3-40 所示，铣刀由 A 处向 B 处运动，当进给速度较高时，由于惯性作用，在拐角 B 处可能出现"超程过切"现象，即将拐角处的金属多切去一些，使轮廓表面产生误差。解决的办法是选择变化的进给速度。即编程时，在接近拐角前适当地降低进给速度，过拐角后再逐渐增速。

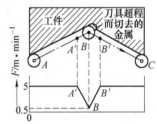

图 3-40　过切现象与控制

总之，编程人员在选取切削用量时，一定要根据机床说明书的要求和刀具寿命，选择适合机床特点及刀具最佳寿命的切削用量。当然也可以凭经验，采用类比法来确定切削用量。不管用什么方法选取切削用量，都应该尽可能保证刀具的寿命能完成一个零件的加工，或保证刀具的寿命不低于一个工作班次，最少不能低于半个班次的时间。

第六节　数控铣床与加工中心程序编制

一、概述

数控铣床和加工中心的编程功能指令分为准备功能和辅助功能两大类。准备功能主要包括快速定位、直线插补、圆弧或螺旋线插补、暂停、缩放和旋转加工、零点偏置和刀具补偿等；辅助功能主要指主轴启停、换刀、切削液开关等。同数控车床一样，数控铣床和加工中心的编程指令也随控制系统的不同而不同，但一些常用的指令，如某些准备功能、辅助功能，还是符合 ISO 标准的。本章节以 FANUC 0M 系统为例介绍有关编程指令。表 3-5 和表 3-6 总结了常用的 G 功能代码和 M 功能代码。

表 3-5 镗铣类（加工中心）准备功能代码（FANUC 0M）

代码	功能	组别	代码	功能	组别
★G00	快速定位	01	G52	局部坐标系设定	00
G01	直线插补		★G54	选择第 1 工件坐标系	12
G02	顺时针圆弧插补		G55	选择第 2 工件坐标系	
G03	逆时针圆弧插补		G56	选择第 3 工件坐标系	
G04	暂停	00	G57	选择第 4 工件坐标系	
G09	准确停止		G58	选择第 5 工件坐标系	
G10	刀具补正设定		G59	选择第 6 工件坐标系	
★G17	XY 平面选择	02	G73	高速深孔钻循环	09
G18	XZ 平面选择		G74	攻左螺纹循环	
G19	YZ 平面选择		G76	精镗孔循环	
G20	英制单位输入选择	06	★G80	固定循环取消	09
G21	公制单位输入选择		G81	钻孔循环	
★G27	参考点返回检查	00	G82	沉头钻孔循环	
G28	参考点返回		G83	深孔钻循环	
G29	由参考点返回		G84	攻右螺纹循环	
G30	第 2、3、4 参考点返回		G85	铰孔循环	
G33	螺纹切削	01	G86	背镗循环	
★G40	取消刀具半径补偿	07	★G90	绝对坐标编程	03
G41	左刀补		G91	增量坐标编程	
G42	右刀补		G92	定义编程原点	00
G43	刀具长度正补偿	08	★G94	每分钟进给量	05
G44	刀具长度负补偿		★G98	固定循环中使 Z 轴返回到起始点	10
★G49	取消刀具长度补偿		G99	固定循环中使 Z 轴返回到 R 点	

注：1. 标有★的 G 代码为电源接通时的状态。

　　2. "00" 组的 G 代码为非续效指令，其余组为续效代码。

　　3. 如果同组的 G 代码出现在同一程序段中，则最后一个 G 代码有效。

　　4. 在固定循环中，如果遇到 01 组的 G 代码时，固定循环被自动取消。

表 3-6 镗铣类（加工中心）辅助功能代码（FANUC 0M）

代码	功能	代码	功能
M00（A）	程序停止	M07（W）	切削液开
M01（A）	选择停止	M08（W）	切削液开
M02（A）	程序结束	M09（A）	切削液关
M03（W）	主轴正转	M19（A）	主轴准停
M04（W）	主轴反转	M30（A）	程序结束并返回
M05（A）	主轴停止	M98（A）	调用子程序
M06（W）	自动换刀	M99（A）	子程序结束，并返回主程序

注：G 与 M 地址后的数字前 0 可以省略，如 G01 = G1，M01 = M1。

一般情况下，M 代码的前导零可省略，如 M01 可用 M1 表示，以此节省内存空间及键入的字数。M 代码分为前指令码（表中标 W）和后指令码（表中标 A），前指令码和同一程序段中的移动指令同时执行，后指令码在同段的移动指令执行完成后才执行。

M 功能除某些通用性的标准码外（如 M00、M01、M08、M09、M30 等），亦可由制造厂商依其要求设计出不同的 M 指令。

二、坐标系设定或选择

1. 设定工件坐标系（G92）

G92 指令通过设定刀具起点相对于编程原点的相对位置来建立工件坐标系，即以程序的原点为基准确定刀具起始点的坐标值，并把这个设定值存储于程序存储器中，作为零件所有加工尺寸的基准点。G92 是一个非运动指令，作用是用来存储编程原点在机床坐标系中的位置。

指令格式：G92 X ＿＿＿ Y ＿＿＿ Z ＿＿＿；

其中 X、Y、Z 指刀具起点相对于编程原点的坐标，如图 3-41 所示，可用如下指令建立工件坐标系：G92 X30.0 Y30.0 Z20.0；

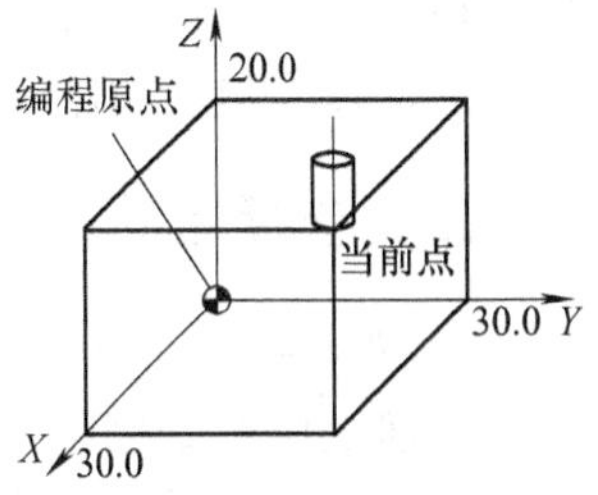

2. 选择工件坐标系（G54～G59）

数控机床一般在开机后需"回零"（即回机床参考点）才能建立机床坐标系。除了用 G92 设定单一工件坐标系外，还可以设定另外的工件坐标系，即偏置坐标系或称"多工件坐标系"。通过 G54～G59 可设定六个工件坐标系，如图 3-42 所示。图 3-43 为用 G54 设定一个工件坐标系的情况。当电源接通时，自动选择 G54 坐标系。

图 3-41　G92 建立工件坐标系

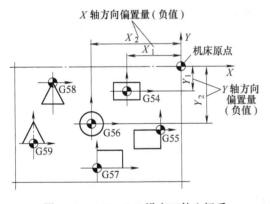

图 3-42　G54～G59 设定工件坐标系

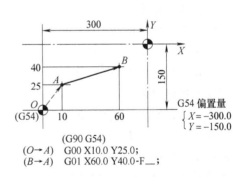

图 3-43　设定一个工件坐标系

当工件在机床上装夹后，编程原点与机床参考点的偏移量可通过测量或对刀来确定，该偏移量事先输入到数控机床工件坐标系设定的偏置界面中。

请注意 G92 与 G54～G59 指令之间的区别：G92 需单独一个程序段指定，其后的位置指令值与刀具的起始位置有关，使用 G92 前必须保证刀具处于加工起始点；G92 建立的工件坐标系在机床重开机时消失；使用 G54～G59 建立工件坐标系时，该指令可单独指定，也可与其他指令同段指定。如果该程序段中有位置移动指令（G00、G01），就会在设定的坐标系中运动；G54～G59 建立的工件坐标系在机床重开机后并不消失，并与刀具的起始位置无关。

3. 设定局部坐标系

当在工件坐标系中编制程序时，为了方便编程，可以设定工件坐标系的子坐标系，如图3-44所示，子坐标系称为局部坐标系。

指令格式：G52 X ___ Y ___ Z ___；

（设定局部坐标系）

G52 X0 Y0 Z0；

（取消局部坐标系）

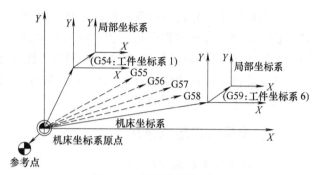

图3-44　设定局部坐标系

用指令"G52　X ___ Y ___ Z ___"可以在工件坐标系 G54 ~ G59 中设定局部坐标系，局部坐标系的原点设定在工件坐标系中以 X ___ Y ___ Z ___ 指定的位置。当局部坐标系设定后，后面以 G90 方式移动指令的数值是在局部坐标系中的坐标值。

三、坐标运动指令

1. 快速定位（G00 或 G0）

快速定位指令控制刀具从当前所在位置快速移动到指令给出的目标点位置，只能用于快速定位，不能用于切削加工。指令格式为

G00　X ___ Y ___ Z ___；

其中 X、Y、Z 表示目标点坐标。G00 可同时指令一轴、两轴或三轴移动，如图3-45所示，刀具从原点 O 快速移动到 P_1、P_2、P_3 点，可分别用增量方式 G91 或绝对值方式 G90 编程。

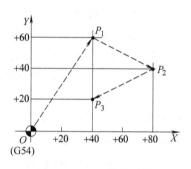

图3-45　G00 编程示例

G91 方式编程为

G00 X40.0 Y60.0；（$O \rightarrow P_1$）

X40.0 Y – 20.0；（$P_1 \rightarrow P_2$）

X – 40.0 Y – 20.0；（$P_2 \rightarrow P_3$）

G90 方式编程为

G00 X40.0 Y60.0；（$O \rightarrow P_1$）

X80.0 Y40.0；（$P_1 \rightarrow P_2$）

X40.0 Y20.0；（$P_2 \rightarrow P_3$）

需要说明的是：G00 的具体运动速度由机床数据设定，不能用程序指令改变，但可以用机床操作面板上的进给修调旋钮来改变。另外，G00 的进给轨迹，通常不是直线轨迹，而是如图3-46所示的折线，这种进给路线，有利于提高定位精度。

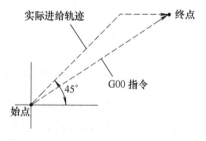

图3-46　G00 的进给轨迹

2. 直线插补（G01 或 G1）

直线插补指令控制刀具以给定的进给速度从当前位置沿直线移动到指令给出的目标位置。指令格式为

G01 X ___ Y ___ Z ___ F ___；

其中，X、Y、Z 表示目标点坐标，F 表示进给量。

例 3-1　在立式数控铣床上按如图 3-47 所示的进给路线铣削工件上表面，已知主轴转速为 300r/min，进给量为 200mm/min。试编制加工程序。

建立如图 3-47 所示工件坐标系，编制加工程序如下：

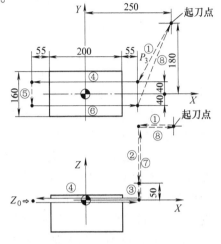

图 3-47　刀具进给路线

O3001

N10　G90　G54　G00　X155.0　Y40.0　S300；

N20　G00　Z50.0　M03；

N30　Z0；

N40　G01　X – 155.0　F200；

N50　G00　Y – 40.0；

N60　G01　X155.0；

N70　G00　Z300.0　M05；

N80　X250.0　Y180.0；

N90　M30；

3. 圆弧插补（G02，G03 或 G2，G3）

圆弧插补指令控制刀具在指定坐标平面内以给定的进给速度从当前位置（圆弧起点）沿圆弧移动到指令给出的目标位置（圆弧终点）。G02 为顺时针圆弧插补指令，G03 为逆时针圆弧插补指令。因加工零件均为立体的，在不同平面上其圆弧切削方向（G02 或 G03）如图 3-48 所示，其判断方法为：在笛卡儿右手直角坐标系中，从垂直于圆弧所在平面轴的正方向往负方向看。顺时针为 G02，逆时针为 G03。

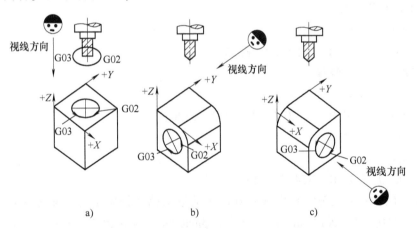

图 3-48　圆弧切削方向与平面的关系

a）*XY* 平面（G17）　b）*ZX* 平面（G18）　c）*YZ* 平面（G19）

指令格式有三种情况：

（1）*XY* 平面上的圆弧

$$G17\begin{Bmatrix}G02\\G03\end{Bmatrix}X\underline{\quad}Y\underline{\quad}\begin{Bmatrix}I\underline{\quad}J\underline{\quad}\\R\underline{\quad}\end{Bmatrix}F\underline{\quad};$$

（2）*ZX* 平面上的圆弧

$$G18 \left\{ \begin{matrix} G02 \\ G03 \end{matrix} \right\} X \underline{\quad} Z \underline{\quad} \left\{ \begin{matrix} I \underline{\quad} K \underline{\quad} \\ R \underline{\quad} \end{matrix} \right\} F \underline{\quad} ;$$

（3）*YZ* 平面上的圆弧

$$G19 \left\{ \begin{matrix} G02 \\ G03 \end{matrix} \right\} Y \underline{\quad} Z \underline{\quad} \left\{ \begin{matrix} J \underline{\quad} K \underline{\quad} \\ R \underline{\quad} \end{matrix} \right\} F \underline{\quad} ;$$

其中：X、Y、Z 为圆弧终点坐标；I、J、K 为圆心分别在 *X*、*Y*、*Z* 轴相对圆弧起点的增量坐标（后文简称 IJK 编程）；R 为圆弧半径（以后简称 R 编程）。G17、G18、G19 为坐标平面选择指令，G17 为 *XY* 平面，G18 为 *ZX* 平面，G19 为 *YZ* 平面。

注意：G02 和 G03 与坐标平面的选择有关。圆弧终点坐标可分别用增量方式或绝对值方式指令，用 G91 方式指令时表示圆弧终点相对于圆弧起点的增量坐标。用 R 编程时，如果圆弧圆心角小于等于180°时，R 取正值，大于180°时，R 取负值。如果加工的是整圆，则不能直接用 R 编程，而应用 IJK 编程。

如图 3-49 所示的圆弧可分别按如下四种不同的方式编程：

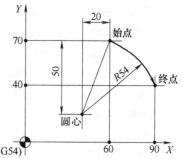

图 3-49　圆弧插补编程示例

（1）G91 方式 IJK 编程

（G91　G17　G54）

G02　X30.0　Y－30.0　I－20.0　J－50.0　F120；

（2）G91 方式 R 编程

（G91　G17　G54）

G02　X30.0　Y－30.0　R54.0　F120；

（3）G90 方式 IJK 编程

（G90　G17　G54）

G02　X90.0　Y40.0　I－20.0　J－50.0　F120；

（4）G90 方式 R 编程

（G90　G17　G54）

G02　X90.0　Y40.0　R54.0　F120；

例 3-2　在立式数控铣床上按图 3-50 所示的进给路线铣削工件外轮廓（不考虑刀具半径），已知主轴转速为 400r/min，进给量为 200mm/min。试编制加工程序。

建立如图 3-50 所示工件坐标系，编制加工程序如下：

O3002

N10　G17　G90　G54　G00　X0　Y0；

N20　X－35.0　Y－70.0　S400；

N30　Z50.0　M03；

N40　G01　Z－25.0　F1000　M08；

N50　X－60.0　F200；

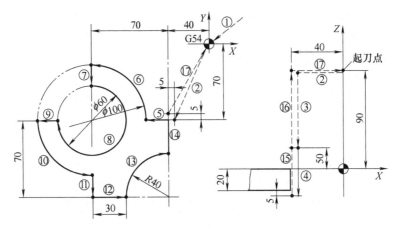

图 3-50　刀具进给路线

N60　G03　X－110.0　Y－20.0　R50.0；

N70　G01　Y－40.0；

N80　G02　X－140.0　Y－70.0　R－30.0；

N90　G01　X－160.0；

N100　G03　X－110.0　Y－120.0　R50.0；

N110　G01　Y－140.0；

N120　X－80.0；

N130　G02　X－40.0　Y－100.0　R40.0；

N140　G01　Y－65.0；

N150　G00　Z50.0；

N160　Z90.0　M05；

N170　X0　Y0；

N180　M30；

当机床电源打开时，数控装置将处于初始状态，表 3-5 中标有星号的 G 代码被激活。由于开机后数控装置的状态可通过 MDI 方式更改，且会因为程序的运行而发生变化，为了保证程序的运行安全，建议在程序开始应有程序初始状态设定程序段，即

G90　G80　G40　G17　G49　G21

4. 程序暂停

程序暂停指令控制系统按指定时间暂时停止执行后续程序段。暂停时间结束则继续执行。该指令为非模态指令，只在本程序段有效。指令格式为

G04　X＿＿＿；或 G04　P＿＿＿；

其中：X、P 均为暂停时间，单位分别为秒和毫秒。暂停指令应用于下列情况：

1）用于主轴有高速、低速档切换时，于 M05 指令后，用 G04 指令暂停几秒，使主轴停稳后，再行换档，以避免损伤主轴电动机。

2）用于孔底加工时暂停几秒，使孔的深度正确及减小孔底面的粗糙度值。

3）用于铣削大直径螺纹时，用 M03 指定主轴正转后，暂停几秒使转速稳定，再加工螺纹，使螺距正确。

暂停时间一般应保证刀具在孔底保持回转一转以上。例如：假设主轴转速为 300r/min，则暂停时间 =60/300s =0.2s，也就是说，暂停时间应该至少 0.2s 以上。假设可以取 0.5s，则指令为：G04　P500；（或 G04　X0.5；）。

5. 返回参考点检查

数控机床通常是长时间连续运转，为了提高加工的可靠性及保证工件尺寸的正确性，可用 G27 指令来检查编程原点的正确性。指令格式为

G90　（G91）G27　　X ___　Y ___　Z ___；

其中：在 G90 方式下，X、Y、Z 值指机床参考点在工件坐标系的绝对值坐标；在 G91 方式下，X、Y、Z 表示机床参考点相对刀具目前所在位置的增量坐标。

该指令的用法如下：当执行加工完成一循环，在程序结束前，执行 G27 指令，则刀具将以快速定位（G00）移动方式自动返回机床参考点，如果刀具到达参考点位置，则操作面板上的参考点返回指示灯会亮；若编程原点位置在某一轴向有误差，则该轴对应的指示灯不亮，且系统将自动停止执行程序，发出报警提示（No 092 报警）。

使用 G27 指令时，若先前建立了刀具半径或长度补偿，则必须先用 G40 或 G49 将刀具补偿取消后，才可使用 G27 指令。例如对于加工中心可编写如下程序：

…

M06　T01　　　　　　　　　　　　；换 1 号刀

…

G40　G49　　　　　　　　　　　　；取消刀具补偿

G27　X385.612　Y210.812　Z421.226　；返回参考点检查

…

6. 自动返回参考点

自动返回参考点指令可使坐标轴自动返回参考点。指令格式为

G28　X ___　Y ___　Z ___；

其中：X、Y、Z 为返回参考点时所经过的中间点坐标。指令执行后，所有受控轴都将快速定位到中间点，然后再从中间点返回到参考点，如图 3-51 所示。

G91 方式编程为

G91　G28　X100.0　Y150.0；

G90 方式编程为

G90　G54　G28　X300.0　Y250.0；

如果需要坐标轴从目前位置直接返回参考点，一般使用增量方式指令，其程序编制为

G91　G28　X0　Y0；

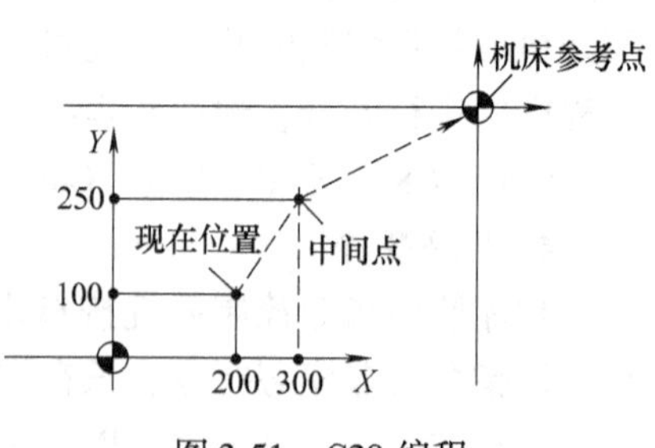

图 3-51　G28 编程

7. 从参考点返回

从参考点返回指令功能是使用刀具由机床参考点经过中间点到达目标点。指令格式为

G29　X ___　Y ___　Z ___；

其中：X、Y、Z 后面的数值是指刀具的目标点坐标。

这里经过的中间点就是 G28 指令所指定的中间点，故刀具可经过这一安全通路到达欲切削加工的目标点位置。所以用 G29 指令之前，必须先用 G28 指令，否则 G29 不知道中间

点位置，而发生错误。其使用方法如图 3-52 所示，请看
下列程序：

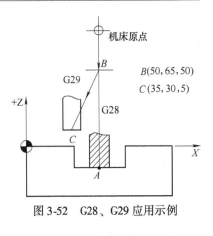

图 3-52　G28、G29 应用示例

```
…
M06   T02           ；换 2 号刀
…
G90   G28   Z50.0    ；由 A 点经中间点 B 回
                        到 Z 轴机床参考点
M06   T03           ；换 3 号刀
G29   X35.0   Y30.0   Z5.0 ；3 号刀由机床参考点
                        经中间点 B 快速定
                        位至 C 点
```

四、主轴运动与进给设定指令

1. S 功能

S 功能用于指令主轴转速（r/min）。S 代码以地址后面接 1~4 位数字组成。若其指令的数字大于或小于制造厂商所设定的最高或最低转速时，则以厂商所设定的最高或最低转速为实际转速。一般加工中心主轴的转速为 0~6000r/min。

2. F 功能

F 功能用于设定刀具移动时的进给速度，F 后面所接数值代表每分钟刀具进给量（mm/min），它为续效代码。

F 代码指令值若超过制造厂商所设定的范围时，则以厂商所设定的最高或最低进给速度为实际进给速度。

进给速度的值可由下列公式计算而得

$$v_F = f_Z \cdot z \cdot n$$

式中　f_Z——铣刀每齿的进给量（mm/齿）；

　　　z——铣刀的切削刃数；

　　　n——刀具的转速（r/min）。

例 3-3　使用 $\phi 75$mm、6 齿的面铣刀铣削碳钢表面，已知切削速度为 100m/min，$f_Z = 0.08$mm/齿，求主轴转速 n 及 v_F。

解　　　$n = 1000 v_c / (\pi D) = 1000 \times 100 / (3.14 \times 75)$ r/min $= 425$r/min

　　　　　　$v_F = f_Z \cdot z \cdot n = 0.08 \times 6 \times 425$mm/min $= 204$mm/min

五、刀具与刀具补偿

1. 刀具功能（T 功能）

刀具功能是用来选择刀具的，T 后面的数字表示刀具号，如 T10 表示第 10 号刀具。T 后面的数字范围由刀库容量决定。带机械手换刀的加工中心，通常选刀和换刀分开进行，此时 T 功能只用来选择所需的刀具，自动换刀一般还需要 M06 指令。不同的数控机床，其换刀程序是不同的，换刀动作必须在主轴停转条件下进行。换刀完毕起动主轴后，方可执行下面程序段的加工动作。选刀动作可与机床的加工动作重合起来，即利用切削时间进行选刀。

多数加工中心都规定了"换刀点"位置，即定距换刀，主轴只有走到这个位置，机械手才能执行换刀动作。一般立式加工中心规定换刀点的位置在 Z0 处（即机床 Z 轴零点），当控制器接到选刀 T 指令后，自动选刀；接到换刀 M06 指令后，机械手执行换刀动作。

加工中心的刀库形式一般有两种：一种是圆盘型，另一种为链条型。换刀的方式分无机械手式和有机械手式两种。无机械手式换刀方式是刀具库靠向主轴，先卸下主轴上的刀具，刀库再旋转至欲换的刀具位置，上升装上主轴。此种刀具库以圆盘型较多，且是固定刀号式（即 1 号刀必须插回 1 号刀套内），故换刀指令的书写方式如下：

（M06） T02；

执行该指令时，主轴上的刀具先装回刀库，再旋转至 2 号刀，将 2 号刀装上主轴。

有机械手式换刀大都配合链式刀库且是无固定刀号式，即 1 号刀不一定插回 1 号刀套内，其刀库上的刀号与设定的刀号由 PLC 管理。此种换刀方式的 T 指令后面所接数字代表欲调用刀具的号码。当 T 代码被执行时，被调用的刀具会转至准备换刀位置（称为选刀），但无换刀动作，因此 T 指令可在换刀指令 M06 之前即设定，以省换刀时等待刀具的时间。故有机械手式的换刀程序指令常书写如下：

T01　　　　　　　；1 号刀转至换刀位置

…

M06　 T03　　　；将 1 号刀换到主轴上，3 号刀转至换刀位置

…

M06　 T04　　　；将 3 号刀换到主轴上，4 号刀转至换刀位置

…

M06　　　　　　；将 4 号刀换到主轴上

2. 刀具半径补偿功能（D 功能）

在进行工件轮廓的铣削加工时，由于刀具半径的存在，刀具中心轨迹和工件轮廓不重合。

刀具半径补偿功能使编程人员只需根据工件轮廓编程，数控系统会自动计算出刀具中心轨迹，加工出所需要的工件轮廓。D 功能反映刀具半径偏置，D 后面的数字表示偏置号，其偏置量通过刀具偏置画面进行设定。FANUC 0M 系统设置有 32 个刀具偏置寄存器，专供刀具补偿之用。进行数控编程时，只需调用所需刀具补偿参数（刀具半径、刀具长度）所对应的寄存器编号即可，加工时，CNC 系统将该编号对应的刀具偏置寄存器中存放的刀具半径或长度补偿值取出，对刀具中心轨迹进行补偿计算，生成实际的刀具中心运动轨迹。

（1）**刀具半径补偿指令** 刀具半径补偿分为刀具半径左补偿（G41）和刀具半径右补偿（G42）。编程时，使用非零的 D ##代码（D01 ~ D32）选择正确的刀具偏置寄存器号。其偏置量（即补偿值）的大小通过 CRT/MDI 操作面板在对应的偏置寄存器号中设定，设定值范围为 0 ~ 999. 999mm。根据 ISO 标准，当刀具中心轨迹沿前进方向位于零件轮廓右边时称为刀具半径右补偿，反之称为刀具半径左补偿。当不需要进行刀具半径补偿时，则用 G40 取消刀具半径补偿。

刀具半径补偿的建立有三种方式，如图 3-53 所示。方式 1（图 a）：先下刀后，再在 X、Y 轴移动中建立半径补偿；方式 2（图 b）：先建立半径补偿后，再下刀到加工深度位置；方式 3（图 c）：X、Y、Z 三轴同时移动建立半径补偿后再下刀。一般取消半径补偿的过程与建立过程正好相反。

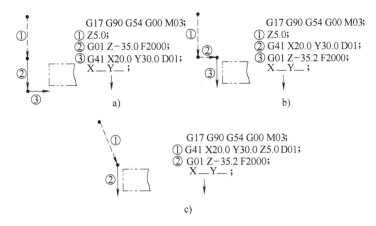

图 3-53　建立刀具半径补偿的方法

a）刀具半径左补偿③　b）刀具半径左补偿②　c）同时三轴移动建立半径补偿

建立刀具半径补偿指令格式为

$$\begin{Bmatrix} G17 \\ G18 \\ G19 \end{Bmatrix} \begin{Bmatrix} G00 \\ G01 \end{Bmatrix} \begin{Bmatrix} G41 \\ G42 \end{Bmatrix} \alpha \underline{\quad} \beta \underline{\quad} D \underline{\quad} ;$$

取消刀具半径补偿指令格式为

$$\begin{Bmatrix} G00 \\ G01 \end{Bmatrix} G40 \quad \alpha \underline{\quad} \beta \underline{\quad} ;$$

其中：α、β 为 X、Y、Z 三轴中配合平面选择（G17、G18、G19）的任意两轴；D 为刀具半径补偿号码，以一两位数字表示。例如 D11，表示刀具半径补偿号码为 11 号，执行 G41 或 G42 指令时，控制器会到 D 所指定的刀具补偿号内领取刀具半径补偿值，以作为半径补偿的依据。

（2）刀具半径补偿注意事项

1）机床通电后，为取消半径补偿状态。

2）G41、G42、G40 不能和 G02、G03 一起使用，只能与 G00 或 G01 一起使用，且刀具必须要移动。

3）在程序中用 G42 指令建立右刀补，铣削时对于工件将产生逆铣效果，故常用于粗铣，用 G41 指令建立左刀补，铣削时对于工件将产生顺铣效果，故常用于精铣。

4）一般情况下，刀具半径补偿量应为正值，如果补偿值为负，则 G41 和 G42 正好相互替换。通常在模具加工中利用这一特点，可用同一程序加工同一公称尺寸的内外两个型面，如用同一加工程序加工阳模和阴模的情况。

5）在建立刀具半径补偿以后，不能出现连续两个程序段无选择补偿坐标平面的移动指令，否则数控系统因无法正确计算程序中刀具轨迹交点坐标，可能产生过切现象。如图 3-54 所示铣外轮廓时，在 G17 坐标平面建立半径补偿后因连续出现三个程序段没有出现 X、Y 坐标平面移动指令，加工中将出现过切现象。图 3-55 表示在铣内轮廓建立半径补偿后，在程序中出现连续两个程序段没有 X、Y 平面移动指令，加工中将出现过切现象。非 XY 坐标平面移动指令示例如下：

```
M05                        ; M 代码
S300                       ; S 代码
G04   P1200                ; 暂停指令
G17   G01   Z100.0         ; X、Y 轴外移动指令
G90                        ;
G91   G01   Y0             ; 移动量为 0
```

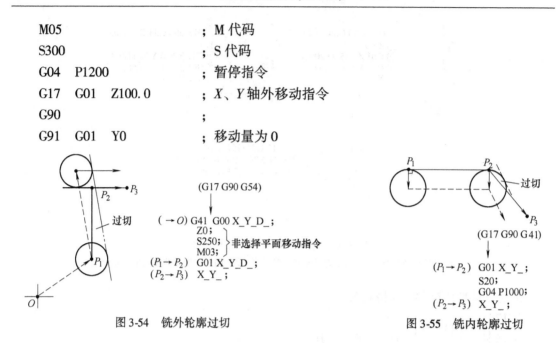

图 3-54　铣外轮廓过切　　　　　　　　　　图 3-55　铣内轮廓过切

6）在补偿状态下，铣刀的直线移动量及铣削内侧圆弧的半径值要大于或等于刀具半径，否则补偿时会产生干涉，系统在执行相应程序段时将会产生报警，停止执行。图 3-56a 表示直线移动量小于铣刀半径发生过切的情况，图 b 表示刀具半径大于加工沟槽宽度，图 c 所示为刀具半径值大于加工内圆弧半径时的情况。

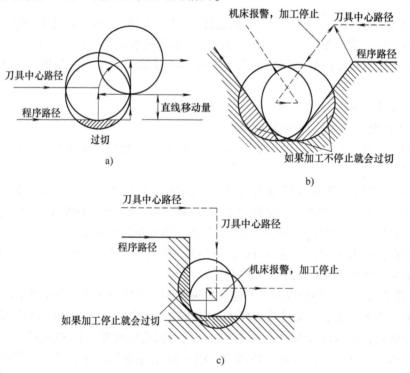

图 3-56　三种过切现象

a）直线移动量小于铣刀半径　　b）沟槽底部移动量小于铣刀半径　　c）内侧圆弧半径小于铣刀半径

7）若程序中建立了半径补偿，在加工完成后必须用 G40 指令将补偿状态取消，使铣刀的中心点回复到实际的坐标点上。亦即执行 G40 指令时，系统会将向左或向右的补偿值，往相反的方向释放，这时铣刀会移动一铣刀半径值。所以使用 G40 指令时最好是铣刀已远离工件。

8）刀具在因磨损、重磨或更换后直径发生改变时，可使用刀具半径补偿功能，不必修改程序，只需改变半径补偿参数即可。刀具半径补偿值不一定等于刀具半径值，同一加工程序，采用同一刀具可通过修改刀补的办法实现对工件轮廓的粗、精加工；同时也可通过修改半径补偿值获得所需要的尺寸精度。

3. 刀具长度补偿功能（H 功能）

它反映刀具长度偏置，与 G 代码的刀具偏置 G43、G44 联合使用。刀具长度补偿是用来补偿长度差值的。数控铣床或加工中心所使用的刀具，每把刀具的长度都不相同，同时由于刀具的磨损或其他原因引起刀具长度发生变化，使用刀具长度补偿指令，可使每一把刀具加工出的深度尺寸都正确。

实际应用时，编程者可以在不知道刀具长度的情况下，按假定的标准刀具长度编程，实际用刀具长度与标准刀具长度不同时，可用长度补偿功能进行补偿。

通常把实际刀具长度与编程刀具长度之差称为偏置值（或称为补偿量）。这个偏置值可以通过偏置页面设置在偏置存储器中，并用 H 代码（或其他指定代码）指示偏置号。

指令格式为

G43　Z ___ H ___；或 G43　H ___；

G44　Z ___ H ___；或 G44　H ___；

G49；或 H00；

其中：G43 表示长度正补偿，其含义是用 H 代码指定的刀具长度偏置值（存储在偏置存储器中）加到在程序中由指令指定的终点位置坐标值上；G44 表示长度负补偿，其含义是从终点位置减去补偿值。G43 和 G44 均属模态指令，一但被指令之后，若无同组的 G 代码重新指令，则 G43 和 G44 一直有效。Z 代码指令 Z 轴移动坐标值。H 代码为刀具长度偏移量的存储器地址，执行 G43 或 G44 指令时，控制器会到 H 所指定的刀具补偿号内领取刀具长度补偿值，以作为长度补偿的依据。长度补偿值由 CRT/MDI 操作面板在对应的偏置寄存器中设定，可设定范围为 $0 \sim \pm 999.999$ mm。

刀具相对于工件的实际移动距离是刀具长度补偿指令值与偏置（补偿）值的代数和，总结如下：

1）当偏置值的 ± 号与 Z 坐标运动指令值的 ± 号相一致时：

用 G43 指令时，Z 坐标实际运动距离等于 Z 坐标指令值加上刀具长度补偿值；

用 G44 指令时，Z 坐标实际运动距离等于 Z 坐标指令值减去刀具长度补偿值。

2）当偏置值的 ± 号与 Z 坐标运动指令值的 ± 号相反时：

用 G43 指令时，Z 坐标实际运动距离等于 Z 坐标指令值加一个符号相反的刀具长度补偿值。

用 G44 指令时，Z 坐标的实际运动距离等于 Z 坐标指令值减去一个符号相反的刀具长度补偿值。

例如：刀具端面到工件表面的距离为 150mm，设 H01 的偏置值为 −20mm，若程序段为：N05 G91 G00 G43 Z −150 H01，由于 H01 中的偏置值 −20mm 已在程序运行之前存入到

相应编号寄存器中，因此当程序执行到 N05 时，刀具向工件实际移动的距离不是 150mm，而是 170mm。即

$-150 + (-20) = -170$　　　（这是 Z 坐标的实际运动距离）。

若使用 G44 指令，即程序段为：N05 G91 G00 G44 Z-150 H01，这时刀具相对于工件的实际移动距离则为：$-150 - (-20) = -130$

刀具长度补偿值设定方法有三种：

方法一：如图 3-57 所示，事先通过机外对刀法测量出刀具长度（图中 H01 和 H02），作为刀具长度补偿值（该值应为正），输入到对应的刀具补偿参数中。此时，工件坐标系（G54）中 Z 值的偏置值应设定为编程原点相对机床原点 Z 向坐标值（该值为负）。

方法二：如图 3-58 所示，将工件坐标系（G54）中 Z 值的偏置值设定为零，即 Z 向的编程原点与机床原点重合，通过机内对刀测量出刀具 Z 轴返回机床原点时刀位点相对工件基准面的距离（图中 H01、H02，均为负值），用它作为每把刀具长度补偿值。

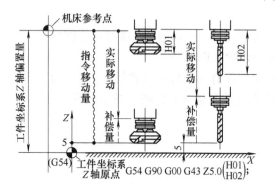

图 3-57　刀具长度补偿设定方法一

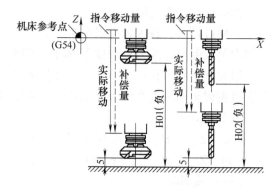

图 3-58　刀具长度补偿设定方法二

方法三：如图 3-59 所示，将其中一把刀具作为基准刀，其长度补偿值为零，其他刀具的长度补偿值为与基准刀的长度差值（可通过机外对刀测量）。此时应先通过机内对刀法测量出基准刀在 Z 轴返回机床原点时刀位点相对工件基准面的距离，并输入到工件坐标系（G54）中 Z 值的偏置参数中。

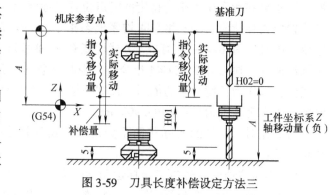

图 3-59　刀具长度补偿设定方法三

六、子程序

在一个加工程序中，若有几个一连串的程序段完全相同，为了简化程序，可把重复的程序段单独编成子程序，存储在数控系统中。其他程序可对子程序反复调用。

子程序指令方法：M98 表示子程序调用指令，M99 表示子程序结束指令。

子程序调用指令格式为

M98　P___ ;

其中，调用地址 P 后最多可跟八位数字，前四位为调用次数，后四位为子程序号，若 P 后数字小于等于四位，则表示调用子程序号，调用次数为 1 次。

子程序结束指令格式为

M99；

注意：子程序若直接以 M99 结束，则执行完子程序后直接返回至调用该子程序的下一个程序段去执行。程序中若出现指令格式为 M99 P ___（P 后为程序段号）的程序段，在执行该段时，程序将返回到地址 P 后数字所表示的程序段去执行。该种用法通常与选择性程序段删除指令同时使用。

子程序应用见例 3-4。

例 3-4　如图 3-60 所示工件，材料 Q195，刀具编号 T02 为 ϕ5mm 的立铣刀，毛坯上已钻有两孔，要求铣零件周边，并有 2mm 的余量。

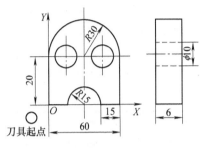

图 3-60　子程序调用示例图

主程序如下：

```
O3004
N10   G17  G90  G40  G80  G49  G21         ; G 代码初始状态
N20   G00  G54  X - 20.0  Y - 10.0         ; G54 坐标系设定，快速到达初始位置
N30   M03  M08  S320                       ; 主轴正转，切削液开
N40   G43  Z5.0  H02                       ; 刀具长度补偿至安全高度
N50   G01  Z - 3  F1000                    ; 第一次下刀至铣削深度
N60   M98  P1001                           ; 调子程序 O1001，铣零件周边
N70   G01  Z - 6.5  F1000                  ; 第二次下刀至铣削深度
N80   M98  P1001                           ; 调子程序 O1001，铣零件周边
N90   G91  G28  Z0                         ; Z 轴回机床原点
N100  G00  G54  X250.0  Y200.0             ; 刀具返回起始点
N110  M30                                  ; 程序结束
```

子程序为

```
O1001                                      ; 子程序号
N10   G41  G01  X0  Y0  D22  F150          ; 建立刀具半径补偿
N20   Y20.0                                ; 铣轮廓
N30   G02  X60.0  Y20.0  I30.0  J0  F80    ; 铣轮廓
N40   G01  Y0                              ; 铣轮廓
N50   X45.0                                ; 铣轮廓
N60   G03  X15.0  Y0  I - 15.0  J0  F80    ; 铣轮廓
N70   G01  X - 10.0                        ; 铣轮廓
N80   G40  G01  X - 20.0  Y - 10.0         ; 撤销刀具半径补偿
N90   Z5.0  F1000                          ; 刀具返回至安全位置
N100  M99                                  ; 子程序结束
```

七、固定循环

数控铣床和加工中心通常都具有如钻孔、攻螺纹、镗孔、铰孔等固定循环功能。这些功能需要完成的动作十分典型，将典型的动作预先编好程序并固化在存储器中，需要时可利用固定循环功能指令，用一个 G 代码即可完成。

固定循环的 G 代码是由数据形式、返回点平面和运动方式三种 G 代码组合而成的，其动作包括六种。数据形式：绝对指令 G90 或增量指令 G91，任选一种；返回平面点：G98 返回初始点或 G99 返回到 R 点，任选一种；运动方式：根据工件情况选择其中一种指令。表3-7 列出了固定循环指令的含义。

表 3-7　固定循环功能指令一览表

指　　令	Z 方向进刀方式	孔 底 动 作	Z 方向退刀方式	用　　途
G73	间歇进给		快速移动	高速深孔钻循环
G74	切削进给	主轴停止→主轴正转	切削进给	攻左螺纹循环
G76	切削进给	主轴定向停止	快速移动	精镗孔循环
G80				固定循环取消
G81	切削进给		快速移动	钻孔循环
G82	切削进给	暂停	快速移动	沉孔钻孔循环
G83	间歇进给		快速移动	深孔钻循环
G84	切削进给	主轴停止→主轴反转	切削进给	攻右螺纹循环
G85	切削进给		切削进给	铰孔循环
G86	切削进给	主轴停止	快速移动	镗孔循环
G87	切削进给	主轴停止	快速移动	背镗孔循环
G88	切削进给	暂停→主轴停止	手动操作	镗孔循环
G89	切削进给	暂停	切削进给	镗孔循环

1. 固定循环的基本动作

如图 3-61 所示，孔加工固定循环一般由六个动作组成（图中用虚线表示的是快速进给，用实线表示的是切削进给），与平面选择指令（G17、G18 或 G19）无关，即不管选择了哪个平面，孔加工都是在 XY 平面上定位并在 Z 轴方向上加工孔：

动作 1——X 轴和 Y 轴定位：使刀具快速定位到孔加工的位置。

动作 2——快进到 R 点：刀具自初始点快速进给到 R 点。

动作 3——孔加工：以切削进给的方式执行孔加工的动作。

动作 4——孔底动作：包括暂停、主轴准停、刀具移位等动作。

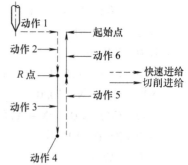

图 3-61　固定循环的六种动作

动作5——返回到 R 点：继续加工其他孔且可以安全移动刀具时选择返回 R 点。

动作6——返回到起始点：孔加工完成后一般应选择返回起始点。

说明：

① 固定循环指令中地址 R 与地址 Z 的数据指定与 G90 或 G91 的方式选择有关。选择 G90 方式时 R 与 Z 一律取其终点坐标值；选择 G91 方式时，R 是指自起始点到 R 点间的距离，Z 是指自 R 点到孔底平面上 Z 点的距离，如图 3-62 所示。

② 起始点是为安全下刀而规定的点。该点到零件表面的距离可以任意设定在一个安全的高度上。当使用同一把刀具加工若干孔时，只有孔间存在障碍需要跳跃或全部孔加工完毕时，才使用 G98 功能使刀具返回到起始点。R 点又叫参考点，是刀具下刀时自快速进给转为切削进给的转换起点。R 点距工件表面的距离主要考虑工件表面尺寸的变化，一般可取2～5mm。使用 G99 时，刀具将返回到该点。

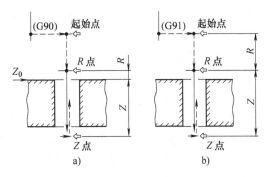

图 3-62　R 点与 Z 点数据指定

a）绝对方式　b）增量方式

③ 加工盲孔时孔底平面就是孔底的 Z 轴高度。加工通孔时一般刀具还要伸出工件底平面一段距离，这主要是保证全部孔深都加工到规定尺寸。钻削加工时还应考虑钻头钻尖对孔深的影响。

④ 固定循环的取消。固定循环结束时，需要用 G80 指令取消固定循环，否则固定循环将继续下去。

2. 固定循环的程序格式

G90（或 G91）G98（或 G99）G73～G89 X ___ Y ___ Z ___ R ___ Q ___ P ___ F ___ L ___；

说明：

G90（或 G91）：指数据形式为绝对方式还是增量方式，若程序开始已经指定可不再指定；

G98（或 G99）：返回平面点；

G73～G89：孔加工方式；

X、Y：孔在 XY 平面的坐标位置（增量坐标或绝对坐标）；

Z：孔底坐标值。增量方式时是 R 点至孔底的距离，绝对方式时是孔底的 Z 坐标值；

R：增量方式时是初始点到 R 点的距离，绝对方式时是 R 点的 Z 坐标值；

Q：在 G73、G83 中指定每次进给的深度，在 G76、G87 中指定刀具的位移量；

P：暂停时间，最小单位 1ms；

F：切削进给的进给速度；

L：固定循环的重复次数，若不指定 L 则只进行一次。

G73～G89 指令是模态指令，因此在多孔加工时该指令只需指令一次，以后的程序段只给出孔的位置即可。固定循环中的参数（Z、R、Q、P、F）是模态的，当变更固定循环方式时，可用的参数可以继续使用而不必重设。但如果程序中间有 G80 或 01 组 G 指令，则参数均被取消。在固定循环中，刀具半径尺寸补偿（G41、G42）无效，刀具长度补偿（G43、

G44）有效。

3. 典型的固定循环加工指令

（1）高速深孔往复排屑钻　指令格式：

G73 X＿＿ Y＿＿ Z＿＿ R＿＿ Q＿＿ F＿＿；

孔深大于5倍直径孔的加工一般即属于深孔加工，这种加工不利于排屑，故采用间断进给（分多次进给），每次进给深度为Q（一般2～3mm），每次工作进给后快速退回一段距离d，d值由参数设定（通常为0.1mm）。该指令的动作示意图如图3-63所示，这种加工通过Z轴的间断进给可以比较容易地实现断屑与排屑。

（2）钻孔　指令格式：

G81　X＿＿ Y＿＿ Z＿＿ R＿＿ F＿＿；或 G82　X＿＿ Y＿＿ Z＿＿ R＿＿ F＿＿；

该指令动作示意图如图3-64所示，G82在孔底增加了暂停时间，即当钻头加工到孔底位置时，刀具不作进给运动，并保持旋转状态，使孔底更光滑。其余与G81相同。指令中的X、Y为孔的位置，Z为孔的深度，F为进给速度（mm/min），R为参考平面的高度。G81指令多用于加工孔深小于5倍直径的孔；G82指令一般用于扩孔、沉头孔、锪孔加工或镗阶梯孔。

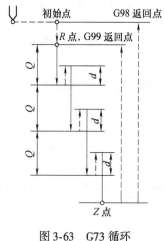

图3-63　G73循环

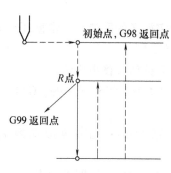

图3-64　G81/G82循环

（3）攻螺纹循环（G74或G84）　用丝锥攻螺纹时可用攻螺纹循环功能，其编程格式如下：

G74（或G84）G98（或G99）X＿＿ Y＿＿ Z＿＿ R＿＿ F＿＿；

G74或G84指令类似，只是主轴旋转方向不同。G74用于攻左旋螺纹，G84用于攻右旋螺纹，所以应用该指令时必须设定好主轴的旋向。比如攻左旋螺纹，需先使主轴反转，再执行G74指令，刀具先快速定位至X、Y所指定的坐标位置，再快速定位到R点，接着以F所指定的进给速度攻螺纹至Z所指定的坐标位置后，主轴转换为正转且同时向Z轴正方向退回至R点，退至R点后主轴恢复原来的反转。

攻螺纹过程要求主轴转速S与进给速度F成严格的比例关系，因此，编程时要求根据主轴转速计算进给速度，进给速度F＝主轴转速×螺纹螺距，其余各参数的意义同G81。但与钻孔加工不同的是，攻螺纹结束后的返回过程不是快速运动，而是以进给速度反转退出。

指令动作示意图如图 3-65 所示。

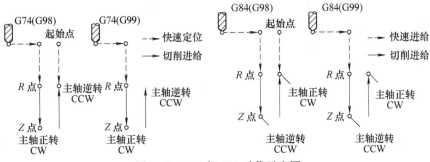

图 3-65　G74 与 G84 动作示意图

（4）精镗　指令格式：

G76　X ___ Y ___ Z ___ R ___ Q ___（P ___）F ___；（P 表示终点 P 处有暂停动作）

精加工时为了不使刀具在退刀过程中划伤孔的表面，可以使用精镗循环这一功能。当程序段中指令了精镗循环 G76、G98（或 G76、G99），刀具就快速从初始点定位至 X、Y 坐标点，再快速移至 R 点，并开始进行精镗切削，直至孔底主轴停止，定向、让刀（镗刀中心偏移一个 Q 值，使刀尖离开加工孔面），快速返回到 R 点（或初始点）主轴复位，重新起动，转入下一段。指令动作示意图如图 3-66所示。

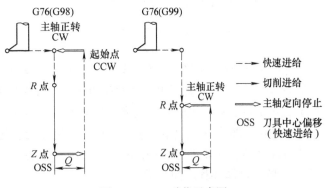

图 3-66　G76 动作示意图

（5）镗削　指令格式：

G86 X ___ Y ___ Z ___ R ___ F ___；

该指令动作示意图如图 3-67 所示。指令的格式与 G81 完全类似，但进给到孔底后，主轴停止，返回到 R 点（G99）或起始点（G98）后主轴再重新起动。采用这种方式加工，如果连续加工的孔间距较小，则可能出现刀具已经定位到下一个孔加工的位置而主轴尚未到达规定的转速的情况，为此可以在各孔动作之间加入暂停指令 G04，以使主轴获得规定的转速。使用固定循环指令 G74 与 G84 时也有类似的情况，同样应注意避免。本指令属于一般孔镗削加工固定循环。

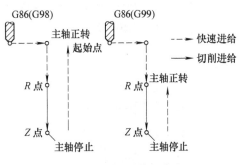

图 3-67　G86 动作示意图

（6）深孔钻循环　指令格式：

G83　X ___ Y ___ Z ___ Q ___ R ___ F ___；

该指令动作示意图如图 3-68 所示，每次刀具间歇进给后退至 R 点，可把切屑带出孔外。d 值表示各次切削时的孔底稍上一点距离，由参数设定。当重复进给时，刀具快速下降到 d 规定的距离时转为切削进给，Q 为每次进给的深度。

（7）铰孔循环指令　指令格式：

G85　X ___ Y ___ Z ___ R ___ F ___；

加工动作与 G81 类似，但返回行程中，从 Z→R 段为切削进给，以保证孔壁光滑，其循环动作如图 3-69 所示。此指令适宜铰孔。

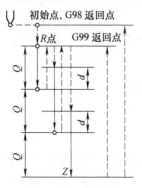

图 3-68　G83 动作示意图

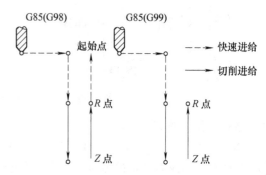

图 3-69　G85 动作示意图

（8）反镗循环　指令格式为：

G87　G98　X ___ Y ___ Z ___ R ___ Q ___ F ___；

如图 3-70 所示的零件，由于某种限制不能直接从 $\phi30H7$ 孔端镗孔，必须通过 $\phi25H7$ 来加工 $\phi30H7$ 孔，这就要运用反镗循环功能。当程序段中指令了反镗循环（固定循环），在 X 和 Y 完成定位之后，主轴自动定向、停止转动，并向刀尖相反的方向自动偏移一个 Q 值的距离，并快速驱进 R 点（孔底），主轴按 Q 值复位、起动，进行反镗循环切削，直至加工到孔的端面 Z 点，主轴准停，并偏移一个 Q 值，快速退回到初始点，按 Q 值复位，主轴正转，图 3-71 的反镗循环程序如下所示：

N01	G92	X0	Y0	Z0			；确定工件坐标系
N02	G30	Y0	M06	T03			；第二参考点换刀
N03	G90	G00	X0	Y0			；快速定位
N04	G43	Z0	H03	S350	M03		；刀具长度补偿，主轴正转
N05	G87	G98	Z - 30.0	R43.0	Q3.0	F50	；反镗循环
N06	G00	G49	Z0	M05			；

...

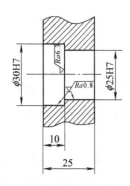

图 3-70　反镗加工零件

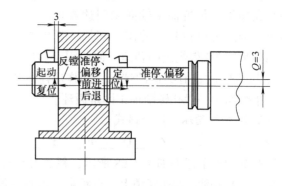

图 3-71　反镗循环加工示意图

第七节 数控铣床与加工中心加工示例

一、轮廓加工示例

编制加工图 3-72 所示零件上表面凸台轮廓程序。

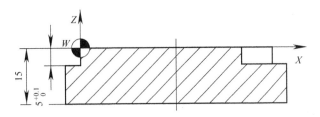

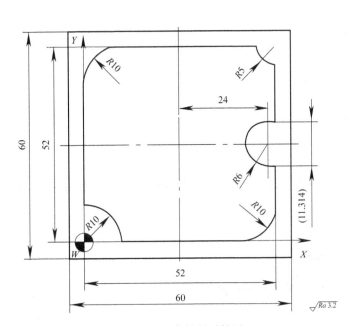

图 3-72 轮廓铣削零件图

参考程序：

采用 ϕ10mm 硬质合金立铣刀粗精铣。

01001

N10 G54	; 工件坐标系设定
N20 T1	; 换 ϕ10mm 铣刀
N30 S2000 M3 F300	; 设定粗铣切削用量
N40 G0 X – 15 Y – 15	;
N50 G43 H1 Z – 4.95	; 建立刀具长度补偿并下刀
N60 G1 G41 X0 Y0 D1	; 切入并建立刀具半径补偿（D1 中补偿半径 R = 实际刀具半径 5 + 0.5）

```
N70 M98 P1002                    ；调用子程序粗铣
N80 S3000 F200                   ；设定精铣切削用量
N90 G0 Z - 5.05                  ；下刀
N100 G1 G41 X0 Y0 D2             ；切入并建立刀具半径补偿（D2 中补偿半径 R = 实
                                  际刀具半径 5）
N110 M98 P1002                   ；调用子程序精铣
N120 G0 Z100                     ；
N130 M30                         ；

01002
N10 G1 Y42                       ；
N30 G2 X10 Y52 R10               ；
N40 G1 X47                       ；
N50 G3 X52 Y47 R5                ；
N60 G1 Y31.657                   ；
N70 G3 Y20.343 R - 6             ；
N80 G1 Y10                       ；
N90 G2 X42 Y0 R10                ；
N100 G1 X10                      ；
N110 G3 X0 Y10 R10               ；
N120 G0 G40 X - 15 Y - 15        ；切出并取消刀具半径补偿
N130 G0 Z10                      ；
N140 M99                         ；
```

二、孔系加工示例

编制加工图 3-73 所示零件上各孔程序。

参考程序：

```
01003
N10 G55                          ；工件坐标系设定
N20 T1                           ；换 φ5mm 钻头
N30 S2000 M3                     ；设定切削用量
N40 G0 G43 H1 Z2                 ；建立刀具长度补偿并下刀接近工件
N50 G0 X20 Y10                   ；第一组孔定位点
N60 M98 P1004                    ；调用子程序加工第 1 组成 6 × φ5mm 孔
N70 G0 X55 Y10                   ；第二组孔定位点
N80 M98 P1004                    ；调用子程序加工第 2 组成 6 × φ5mm 孔
N90 G0 X90 Y10                   ；第三组孔定位点
N100 M98 P1004                   ；调用子程序加工第 3 组成 6 × φ5mm 孔
N110 G0 Z100                     ；退刀
```

N120　M30　　　　　　　　　　　　；

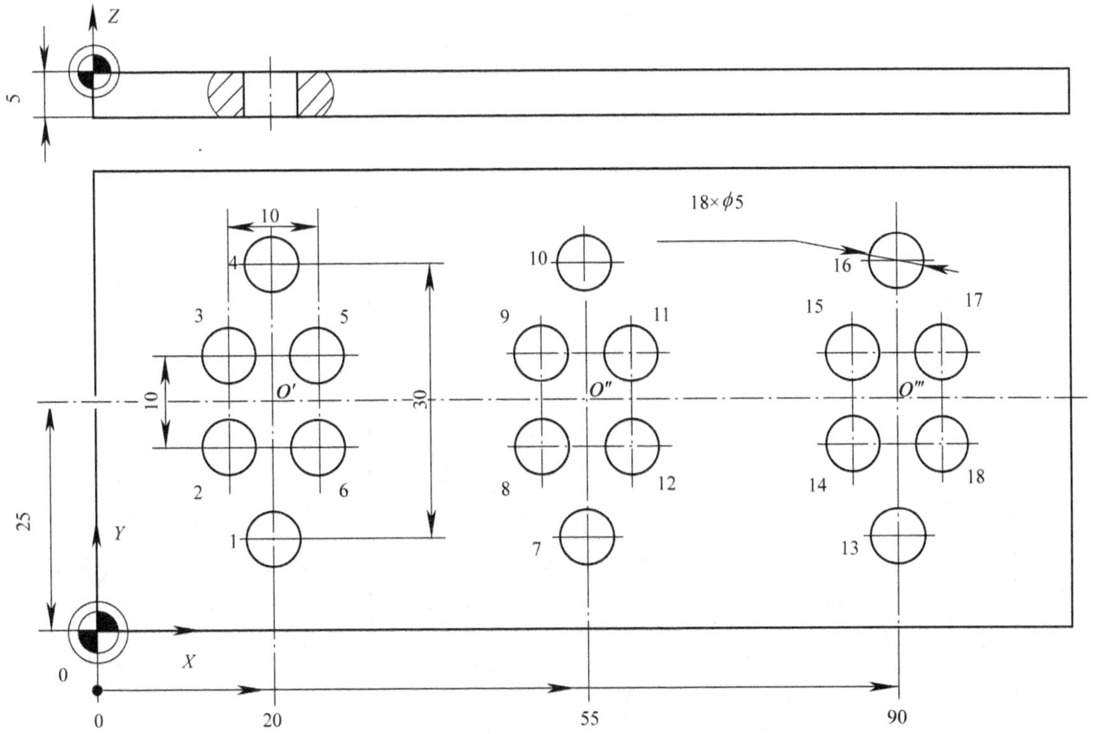

图 3-73　孔系加工零件图

01004

N10 G91 G99 G81 Z – 8 R0 F200	；调用 G81 循环钻第 1 孔
N20 X – 5 Y10	；调用 G81 循环钻第 2 孔
N30 Y10	；调用 G81 循环钻第 3 孔
N40 X5 Y10	；调用 G81 循环钻第 4 孔
N50 X5 Y – 10	；调用 G81 循环钻第 5 孔
N60 Y – 10	；调用 G81 循环钻第 6 孔
N70 G80	；
N80 G90 Z2	；
N90 M99	；

三、综合加工示例

编制加工图 3-74 所示零件程序。

1. 工艺安排

1）采用 φ30mm 圆柱立铣刀粗精铣台阶面和 φ65mm 外圆及 4 × R20mm 圆弧槽。

2）采用 φ8mm 键槽铣刀粗精铣 φ25mm 圆槽和 2 × 10mm 槽。

3）钻 4 × φ8mm 孔。

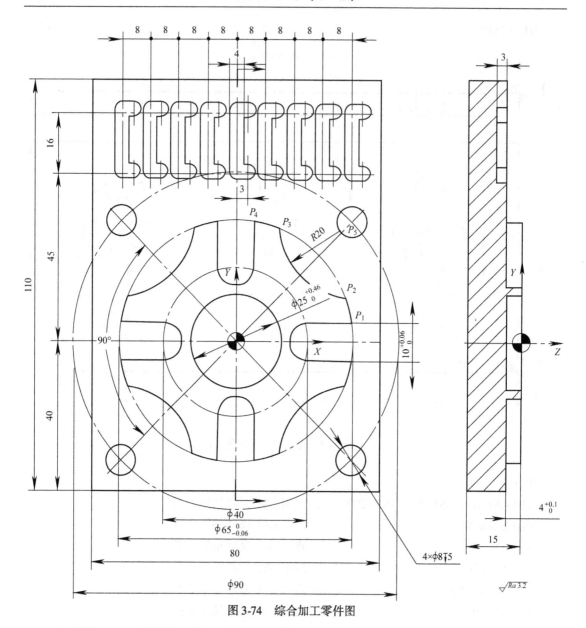

图 3-74　综合加工零件图

4）采用 ϕ4mm 键槽铣刀铣 9 个宽 4mm 槽。

通过图解法求得节点坐标 P_1（32.113，5）；P_2（30.25，11.881）；P_3（11.881，30.25）；P_4（5，32.113）。

2. 参考程序

01005

N10 G56　　　　　　　　　　　；工件坐标系设定

N20 T1　　　　　　　　　　　　；换 ϕ30mm 圆柱立铣刀

N30 S1000 M3 F200　　　　　　　；设定切削用量

N40 G0 X60 Y60　　　　　　　　；

N50 G43 H1 Z-3.95　　　　　　　；建立刀具长度补偿并下刀

N70 G1 X－60　　　　　　　　　; 上部台阶面粗加工

N80 G0 Z1　　　　　　　　　　;

N90 X0 Y61　　　　　　　　　　;

N100 G1 Z－3.95　　　　　　　　;

N110 G41 Y32.5 D1　　　　　　　; 切入并建立刀具半径补偿（D1 补偿半径 R＝实际

　　　　　　　　　　　　　　　　刀具半径 15＋0.5）

N120 M98 P1006　　　　　　　　; 调用子程序台阶外周边粗加工

N130 S2000 F250　　　　　　　　;

N140 Z－4.05　　　　　　　　　;

N150 G1 X－60　　　　　　　　　; 上部台阶面精加工

N170 G0 Z1　　　　　　　　　　;

N180 X0 Y61　　　　　　　　　　;

N190 G1 Z－4.05　　　　　　　　;

N200 G41 Y32.5 D2　　　　　　　; 切入并建立刀具半径补偿（D2 补偿半径 R＝实际

　　　　　　　　　　　　　　　　刀具半径 15－0.015）

N210 M98 P1006　　　　　　　　; 调用子程序台阶外周边精加工

N220 G0 Z100　　　　　　　　　;

N230 T2　　　　　　　　　　　　; 换 ϕ8mm 键槽铣刀

N240 S2000 M3　　　　　　　　　; 设定切削用量

N250 G0 X0 Y0 Z2　　　　　　　;

N260 G1 Z－3.95 F200　　　　　　; 准备粗铣 ϕ25mm 槽

N270 X7.5 F300　　　　　　　　;

N280 G2 I－7.5 J0　　　　　　　;

N290 G0 X0 Y0　　　　　　　　　;

N300 G1 Z－4.05 S3000 F200　　; 准备精铣 ϕ25mm 槽

N310 X7.5　　　　　　　　　　　;

N320 G2 I－7.5 J0　　　　　　　;

N330 G1 X0 Y0　　　　　　　　　;

N340 G42 X7.5 Y5.02 D3　　　　;

N350 G2 X12.52 Y0 R5.02　　　;

N360 I－12.52 J0　　　　　　　;

N370 X7.5 Y－5 R5　　　　　　　;

N380 G1 G40 X0 Y0　　　　　　　;

N390 G0 Z2　　　　　　　　　　;

N400 X38 Y0　　　　　　　　　　;

N410 Z－3　　　　　　　　　　　;

N420 G1 Z－3.95 S2000 F300　　; 准备粗铣 4×10mm 槽

N430 X20　　　　　　　　　　　;

N440 G0 Z2　　　　　　　　　　;

```
N445  X0  Y38                        ;
N450  Z – 3                          ;
N460  G1  Z – 3. 95                  ;
N470  Y20                            ;
N480  G0  Z2                         ;
N490  X – 38  Y0                     ;
N500  Z – 3                          ;
N510  G1  Z – 3. 95                  ;
N520  X – 20                         ;
N530  G0  Z2                         ;
N540  X0  Y – 38                     ;
N550  Z – 3                          ;
N560  G1  Z – 3. 95                  ;
N570  Y – 20                         ;
N580  G0  Z2                         ;
N590  Y – 38                         ;
N600  G1  Z – 4. 05  S3000  F200     ; 准备精铣 4 ×10mm 槽
N610  G41  X5. 015  Y – 32. 5  D3    ;
N620  Y20                            ;
N630  G3  X – 5. 015  R5. 015        ;
N640  G1  Y – 32. 5                  ;
N650  G40  X0  Y – 38                ;
N660  G0  Z2                         ;
N670  X – 38  Y0                     ;
N680  G1  Z – 4. 05                  ;
N690  G41  X – 32. 5  Y – 5. 015  D3 ;
N700  X20                            ;
N710  G3  Y – 5. 015  R5. 015        ;
N720  G1  X – 32. 5                  ;
N730  G40  X – 38  Y0                ;
N740  G0  Z2                         ;
N750  X0  Y38                        ;
N760  G1  Z – 4. 05                  ;
N770  G41  X – 5. 015  Y32. 5  D3    ;
N780  Y20                            ;
N790  G3  X5. 015  R5. 015           ;
N800  G1  Y32. 5                     ;
N810  G40  X0  Y38                   ;
N820  G0  Z2                         ;
```

N830 X38 Y0　　　　　　　　　　　　;

N840 G1 Z－4.05　　　　　　　　　　;

N850 G41 X32.5 Y5.015 D3　　　　　;

N860 X20　　　　　　　　　　　　　;

N870 G3 X－5.015 R5.015　　　　　;

N880 G1 Y32.5　　　　　　　　　　;

N890 G40 X38 Y0　　　　　　　　　;

N900 G0 Z0　　　　　　　　　　　　;

N910 T3　　　　　　　　　　　　　; 换 φ8mm 钻头准备钻 4×φ8mm 孔

N920 S2000 M3　　　　　　　　　　;

N930 G43 H3 Z5　　　　　　　　　　;

N940 G0 X31.82 Y31.82　　　　　　;

N950 G98 G81 Z－9 R1 F200　　　　;

N960 X－31.82　　　　　　　　　　;

N970 Y－31.82　　　　　　　　　　;

N980 X31.82　　　　　　　　　　　;

N990 G80　　　　　　　　　　　　　;

N1000 G0 Z100　　　　　　　　　　;

N1010 T4　　　　　　　　　　　　　; 换 φ4mm 键槽铣刀准备铣 9×4mm 槽

N1020 S3500 M3　　　　　　　　　　;

N1030 G0 X－29 Y45 Z2　　　　　　;

N1040 Z－3　　　　　　　　　　　　;

N1050 M98 P91008　　　　　　　　　;

N1060 G0 Z100　　　　　　　　　　;

N1080 M30　　　　　　　　　　　　;

01006

N10 G2 X11.881 Y30.250 R32.5　　;

N20 G3 X30.250 Y11.881 R20　　　;

N30 G2 Y－11.881 R32.5　　　　　;

N40 G3 X11.881 Y－30.250 R20　　;

N50 G2 X－11.881 R32.5　　　　　;

N60 G3 X－30.250 Y－11.881 R20　;

N70 G2 Y11.881 R32.5　　　　　　;

N80 G3 X－11.881 Y30.250 R20　　;

N90 G2 X0 Y32.5 R32.5　　　　　　;

N100 G0 Z2　　　　　　　　　　　;

N110 G0 G40 X60 Y60　　　　　　　;

N120 M99　　　　　　　　　　　　;

01008

N10 G91 G1 Z – 2.5 F150　　　　　；

N20 X – 3 F250　　　　　　　　　；

N30 Y16　　　　　　　　　　　　；

N40 X3　　　　　　　　　　　　 ；

N50 Z – 1.5 F150　　　　　　　　；

N60 X – 3 F250　　　　　　　　　；

N70 Y – 16　　　　　　　　　　　；

N80 X3　　　　　　　　　　　　 ；

N90 Z4　　　　　　　　　　　　 ；

N100 G90 M99　　　　　　　　　 ；

思考与练习

3-1　立式、卧式铣床各坐标轴如何分布？

3-2　试述铣削加工对夹具的要求。

3-3　试述铣削加工对刀具的要求。

3-4　曲面轮廓加工有哪些方法？

3-5　用 G02、G03 编程时有几种方法？

3-6　自己拟定图形，使用铣刀半径补偿功能编程（可略去粗铣程序）。

3-7　如图 3-75 所示，请编程。

3-8　如图 3-76 所示，请编程。

3-9　如图 3-77 所示，请编程。

3-10　加工图 3-78 所示零件，请编程。

3-11　加工图 3-79 所示零件，请编程。

3-12　加工凹槽有三种不同的进给路线，为什么说先行切后环切的方案最佳？

3-13　为什么在数控铣削时推荐采用顺铣？

3-14　试用图解表示 G41、G42、G43、G44 的含义。

3-15　如何根据给定的条件，确定最大铣刀直径？

3-16　三坐标联动加工和二轴半加工曲面各有何特点？在编程方法上有何不同？

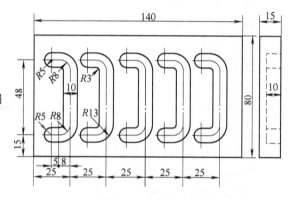

图 3-75　题 3-7 图

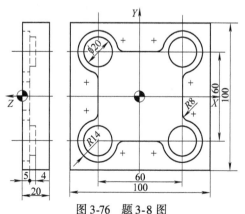

图 3-76　题 3-8 图

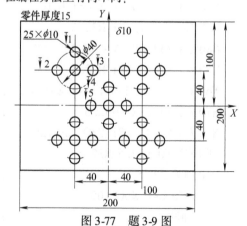

图 3-77　题 3-9 图

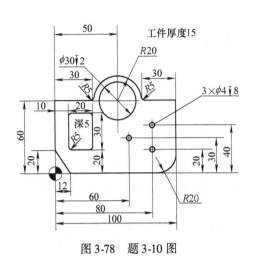

图 3-78　题 3-10 图

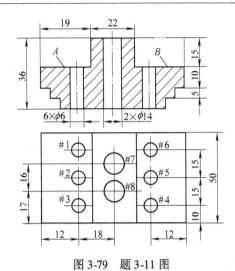

图 3-79　题 3-11 图

第四章 用户宏程序

第一节 概　　述

如第二、三章所述，采用子程序对相同重复结构要素编程可以简化程序，提高工作效率。用户宏程序由于允许使用变量、算术和逻辑运算及条件转移和循环等，使得编制相同加工操作的程序更方便、更灵活，并可将相同加工操作编为通用程序，如型腔加工宏程序和固定加工循环宏程序。使用时，在加工程序中用一条简单指令调出用户宏程序，类似于调用子程序。调用宏程序时，可以对其中的变量赋不同的值，从而实现同类要素的不同规格加工。

使用用户宏程序功能流程如下：把实现某种功能的一组指令像子程序一样预先存入存储器中，再规定一个指令代表这个存储功能，此后在程序中只要指定该指令，就能实现这个功能。通常把这一组指令称为用户宏程序本体，简称宏程序。把代表指令称为用户宏程序调用指令，简称宏指令。

如图 4-1 所示，在加工程序 O0001 中用 G65　P9010　R50.0　L2 调用宏程序 O9010，并对宏程序中的变量赋值，如 R50.0 表示赋值 #18 = 50（R 代表 #18）。

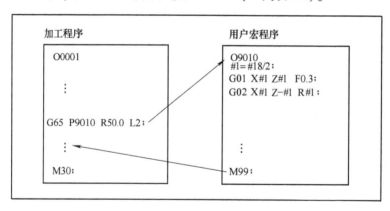

图 4-1　用户宏程序

用户宏程序功能可以满足用户自己对数控系统功能扩展的要求，实际上是系统对用户的开放，用户可以利用宏程序功能进行二次开发，如开发固定循环。

用户宏程序功能有 A、B 两种，B 类宏程序直观通俗，应用较为方便，在此介绍其基本使用方法。

第二节 变　　量

普通加工程序中的指令是由地址后跟数值组成的，例如 G01 和 X100。使用用户宏程序时，地址后除可以直接跟数值外，还可以使用各种变量。当用变量时，变量值可用程序改变或在 MDI 操作面板上输入。执行宏程序时，变量随着设定值的变化而变化。变量的使用是宏程序最主要的特征，变量使得宏程序具有一定的柔性和通用性。

一、变量及变量的引用

1. 变量的表示

变量用变量符号（#）和后面的变量号指定，即

#i（i = 0，2，3，4，5…）

例如：#8，#108，#5008

变量也可以用一个表达式指定，此时表达式必须封闭在括号中。

例如：# [#1 + #2 - 12]

2. 变量的引用

跟在地址后的数值可以被变量替换。如程序中出现有 < 地址 > #1 或 < 地址 > - #1，即表示把变量#1 的值或它的负值作为地址指令值。

例如：

F#10——当#10 = 20 时，F20 被指令。

X - #20——当#20 = 100 时，X - 100 被指令。

G#120——当#120 = 2 时，G2 被指令。

为在程序中使用变量值，指定地址后需跟变量号。当用表达式指定变量时，要把表达式放在括号中。

例如：G01 X [#1 + #2] F#3；

注意：改变引用的变量值的符号要把负号放在#的前面。

例如：G0 X - #1；

二、变量的类型

变量根据变量号可以分成四种类型，见表 4-1。

表 4-1　变量的类型

变量号	变量类型	功　能
#0	空变量	该变量总是空，没有值能赋给该变量
#1 ~ #33	局部变量	局部变量只能用在宏程序中存储数据，例如：运算结果。当断电时，局部变量被初始化为空。调用宏程序时，自变量对局部变量赋值。局部变量分为 5 级，每级之间互不相同
#100 ~ #199 #500 ~ #999	公共变量	公共变量在不同的宏程序中的意义相同。当断电时，变量#100 ~ #199 初始化为空，变量#500 ~ #999 的数据保存，即使断电也不丢失
#1000 ~	系统变量	系统变量用于读和写 CNC 运行时的各种数据，例如：刀具的当前位置和补偿值等

当一个变量的值未定义时，这个变量被当作"空"变量。变量#0 始终是空变量，它不能被赋任何值。

注意变量值为零不完全等于"空"变量。表 4-2 ~ 表 4-4 所示分别表示"空"变量在引用、运算、条件表达式中的应用情况。

表 4-2　空变量引用

当#1 = ＜空＞时	当#1 = 0 时
G90　X100　Y#1	G90　X100　Y#1
↓	↓
G90　X100	G90　X100　Y0

表 4-3　空变量运算

当#1 = ＜空＞时		当#1 = 0 时	
#2 = #1　→　#2 = ＜空＞		#2 = #1　→　#2 = 0	
#2 = #1 * 5　→　#2 = 0		#2 = #1 * 5　→　#2 = 0	
#2 = #1 + #1　→　#2 = 0		#2 = #1 + #1　→　#2 = 0	

表 4-4　空变量条件表达

当#1 = ＜空＞时	当#1 = 0 时
#1EQ#0　→　成立	#1EQ#0　→　不成立
#1NE0　→　成立	#1NE0　→　不成立
#1GE#0　→　成立	#1GE#0　→　不成立
#1GT0　→　不成立	#1GT0　→　不成立

由于每个系统变量都有固定的功能含义，用户必须按规定使用，因此相对较为复杂，在此不一一列出，需要时可查询具体系统说明书。

第三节　变量的运算与控制指令

一、变量的运算

用户宏程序中的变量可以进行算术和逻辑运算，表 4-5 中列出的运算即可在变量中执行。运算符右边的表达式可包含常量和由函数或运算符组成的变量，表达式中的变量#j 和#k 可以用常数赋值；左边的变量也可以用表达式赋值。

运算优先顺序如下：

[　]——函数——乘除（ * 、／、AND、MOD）——加减（ + 、 - 、OR、XOR）

表 4-5　算术和逻辑运算

功　能	格　式	备　注
定义	#i = #j	
加法	#i = #j + #k	
减法	#i = #j - #k	
乘法	#i = #j * #k	
除法	#i = #j/#k	
正弦	#i = SIN［#j］	
反正弦	#i = ASIN［#j］	
余弦	#i = COS［#j］	角度以度指定
反余弦	#i = ACOS［#j］	90°30′表示为 90. 5 度
正切	#i = TAN［#j］	
反正切	#i = ATAN［#j］	

（续）

功　能	格　式	备　注
平方根	#i = SQRT［#j］	
绝对值	#i = ABS［#j］	
舍入	#i = ROUND［#j］	
上取整	#i = FIX［#j］	
下取整	#i = FUP［#j］	
自然对数	#i = LN［#j］	
指数函数	#i = EXP［#j］	
或	#i = #j OR #k	
异或	#i = #j XOR #k	逻辑运算一位一位地按二进制数执行
与	#i = #j AND #k	
从 BCD 转为 BIN	#i = BIN［#j］	
从 BIN 转为 BCD	#i = BCD［#j］	用于与 PMC 的信号交换

二、控制指令

在程序中可以使用控制语句改变控制程序的流向。控制语句有转移和循环两类。

1. 转移

（1）无条件转移（GOTO 语句）　编程格式：

GOTO n

其中 n 为目标顺序号（1 ~ 99999）。

该语句控制转移到用 n 指定的程序段。当指定 1 到 99999 以外的顺序号时，将出现报警，顺序号 n 也可用表达式指定。

例如：

GOTO 20

GOTO #10

（2）条件转移（IF 语句）　条件转移语句中，IF 之后指定条件表达式，可有下面两种表达方式：

IF［<条件表达式>］GOTO n

如果条件表达式满足，转移到顺序号为 n 的程序段，否则执行下一程序段，如图 4-2 所示。

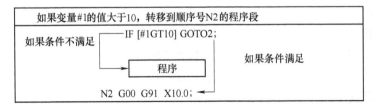

图 4-2　IF 引导的条件转移语句

IF［<条件表达式>］THEN

如果条件表达式满足，执行预先决定的宏程序语句（THEN 后的一个宏程序语句）。

例如：IF［#1EQ#2］THEN#3 = 0　　　　；如果#1 和#2 的值相同，将 0 赋给#3。

条件表达式必须包括运算符，运算符由两个字母组成，用于对两个值进行比较。条件表达式使用的运算符见表4-6。

表4-6　运算符

运 算 符	含 义	运 算 符	含 义
EQ	等于（=）	GE	大于或等于（≥）
NE	不等于（≠）	LT	小于（<）
GT	大于（>）	LE	小于或等于（≤）

2．循环（WHILE 语句）

用 WHILE 引导的循环语句，在其后指定一个条件表达式，当指定条件满足时，执行从 DO 到 END 之间的程序，否则转到 END 后的程序段，如图4-3 所示。

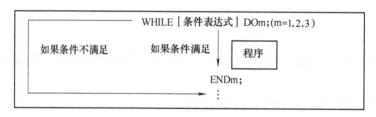

图 4-3　WHILE 引导的循环语句

DO 和 END 后的符号 m 是指定程序执行范围的标号，取值为1、2、3，若用1、2、3 以外的值会产生报警。在 DO—END 循环中的标号（1～3）可根据需要多次使用，称为嵌套，如图4-4 所示，但是当程序有交叉重复循环（DO 范围的重叠）时会出现报警。

3．转移和循环程序示例

计算数值 1～10 的总和。

1）采用条件转移程序。

```
N10  #1 = 0              ；和变量初值
N20  #2 = 1              ；被加数变量初值
N30  IF  [#2GT10]  GOTO  70    ；当被加数大于10 转移到 N70
N40  #1 = #1 + #2        ；计算和
N50  #2 = #2 + #1        ；下一个被加数
N60  GOTO  30           ；转到 N30
N70  M30               ；程序结束
```

2）采用循环程序。

```
N10  #1 = 0             ；和变量初值
N20  #2 = 1             ；被加数变量初值
N30  WHILE  [#2LE10]  DO  1   ；当被加数小于或等于10 时，执行 DO1 到 END1
                              间程序段
N40  #1 = #1 + #2        ；计算和
```

N50　　#2 = #2 + #1　　　　　　　　　　　；下一个被加数

N60　　END1

N70　　M30　　　　　　　　　　　　　　　；程序结束

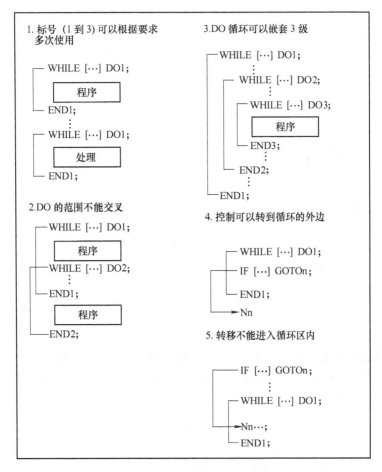

图4-4　循环语句嵌套规则

第四节　宏程序调用

宏程序可以用非模态调用（G65）、模态调用（G66）或 G 代码和 M 代码等来调用。

宏程序调用不同于子程序调用（M98），具体区别如下：

1）用 G65 可以指定自变量数据传送到宏程序，而 M98 没有该功能。

2）当 M98 程序段包含另一个 NC 指令（例如 G01 X100 M98 Pp）时，在指令执行之后调用子程序，而 G65 则无条件地调用宏程序。

3）M98 程序段包含另一个 NC 指令（例如 G01 X100 M98 Pp）时，在单程序段方式中，机床停止。而使用 G65 时机床不停止。

4）用 G65 改变局部变量的级别；而用 M98 不改变局部变量的级别。

一、宏程序调用 G65、G66

1. 非模态调用（G65）

在使用非模态代码（G65）时，地址 P 指定的用户宏程序被调用。数据（自变量）能传递到用户宏程序体中。其一般格式流程如图 4-5 所示。

当使用 G65 指令要求重复时，在地址 L 后指定从 1 到 9999 的重复次数，省略 L 值时，认为 L 等于 1。

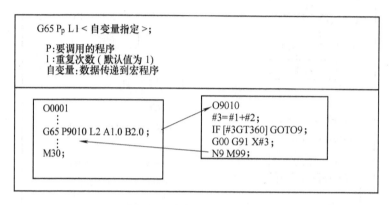

图 4-5　非模态调用（G65）

2. 模态调用（G66）

G66 指定宏程序模态调用，即执行沿移动轴移动的程序段后调用宏程序。数据（自变量）能传递到用户宏程序体中。G67 用于取消模态调用 G66。其一般格式流程如图 4-6 所示。

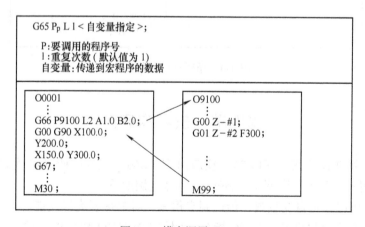

图 4-6　模态调用（G66）

与子程序调用一样，宏程序调用包括非模态调用（G65）和模态调用（G66）都可以嵌套，最多可以嵌套 4 级，如图 4-7 所示。宏程序嵌套时，局部变量也分别从 0 到 4 级嵌套，主程序是 0 级。

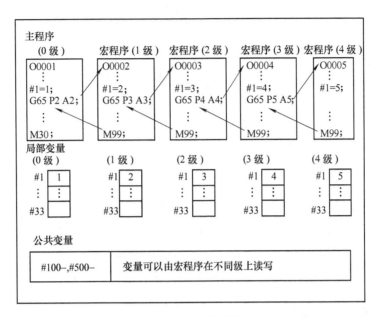

图 4-7　宏程序调用嵌套

二、自变量赋值

使用自变量指定时，其值被赋值到相应的局部变量。所谓自变量，就是在由用户宏指令调出的宏程序本体中，可给所用变量赋予的实际值。自变量可用两种形式来指定。

表 4-7 所示，自变量指定 I 使用除了 G、L、O、N 和 P 以外的字母，每个字母指定一次。表 4-8 所示，自变量指定 II 使用 A、B、C 和 Ii、Ji 和 Ki（i 为 1 ~ 10）。除 I、J、K 外，地址不需要按字母顺序指定。

系统根据使用的字母自动地决定自变量指定的类型。任何自变量前必须先指定 G65。

表 4-7　自变量指定 I

地址	变量号	地址	变量号	地址	变量号
A	#1	I	#4	T	#20
B	#2	J	#5	U	#21
C	#3	K	#6	V	#22
D	#7	M	#13	W	#23
E	#8	Q	#17	X	#24
F	#9	R	#18	Y	#25
H	#11	S	#19	Z	#26

表 4-8　自变量指定 II

地址	变量号	地址	变量号	地址	变量号
A	#1	K3	#12	J7	#23
B	#2	I4	#13	K7	#24
C	#3	J4	#14	I8	#25
I1	#4	K4	#15	J8	#26
J1	#5	I5	#16	K8	#27
K1	#6	J5	#17	I9	#28
I2	#7	K5	#18	J9	#29
J2	#8	I6	#19	K9	#30
K2	#9	J6	#20	I10	#31
I3	#10	K6	#21	J10	#32
J3	#11	I7	#22	K10	#33

三、自定义 G 代码调用

在参数 No. 6050 ~ 6059 中设定 G 代码值，可以调用宏程序 O9010 ~ O9019，如图 4-8 所示，将参数 No. 6050 设成 81，即可用 G81 调用程序号为 O9010 的宏程序。

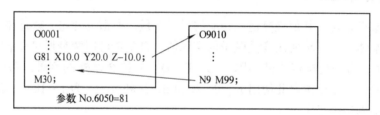

图 4-8　宏程序 G 代码调用

G□□ < 自变量赋值 > = G65　P△△△△ < 自变量赋值 >

式中，□□可以从 1 ~ 9999 中选取 10 个代码值，△△△△对应调用的宏程序号（9010 ~ 9019）。

参数号与宏程序号的对应关系，见表 4-9。

表 4-9　参数号与宏程序号的对应关系

程序号	参数号	程序号	参数号
O9010	6050	O9015	6055
O9011	6051	O9016	6056
O9012	6052	O9017	6057
O9013	6053	O9018	6058
O9014	6054	O9019	6059

第五节　应用示例

一、锥形车削循环开发

循环是一种工艺固化的具有一定通用性的程序，通过给变量赋不同的值，实现同工艺性质不同零件的加工。

用 G90 指令图 4-9 所示的锥形车削固定循环。

在参数 No.6051 中设置 90，即 G90 = G65 P9011。

循环起点 A，设置变量 U、W、R 如图 4-9 所示，参见单一循环 G90。

指令：G90 U＿ W＿ R＿ F＿；

用户宏程序本体：

O9011

G0　U　[#21 + 2 * #18]　　　　　；快速径向进刀
G1　U - 2 * #18　W#23　F#9　　　；锥面切削
U - #21　　　　　　　　　　　　；端面切出
G0　W - #23　　　　　　　　　　；快速轴向返回
M99　　　　　　　　　　　　　　；结束程序

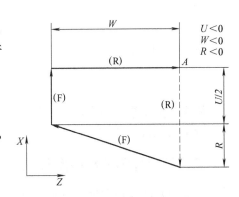

图 4-9　G90 锥形切削循环

二、圆周分布孔加工

圆周分布孔是常见的零件结构要素，如图 4-10 所示，在半径为 I 的圆周上分布有 H 个等分孔，已知第一孔的起始角为 A，相邻两孔间的角增量为 B，分布圆周中心坐标为 (X, Y)。

变量设置：

#24——分布圆周中心坐标 X

#25——分布圆周中心坐标 Y

#26——孔深（Z 坐标）

#18——钻孔循环 R 点坐标

#9 ——切削进给速度 F

#4 ——分布圆周半径 I

#1 ——第一孔起始角 A

#2 ——相邻两孔间的角增量 B

#11——孔数 H

宏程序：

O9100

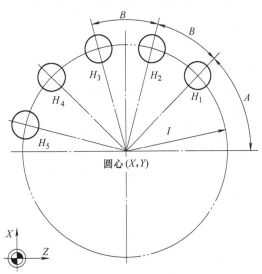

图 4-10　圆周分布孔

```
G90  G99  G81  Z#26  R#18  F#9  L0        ; G81 循环钻孔
WHILE  ［#11GT0］    DO 1
#5 = #24 + #4 * COS ［#1］                  ; 计算孔位 X 坐标
#6 = #25 + #4 * SIN ［#1］                  ; 计算孔位 Y 坐标
X#5  Y#6                                   ; XY 定位钻孔
#1 = #1 + #2                               ; 计算下一孔分布角
#11 = #11 - 1                              ; 孔计数减 1
END1                                       ;
M99                                        ;
```

调用宏程序指令格式：

```
G65  P9100  X  Y  Z  R  F  I  A  B  H;
```

三、平面非圆曲线轮廓加工

平面非圆曲线轮廓加工以平面凸轮零件最为典型，图 4-11 所示的凸轮曲线由两段圆弧和两段阿基米德螺旋线组成，采用两轴联动即可加工。

本例依靠刀具尺寸保证槽宽精度，即将按槽中心曲线进行编程加工，从 X 轴正向位置下刀至深度，然后以角度为自变量，进行逆时针拟合加工。

变量设置：

#1——第一段阿基米德螺旋线极角变量；

#2——第一段阿基米德螺旋线终至角；

#3——第一段阿基米德螺旋线拟合角增量；

#5——第二段阿基米德螺旋线极角变量；

#6——第二段阿基米德螺旋线终至角；

#7——第二段阿基米德螺旋线拟合角增量。

宏程序：

```
O0005
N10  G54  F __  S __  M3  T01          ; 工艺数据设定
N20  G0  X15  Y0                        ; XY 平面定位
N30  G0  G43  H01  Z2                   ; 轴向引刀，建立刀具长度补偿
N40  G1  Z - 6                          ; 轴向切入至深度
```

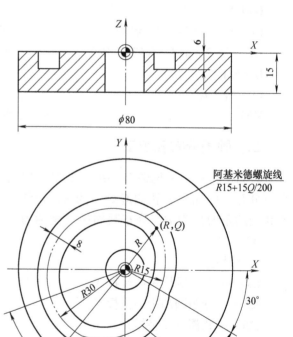

图 4-11　平面凸轮零件

```
N50   #1 = 0                                    ; 第一段阿基米德螺旋线极角赋初值
N60   #2 = 200                                  ; 第一段阿基米德螺旋线极角赋终值
N70   #3 = 0.2                                  ; 第一段阿基米德螺旋线拟合角增量
N80   WHILE  [#1 LT #2]  DO 1                   ; 循环加工第一段阿基米德螺旋线
N90   #4 = 15 * [1 + #1/#2]                     ; 计算向径
N100  G1  X [#4 * COS [#1]]  Y [#4 * SIN [#1]]; 直线拟合加工
N110  #1 = #1 + #3                              ; 计算下一点极角
N120  END1                                      ;
N130  G1  X [30 * COS [#2]]  Y [30 * SIN [#2]]; 加工至第一段阿基米德螺旋线
                                                    终点
N140  G3  X [30 * COS [230]]  Y [30 * SIN [230]] R30; 加工 R30 圆弧至第二
                                                    段阿基米德螺旋线
                                                    起点
N150  #5 = 230                                  ; 第二段阿基米德螺旋线极角赋初值
N160  #6 = 330                                  ; 第二段阿基米德螺旋线极角赋终值
N170  #7 = 0.2                                  ; 第二段阿基米德螺旋线拟合角增量
N180  WHILE  [#5 LT #6]  DO 1                   ; 循环加工第二段阿基米德螺旋线
N190  #8 = 30 - 15 * [#5 - 230]/100            ; 计算向径
N200  G1  X [#8 * COS [#5]]  Y [#8 * SIN [#5]]; 直线拟合加工
N210  #5 = #5 + #7                              ; 计算下一点极角
N220  END1                                      ;
N230  G1  X [15 * COS [#6]]  Y [15 * SIN [#6]]; 加工至第二段阿基米德螺旋
                                                    线终点
N240  G3  X15  Y0  R15                          ; 加工 R15 圆弧
N250  G0  Z100                                  ;
N260  M30                                       ;
```

四、解析曲面加工

曲面一般可以分为两类，即解析曲面和自由曲面。对于自由曲面，因其拟合计算的工作量大，一般采用计算机辅助编程。而对于解析曲面，因可以通过数学处理获得坐标计算公式，一般采用宏程序不难解决。图 4-12 的半球面即为典型的解析曲面。

上述曲面零件可以有三种进给加工方案，如图 4-13 所示。

图 a 所示采用水平进给方案，其刀心轨迹在 XY 平面内可以用圆弧指令描述。

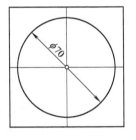
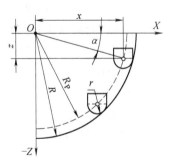
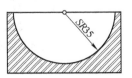

图 4-12　半球面零件

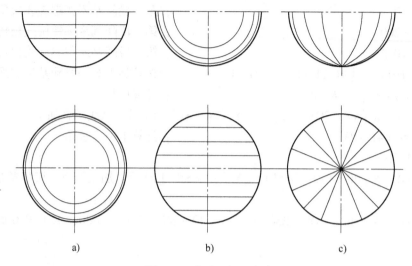

图 4-13　半球面加工方案

图 b 所示采用 ZX 或 YZ 平面进给方案，其刀心轨迹在 ZX 或 YZ 平面内可以用圆弧指令描述。

图 c 所示刀具在垂直且过球心平面内进给，如果没有空间圆弧插补功能，则只能用直线来逼近圆弧。

可见，采用图 a 或图 b 所示进给方案，刀心轨迹均为圆弧，计算相对简单，而采用图 c 所示进给方案显然计算就较为复杂，程序量也大。通常采用图 a 所示方案较为适合。

如图 4-12 所示，采用直径 $\phi 12\text{mm}$ 的球头铣刀进行水平进给加工。设内球体半径为 SR，球头铣刀半径为 r，刀心轨迹半径为 R_p，每层铣刀沿 Z 向进刀一个 α 角度增量，则在进给平面内刀具中心圆弧半径 X 及平面位置 Z 分别为

$X = R_\text{p}\cos\alpha$

$Z = R_\text{p}\sin\alpha$

变量设置：

#1——内球体半径；

#2——球头铣刀半径；

#7——每层 Z 向进刀角增量。

宏程序：

O9800

#101 = #1	；将内球体半径赋值给#101
#102 = #2	；将球头铣刀半径赋值给#102
#103 = #1—#2	；将刀具中心轨迹半径赋值给#103
#104 = #7	；将每层 Z 向进给角增量赋值给#104
G0　X#103	；刀具水平 X 轴定位
G1　Z0　F120	；轴向进给
WHILE　［#104 LE 90］　DO1	；循环分层加工
#110 = #103 * COS［#104］	；计算各层起点 X 坐标

#120 = #103 * SIN [#104]	; 计算各层起点 Z 坐标
G1　X #110　Z - #120　F80	; 层间 XZ 联动进给
G2　I - #110	; 铣层圆
#104 = #104 + #7	; 计算下一层角度
END1	;
M99	;

加工主程序：

```
O0006
```

G54　S1000　M03　M8　T01	; 工艺数据设定
G0　X0　Y0	; 在 XY 平面快速接近球面中心
G0　G43　H01　Z10	; 轴向快速引刀，建立刀具长度补偿
G65　P9800　A35.0　B6.0　D5.0	; 调用宏程序
G0　Z100　M9	; 轴向退刀，关切削液
M30	;

五、方形内腔加工

使用宏程序进行方形内腔加工，如图 4-14 所示。刀具沿 Z 方向进给切入后，在一定深度进行切削，切完一层再次进给，切削另一层，直至切完。

变量设置：

#24——内腔左下角起始点 X 轴绝对坐标 (X)；

#25——内腔左下角起始点 Y 轴绝对坐标 (Y)；

#26——内腔底部 Z 轴绝对坐标 (Z)；

#18——R 点绝对坐标 (r)；

#17——一次切入量 (q) 值；

#4——内腔 X 方向长度 (i)；

#5——内腔 Y 方向宽度 (j)；

#6——内腔精加工余量 (k)；

#20——刀间距，用刀具直径百分数 t% 表示则为 (t)；

#7——刀具半径 (d)；

#9——平面切削进给率 (f)；

#8——轴向进刀进给率 (e)。

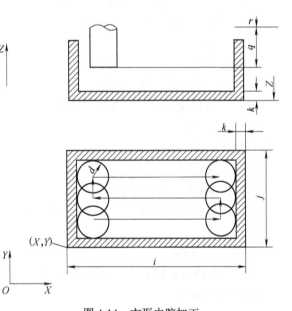

图 4-14　方形内腔加工

宏程序：

```
O9007
```

#100 = #6 + #7	; 刀具中心距轮廓距离

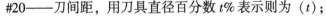

```
#102 = 2 * #7 * #20/100                        ; 刀具行距
#103 = #24 + #100                              ; 刀具左下起点 X 坐标
#104 = #25 + #100                              ; 刀具左下起点 Y 坐标
#105 = #24 + #4 – #100                         ; 刀具右上终点 X 坐标
#106 = #25 + #5 – #100                         ; 刀具右上终点 Y 坐标
#107 = #26 + #6                                ; 粗加工深度
G0   X#103  Y#104                              ; XY 平面起点定位
Z#18                                           ; Z 向 R 点定位
#108 = #18                                     ; 深度加工初值
N100   #108 = #108 – #17                       ; 进给值 Q
IF   ［#108 GE #107］   GOTO   110             ; Z 向未到深度，转 N110
#108 = #107                                    ; Z 向等于深度
N110   G1   Z#108   F#8                        ; Z 轴进给
X#105   F#9                                    ; X 向切削
#109 = 1                                       ; 进给计数
N120   #110 = #104 + #102 * #109               ; Y 向位置
IF   ［#110 LE #106］   GOTO   130             ; Y 向不到尺寸，转 N130
#110 = #106                                    ; Y 向等于边界
N130   Y#110                                   ; Y 向进给
#111 = #109/2 – FIX ［#109/2］                 ; 刀具左、右位置判据
IF   ［#111 EQ 0］   GOTO   140                ; 刀具在左，转 N140
X#103                                          ; 刀具在右，向左进给
GOTO   150                                     ;
N140   X#105                                   ; 刀具在左，向右进给
N150   #109 = #109 + 1                         ; 进给计数加 1
IF   ［#110 LT #106］   GOTO   120             ; 若 Y 轴未到边界，转 N120
G0   Z#18                                      ; 若 Y 轴等于边界，刀具退回 R 点
X#103   Y#104                                  ; 回起点
IF   ［#108 LE #107］   GOTO   200             ; 若深度已到，转 N200 结束加工
#112 = #108 + 1                                ; 若深度未到，计算轴向进给位置，距加工
                                                 面 1mm
#113 = 8 * #8                                  ; 计算进给速度
G1   Z#112   F#113                             ; 进给至距加工面 1mm 处
GOTO   100                                     ; 转 N100，准备切下一层
N200   M99                                     ;
```

宏程序调用指令：

```
G65   P9007   X   Y   Z   R   Q   I   J   K   T   D   E   F;
```

六、综合加工

参数运算是宏程序应用中的一项关键技术，生产中经常采用参数、函数等功能来解决非圆曲线的编程问题，在此结合椭圆加工给予介绍。

编程加工如图 4-15 所示零件，工件材料 45 钢。

工艺分析与安排：图 4-15 所示零件，其成品最大直径为 ϕ32mm，由于直径较小，可以采用 ϕ35mm 的圆柱棒料加工后切断即可，这样可以节省装夹料头，并保证各加工表面间具有较高的相互位置精度。装夹时注意控制毛坯外伸量，提高装夹刚性。

由于零件径向尺寸变化较大，注意恒线速度切削功能的应用，以提高加工质量和生产效率。

根据零件加工要求，轮廓粗、精车均采用可转位硬质合金93°偏头外圆车刀，梯形槽采用宽 4mm 机夹硬质合金切槽刀，最终切断采用宽 4mm 高速钢切断刀。具体过程见表 4-10。

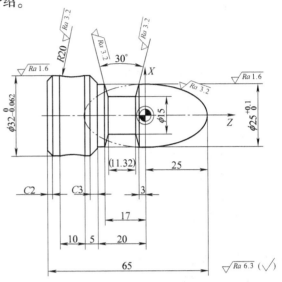

图 4-15 综合加工零件图

表 4-10 具体加工步骤

加工步骤	加工内容要求	刀 具	主轴转速或切削速度/（m/min）	进给量/（mm/r）	备 注
1	预车端面	T1：可转位硬质合金93°偏头外圆车刀	80	0.2	切深 1mm
2	粗车外轮廓，留单面余量 0.2mm	T1：可转位硬质合金93°偏头外圆车刀	80	0.3	G71
3	精车外圆轮廓至要求	T2：可转位硬质合金93°偏头外圆车刀	120	0.2	G70
4	切槽	T3：宽4mm 机夹硬质合金切槽刀	80	0.1	
5	切断	T4：宽4mm 高速钢切断刀	20	0.1	右刀尖刀补

```
O0008
N10  G54  F0.2  S800  M03  M07  T0101     ；工艺设定
N20  G50 S2000                            ；限制主轴最高转速 2000r/min
N30 G96 S80                               ；设定恒线速度加工 80m/min
N40 G0 X40 Z25.2                          ；快速引刀接近工件
N50 G1 X-2                                ；预切端面
N60 G0 X36 Z26                            ；斜向退刀，准备粗车外轮廓
N70 G71 U2 R1                             ；
N80 G71 P90 Q270 U0.4 W0.2 F0.3           ；G71 循环粗车外轮廓
N90 G0 X0                                 ；外轮廓精车程序开始
```

```
N100 G1 Z25 F0. 2                      ;
N110 #1 = 25                           ; 椭圆长轴赋值
N120 #2 = 12. 475                      ; 椭圆短轴赋值
N130 #3 = 0. 5                         ; 椭圆起始角赋值
N140 #4 = 0. 5                         ; 角增量
N150 #5 = 90                           ; 椭圆终止角
N160 WHILE［#3LT#5］DO  1               ; 循环
N170 #6 = #1 * COS［#3］               ; 计算 Z 坐标
N180 #7 = 2 * #2 * SIN［#3］           ; 计算 X 坐标（直径）
N190 G1 X#7 Z#6                        ; 直线插补逼近
N200 #3 = #3 + #4                      ; 计算下一角度
N210 END1                              ;
N220 G1 X24. 95 Z0                     ;
N230 Z – 20                            ;
N240 X26                               ;
N250 X31. 97 Z – 23                    ;
N260 Z – 45                            ;
N270 X35                               ; 外轮廓精车程序结束
N280 G30 U0 W0                         ; 返回第二参考点准备换精车刀
N290 T0202                             ; 调用 T02 精车刀
N300 G96 S120                          ; 设定精车恒线速度加工 120m/min
N310 G70 P90 Q270                      ; G70 循环精车外轮廓
N320 G0 X33 Z – 25                     ; 快速引刀至 R20 圆弧右部
N330 G1 X32                            ; 切入圆弧右起点
N340 G2 Z – 35 R20                     ; 车 R20 圆弧
N350 G0 X40                            ; 径向退刀
N360 G30 U0 W0                         ; 返回第二参考点准备换切槽刀
N370 T0303                             ; 调用 T03 切槽刀左刀尖
N380 G96 S80                           ; 设定切槽恒线速度加工 80m/min
N390 G0  X26  Z – 15. 5                ; 快速引刀至槽口左侧
N400 G1 X15. 4 F0. 1                   ;
N410 G0 X26                            ;
N420 Z – 11. 9                         ;
N430 G1  X15. 4                        ;
N440 G0 X26                            ;
N450 Z – 8. 34                         ;
N460 G1 X15. 4                         ;
N470 G0 X25                            ;
N480 Z – 17                            ;
```

N490 G1 X32	;
N500 X15 Z – 15.66	;
N510 W3	;
N520 G0 X26	;
N530 T0308	; 调用 T03 切槽刀右刀尖
N540 G0 Z – 3	;
N550 G1 X25	;
N560 X15 Z – 4.34	;
N570 W – 3	;
N580 X40	;
N590 G30 U0 W0	; 返回第二参考点准备换切断刀
N600 T0404	; 调用 T04 切断刀右刀尖
N610 G96 S20	; 设定切断恒线速度加工 20m/min
N620 G0 X33 Z – 40	; 快速引刀接近切断位置
N630 G1 X28	; 预切至直径 ϕ28mm
N640 G0 X33	; 径向退刀
N650 Z – 37.5	; 轴向移动准备切 $C2$ 倒角
N660 G1 X28 Z – 40	; 倒 $C2$ 角
N670 X – 1	; 径向切断
N680 G30 U0 W0	; 返回第二参考点刀具远离工件
N690 M30	; 程序结束

思考与练习

4-1 何为用户宏程序？使用用户宏程序有何意义？

4-2 变量有几种类型？各实现什么功能？

4-3 变量值等于零与"空"变量有何异同？

4-4 变量可以实现哪些运算？运算顺序如何？

4-5 循环嵌套有何规则？

4-6 宏程序调用与子程序调用有何区别？

4-7 试编写一深孔加工宏程序（工作方式参考第二章 G74）。

4-8 编制图 4-16 所示零件抛物面加工程序。

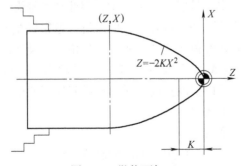

图 4-16 抛物面加工

第五章　其他数控加工技术

第一节　常规数控加工技术

一、数控钻削加工技术

（一）数控钻床及应用范围

数控钻床是数字控制的以钻削为主的孔加工机床，多数为立式布置，适用于加工安装基面与被加工孔中心线相垂直的零件，如盖板、壳体等单面加工零件。按照数控钻床的布局形式和功能特点不同，有立式数控钻床、钻削中心、印制电路板数控钻床、数控深孔钻床和其他大型数控钻床等。

1. 数控立式钻床

数控立式钻床是在普通立式钻床的基础上发展起来的，能够完成钻、扩、铰、攻螺纹等多道工序，适用于孔间距有一定精度要求的零件的中、小批量生产。

数控立式钻床一般带有两坐标数控的"十"字形工作台，装夹在工作台上的工件可作 X 和 Y 两坐标移动，带有刀具的主轴或主轴箱作 Z 方向垂直移动。主轴变速和刀具更换与普通立式钻床无大区别，多为手动。这种机床适于加工孔距精度有要求但不太高的多孔零件，其数控系统一般为点位控制系统，价格便宜。

2. 钻削中心

钻削中心是在三坐标立式数控钻床的基础上增加转塔式刀库及自动换刀装置而成的，并且主轴电动机可实现无级调速。钻削中心可以进行钻、扩、铰、锪、攻螺纹等孔加工工序。由于用轮廓控制数控系统代替了点位控制数控系统，钻削中心可以进行具有直线和圆弧插补功能的铣削加工，适于钻铣联合加工的零件。

加工较复杂的中小零件大多需要更换刀具，钻削中心由于增加了自动换刀装置并可自动变换主轴转速，故可以减轻劳动强度，减少换刀时间，既提高了机床的自动化程度，又提高了生产率。

需要指出的是钻削加工中心是以孔加工为主，因此在主轴设计时重点考虑轴向承载，通常径向承载能力都很弱，除了孔加工以外，只能进行少量很轻载的铣削。如果强行进行重载铣削或铣削工作量大，主轴精度很快就会失去。另外由于此类产品大多数面对小型零件的中小孔加工，通常使用 BT - 30 或相当规格的主轴，主轴功率不是很大，机床规格也不大。因此机床的运动部件惯量小，可以实现更高的进给速度和换刀速度，对于小型的以孔类加工为主的零件，能得到很高的加工效率。

3. 印制线路板数控加工机床

印制线路板数控钻床是一种专门用来加工印制线路板的专用钻孔机床。由于印制线路板上孔的直径很小，数量很多，故一般都带有两个、三个或更多个高速钻削头。主轴转速可达每分钟 2 万转以上，适用于双面及多层板的钻孔加工。

4. 数控深孔钻床

深孔钻削加工（孔深和孔径的比值大于 10）在机械加工领域中占有非常重要的地位，约占孔加工量的 40% 以上。而传统的加工方法由于工艺系统刚度、切屑排出及冷却润滑等问题，越来越难以满足，甚至根本达不到现在的深孔加工在精度、效率及深度上的要求。所以深孔加工需要一种特定的钻削机床的支持，于是代表着先进、高效孔加工技术的数控深孔钻床应运而生。

数控深孔钻床分为卧式深孔钻床，立式深孔钻床和三坐标钻床。它们有别于传统的孔加工方式，依靠特定的钻削技术，如枪钻、BTA 钻（Boring and Trepanning Association）、喷射钻、DF（double feeder）深孔钻等。机床主轴宜配置自动油冷系统，确保高速回转时处于恒温状态。根据工件的长短，深孔钻床一般可选用两种加工工艺：短工件采用授油器授油并液压顶紧；长工件采用由镗杆尾部授油，四爪卡盘夹紧。授油器可采用主轴式结构形式，承重性能及旋转精度有很大提高。床身导轨则宜采用双矩形导轨，以提高导轨承载能力与导向精度。

数控深孔钻床通过一次进给就可以获得精密的加工效果，加工出来的孔位置准确，尺寸精度、直线度、同轴度高，并且有很好的表面粗糙度和重复性，能够方便地加工各种形式的深孔（长径比最大可达 300 倍）。它对于各种特殊形式的深孔（交叉孔、斜孔、盲孔及平底盲孔等）以及精密浅孔加工同样适宜。

数控深孔钻床一般最小的钻削孔径可达 0.7mm，加工孔孔径尺寸精度可达 IT7 ~ IT11，加工孔偏斜度小于或等于 0.5/1000 ~ 1/1000（加工孔深），加工孔表面粗糙度可达 $Ra0.2$ ~ 6.3μm，非常适用于塑料模具（包括运水孔、热流道、顶针孔）、汽车零件、曲轴连杆、液压管道等各种类型工件的深孔加工。故深孔加工机床自推出以来深受模具厂及大型机械加工厂的欢迎。

5. 其他大型数控钻床

对于在一般数控立式钻床或钻削中心上难以加工的某些大型零件，如锅炉、化工容器、管板等零件，其外形尺寸可达数平方米，其孔有的达 2000 个以上，应采用摇钻式数控钻床、龙门式数控钻床，或立柱移动式大型数控钻床来加工。

（二）数控钻削加工机床实例

1. 印制电路板数控加工机床

某印制电路板数控加工机床钻孔直径为 φ0.3 ~ φ6mm，主轴转速 10000 ~ 60000r/min，最大加工板面为 420mm × 380mm，定位精度为 ±0.01mm，重复定位精度可达 ±0.005mm，图形放大倍率为 15 倍，钻孔效率可达 400 孔/min。该印制电路板数控钻床由机床主机、控制系统和机床附件等组成。

（1）机床主机 机床主机部分由床身、工作台、刀库、主轴头架、摄像头等部件组成。

工作台前端设有刀库，刀库容量为 2×8 把，刀座编号自左至右为 1 ~ 8 号。工作时，将不同直径的刀具按所编程序放置于相应的刀座上，供左、右头架同步工作时选用。

摄像头（放大倍率 15 倍）安装在头架上的支架中，示教编程时，只要将 PCB 胶片或 PCB 样板装好，通过摄像头，逐一找准圆心，即可进行自动编程。摄像头还用于对加工完毕的 PCB 板进行检验。

（2）控制系统 控制部分由 32 位工业控制机、I/O 接口板、三轴（X、Y、Z）交流伺服系统、主轴调速用变频器和强电控制开关等组成。

（3）机床附件　机床附属装置包括气动夹紧装置、冷却机构和吸尘装置等。

2. 精密数控深孔钻床

图 5-1 所示为 TL-1513 型精密数控深孔钻。该机床整机铸件采用高品质米汉纳铸铁，并经过时效处理，使铸件组织均匀稳定，刚性高。三轴传动采用高刚性、高精度丝杠，采用重负荷、高速高精密的滚珠直线导轨。三轴进给驱动均采用 AC 伺服电动机及驱动器，并与滚珠丝杠直连，极大地改善了传动系统的动态刚性。控制系统可兼容 CAD/CAM 软件。TL-1513 型精密数控深孔钻主轴左右（X 轴）行程 1500mm，功率 3.0kW，主轴上下（Y 轴）行程 1000mm，功率 3.0kW，主轴前后行程（Z 轴）

图 5-1　TL-1513 型精密数控深孔钻

1320mm，功率 1.5kW。加工孔径 2.5 ~ 30mm，加工深度 1300mm。主轴电动机 AC 伺服 7.5 ~ 11kW，主轴最高转速 8000r/min（配置了自动油冷系统），钻孔进给速度达 10 ~ 250mm/min。

3. FANUC 高速万能 AI CNC 钻削中心

图 5-2 所示为 FANUC 高速万能 AI CNC 钻削中心。该机床具有高速、高可靠性的转塔式机构刀具更换装置（备有 21 把或 14 把刀具），刀具更换时间（刀具至刀具）1.8s；具有高速、高加速的进给方式（装备高响应的 AI 系列伺服电动机，快进速度 48m/min，最大加速度 1.3g 以上，Z 轴移动量 330mm）；配置高速、高输出主轴，电动机和主轴直接连接，主轴转速 15000r/min 时，攻螺纹加工时的最高速度可达 6000r/min；配置 FANUC Series 18i – MB 控制系统最多可以同时进行 4 轴的轮廓控制。

图 5-2　FANUC 高速万能 AI CNC 钻削中心

二、数控齿轮加工技术简介

齿轮是重要的机械零件，齿轮的类别很多，有圆柱齿轮、锥齿轮、平面齿轮和非圆齿轮等，本节主要涉及圆柱齿轮加工。由于圆柱齿轮的加工原理是按照齿轮啮合过程展成（展成法）的，即刀具与工件要保持相互啮合关系。对圆柱直齿齿轮而言，刀具转一圈，工件转过一个齿；对圆柱螺旋斜齿齿轮而言，还需要附加螺旋角转动。传统的齿轮加工机床是依靠复杂的齿轮传动链来实现这个要求的。随着数控技术的发展，出现了"电子齿轮"，即在数控装置控制下两台伺服电动机保持一定的转速比例关系，省去复杂的齿轮传动系统，以电代机，实现"零机械传动"。同时借助角度测量反馈系统（如高分辨率编码器）提高两台伺服电动机的同步程度。伺服系统同步的精度直接反映到齿轮机床的加工精度，成为现代数控齿轮加工机床的核心技术。

数控齿轮机床是机床工业公认技术含量最高、零部件最多、结构最复杂的产品之一。随着数控齿轮加工机床在设计、制造及使用上日趋成熟，大有替代传统齿轮加工机床的趋向。根据所要求的齿轮精度等级，圆柱齿轮的加工方法多种多样，有切削加工和非切削加工，切削加工又有滚齿、插齿、剃齿、磨齿、珩齿等多种工艺方法，本节仅介绍最常用的数控插齿机和数控滚齿机。

(一) 数控插齿技术

1. 数控插齿机简介

(1) 插齿机分类　按插齿机的工件轴线空间位置的布置方式不同，可分为立式插齿机和卧式插齿机两类。其中以立式插齿机为多见，卧式插齿机多为大型插齿机，以便加工大型人字齿轮等工件。在立式插齿机中，有的插齿机工作台固定，立柱与刀架同时作径向移动，如图 5-3a 所示，而有些插齿机则立柱固定，工作台作径向移动，如图 5-3b 所示。

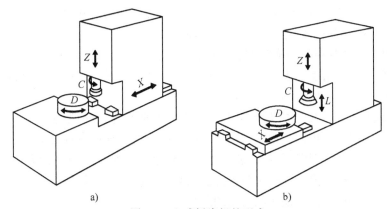

图 5-3　立式插齿机的型式

a) 工作台固定式　b) 立柱固定式

(2) 数控插齿机的结构特点　数控插齿机与传统插齿机相比，其结构特点主要体现在如下几方面：

1) 传动链。传统插齿机的滚成运动、圆周进给运动、径向进给运动及让刀运动均与插齿机刀轴的上下往复运动有关，由一个电动机传动，通过若干中间传动元件相联系；而数控插齿机的主要运动如圆周进给运动、径向进给运动和滚成运动分别由各自的伺服电动机驱动，不再与主运动发生关系，节省了大量的中间传动元件，从而缩短了各自的传动链，提高了相对传动精度。

2) 刀架和工作台。传统插齿机由机械传动实现刀架蜗杆副与工作台蜗轮副之间的传动关系（展成运动），用分度挂轮等元件实现滚切运动。在数控插齿机中，这些中间传动元件由"电子联结"所替代，机构简化，刀架和工作台的刚度得以提高，从而提高了插齿机的生产效率和精度。

3) 立柱和床身。由于数控插齿机的传动链变短，结构简化，便于设计出刚度极佳的立柱和床身，避免热变形，提高稳定性，从而进一步提高了插齿机的加工精度和可靠性。

2. 数控插齿机的主要加工对象

数控插齿机能加工出如下特殊要求的齿轮：

1) 非圆齿轮。

2) 凸轮。

3) 精密圆柱齿轮。在数控插齿机上能加工出 5 ~ 6 级精度的圆柱齿轮，故适用于加工精密齿轮。

3. 编程方法

程序编制主要考虑以下几个方面的问题：

（1）工艺分析　根据零件图样进行工艺分析，以便确定加工路线和切削用量。

1）加工路线。非圆齿轮和凸轮的几何参数比一般圆柱齿轮复杂，因此在制订加工路线时，首先要根据其形状特点，选择开始切入点。当非圆齿轮的节曲线或凸轮的轮廓曲线为封闭曲线时，切入点应选择在曲线的非重要部位，以防接刀处有误差而影响使用。当非圆齿轮的节曲线或凸轮的轮廓线为非封闭式曲线时，可从对刀位置开始切入，让工件趋向刀具，待工件和刀具接触时，逐渐滚切切入，直到要求的切削深度。加工完毕，工件应离开刀具，退回到开始切入位置，最后返回到对刀点。在工件退离刀具和返回到对刀点的过程中，工件和刀具的滚切关系不能破坏，以免在下一个工件加工时重新对刀。

2）切削用量。切削用量的确定方法，对于非圆齿轮，与圆柱齿轮相同，即根据非圆齿轮的模数、材料、加工精度和表面粗糙度来确定。对凸轮来说，可根据凸轮的材料、精度和表面粗糙度要求，参考有关切削用量来定。

（2）程序段长度的确定　根据被加工工件的要求来确定程序段的长度。若控制系统采用直线插补方法实现轮廓控制，程序编制可用等程序段法（轮廓曲线分成整数个程序段）。

（3）数值计算　数值计算就是根据给定的非圆齿轮节曲线的极坐标方程，按已确定的程序段长度将其节曲线分段，计算出各坐标点的数值，将其线性值的增量输给控制系统，以控制机床三个坐标的运动，再现非圆齿轮的形状。

（4）编写程序单　前面的章节已较详细地讲解了编写程序单的要求与格式，这里不再赘述，只是涉及齿轮插齿加工工艺的一些特点在编程时要加以注意。

（二）数控滚齿技术

1. 数控滚齿机简介

（1）滚齿机分类　按滚齿机的工件轴线空间位置的布置方式，可分为立式滚齿机和卧式滚齿机两类。其中以立式滚齿机为多见，卧式滚齿机多为加工轴齿轮的大型滚齿机和加工仪表齿轮的仪表齿轮滚齿机。在立式滚齿机中，有的滚齿机工作台固定，立柱移动，如图5-4a所示，而有些滚齿机则立柱固定，工作台移动，如图5-4b所示。

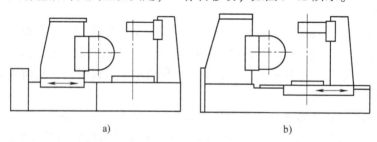

a)　　　　　　　　　　　　　　　　b)

图5-4　立式滚齿机

a）工作台固定式　b）立柱固定式

（2）数控滚齿机的结构特点　数控滚齿机与传统滚齿机相比，其结构特点主要体现在如下两方面：

1）滚刀架。传统滚齿机的传动链太长，由主电动机到滚刀心轴之间的大量中间传动环节形成的间隙减弱了传动刚度，从而降低了加工精度。数控滚齿机的主电动机非常靠近滚刀心轴，传动链较短，由于大量的中间传动元件被取消，减少了传动误差，提高了加工精度。另外，因为传动刚度得以提高，滚刀的速度亦可提高，对高速滚齿极为有利。

2）工作台。与滚刀架的情况相同，工作台的回转由伺服电动机直接驱动，大大缩短了传动链，使加工精度和稳定性得以提高。

（3）机床功能　图5-5所示数控滚齿机的主要运动坐标按标定的 X、Y、Z、A、B、C 6 个坐标轴方向。各向运动轴既能单独动作，也能联动。在切削过程中，由加工程序控制各进给轴作递增和补偿运动。因此，数控滚齿机能完成普通滚齿机所不能完成的切削运动。

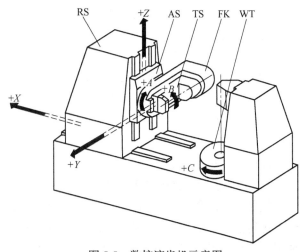

图 5-5　数控滚齿机示意图

RS—径向滑座　AS—轴向滑座　TS—切向滑座　FK—滚刀架
WT—工作台　A—滚刀架 FK 转动轴　B—刀具旋转轴
C—工作台旋转轴　X—径向滑座 RS 运动轴　Y—切向滑
座 TS 运动轴　Z—轴向滑座 AS 运动轴

根据工件加工要求，刀具可相对工作台回转中心线作往复轴向直线运动，可倾斜运动，亦可弧形运动。因此，数控滚齿机运动灵活，到位准确，切削精度高，效率高，能加工复杂工件。

2. 数控滚齿机主要加工对象

1）用不同方式（如轴向法顺铣或逆铣、轴向法顺/逆铣或逆/顺铣）加工圆柱直齿齿轮和斜齿齿轮。

2）用径向插值法滚削带微锥的直齿和斜齿齿轮及蜗轮。用圆弧插值法滚削对称于工件齿宽、带圆弧的鼓形直齿和斜齿齿轮。

3. 程序编制

数控滚齿机种类较多，其数控系统也不尽相同，因此编制程序时应参照机床说明书，正确使用一些功能、代号。以下是某数控滚齿机的部分 G 代码和 M 代码，可以看出，同一代码在滚齿机上的功能是不完全一样的。

（1）G 功能

G00　　快速位移

G01　　进给

G02　　鼓形齿加工，顺时针方向

G03　　鼓形齿加工，逆时针方向

G04　　暂停

G17　　平面选定 XY

G18　　平面选定 XZ（用于鼓形齿加工）

G19　　平面选定 YZ（用于刀具在 X 轴方向的补偿）

G90　　坐标值输入

G91　　递增值输入

G94　　进给单位"mm/min"

G95　　　进给单位"mm/r"

（2）M功能

M00　　　程序停止

M03　　　刀具以"－B"方向旋转

M04　　　刀具以"＋B"方向旋转

M05　　　刀具停止转动

M08　　　切削液打开

M09　　　切削液关闭

（三）先进数控齿轮加工机床实例——滚齿车削复合加工机床

按照工艺流程，齿轮零件的加工一般是先车削，然后进行切齿和倒角，分别在不同的机床上进行。为了缩短过程链和加工时间，提高生产效率，在一台机床上一次装夹就完成全部加工工序成为齿轮加工机床追求的目标。格里森（Gleason）公司的Agillus 180TH万能型复合加工机床便是典型的能够加工各种轴类和盘类齿轮零件的数控齿轮加工机床。

180TH滚齿车削复合机床的结构配置特点是双立柱，一个立柱用以完成滚齿加工，另一个用以完成车削加工，共有10~12个数控轴。床身采用矿物铸造（人造花岗石），以提高机床的动态性能，延长刀具寿命。独立的排屑通道设计，实现快速热移除，以保证加工精度。机床的外观和结构配置如图5-6所示。

从图5-6中可见，左边的立柱是滚齿，滚刀主轴滑座可沿立柱上下移动（Z轴），滚刀主轴可在滑座上作±45°偏转（A轴），完成直齿或斜齿的滚切。配有数控尾架（Z_4轴），以便准确定心，快速装卸工件。右边的立柱是车削，具有12工位的转塔刀架可沿立柱上下移动（Z_2轴），实现轴向进给运动。转塔上除车刀外，还可安装自驱动的铣刀或钻头，进行辅助的铣削和钻削。在转塔上可安装倒角、去毛刺装置，以便需要时在滚齿后进行倒角。转塔上可配置机械手爪，与机床右侧的环形传送带配合，进行工件的交换和装卸。转塔上还可选配测量头，对刀具磨损进行补偿。

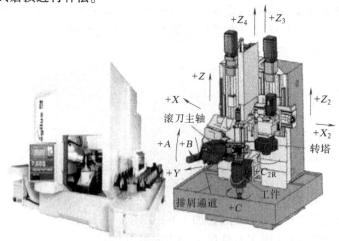

图5-6　180TH复合机床的外观和结构配置

A—滚刀头偏转　B—刀具主轴　C—工件轴　C_{2R}—转塔刀架回转　X—滚刀径向进给

X_2—车削径向进给　Y—滚刀切向进给　Z—滚刀轴向进给

Z_2—车削轴向进给　Z_3—中心支架（可选）　Z_4—尾架

三、数控冲压技术

冲压是靠压力机和模具对板材、带材、管材和型材等施加外力，使之产生塑性变形或分离，从而获得所需形状、尺寸和精度工件的成形加工方法。

数控压力机是完成冲压工艺的设备，可进行多坐标的联动，能一次性自动完成多种复杂孔型和浅拉伸成形加工；能用小冲模以步冲方式冲大形圆孔、方形孔、腰形孔及各种形状的曲线轮廓；能进行特殊工艺加工（百叶窗、浅拉伸、沉孔、翻边孔、加强筋、压印等）。相对于传统冲压而言，数控压力机具有较大的加工范围与加工能力，通过简单的模具组合，能以低成本和短周期加工小批量、多样化、形状复杂的产品，并节省了大量的模具费用。

（一）冲压工艺及数控压力机的基本结构特点

1. 冲压工艺

冲压工艺大致可分为分离工序和成形工序（又分弯曲、拉深、成形）两大类。分离工序是在冲压过程中使冲压件与坯料沿一定的轮廓线相互分离，同时冲压件分离断面的质量也要满足一定的要求；成形工序是使冲压坯料在不破坏的条件下发生塑性变形，并转化成所要求的成品形状，同时也应满足尺寸公差等方面的要求。

按照冲压时的温度情况分冷冲压和热冲压两种方式。冷冲或热冲取决于材料的强度、塑性、厚度、变形程度以及设备能力等，同时应考虑材料的原始热处理状态和最终使用条件。冷冲压金属是在常温下的加工，一般适用于厚度小于 4mm 的坯料。优点为不需加热，无氧化皮，表面质量好，操作方便，费用较低。缺点是有加工硬化现象，严重时使金属失去进一步变形能力。冷冲压要求坯料的厚度均匀且波动范围小，表面光洁、无斑、无划伤等。热冲压是将金属加热到一定的温度范围的冲压加工方法。优点为可消除内应力，避免加工硬化，增加材料的塑性，降低变形抗力，减少设备的动力消耗。

2. 数控压力机的基本结构特点

数控冲压工艺系统包括加工设备（压力机、剪板机和折弯机）、模具（冲压模、剪切模和折弯模）和材料（板材等）三大要素。

典型的冲压加工设备数控压力机由机械传动系统、气动和润滑系统，以及再定位、模座和模具等装置组成。其中机械传动装置主要由三部分组成：主传动系统、转盘选模系统和进给传动系统。

常用数控压力机的主传动系统有曲柄式、连杆式、螺旋式和液压式等结构，使用最多的是曲柄式结构（由机架、曲柄、主动轮、从动轮、飞轮、离合器、连杆、滑块、工作台等组成）。主传动系统在 CNC 控制系统控制下能够逻辑地处理具有控制编码或其他符号指令规定的程序，使机床滑块能根据加工方法的需要动作。近年来数控伺服压力机成为冲压行业发展的主流。这种压力机以伺服电动机作为主传动系统直接的动力来源，通过螺杆、曲柄连杆及肘杆等方式，将电动机产生的驱动力转化为滑块的直线运动。运用伺服电动机可编程化控制的特性，可完美地控制滑块的运动形式和速度。具有滑块速度可控、难成形材料易制性、低噪声、节能环保、一机多用及智能化等优势，是目前公认的新一代压力机。

转盘选模系统是实现冲压工艺的核心，由转盘减速器和转盘装置组成。常用的转盘减速器是一个多级齿轮减速器，再通过上下一对链条带动上下转盘同步转动，进行选模。伺服电动机通过三级齿轮减速器带动上下链传动，从而带动上转盘和下转盘转动。转盘上装有若干套模具，冲孔时，所需冲孔的模具转到打击器下，当转盘定位锥销插入后，才能进行冲压。

进给传动系统将夹在夹钳上的板件在 X、Y 方向上高速运动来完成工件的定位，并实现冲压。

（二）模座及模具的选择

数控压力机模座及模具的选择与工艺实施质量直接相关。合理正确使用模座及模具，有利于提高机床生产率，延长模具和机床的使用寿命，若使用不当，将影响机床的正常工作。模座用来安装模具，其上模座装在上转盘上，下模座装在下转盘上。模座和模具的使用需考虑板件的加工要求。

1. 模座及模具规格

模座数及其规格的推荐值因不同型号规格的数控压力机而异，一般为 9～72 个模座，即可以装 9～72 套模具或更多。模座及模具的规格和数量按表 5-1 选用，选用时最大冲孔尺寸不得超过该类模座冲孔尺寸范围，并不得超过机器公称压力。

表 5-1　模座及模具的规格和数量

模 座 号	1	2	3	4	5	6
冲孔尺寸范围/mm	$\phi80～\phi110$	$\phi50～\phi80$	$\phi30～\phi50$	$\phi12～\phi30$	$\phi3～\phi12$	中心孔
模座数	2（2）	2（2）	4（2）	8（4）	8（4）	1

注：括号内是冲方孔及异形孔的模座数。

2. 模具间隙

冲孔时，上模和下模之间的间隙根据板厚和材料性质按表 5-2 选用。

表 5-2　模具间隙

板厚/mm	材　料		
	低 碳 钢	铝	不 锈 钢
0.8～1.6	0.2～0.3	0.2～0.3	0.2～0.35
1.6～2.3	0.3～0.4	0.3～0.4	0.4～0.5
2.3～3.2	0.4～0.6	0.4～0.5	0.5～0.7
3.2～4.5	0.6～0.9	0.5～0.7	0.7～1.2
4.6～6	0.9～1.2	0.7～0.9	

3. 冲孔力的计算

选择模具时，要求每个模具的冲孔力不得超过数控压力机压力。

冲孔力 P 可由下式求得

$$P = At\tau$$

式中　P——冲孔力（N）；

　　　A——模具刃口周长（mm）；

　　　t——板件厚度（mm）；

　　　τ——板件剪切强度（MPa）。

冲孔时，模具最小冲孔直径根据板件材质按表5-3确定。

表5-3　冲孔最小直径

材　　料	最小冲孔直径
低碳钢	$1.0 \times t$
铝	$1.0 \times t$
不锈钢	$2.0 \times t$

（三）加工应用举例

数控冲压工艺的程序编制就是根据板件的零件图，按照数控系统规定的代码和程序格式，编写出程序单。因此，在编制程序前，应了解数控压力机的规格、性能、数控系统所具备的各种功能及编制程序的指令格式等。同时，要对被加工零件图的技术要求，孔的形状、尺寸、位置和距离进行分析，作必要的数学处理，以确定加工方法和加工路线。然后根据数控系统所采用的代码和程序格式，将板件所要求的孔距、运动轨迹、位移量、模具号、速度等编制成加工程序单。

图5-7为一个仪表盘零件展开图，图中排列着用于电压表、电流表、按键开关、指示灯及调节手柄安装的各种圆孔、方孔及异形孔。零件外廓尺寸较大，若按传统的机械加工工艺来加工该零件，需经板料剪裁、冲压、钻孔等工序，并配备大型剪板机、压力机及大型摇臂钻床，所涉及的加工设备多，且需要多次重复定位，很难保证各孔相对位置精度。从工装方面考虑，该零件在普通压力机上加工，需配备圆孔模、方孔模、异形孔模等10套模具，这些模具的设计、生产准备周期长达数月，费用高达上万元。

现在，采用数控压力机加工此零件，编制出加工程序后，一次装夹定位即可完成全部加工。编程时间只需两三个小时，加工时间只需几分钟，且加工精度高。

该零件的冲形有圆孔、方孔、菱形孔，故需配备圆模、方模、矩形模。异形孔具有不规则角度（非直角），应考虑选用带有C轴（动力轴）的机床。另外，零件外廓尺寸较大，应选用工作台面大于零件尺寸或具有再定位功能的机床。配备有FANUC-6MEP系统的AMADA PEGA30、50、72压力机能够满足上述要求，该机床为数控转盘式，最大冲裁力300kN。模具库有44个模位，其中有两个C轴工位。另外，它还具有再定位功能，可扩展X轴向行程500mm，所以，工作台行程1830mm×1270mm可以满足要求。

选定机床后，按零件加工孔形要求，在转盘中配备所需模具。配备模具时，应根据零件冲裁的厚度和材质，选定模具间隙，以便确定合适的间隙。图5-7所示零件是厚3mm的低碳钢，选用模具间隙为0.5mm。最后，根据模具在转盘中的位置，确定相应的代号。如该机床数控系统规定用代号T000代表模座号，则对应所加工的零件，可规定：T108-φ42、T253-φ6、T326-φ8、T225-φ10、T130-φ14、T141-φ15、T102-φ20、T303-φ24、T331-φ25、T223-φ13、T251-φ37、T207-φ50、T216-5×30、T235-30×30。

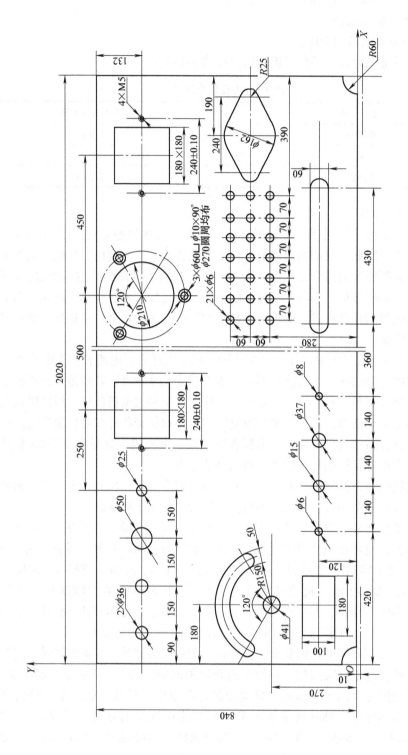

图5-7　仪表盘零件展开图

在编辑零件加工程序时，按所配备的数控系统，涉及如下常用的功能指令：

1）G92：绝对坐标系设定。由所选机床工作台行程确定，如已选机床为 X1830 Y1270。

2）G90：绝对值编程指令。该指令给出加工点（或加工起点）坐标。

3）G91：增量值编程指令。该指令给出下一加工点对上一加工点的相对坐标变量。

4）G70：不冲压指令。该指令给出冲压位置的坐标，但不进行冲压动作。

5）G27：再定位指令。该指令给出再定位前后 X 坐标变化量（位移间距）。

无论是绝对值还是增量值，在编制程序时，以上各指令一律用 X、Y 引出。

6）G50：回原点，使冲压材料退回原点。

7）M00：程序停止。在加工过程中，需中途停车时，给出此指令。

8）T000：模座号。该指令给出模具在转盘中的模座号。

以下为加工该零件的加工程序，其中对关键程序段进行了说明，并介绍了特定加工指令。

G92　X1830　Y1270；	
G93　X20　Y100；	
G72　G90　X1290　Y708	；G72 功能是给定 $3 \times \phi6$ 孔定位中心坐标，但该点无冲压动作
G26　I135　J−90　K3　T253	；G26 为均布圆周孔冲压指令，I 为孔心圆周半径，J 为冲第一孔对 X 轴夹角，K 为圆周上的冲孔数
G90　X420　Y120；	
G90　X1210　Y280	；排子孔第一孔坐标
G36　I70　P6　J60　K2	；G36 是冲排子孔指令，I 为 X 轴向孔距，P 为 X 轴向孔距间隔数，J 为 Y 轴向孔距，K 为 Y 轴向孔距间隔数
G90　X910　Y708　T108；	
G91　X−240；	
G90　X540　Y708　T331；	
G90　X240　Y708　T223；	
G90　X90　Y708；	
G90　X180　Y270　T130	；用 $\phi14$ 模步冲完成 $\phi41$ 孔冲压
G68　I20.5　J90　K360　P−14　Q2	；G68 是步冲圆弧槽指令，I 为圆弧半径，J 为始冲点对 X 轴夹角，逆时针为 +，顺时针为 −，K 为圆心角，P 为冲模直径，"−" 表示冲内圆周，Q 为步冲间距
G68　I150　J30　K120　P−50　Q3　T207	；
G90　X390　Y708	；
G90　X560　Y120　T141	；
G91　X140　T251	；

```
G91    X140    T326                                    ;
G72    G90    X1200    Y120                            ;
G68    I30    J90    K180    P - 24    Q2    T303       ;冲 60 ×490 长圆孔左端
G72    G90    X0    Y - 10                             ;左圆弧角定心位置
G68    I60    J0    K90    P - 24    Q2                 ;
G72    G90    X1630    Y120                            ;冲长圆孔右端位置坐标
G68    I30    J - 90    K180    P - 24    Q2            ;
G72    G90    X1200    Y150                            ;长圆孔矩形段始点定心
A1    G66    I430    J0    P - 30    T235               ;A1 为宏指令
G72    G90    X1200    Y120                            ;
B1                                                     ;重复 A1 指令动作
G90    X105    Y85                                     ;
G36    I25    P6    J23. 34    K3                       ;
G90    I715    Y633                                    ;
G36    I25    P6    J25    K6                           ;冲 180 ×180 大孔
G72    G90    X1290    Y708                            ;
G68    I105    J90    K360    P - 20    Q2    T102      ;步冲完成 φ210 孔
M00                                                    ;停车取出 φ210 孔冲后余料
G72    G90    X58    Y0                                ;
G66    I1572    J0    P - 30    Q - 5    T216           ;切下边，冲至 X1632
G72    G90    X0    Y845                               ;
G66    I1630    J0    P - 30    Q - 5    D - 0. 2        ;切上边，D 是留余量
G72    G90    X - 5    Y50                              ;
G66    I790    J90    P - 30    Q - 5    C90            ;切左边，C 为模具转角
G70    X1000    Y420                                   ;夹钳移位时，冲压位坐标
G27    X200                                            ;夹钳移动量
G90    X1620    Y708    T108                           ;
G91    X240                                            ;
G90    X1665    Y633    T235                           ;
G36    I25    P6    J25    K6                           ;
G72    G90    I1830    Y340                            ;
G68    I81    J62. 2    K55. 6    P - 10    Q2    T225   ;冲菱形上圆段
G72    G90    X1830    Y340                            ;
G68    I81    J242. 2    K55. 6    P - 10    Q2         ;冲菱形下圆段
G90    X1710    Y340    T207                           ;
G91    X240                                            ;
G90    X390    Y708                                    ;
G72    G90    X1792. 22    Y411. 65                    ;
G66    I106. 13    J207. 8    P30    Q5    C207. 8    T216    ;
```

```
G72   G90   X1792.22   Y268.35                  ;
G66   I106.13   J152.2   P-30   Q-5   C152.2    ;
G72   G90   X1867.78   Y268.35                  ;
G66   I106.13   J27.8   P30   Q5   C27.8        ;
G72   G90   X1867.78   Y411.65                  ;
G66   I106.13   J-27.8   P-30   Q-5   C-27.8 ;
M00                                             ; 停车取出冲菱形孔余料
G72   G90   X2020   Y-10                        ;
G68   I60   J90   K90   P-24   Q2   T303        ;
G72   G90   X1630   Y0                          ;
G66   I332   J0   P-30   Q-5   D-0.2   C0   T216 ; 续冲切下边
G72   G90   X1630   Y845                        ;
G66   I390   J0   P-30   Q-5   D-0.2   C0       ; 续冲切上边
G72   G90   X2020   Y50                         ;
G66   I790   J90   P-30   Q-5   D-0.2   C90     ;
G70   X1000   Y420                              ;
G27   X-200                                     ; 夹钳回原位
G50                                             ;
```

程序编制后，可通过计算机屏幕显示按此程序冲压出的零件图形，初步判断无误后，即可进行实物冲压。

四、数控板料折弯

板料折弯机是一种金属板料冷加工成形机。它利用所配备的模具，在冷态下，将金属板材折弯成各种几何截面形状的工件。数控板料折弯机利用数控系统对滑块行程（凸模进入凹模的深度）和后挡料器位置进行自动控制，从而实现对折弯工件的不同折弯角度和折弯边宽度的折弯成形。

（一）板料折弯方法与模具

1. 自由折弯

自由折弯法是使用最普遍的方法。它利用凹模开口处的两棱边和凸模顶端的棱边进行折弯，由凸模进入凹模的深度确定折弯角度（图 5-8a、b）。自由折弯所需折弯力较小，模具受力较缓和，能延长模具使用寿命，其不足之处是板料厚度和力学性

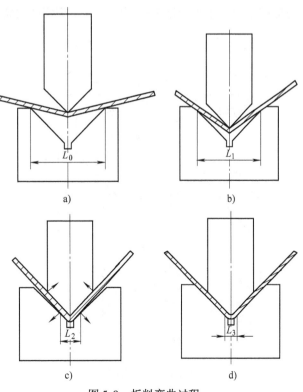

图 5-8　板料弯曲过程

能的不一致性以及钢板轧制方向等都会造成折弯角度的变化。板料厚度不大时，自由折弯角度误差为 ± （1～1.5°），弯曲半径 $R \geqslant t$（板厚）。

自由折弯中普遍采用通用模具，如图5-9所示，凸模安装在滑块上，凹模连同模座安装在工作台上。多数凹模四面都开有不同规格的槽口，以适应不同板厚的折弯，如图5-10所示，V形槽口宽度从4～48mm不等。各V形槽口角度为88°，由于钢板折弯后存在回弹现象，折弯90°的角度时，V形槽口应小于90°。凸模常用的有尖头形、直角头形、鹅颈形等，如图5-11所示。

2. 校正折弯

校正折弯利用凸模对工件的圆角和直边进行精压。在凸模向下运动过程中，毛坯角度会小于凹模角度而产生负回弹，如图5-8c所示；到行程终了时，凸凹模对毛坯进行校正，使其圆角、直边、弯曲半径全部与凸模靠紧，如图5-8d所示。由此可见，校正折弯能有效地克服回弹作用，从而可获得很高的折弯精度。校正折弯角误差为 ±15′；可得到很小的折弯半径，即 $R < t$（板厚）。校正折弯所需的折弯力为自由折弯力的3～5倍，要求模具具有足够的强度并避免超载，同时还要求模具精密加工；在安装模具时，要求凸凹模精确地对中定位。可见，校正折弯法是一种较为昂贵的加工方法，只有在以加工精度为优先考虑因素时，才采用这种折弯法。校正折弯法通常也采用通用模具。

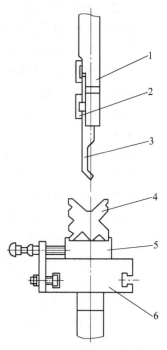

图5-9　模具安装图
1—滑块　2—压板　3—凸模
4—凹模　5—模座　6—工作台

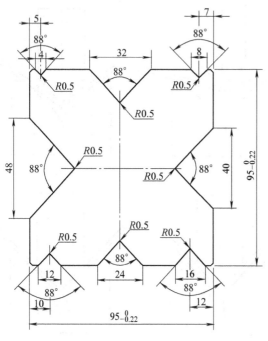

图5-10　凹模实例

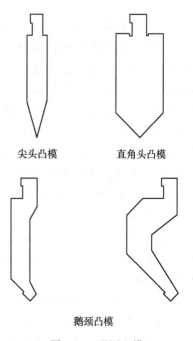

尖头凸模　　　　直角头凸模

鹅颈凸模

图5-11　通用上模

3. 三点折弯

三点折弯法的工作原理如图 5-12 所示，凹模入口处的圆角与其柱销上表面组成（1，2，3）三点，由这三点精确地确定折弯角度 γ。若改变可调节的柱销 Z 的高度，就可得到不同的折弯角度。位于凸模 S 和滑块之间的液压垫 F，是为了补偿滑块和工作台的挠曲变形，使板料在折弯过程中沿着凹模全长接触到这三个点。液压垫力在整个折弯长度上均匀分布，使凸模的折弯力在折弯全长上也是均布的。整个凸凹模由若干 100mm 和 50mm 宽的分块模具组成。每块凸模为弹性支承，因此能自动适应凹模的折弯直线度和保证恒定的压力分布，这样就提高了折弯角度的精度和折弯角棱边的直线度。

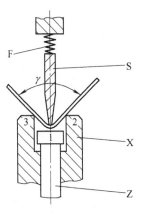

图 5-12　三点折弯法示意图

三点折弯法的折弯角度误差为 ±15′，相当于校正折弯的精度。折弯板厚可达到 20mm。当板厚超过 3mm 时，三点折弯法是得到精确折弯的唯一方法，因为欲获得同样的折弯精度，除此法外，只有采用校正折弯法，但其折弯力将超过模具所能承受的压力极限。

三点折弯法采用专用模具，根据三点折弯原理设计。凸凹模基本模块宽度为 100mm，还有若干块宽度为 50～95mm，每块宽度尺寸相差 5mm 的标准中间块，可组合成各种尺寸的弯边向下或向上的四边折弯工件。

（二）数控板料折弯机的选用

国内外数控板料折弯机几乎都是液压传动的，常用的有以下三种结构形式：

（1）上动式　滑块带动凸模向下运动。为了保证滑块工作行程和回程时，不因滑块承受偏载和左右油缸管道阻力的差异而造成滑块相对于工作台的倾斜，从而影响工件成形质量，折弯机上通常都配备有滑块运动同步控制系统。上动式折弯机易于配备机械或液压同步控制系统。机械同步装置结构简单，造价低，能获得一定的同步精度，但承受偏载能力较差，故只适用于中小型液压板料折弯机。液压同步系统有机械液压伺服同步系统、电液伺服同步系统以及电子数字阀控制同步系统，同步精度高，适用于要求高折弯精度的场合，但技术复杂，造价高。

（2）下动式　滑块安装在机床下部，并带动凹模向上运动。工作油缸安置于滑块中间位置，公称力小时为单缸，公称力大时为三缸。由于工作油缸集中于滑块中部，使滑块与横梁变形一致，凸凹模具之间的间隙在滑块全长上比较均匀，故工件折弯精度较高。滑块回程靠自重，因而液压系统简单。下动式的优点是重量轻，结构紧凑，便于维修；缺点是同步精度不好。

（3）三点折弯式　根据三点折弯法工作原理工作。三点折弯机优点在于折弯精度高，工艺用途广，并具备有四边成形机的功能。但机床结构复杂，成本高。

第二节　数控特种加工技术

特种加工亦称"非传统加工"或"现代加工方法"，泛指利用电能、热能、光能、电化学能、化学能、声能及特殊机械能等能量，实现材料被去除、变形、改变性能或被镀覆等的加工方法。

对于高硬度材料和复杂形状、精密微细的特殊零件，特种加工（电火花、激光、电子束、离子束、电加工、超声波等）有很大的适用性和发展潜力，在模具、量具、刀具、仪器仪表、飞机、航天器和微电子元器件等制造中得到越来越广泛的应用。目前特种加工的发展方向主要是：提高加工精度和表面质量，提高生产率和自动化程度，发展几种方法联合使用的复合加工，发展纳米级的超精密加工等。本节仅介绍几种常见的数控特种加工技术。

一、数控电火花成形加工

电火花加工是一种通过工件和工具电极之间的脉冲放电而有控制地去除工件材料的加工方法。工件和工具电极间通常充有液体的电介质（工作液）。利用这种方法进行成形和穿孔加工，用来加工生产各种冲模、拉丝模、引伸模、锻模、压铸模、塑料模、玻璃模和挤压模上的型孔、型腔，以及各种零件上的小孔、深孔、异形孔、曲线孔等；也可加工各种成形刀具、样板、工具、量具、螺纹等成形零件，且适宜加工高温合金等难加工材料。从 20 世纪 70 年代起，数控技术进入成形加工领域并高速发展。

（一）数控电火花成形加工原理

当闭合或断开电插头或电器开关的触点时，往往会出现蓝白色的火花，并发出响声，这种现象就是火花放电。仔细观察可发现，经火花放电后，金属表面已烧毛，并出现许多小的凹坑，这就是电火花造成的。

经过大量实验研究表明，电火花放电时放电通道中瞬时产生大量的热能，达到很高的温度，足以使电极表面的金属局部熔化，甚至气化蒸发而被蚀除掉。

但在将脉冲放电现象应用于金属材料的尺寸加工时，还要解决以下问题：

1）在脉冲放电点必须有足够大的能量密度，能使金属局部熔化和气化并在放电爆炸力的作用下，把熔化的金属抛出来。为了使能量集中，放电过程通常在液体介质（常用煤油为工作液）中进行。

2）放电形式应是脉冲式的，放电时间应很短，一般为 $10^{-7} \sim 10^{-4}$ s，使放电时产生的绝大部分热量来不及从微小的加工区域中传输出去。

3）必须把加工过程中所产生的电蚀产物（包括加工屑和焦油、气体之类的介质分解产物）和余热，及时地从加工间隙中排除出去，使加工能正常地连续进行。但非常小的粒子（<0.01mm）污染，反而有利于火花通道的迅速形成。

4）在相邻两次脉冲放电的间隔时间内，电极间的介质必须来得及消除电离，避免在同一点上持续放电而形成集中的稳定电弧。

5）在加工过程中，工件和工具电极之间应保持一定的距离（通常为几微米到几百微米），以维持适当的放电状态。

以上这些问题的综合解决，是通过图 5-13 所示的电火花加工系统来实现的。工件与工具电极（简称电极）分别与脉冲电源的两个不同极性的输出端相接，伺服进给系统使工件和电极间保持恰当的放电间隙，两电极间加上脉冲电压后，在间隙最小处或绝缘强度最低处把工作液介质击穿，形成火花放电。放电通道中的等离子体瞬时高温使工件和电极表面都被蚀除掉一小部分材料，各自形成一个微小的放电坑。脉冲放电结束后，经过一段时间间隔，使工作液恢复绝缘，下一个脉冲电压又加到两极上，同样进行另一循环，形成另一个小凹坑。当这种过程以相当高的频率重复进行时，工具电极应不断调整与工件的相对位置，以加工出所需的零件。从微观上看，加工表面显然由极多的脉冲放电小坑所组成。

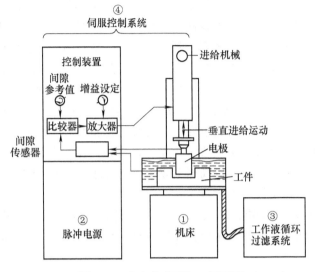

图 5-13　电火花成形加工原理图

(二) 数控电火花成形加工机床

数控电火花成形机床主要由四部分组成。

1. 脉冲电源

电火花加工脉冲电源即电脉冲发生器。它可将工频正弦交流电或直流电源变成具有一定频率的脉冲电源，以提供电火花加工所需的放电能量。其性能直接影响加工速度、精度、表面粗糙度、稳定性和工具电极的损耗等多项指标。为满足工艺要求，脉冲电源应具备以下条件：

1) 根据加工对象不同，要有一定的放电能量，保证对工件材料的放电蚀除。尤其在粗加工时，要有较高的加工速度。

2) 工具电极损耗要低，特别在进行型腔加工时，电极损耗应小于1%，因此，脉冲波形应是单向的，无负半波，最大程度地利用极性效应。

3) 加工稳定性要好，在给定的脉冲参数条件下，能保持稳定，抗干扰能力强。不起弧，不开路，脉冲利用率高。同时能使电流峰值、脉冲宽度、脉冲间隔等主要参数在很宽的范围内可调，以满足粗、半精、精加工的要求。

4) 脉冲电源线路应尽可能简单。工作可靠，寿命长，成本低，操作简单，维修方便等。

脉冲电源种类很多，如按主要元件可分为弛张式、晶闸管式、晶体管式、集成电路式脉冲电源。如按输出脉冲形式可分为矩形波、梳形波、三角波、阶梯波、正弦波脉冲电源。如按工作回路可分为单回路和多回路脉冲电源。

数控化的脉冲电源与数控系统密切相关，但有其相对的自主性，它一般由微处理器和外围接口、脉冲形成和功率放大部分、加工状态检测和自适应控制装置，以及自诊断和保护电路等组成。此外，数控电源与计算机的存储、调用等功能相结合，进行大量工艺试验并进行优化，在设备可靠稳定的条件下可建立工艺数据库（专家系统），提高自动化程度。

2. 数字控制系统

电火花加工时，工具与工件不断被腐蚀，间隙将不断被扩大。为了使加工继续进行，必须使工具电极及时向工件靠拢，始终保持所需的最佳放电间隙，否则放电过程势必由于间隙过大而停止。而间隙过小又会引起电弧放电或短路。恒定的间隙需靠自动调节系统来实现。该系统的作用就是在加工过程中使工具逐步进给，保持间隙不大不小，维持在一个合理的放电间隙范围内。电火花进给机床的数字控制系统既可以是专用的，也可以在通用的数控装置上增加电火花所需的专用功能。因为控制要求很高，要对位置、轨迹、脉冲参数和辅助动作进行编程或实时控制，一般都采用计算机数控方式，其不可缺少的主要功能如下：

（1）多轴控制　具有 X、Y、Z 和 C 等多个坐标轴，可在空间任意方向上进行加工，便于在一次安装中完成除安装面外的五个面上的所有型腔加工，保证了各型腔之间的相对位置精度。与传统的 Z 轴加工相比，灵活性大大增加。例如，加工在 Z 轴方向尺寸较大的型腔，可采用水平进给以降低电极损耗，提高加工效率，这时加工中产生的气体向上流动，其他蚀除产物则向下走，加工稳定性得以改善。

（2）多轴联动加工　该功能可以扩大电极对工件在空间的运动方式，允许在多种运动轨迹、回退方式等方面对工艺要求做出合理的选择，有利于采用一个电极进行型腔的粗、半精、精加工。

（3）自动定位　除了常见的端面定位、对孔或圆柱自动找中心等定位方法外，还可利用球测头和一个安装在机床工作台上的带底座的高精度球体——基准球来保证多型腔、多电极加工时的定位精度。当用一个电极加工多个工件时，可以利用球测头测出各工件相对于基准球的坐标值，存储后即可自动依次加工；当用多个电极加工时，每次更换电极都以基准球为中心，以消除机床热变形造成的主轴中心漂移偏差。

（4）展成加工　该功能类似于数控铣床的多轴联动功能，可利用简单电极通过复杂的运动加工出复杂的型面，为电火花成形工艺的一大突破。

（5）自动电极交换　与重复定位精度很高的机械装置相配合，能对几个至几十个预先存放在电极库中的电极进行交换，以便用不同几何形状的电极加工复杂形状的工件，降低了电极准备周期和成本。电极库中还可放置专用测量工具，对各个电极预先找正后，便可进行长时间的无人化加工。

（6）自适应控制　以在安全加工的前提下追求最佳工艺指标为基本目的。采用自适应控制技术，能不断检测加工间隙中的放电状态，及时调整脉冲电源参数、伺服进给参数甚至冲液参数，保证不产生电弧烧伤电极和工件的现象。

（7）加工条件自动转换　根据加工深度或摇动偏移量，按编程时所依据的加工条件，实现粗加工、半精加工、精加工等要求，以控制达到所需的尺寸和表面质量。每种加工条件包含的参数较多，通常有极性、电流、脉冲宽度、脉冲间隔、抬动时间、伺服增益等。为了方便操作和简化编程，有些高级系统如专家系统，可按加工面积、形状、材料，针对最终要求的尺寸精度和表面粗糙度，给出从粗加工到精加工的全套电参数、伺服参数、各档修光量，并提供加工工时估计。

（8）多种其他功能　如空运行、单段执行、镜像加工、比例缩放、图形（坐标）旋转等多种控制功能、辅助功能（加工启停、切削液启停等）、安全保护功能、自诊断功能、补偿功能（螺距补偿、电极直径补偿等）、丰富的显示功能和与外部计算机或其他设备之间的通信功能。

3. 机床

电火花穿孔、成形加工机床的种类很多，但一般都由机床本体和附件组成。机床本体包括床身、立柱、主轴头、工作台等，附件包括用来实现工件和工具电极的装夹、固定和调整其相对位置的机械装置以及工具电极自动交换装置等。其主要作用是支承、固定工件和工具电极，调整工件与电极的相对位置，实现工具电极的进给运动；保证放电加工正常进行，满足被加工零件的精度、粗糙度和加工速度等技术指标。为此，要求机床精度高、热变形小、刚性好、承载能力强，主轴灵敏度高、结构合理、操作方便、附件齐全等。

电火花成形加工机床的结构形式，根据不同的加工对象，可分为龙门式、滑枕式、悬臂式、柱式、台式和便携式等。

4. 工作液系统

电火花成形加工机床的工作液主要是煤油、变压器油和专用油。工作液在放电过程中的作用是：压缩放电通道，使能量高度集中；加速放电间隙的冷却和消除电离，并加剧放电的液体动力过程。

电火花成形加工过程中产生大量的电蚀产物，一部分以气体形式放出，其余大部分是以球状固体微粒分散悬浮在工作液中。随着电火花加工的继续进行，电蚀产物越来越多，充塞在电极间和粘附在电极上，会导致产生二次放电。这就破坏了电蚀过程稳定性和降低了蚀除速度，增加电极损耗，使加工精度和表面质量恶化。因此，必须对工作液进行循环过滤和净化处理。

根据电蚀产物的排除方式不同，工作液循环系统可分为冲油式和抽油式两种。冲油式是将清洁的工作液强迫冲入放电间隙，使工作液连同电蚀产物一起从电极侧面间隙排除，如图 5-14 所示，这种排屑方式所需冲力较大，因而排屑能力强，但由于电蚀产物通过已加工区，容易形成大的间隙和斜度。抽油式是工作液从电极间隙强迫吸入，使用过的工作液连同电蚀产物一起经过工件待加工面被排除，如图 5-15 所示，这种排屑方式所需抽力不大，可以获得较高的加工精度。

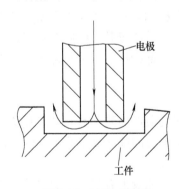

图 5-14　冲油式排屑

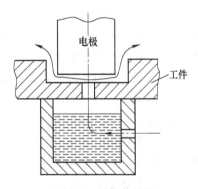

图 5-15　抽油式排屑

工作液循环过滤系统由工作液箱、油泵、电动机、过滤器、工作液分配器、阀门、油杯等组成，其中使用的过滤器有介质过滤器、静电过滤器和离心过滤器三种。

（三）电火花成形加工的工艺规律

1. 过程参数和主要工艺指标

（1）过程参数　电火花加工是一种复杂的工艺过程，了解各种过程参数的相互影响对正确使用电火花加工工艺是十分重要的。

过程参数分为输入参数和输出参数两大类。

输入参数是为加工任务所规定的一些参数（如工件材料、形状、尺寸、表面粗糙度等）和控制参数（为了保证加工质量和控制目标而需调整的参数，包括电参数、伺服进给、电极、冲液等方面的参数）。其中电参数是用来描述放电间隙中电过程的参数，对工艺指标影响很大。主要的电参数有：放电时间、击穿延时、脉冲宽度、脉冲间隔、脉冲周期、脉冲频率、相对放电时间、开路电压、放电电压、平均放电电压、加工电压、放电电流、平均放电电流、放电峰值电流、加工电流、脉冲前沿、放电功率、脉冲（放电）能量、极性（正或负）等。加工中，为达到预期的工艺指标，电参数的合理选配称为电规准。

输出参数是为加工条件所决定的参数，包括作为加工结果的工艺指标——加工速度、电极损耗、表面粗糙度等。由于这些参数无法在加工中进行直接测量，所以把用于评价实际加工过程特性的检测参数计入输出参数之列。目前可进行实时检测的参数有脉冲形状、脉冲类型、放电效率、进给速度和稳定性等。

（2）主要工艺指标

1）加工速度（去除率）$v_W(\text{mm}^3/\text{min})$。在单位时间内工件材料的体积加工量，有时为了测量方便，采用质量加工速度 m_W（g/min）来表示。

2）加工效率 $W_{SP}[\text{mm}^3/(\text{A} \cdot \text{min})]$。相当于单位时间加工电流的加工速度。

3）损耗速度 $v_E(\text{mm}^3/\text{min})$。单位时间内电极材料的体积损耗量。

4）相对（体积）损耗 θ（%）。电极损耗速度与工件加工速度之比，即

$$\theta = (v_E/v_W) \times 100\%$$

5）相对长度损耗 θ_L（%）。电极损耗长度 Δl_E 与穿入工件深度 $l_E - \Delta l_E$ 之比，即

$$\theta_L = [\Delta l_E/(l_E - \Delta l_E)] \times 100\%$$

6）表面粗糙度。

7）加工间隙 S（μm）。在选定点上垂直于工件表面，测量电极与工件之间的距离。

全面提高工艺指标一直是电加工的努力方向，但理论分析和实验均表明，在 v_W、θ 和表面粗糙度这三项主要工艺指标之间有着明显的交互关系。即，欲改善其中的两个指标值就要牺牲第三个，所以在考察机床的工艺性能时，必须综合考虑全部指标。工艺指标不但与电规准参数有关，而且受加工过程中调整及干扰因素的影响。

2. 极性效应

在电火花加工中，阳极和阴极表面分别受到电子和离子的轰击而受到瞬时高温热源的作用，因此它们都受到电腐蚀，但即使两电极材料相同，两个电极的蚀除量也是不同的，这种现象称为极性效应。如果两极材料不同，则极性效应更为复杂。

极性效应主要受放电时间的影响，但与电极对材料和脉冲能量也有相当大的关系，在加工中必须合理选择加工极性，以提高加工速度和降低电极损耗。

3. 影响加工的主要因素

（1）加工速度的主要影响因素　有放电时间或脉冲宽度、脉冲间隔、放电电流和面积效应、电极材料和极性、排屑条件等。

（2）**表面质量的主要影响因素**　表面粗糙度主要取决于单个脉冲的能量，表面变质层与工件材料种类、电参数及工作液类型，表层微裂纹则在加工硬脆材料时易产生（单个脉冲的能量和脉宽越大越明显）。

（3）**加工精度的主要影响因素**　有加工间隙、电极精度和电极损耗等。

（四）电极与电极夹头

电极在电火花成形加工中是十分重要的部件，对工艺影响非常大。

1. 极材料及其加工性能

（1）**对电极材料的基本要求**　导电性能良好；热物理性能好（包括热导率大，熔点和沸点高，自身不易电腐蚀，相对损耗小）；有足够的机械强度及比较小的热膨胀系数；易于加工制造，价格低，来源广。

（2）**常用电极材料**

1）纯铜（电解铜）。电火花加工性能好，加工稳定；电极相对损耗低；强度好；可用于低表面粗糙度值和高精度加工，应用广泛（不适用于钛）。电极可用切削、电铸、成形等方法制造，但机械加工性能较差，不适于磨削加工。

2）石墨。电火花加工性能好；电极损耗低；成本低。可用于钢、钛、有色金属的粗加工和半精加工。电极可用切削、成形磨削等方法制造，但机械强度较低。

3）铜钨合金。损耗低，热稳定性好；原材料由粉末冶金模压制成，价格贵。适于钢和硬质合金材料的精细加工。机械加工性尚好，必要时可直接用粉末冶金模具制造精密电极。

4）黄铜。电火花加工性能好，加工易稳定，但电极损耗较大。常用拉制的成形管加工小孔，还能加工钛。

5）钨。强度高，损耗小，但成本较高。可采用拉伸、磨削等方法制造加工微小型孔的电极。

6）钢。电火花加工稳定性差，电极损耗比纯铜、石墨大。机械加工性好，易于用线切割加工凸电极，再用来加工钢凹模或拉伸模，有时可与凸模一起制成整体，电极是凸模的延长部分。

2. 电极夹头

数控电火花成形加工机床一般都配备有成套的电极和工具夹头，这样能实现快速而准确的电极交换。根据电极的大小，国际上较流行的3R系统可提供三种电极夹系统：

（1）**大型系统**　基础件为带有燕尾导轨道快速夹紧座（平板状），更换电极的精度一般在 $10\mu m$ 以内。

（2）**中型系统**　基础件为直径 100mm 的电磁夹头，与之相配合的是圆形电极夹板，带有三个扁平基准面，更换精度达 $5\mu m$。

（3）**小型系统**　基础件为液压（气压）快速夹紧座，与之相配合的是带角向定位杆的电极柄。更换时的重复精度在 $2\mu m$ 以内。电极坯件可用锡焊、胶接、压接、螺纹联接等方式安装在电极夹头上未淬硬的一端，如图 5-16 所示，然后装夹在专用的电极制造附件上，进行其他加工。

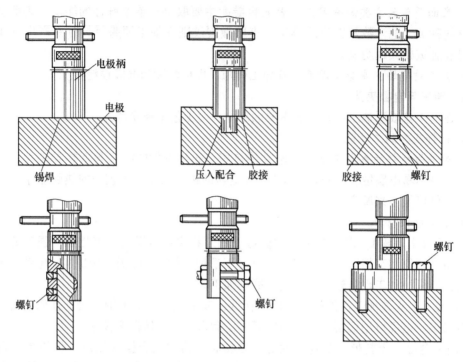

图 5-16　电极安装方式

（五）数控电火花成形加工工艺

电火花成形加工工艺是根据火花放电腐蚀金属的原理，以工具电极复制工件的一种加工方法，一般属型孔和型腔加工。脉冲电源和加工对象不同，其工艺方法也不一样。由于影响因素较多，加工范围较广且复杂，因此，很好掌握和正确使用电火花成形工艺是很重要的。

电火花成形加工可归纳为穿孔加工、型腔加工和切断加工。穿孔加工应用于冲模（包括凸凹模及卸料板、固定板）、粉末冶金模、挤压模（型孔）、型孔零件和小孔（$\phi 0.01 \sim \phi 3mm$ 小圆孔和异形孔）的加工；型腔加工用于型腔模（锻模、塑料模、胶木模等）及型腔零件的加工。

电火花成形加工的基本工艺路线如图 5-17 所示。其中有几道工序是相当重要的，第一是工具电极的设计和制造；第二是电火花加工前，工件型孔部分要加工预孔，并留有适当的电火花加工余量；第三是必须根据工件的要求、电极与工件的材料、加工工艺指标和经济效果等因素，确定合理的一组电参数，并在加工过程中及时切换。

电火花成形加工由于放电过程本身的复杂性和随机性，因此在基

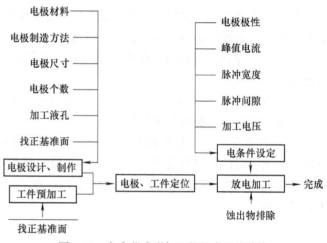

图 5-17　电火花成形加工的基本工艺路线

础理论研究领域迄今尚未取得显著成果。为此在如何提高电火花加工速度和加工质量、降低工具电极损耗等理论研究方面，有必要摆脱传统研究方法的局限，引入计算机仿真技术等现代研究技术和方法，以期取得突破性进展。

但在加工工艺和控制理论研究领域，由于研究成果可直接应用于生产实践，因此已成为目前电火花成形加工技术研究中较为活跃的领域。其研究热点主要集中在高效加工技术、高精密加工技术（如镜面加工技术）、低损耗加工技术、微细加工技术、非导电材料加工技术、电火花表面处理技术、智能控制技术（如人工神经网络技术、模糊控制技术、专家系统等）以及操作安全、环境保护等方面，且成效显著。现代的新型电火花成形加工机床在加工功能、加工精度、自动化程度、可靠性等方面已得到全面提升，许多机床已具备了高效、多轴联动、在线检测、智能控制、模块化等功能，它们不再是传统意义上的特种加工机床，而除其特殊性外，更向切削加工中的数控机床甚至加工中心的功能靠拢。

二、数控电火花线切割加工

(一) 电火花线切割加工原理

数控电火花线切割加工是利用线状电极（钼丝或铜丝）靠火花放电对工件进行切割的。它是 20 世纪 60 年代初期在电火花成形加工的基础上发展起来的一项新工艺，目前国内外的线切割机床已占电加工机床的 60% 以上。与电火花成形加工不同的是，线切割加工无需制作成形电极。在进行加工时，线电极一方面相对工件不断地往上（下）移动（慢速走丝是单向移动，快速走丝是往返移动）；另一方面，安装工件的十字工作台由数控伺服电动机驱动，在 X、Y 轴方向实现切割进给，使线电极沿着加工图形的轨迹对工件进行切割加工。

图 5-18 所示是数控电火花线切割加工的原理示意图。在电极丝与工件之间浇上液体介质，接上脉冲电源。工件接电源的正极，金属丝接负极。逐渐缩小两极间的距离，当小到一定程度时，液体介质被击穿，发生脉冲放电。工件材料被电蚀，在间隙长度中形成无数小凹坑。连续进给就能实现对工件加工。因此，只要有效地控制金属丝相对于工件的运动轨迹，就能切割出一定形状和尺寸的工件。切割轨迹一般是通过坐标工作台的滑板横向与纵向的进给运动形成的。

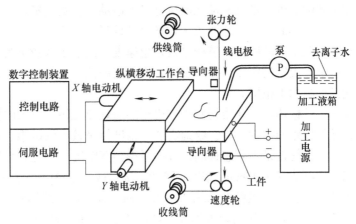

图 5-18　数控电火花线切割加工原理示意图

（二）数控电火花线切割加工机床的分类及应用范围

1. 数控电火花线切割加工机床的分类

根据电极丝运动的方式不同，数控电火花线切割加工机床可分为快速走丝数控电火花线切割加工机床和慢速走丝电火花线切割加工机床两大类别。

（1）快速走丝数控电火花线切割加工机床　图 5-19 所示的这类电火花线切割加工机床是我国的独创。其线电极运行速度快（300～700m/min），而且是双向往返循环地运行，即成千上万次地反复通过加工间隙，一直使用到断线为止。线电极主要采用钼丝（φ0.1～φ0.2mm）。工作液通常采用乳化液或矿物油（切割速度低，易产生火灾）、去离子水等。快速运动的线电极能将工作液带入狭窄的加工缝隙，起到冷却作用，同时还能将加工的电蚀产物带出加工间隙，以保持加工间隙的"清洁"状态，从而有利于切割速度的提高。

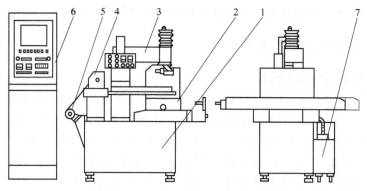

图 5-19　快速走丝数控电火花线切割加工机床
1—床身　2—工作台　3—丝架　4—贮丝筒
5—紧丝电动机　6—数控箱　7—工作液循环系统

相对来说快速走丝电火花线切割加工机床的结构比较简单，一般采用步进电动机的开环驱动方式。其走丝系统如图 5-20 所示，线电极被排列整齐地绕在一只由交流或直流电动机驱动的贮丝筒上，经丝架，由导轮和导向器定位，穿过工件，然后再经过导向器、导轮返回到贮丝筒。加工时，线电极在贮丝筒电动机的驱动下，经过导轮、导向器送到加工间隙进行放电加工，从间隙出来后，再由导向器、导轮送回贮丝筒，并排列整齐地收回到贮丝筒上，这样反复地通过加工间隙。若贮丝筒驱动电动机是交流电动机，线电极通过加工间隙的速度一般是固定的，为 450 m/min 左右，这取决于贮丝筒的外径。若为直流电动机，其结构大致相同，但可以根据被加工工件的厚度调节线电极走丝速度，使加工参数更为合理。为了在加工时使线电极保持一个较固定的张力，在绕线时要有一定的拉力（预紧力），以减少加工时线电极的振动幅度，提高加工精度。

不过，由于快速走丝数控电火花线切割加工机床的运丝速度快，机床的振动较大，线电极的振动也较大，导丝导轮的损耗亦大，给提高加工精度带来较大的困难。另外，线电极在加工往复运行中的放电损耗也是不容忽视的，故而要得到高精度的加工和维持加工精度相当困难。目前能达到的精度为 ±0.01mm，表面粗糙度 Ra0.63～1.25μm，但一般的加工精度为 ±（0.015～0.02）mm，表面粗糙度 Ra1.25～2.5μm，可满足一般模具的要求。

（2）慢速走丝数控电火花线切割加工机床　如图 5-21 所示，这类电火花线切割加工机床的运丝速度一般仅 3m/min 左右，最高为 15m/min。可使用纯铜、黄铜、钨、钼和各种合金以及金属涂覆线作为线电极，其直径为 0.03 ~ 0.35mm。在这种机床上，线电极只是单方向通过加工间隙，不重复使用，可避免线电极损耗给加工精度带来的影响。工作液主要采用去离子水和煤油，使用去离子水生产效率高，无引起火灾的危险。

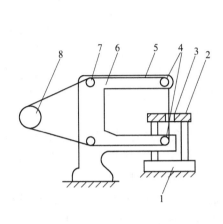

图 5-20　快速走丝架结构示意图
1—工作台　2—夹具　3—工件　4—导向器
5—线电极　6—丝架　7—导轮　8—贮丝筒

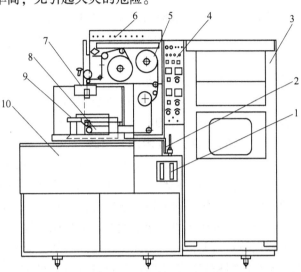

图 5-21　慢速走丝数控电火花线切割加工机床
1—工作液流量计　2—画图工作台　3—数控箱
4—电参数设定面板　5—走丝系统　6—放电电容器
7—上丝架　8—下丝架　9—工作台　10—床身

慢速走丝数控电火花线切割加工机床一般采用直流伺服电动机或交流伺服电动机的半闭环和闭环驱动方式，且具有螺距误差补偿和齿隙补偿，故机床精度较高，能完成高精度的加工。其走丝系统如图 5-22 所示，该系统为单向运丝，即新电极只一次通过加工间隙，故线电极的损耗对加工精度的影响较小。线电极通过加工间隙的速度（走丝速度）可根据工件厚度进行调节。加工时，应保持线电极的恒速、恒张力，使加工切缝能自始至终保持稳定（切缝的一致性还与脉冲电源、伺服方式和导向器形式等有关），具有更高的加工精度。

慢速走丝数控电火花线切割加工机床还具有自动卸除加工废料，自动搬运工件，自动穿电极丝，自动切断线电极和自适应控制等功能，只要有

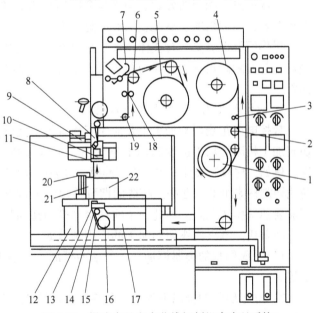

图 5-22　慢速走丝电火花线切割机床走丝系统
1—张力轮　2、19—导轮　3—导线器　4—放线盘　5—收线盘
6—走丝速度轮　7—压丝轮　8—上导轮　9—U、V 形工作台
10—上导向器　11—上喷嘴　12—工作安装台　13—下喷嘴
14—下导向器　15—导电块　16—下导轮　17—下丝架
18—断丝检测器　20—压板　21—线电极　22—工件

加工预孔，就能在一个工件上进行多工位的无人连续加工。目前这类机床的切割速度已达到 350mm²/min（线电极沿图形加工轨迹的进给速度乘以工件厚度），精度 ±0.001mm，表面粗糙度可达 $Ra0.3\mu m$。但价格要比快速走丝数控电火花线切割价格机床高得多。

代表了目前最高水平的顶级低速走丝电火花线切割机床（如夏米尔公司的千系列机床、三菱电机公司的 PA 系列超高精度机床等）加工精度均在 ±0.002mm 以内，表面粗糙度达 $Ra < 0.2\mu m$，一般都能使用小于 0.03mm 的电极丝进行微精加工。主机大都具有热平衡系统，一些机床采用在油中进行切割加工。而高档低速走丝电火花线切割机床（如夏米尔公司的 240CC、440CC 机，三菱电机公司的 FA－V 超高速高性能机等）一般均带有自动穿丝装置，能采用 0.10mm 的电极丝进行切割，精度在 ±0.003mm 左右。最高加工效率能达 500mm²/min 的超高速机（夏米尔公司的 240CC、440CC 机）也属于这个档次。

（3）"中走丝"机床　自 21 世纪初国内电加工机床生产企业通过对高速电火花线切割机床的改造，实现了在高速电火花线切割机床上的多次切割加工。该类在高速走丝基础上发展起来的，加工效果向低速走丝靠拢的新型机床，被称为"中走丝"机床。

中走丝机床在保留快速走丝线切割机床结构简单、造价低、工艺效果好、使用过程消耗少等特点的基础上，引用国际上精密模具加工设备的先进理念及慢走丝多次切割技术，能实现无条纹切割和多次切割的往复走丝（快走丝和中走丝，都属于往复走丝型线切割），消除了往返切割条纹，解决了一次切割时的材料变形影响。

中走丝机床是我国独创的电加工机床，加工质量明显高于其他高速走丝电火花线切割机，并逼近一般的低速走丝线切割机床，在模具制造及零件加工领域内有广泛的应用，在中低档市场中占有相当的分量。中走丝多次切割加工对于大部分端子模、冲压模的凹模，加工效果明显，无论精度、粗糙度均有明显提升，操作也比较简单。但对于凸模加工，工艺性较强，操作经验很重要，有些体积大、材料厚的凸模加工还有待积累加工经验。此外有关理论修正量与实际修正量的差异与规律及高速电火花线切割的放电机理等问题还有待于进一步探索。

2. 数控电火花线切割加工机床的应用范围

数控电火花线切割加工主要应用于模具加工及电火花型腔模用的电极加工等。电火花线切割加工机床的加工速度和加工精度正在迅速提高，目前已达到可与坐标磨床相匹敌的程度。例如，材料为模具钢的中小型冲模，过去用分开模和曲线磨削的方法加工，现在改用电火花线切割整体加工的方法，制造周期可缩短 3/4~4/5，成本可降低 2/3~3/4，配合精度高，不需要熟练操作工人。因此，某些精密冲模的磨削等工序，已被电火花加工和电火花线切割加工所替代。电火花线切割加工的应用领域如下：

1）平面形状的金属模加工，包括冲模加工、粉末冶金模加工、拉伸模加工和挤压模加工等。

2）立体形状的金属模加工，包括冲模用凹模的退刀槽加工、塑料用金属压模加工、塑料模等分离面的加工等。

3）电火花成形加工用电极的制作，包括形状复杂的微细电极的加工、一般穿孔用电极的加工、带锥度型模电极的加工等。

4）试制品及零件加工，包括试制零件的直接加工、批量小品种多的零件加工、特殊材料的零件加工、材料试件的加工等。

5) 轮廓量规的加工，包括各种卡板量具的加工、凸轮及模板的加工、成形车刀的成形加工等。

6) 微细加工，包括化纤喷嘴的加工、异形槽和窄槽的加工、标准缺陷加工等。

(三) 数控电火花线切割加工工艺要点

衡量电火花线切割加工的工艺指标主要有切割速度、切割精度、切割表面粗糙度和线电极在加工过程中的损耗等。通过各项参数对工艺指标的影响，及各项工艺指标的相互影响，能反映出数控电火花线切割加工的工艺要点。

1. 数控电火花线切割加工的切割速度及其主要影响因素

电火花线切割加工的切割速度 $v_{WA}(mm^2/min)$ 是用来反映加工效率的一项重要指标，即通常所说的加工快慢。有时用线电极沿图形加工轨迹的进给速度作为电火花线切割加工的切割速度，但对于不同厚度的工件，这个进给速度是不一样的。因此，采用线电极沿图形加工轨迹的进给速度乘以工件厚度来表示电火花线切割加工的切割速度是比较科学的，即采用线电极的中心线在单位时间内在工件上扫过的面积总和来表示切割速度是能够反映实际切割效果的。也可以认为是在单位时间内，机床的 X 轴和 Y 轴电动机驱动工作台相对线电极移动的距离乘以工件的厚度，即切割速度 $v_{WA}(mm^2/min)$ ＝加工进给速度 $v(mm/min) \times$ 工件厚度 $H(mm)$ 。

切缝的宽窄，对加工的快慢有一定的影响，但它主要取决于线电极的直径，也就是说，线径粗则切缝宽，需要蚀除的金属量大；反之，则切缝狭，金属蚀除量少。在线切割加工中，所使用的线电极的直径很小，切缝一般都小于 0.3mm。对于较粗的线电极，可采用较大的电参数，有利于提高切割速度。因此，电火花线切割加工中，不采用金属蚀除量，而采用切割速度来表示它的工作效率更为方便。

影响电火花线切割加工速度的因素很多，主要影响因素如下：

1) 放电能量，包括峰值电流、脉冲电流上升速度、脉冲宽度、脉冲频率、平均加工电流、空载电压和脉冲最佳控制等。

2) 线电极，包括材质、线电极线径、走线速度、张力大小、进电部位的接触电阻和振动等。

3) 工作液，包括工作液种类、工作液导电率、工作液供给方式、工作液流量和压力、过滤方式和温度等。

4) 工件，包括工件的材质、工件的厚度、工件的热处理和剩磁（一般在磨削后产生）等。

5) 进给方式，包括恒速进给、伺服进给、自适应控制等。

2. 数控电火花线切割加工的加工精度及其主要影响因素

数控电火花线切割加工的加工精度主要指加工面的尺寸精度、间距尺寸精度、定位精度和角部形状精度等。

影响数控电火花线切割加工的加工精度的因素很多，主要影响因素如下：

1) 脉冲电源，包括脉冲电源类型、电源电压的波动和波形对电极的损耗等。

2) 线电极，包括线电极线径精度、张力大小及稳定性、走丝速度及稳定性和线电极损耗等。

3) 工作液，包括工作液流量及压力的稳定性、液温变化、电阻率、供液方式（喷射、浸入）和过滤精度等。

　　4）工件，包括工件材质和剩余应力等。

　　5）进给方式，包括恒速进给、伺服进给和自适应控制等。

　　6）机床，包括机床的刚性、热变形和传动精度等。

　　7）环境，包括电网电压的波动、振动和室温变化等。

　　3. 数控电火花线切割加工的加工表面质量及其影响因素

　　数控电火花线切割加工是利用放电能量的热作用，使工件材料熔化、蒸发而达到尺寸加工的目的。由于线切割加工的工作液是具有介电作用的液体，因此，在加工过程中还伴有一定的电解作用。切割时的热作用和电解作用，通常会使加工表面产生变质层，如显微裂纹或表层硬度降低等导致电火花线切割加工的模具发生早期磨损，缩短了模具的使用寿命。

　　电火花线切割表面变质层与工件材料、工作液和脉冲参数等有关。电火花线切割加工的表面变质层，一般存在拉应力，甚至出现显微裂纹，在加工硬质合金材料时，在一般的电参数条件下，更加容易出现裂纹，并存在空洞，这是要注意的。对于电火花线切割加工表面的缺陷，可采用多次切割的方法，尽量减少其缺陷，对要求高的加工件，可采用各种措施，抛除变质层。

　　4. 线电极损耗及其影响因素

　　在数控电火花线切割加工中，线电极的损耗也是影响加工工艺指标的一项重要因素。减少线电极在加工过程中的损耗，一直是人们极为关注的问题，对于快速走丝电火花线切割加工来说，显得更为重要，因为它的线电极在加工过程中是反复使用的。由于线电极损耗的存在，加工工件的切缝，开始时宽，随着线电极损耗的增加，后面的切缝越来越窄，增大了加工的尺寸误差。

　　影响线电极损耗最重要的因素是脉冲电源。脉冲电源的上升速度对线电极损耗的影响最大，其次是放电延时或脉宽。在满足切割速度和加工表面粗糙度的情况下，增大脉冲电流的上升时间和增加脉冲宽度有利于减少线电极在加工中的损耗。

　　（四）数控电火花线切割加工程序编制

　　1. 程序格式

　　线切割程序格式有3B、ISO和EIA等，过去多使用3B格式，为了与国际接轨，现在趋向于使用ISO代码。

　　线切割加工的ISO代码程序格式与数控铣床的编程格式基本相同，程序段格式为

　　N×××G××X××××××Y××××××I××××××J××××××;

　　其中，N表示程序段号，×××为1~4位数字序号；

　　G表示准备功能，其后的两位数××表示各种不同的功能；

　　X、Y表示直线或圆弧终点坐标值，以μm为单位，最多6位数；

　　I、J表示圆弧的圆心相对起点的坐标值，以μm为单位，最多为6位数。

　　此外，表示程序停止和结束的辅助功能，常用的有M00程序停止；M01选择停止；M02程序结束。当准备功能G××与上一段程序段相同时，则该段的G××可省略不写。

　　2. 有公差尺寸的编程计算方法

　　大量的统计表明，加工后的实际尺寸大部分是在公差带的中值附近。因此，对于标注有公差的尺寸，应采用中差尺寸编程。中差尺寸的计算公式为

$$中差尺寸 = 基本尺寸 + （上偏差 + 下偏差）/2$$

3. 间隙补偿量 f

数控线切割加工时，被控制的是电极丝中心移动的轨迹，图 5-23 中电极丝中心轨迹用双点画线表示。加工凸模时，电极丝中心轨迹应在所加工图形的外面；加工凹模时，电极丝中心轨迹应在被加工图形的里面。所加工工件图形与电极丝中心轨迹间的距离，在圆弧的半径方向和直线段的垂直方向都等于间隙补偿量 f。

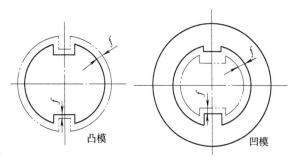

图 5-23　电极丝中心轨迹

(1) 判定 $\pm f$ 的方法（见图 5-24） 间隙补偿量的正负，可根据在电极丝中心轨迹图形中圆弧半径及直线段法线长度的变化情况确定，$\pm f$ 对圆弧是用于修正圆弧半径 r，对直线段是用于修正其法线长度 P。对于圆弧，当考虑电极丝中心轨迹后，其圆弧半径比原图形半径增大时取 $+f$，减小时取 $-f$；对于直线段，当考虑电极丝中心轨迹后，使该直线段的法线长度 P 增加时取 $+f$，减小时取 $-f$。

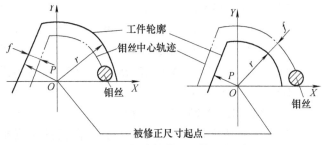

图 5-24　间隙补偿量的符号判别

(2) 间隙补偿量 f 的算法 加工冲模的凸、凹模时，应考虑电极丝半径 $r_{丝}$、电极丝和工件之间的单边放电间隙 $\delta_{电}$ 及凸模和凹模间的单边配合间隙 $\delta_{配}$。当加工冲孔模具时（即冲后要求工件保证孔的尺寸），凸模尺寸由孔的尺寸确定。因 $\delta_{配}$ 在凹模上扣除，故凸模的间隙补偿量 $f_{凸} = r_{丝} + \delta_{电}$，凹模的间隙补偿量 $f_{凹} = r_{丝} + \delta_{电} - \delta_{配}$。当加工落料模时（即冲后要求保证冲下的工件尺寸），凹模尺寸由工件的尺寸确定。因 $\delta_{配}$ 在凸模上扣除，故凸模的间隙补偿量 $f_{凸} = r_{丝} + \delta_{电} - \delta_{配}$，凹模的间隙补偿量 $f_{凹} = r_{丝} + \delta_{电}$。

4. 编程实例

编制图 5-25 所示落料模的凹模和凸模加工程序，$\delta_{配} = 0.01\text{mm}$，$\delta_{电} = 0.01\text{mm}$，$r_{丝} = 0.065\text{mm}$（钼丝直径为 0.13mm）。

(1) 编制凹模程序 由于该模具是落料模，冲下零件的尺寸由凹模确定，模具配合间隙在凸模上扣除，故凹模的间隙补偿量为

$$f_{凹} = r_{丝} + \delta_{电} = （0.065 + 0.01）\text{mm} = 0.075\text{mm}$$

图 5-26 中双点画线表示电极丝中心轨迹，此图对 X 轴上下对称，对 Y 轴左右对称。因此，只要计算一个点，其余三个点均可相应得到。

圆心 O_1 的坐标为（0，7），虚线交点 a 的坐标为 $X_a = 3 - f_{凹} = （3 - 0.075）\text{mm} = 2.925\text{mm}$，$Y_a = 7 - \sqrt{(5.8 - 0.075)^2 - X_a^2} = 2.079\text{mm}$。根据对称原理可得到其余各点对 O 点的坐标如下：

$O_2(0, -7)$；$b(-2.925, 2.079)$；$c(-2.925, -2.079)$；$d(2.925, -2.079)$。

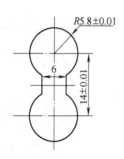

图 5-25　零件图

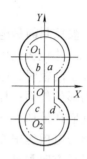

图 5-26　凹模电极丝中心轨迹及坐标

若穿丝孔中钼丝中心（起割点）为 O 点，按 $a—b—c—d$ 逆时针方向以增量坐标方式 G91 进行编程，程序如下：

N1　G01　X2925　Y2079　　　　　　　　　；切割 Oa 段

N2　G03　X－5150　Y0　I－2925　J4921　；切割 ab 段

N3　G01　X0　Y－4158　　　　　　　　　；切割 bc 段

N4　G03　X5850　Y0　I2925　J－4921　　；切割 cd 段

N5　G01　X0　Y4158　　　　　　　　　　；切割 da 段

　　N6　X－2925　Y－2079　　　　　　　　；返回 O

（2）编制凸模程序（见图 5-27）　　凸模的间隙补偿量 $f_凸 = r_丝 + \delta_电 - \delta_配 = (0.065 + 0.01 - 0.01)\,\mathrm{mm} = 0.065\mathrm{mm}$。计算双点画线上圆弧相交的交点 a 的坐标值。圆心 O_1 的坐标为（0，7）。交点 a 的坐标为 $X_a = 3 + f_凸 = 3.065\mathrm{mm}$，$Y_a = 7 - \sqrt{(5.8 + 0.065)^2 - X_a^2} = 2\mathrm{mm}$。按对称原理可得到其余各点的坐标如下：

$O_2(0, -7)$；$b(-3.065, 2)$；$c(-3.065, -2)$；$d(3.065, -2)$。

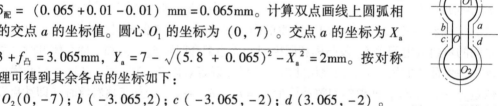

图 5-27　凸模电极极丝中心轨迹及坐标

加工时先沿 X 方向切入 5mm 至 b 点，沿凸模按逆时针方向切割回 b 点，再沿 X 方向退回 5mm 至起始点，其程序如下：

N1　G92　X－8065　Y2000　　　　　　　　；设定起始点的绝对坐标

N2　G01　X5000　Y0　　　　　　　　　　　；切入至 b 点

N3　G01　X0　Y－4000　　　　　　　　　　；切割 bc 段

N4　G03　X6130　Y0　I3065　J－5000　　；切割 cd 段

N5　G01　X0　Y4000　　　　　　　　　　　；切割 da 段

N6　G03　X－6130　Y0　I－3065　J5000　；切割 ab 段

N7　G01　X－5000　Y0　　　　　　　　　　；退回至起始点

三、数控激光加工技术

自 20 世纪 60 年代初第一台红宝石激光器问世以来，激光技术已取得了飞速发展。由于激光具有一系列极为突出的特性，如极高的能量密度、极好的方向、单色性和相干性等，在工业、农业、交通运输、科学研究和现代国防等各个领域都得到越来越广泛的应用，在许多方面引起了深刻的变革。

随着激光技术的迅速发展，一种崭新的加工方法——激光加工出现了，并且在生产实践中显示出了它的优越性。它不需要工具，并且加工的小孔孔径可以小到几微米。同时还可以焊接和切割各种硬脆和难熔的材料，速度快，效率高，表面变形小。在机械制造业中，还广泛应用于长度、速度、角度、方向、距离、转速、振动、流速和温度等的精密测量。

（一）激光加工简介

1. 激光的特性与产生

（1）**激光的特性**　激光也是一种光，是通过受激辐射发出的。它具有一般光的反射、折射和绕射等共性。另外还具有如下重要特性：

1）强度和亮度高。原因在于激光可以实现光能在空间和时间上的高度集中。如果将分散在180sr范围内的光能全部缩到0.18sr范围内辐射，在不增加总功率的情况下，发光体在单位立体角内的发射功率就可以提高到一百万倍，即亮度提高了一百万倍。如果把1s内发出的光能压缩到亚毫秒（0.0001s）数量级内发射，形成短脉冲，则在平均功率不变的情况下，瞬时脉冲功率又可以提高上万倍，从而大大提高了激光的亮度。一台红宝石巨脉冲激光器的亮度比高压氙灯高370亿倍，比太阳表面的亮度也要高200亿倍。

2）单色性好。单色性是指光的波长或频率在一个确定的极窄的数值范围内。数值范围（即谱线宽度）为零的单色光是不存在的。波长为λ_0的单色光是指中心波长为λ_0，谱线宽度为$\Delta\lambda$的一个光谱范围。$\Delta\lambda$称为该单色光的线宽，是衡量单色性好坏的尺度。$\Delta\lambda$越小，单色性越好。

在激光出现以前，单色性最好的是氪灯光源发出的单色性，$\lambda_0 = 6057\text{Å}$（$1\text{Å} = 10^{-4}\mu m$），$\Delta\lambda$为$4.7 \times 10^{-3}\text{Å}$。而激光的谱线宽度$\Delta\lambda$一般都小于$10^{-7}\text{Å}$，单色性比氪灯提高上万倍。

3）相干性好。当两个频率相同、振动方向相同、周相相同或周相差恒定的光源所发出的两束光源在空间某点相遇叠加时，它们分别在该点所引起的振动将有恒定的周相差，于是各点的振动就有可能比叠加前都有所加强或减弱，甚至完全抵消，呈现出稳定的明暗条纹。这种现象称为光的相干现象，相应的光源称为相干光源。

激光光源发出的光源符合上述条件，所以相干性好，光源的相干性可以用相干时间或相干长度来衡量。相干时间是指光源先后发出的两束光能够产生干涉现象的最大时间间隔。在这个时间间隔内光所走过的路程就是相干长度，它与光源的单色性有直接的联系。也就是说，激光的单色性越好，即$\Delta\lambda$越小，则相干长度越长，相干性越好。氪灯光源相干长度只有78cm，而激光相干长度一般都可达到数十千米。

4）方向性好。光束的方向性是用光束的发散角来表示的。普通光源由于各个发光中心是独立地发光，而且各具有不同方向性，所以发射的光束是很发散的，即使加上聚光系统，要使光束的发散角小于0.1rad，仍是十分困难的。激光则不同，它的各个发光中心是互相关联地定向发射，所以可以把激光束压缩在很小的立体角内，发散角可以小到0.1mrad左右。由于激光的方向性好，可以使光束汇聚到直径小于0.01mm的面积上，故也可用于微细加工。

应当指出，激光的上述特性不是相互无关的，而是相互关联、互相渗透的。

（2）**激光的产生**　任何物质都是由原子构成的，而原子又是由原子核和绕核电子所组成的。原子的内能等于电子绕核运动的动能和电子与原子核之间相互吸引的位能之和。按照量子力学的观点，核外电子只能处在某些能量不连续的能级轨道上，其中能量最低的一个叫基态（见图5-28）。处于较高能态的原子一般是不大稳定的，它总是试图回到能量较低的能态上（正如高处的水总是往低处流一样）。原子从能级较高的能态跃迁到能级较低的能态时，常会以光子的形式辐射出光能量，放出光子的能量等于两能级之差，相应光子的频率也由两能级之差决定。

下面这个通俗易懂、形象生动的例子，可帮助读者进一步了解激光的产生原理。假设激光是由一大群光子组成的，被束缚在一个封闭的黑屋（此处指谐振腔，如图 5-29 所示）中，由于"暗无天日"，光子个个都希望早日逃离黑屋，因而你推我搡，四处碰壁。如果此时四周都打开大门敞开放行，那么光子就会从四周逃离。即由于分流效应，各个方向都有光，光的强度因此不会很高，方向性也不会很好，即自发辐射。假如只打开一个小门，那么里面的光子们就会"夺路而出"，从而在此方向上出现一长串排列整齐的光子，这样就会形成定向的光束。如果源源不断地向屋内补充光子，就能发出连续不断的激光。

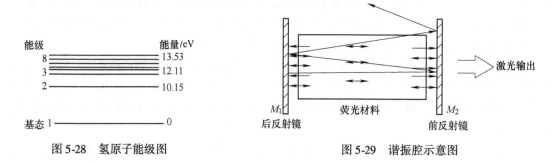

图 5-28　氢原子能级图　　　　　图 5-29　谐振腔示意图

2. 激光加工的原理与特点

（1）激光加工原理　由于激光强度高、方向性好、颜色单纯，就有可能用一系列光学系统把激光束聚集成一个直径仅有数微米到数十微米的极小光斑，从而获得 $10^7 \sim 10^{11}$ W/cm^2 的能量密度以及上万摄氏度的高温，并能在 10^{-3} s 或更短的时间内使一些难熔材料急剧熔化以致气化蒸发，以达到加工工件的目的。

激光加工的机理，目前还不十分清楚，说法不一。但由大量的实验研究，可以这样来认识：当能量密度极高的激光束照射在被加工表面时，光能被加工表面大量吸收，并部分转换成焦耳热能，使照射斑点的局部区域温度迅速升高到熔化以致气化，并形成陷坑。随着光能的继续被吸收，陷坑中的金属蒸气高速膨胀，相当于产生一个微型爆炸，把熔融物高速喷射出来，同时产生一个方向性很强的反冲击波。工件在高温和反冲击波的同时作用下，被打出一个带锥度的微型小孔。

那么，这个孔是不是单纯地因高温被烧穿的呢？据计算表明，把孔中的材料全部气化所需要的能量比激光所提供的能量要多。而且热的传递时间要比现在打孔所需要的时间长得多。再说热量还会向四周扩散，因而孔的形状既不会很规则，也不可能太小。这证明孔不是单纯烧穿的，而是被光子共振所高速打穿的。

（2）激光加工特点

1）功率密度高，几乎可以加工所有的材料，包括绝大多数金属、非金属和普通方法难以加工的硬度高、脆性大、难熔的金刚石、陶瓷等材料。

2）加热速度快、效率高，热影响区小、材料变形小、不影响基体材料的性能。

3）属于无接触加工，无刀具磨损。它甚至可以透过透明材料对内部进行加工而不损坏透明材料。

4）激光束的电调制方便，易于实现计算机数字控制自动化操作，可以精确加工各种复杂形状的工件。

（二）数控激光加工机

1. 激光加工设备

激光加工设备的基本部分包括：激光器、电源、光学系统和机械系统等。

（1）激光器　它的任务是将电能转化为光能，产生所需要的激光束。一般按工作物质可分为固体、气体、液体、半导体和化学激光器五种。根据工艺需求，激光照射应是脉冲性的，既要有较大的脉冲能量，又希望有一定的重复频率。目前较多应用于激光加工的有二氧化碳气体激光器和红宝石、钕玻璃、YAG（掺钕钇铝石榴石）等固体激光器。

（2）电源　激光电源为激光发生器提供所需要的能量，包括时间控制、触发器、电压控制和储能电容器组等。一般情况下，不同的激光器对供电电源的要求也是不相同的。

（3）光学系统　光学系统用来将激光束聚焦，并能观察和调整焦点位置，包括显微镜瞄准、光束聚焦及加工状态在投影屏上的显示等。

（4）机械系统　机械系统主要包括床身、三坐标精密工作台和机电控制系统等。为了保证加工精度，机床设计时要求传动链短，尽可能减小传动间隙；光路系统的调节部分，在调整好后，需锁紧固定；刚度应能防止受环境温度等因素影响而引起变形。为了充分发挥激光加工无工具损耗及可以连续工作的特长，大都采用数控装置来自动控制加工位置。

激光发生器与数控机床结合就构成了数控激光加工机。目前国内外使用最普遍的工业激光加工机是数控激光切割机，其次还有数控激光硅片划片机、数控激光打孔机和数控激光热处理机床等。机床制造商将高动态精密制造技术与最先进的激光技术结合起来，推出了激光复合加工中心。除了正常的切削加工，复合了3D激光加工、激光精密切割、激光精密钻孔等功能。采用激光代替旋转的切削刀具，以非机械接触方式的精密加工取得了前所未有的加工效率和加工效果。下面主要针对应用最广泛的数控激光切割机作一些介绍。

2. 分类及结构特点

数控激光切割机可以从两方面分类，其一是按激光的类型分类，有气体激光切割机和固体激光切割机。目前应用的绝大多数气体激光是二氧化碳气体激光。固体激光主要是指YAG激光。前者的波长为$10.6\mu m$，功率较大，光束发散角较小，一般用于切割中碳钢、不锈钢；后者的波长为$1.06\mu m$，功率较小，光束发散角较大，波长较短，聚焦功率密度较大，主要用于切割铜、铝、各种金属薄板和硅片等非金属材料。其二是按加工机床的机械结构特征分类，可分为龙门式、下动式、框架式光移动激光加工机。龙门式加工机的切割头在横梁上作Y方向移动，工作台带动工件作X方向移动，其特点为结构紧凑，适合较大尺寸范围；下动式加工机的切割头固定，工作台带动工件作X、Y方向移动，其特点是光束固定、易于调整，但结构往往因工作台的双向运动而显得笨重；框架式光移动激光加工机的切割头沿横梁作Y向移动，横梁在框架上作X向移动，适合不便移动的大型零件的激光加工。其中龙门式激光切割机应用最为广泛。

激光切割的原理是：从激光器输出的激光，经反射光道进入切割嘴。按不同的机床结构，或割嘴动，或工件动，或两者都动，从而实现二维XY平面内任意形状的加工；Z轴由高度压力传感器控制，随着板材的起伏而上下移动，所以也称"Z伏控制"；数控箱和激光发生器控制箱连为一体置于机床旁。此外，还有水冷循环系统、风道系统和自动编程系统等辅助装置。

3. 控制系统

激光切割机的核心——计算机控制系统，主要完成加工轨迹插补控制（包括割缝补偿）、辅助功能控制（如开光、关光、提升、落下切割嘴等）、坐标参数显示、现场编辑修改和接受编程机编制的程序，此外，还应具有错误检查和自诊断功能。

需要强调的是，为了防止机床和激光发生器在运行过程中出现的突发事故给设备带来影响，控制系统应设置联锁报警，一旦出现任何一个故障，机床和激光器都会暂时停止运行，待故障排除后才能恢复正常。例如激光器阳极温度过高，这时联锁系统就要起作用，切断放电回路，此时可能的故障原因是循环冷却系统出了问题；再如光闸若有松动现象，则也有可能引起光闸错误的联锁报警，以便及时予以修复。

（三）激光加工工艺及应用

1. 激光打孔工艺规律

激光打孔是激光加工的主要领域之一，目前比较成熟的激光打孔方法有：复制法（采用与被加工孔形状相同的光点进行复制打孔）及轮廓迂回法（加工的孔以一定的位移量连续地彼此叠加而形成所需要的轮廓）。后者从某种意义上说也是激光束的切割。以下介绍激光打孔工艺规律。

（1）激光照射面的能量分布　激光束的光斑直径 $d = f\theta$，其中 f 为透镜焦距，θ 为激光束发散角。如果把激光束视为一个按直线传播的平行束，发散角又很小，则发散角可用下列近似公式计算，即

$$\theta = 2.44\lambda / D$$

式中　λ——激光波长（μm）；

D——平行光束的直径（mm）。

例如，钕玻璃的直径 D 为 10 mm 时，其发散角应为 2.5×10^{-4} rad，当焦距为 20mm 时，光斑直径约为 5μm。目前，由于工作物质的材料不均匀，光泵和工作物质的位置安放不准确，以及钕玻璃内部温度分布等引起的轴外振荡，最小孔径在 10μm 以上。另外，增加谐振腔长度有利于减小发散角。

这样一个极小的光斑内，能量也不是平均分布的，而是在光斑中心点光强 I_0 最大，而远离中心点的地方就逐渐减弱。并且增大激光束功率或减小焦距和波长都能提高焦点的光强。

由于激光加工主要还是一种热加工，因此应尽量减少热传导损失，使投入工件的能量更有效地利用。为此，采用脉冲方式加工效果较好。

激光束经透镜聚焦后，其能量密度极高，光斑中心部位温度可达 10000 ~ 20000℃，加工孔深径比可达 10 ~ 50 倍以上。

（2）影响激光加工的主要因素　激光加工虽然也有生产率和粗糙度的要求，但主要还是加工精度，如孔和窄缝大小，深度及其几何形状等。由于工艺对象的最小尺寸只有几十微米，因此其尺寸误差就必然在微米级。为了达到这样高的精度要求，除了保证光学和机械系统方面的精度外，还必须根据激光加工的一般原理和激光的特点，分析影响激光加工的几种主要因素。

1) 焦距和发散角。发散角小，焦距短，在焦面上可以获得更小的光斑及更高的功率密度。光斑直径小，所打的孔也小，而且，由于功率密度大，激光束对工件的穿透力也大，打出的孔不仅深，而且锥度小。所以，要尽量减小激光束的发散角，并尽可能采用短焦距物镜（20mm 左右）。

2) 焦点位置。对加工孔的形状和深度均有很大的影响。当焦点位置很低时，透过工件表面的光斑面积较大，这不仅会产生很大的喇叭口，而且由于能量密度减小而影响加工深度；如果焦点位置太高，在工件表面的光斑同样很大，进入工件后，光斑会越来越大，甚至无法继续下去。一般来说，激光的实焦点在工件的表面或略微低于工件表面为宜。

3) 输出能量和脉冲时间。一般来说，加工孔径越大、越深，加工材料的导热性越好，熔点越高，所需要的激光能量也就越大；反之则小。由于工件材料的性能和打孔的要求千差万别，所需的激光能量也大不相同，大约在 1～100J 之间变化。实践证明，当焦点固定在工件表面时，输出能量越大，打出的孔就越大、深，并且锥度也越小。

脉冲的持续时间一般为几分之一到几毫秒，时间太长会使热量扩散到非加工区；时间过短则因照射时间短而使能量密度大大提高，蚀去物将以高温气体喷出，也会使能量使用效率降低。

4) 光斑内能量分布。在基模光束聚焦的情况下，焦点中心的光强度最大，能量对称分布，这种光束加工出的孔必然是正圆形的。当激光束不是基模输出时，其能量分布就不是对称的，打出的孔必然是单边形状，或其他别的形状。

5) 激光的照射次数。用激光照射一次，即打一个孔只输入一个激光脉冲，那么加工的深度约为直径的五倍，而且锥度较大。如果采用多次照射，深度可以大大增加，锥度可以相应减小，而孔的直径几乎不变。但是，孔的深度并不是与照射次数成比例地增加的，而是加工到一定深度后，由于孔内壁的反射、透射以及激光的散射或吸收等，使能量密度不断减小，抛出力减小，排屑困难，加工量逐渐减小，以致不能继续加工下去。例如采用红宝石激光器加工蓝宝石时，一般照射 20～30 次以后，孔的深度达到饱和值，如果单脉冲能量不变，则无需继续加工。

6) 工件材料。经透镜聚焦后的激光束功率很高，如果这样高的能量都能被工件吸收，则打孔效率就会很高。但如果工件材料对激光波长效率很低，则激光能量被反射或透射而散失掉，打孔效率就低。因此，必须根据工件材料吸收光谱的性能来选择适当的激光器。例如对宝石轴承打孔，可以用波长为 6943Å 的红宝石激光或波长为 10.6μm 的二氧化碳激光。对于反射率或透射率高的工件应作适当处理，如打毛或黑化，以增大对激光的吸收率。

2. 激光加工应用

(1) 激光打孔 利用激光在非透明材料上打孔和切割，已广泛应用于金刚石拉丝模、钟表宝石轴承、陶瓷、玻璃等非金属材料和硬质合金、不锈钢等金属材料的小孔加工和多种材料成形切割加工。此外还可以用于动态平衡、刻线、录像和金属处理等。

激光打孔后，被蚀除的材料要重新凝固，除大部分变为小颗粒飞溅出去外，还有一部分粘附在孔壁，有的甚至还会粘附到聚焦物镜及工件表面上。因此，大多数激光加工设备都采用吸气或吹气措施，以帮助排除蚀除物。还可以在聚焦物镜上安装一块透明的保护膜，以防止聚焦物镜损坏。

（2）激光切割　数控激光加工形成的工件尺寸精度可达 ±0.1mm，粗糙度可达 $Ra0.16 \sim$ 0.32，这样的加工精度对一般金属结构件来说，已达到无需再加工的精度。

激光切割的原理与激光打孔原理基本相同，不同的是后者加工时，工件与激光束要相对移动，并且在生产实践中一般都是工件移动。

激光切割一般采用大功率二氧化碳激光器。对于精细切割，也可采用 YAG 固体激光器。

激光切割不仅具有缝窄、速度快、热影响区小、节省材料、成本低等优点，而且可以在任何方向上切割。目前已成功地应用于切割钢板、不锈钢、钛、钽、铌、镍、锆、铜、锌、铝、石英、陶瓷、半导体，以及布匹、木材、纸张、塑料等各种金属和非金属材料。

由于二氧化碳激光器的波长为 $10.6\mu m$，金属表面对这一波长的反射率高，影响切割效率。为了提高切割效率，可在加工时伴以喷吹氧气或压缩空气，这称为激光喷气切割。在切割易燃材料时，可喷吹惰性气体防止燃烧。在切割石英时，吹氧可防止再粘结。采用这种方法还可使切口平整、光洁、切缝减小、热影响层减小，并有利于带走气化的材料，以及避免镜头污染等。

（3）激光焊接　激光焊接和激光打孔的原理稍有不同，焊接时不需要那么高的能量密度使工件材料气化蚀除，而只要将工件的焊接区烧熔使其粘合在一起。因此，激光焊接所需能量密度相对于打孔和切割要低，通常可采用减小激光输出来实现。

脉冲输出的红宝石激光器和钕玻璃激光器适合于点焊，而连续输出的二氧化碳和 YAG 激光器适合于缝焊。此外，氩离子激光器用于集成电路的引线焊接效果较好。

（4）激光表面处理　用大功率激光进行表面处理，其实质是把激光作为热源，照射到金属表面，被金属表层吸收，使金属原子迅速熔化、蒸发，产生微冲击波，并导致大量晶格缺陷形成，从而实现表面强化处理。具体应用情况如下：

1）耐磨零件的强化。如拖拉机铸铁汽缸套和内燃机车发动机缸套等。经过激光处理后，耐磨性比过去中频淬火或氮化处理和电接触处理均有明显提高，而且加工速度快，操作方便，成本低。

2）激光表面合金化。用激光束加热金属表面至熔点以上，并附加合金元素进入表层，生成双层复合材料，以改进表面化学成分和性能。如对灰铸铁阀座密封件进行激光合金化处理后，可获得 55HRC 以上的硬度，大大提高了使用寿命。

3）激光表面涂敷。将粉末状涂料均匀地散在金属表面，用高功率密度的激光加热，使之全部熔化，同时金属基体表面也有微量熔融。当激光束离开后，表面迅速凝固，形成与基体金属粘结牢固的涂敷层。

4）激光动平衡。利用激光去除高速旋转零件上不平衡的过重部分，使惯性轴和旋转轴相重合，达到动平衡。

5）激光微调。激光微调包括薄膜电阻（$0.1 \sim 0.6\mu m$）与厚膜电阻（$20 \sim 50\mu m$）的微调，电容和混合集成电路的微调。没经微调的电阻器误差很大，一般达到 5% ~ 25%。过去采用超声法或喷砂法（厚膜）微调，精度低，速度慢，成本高。现在采用激光微调，精度可高达 0.1% ~ 0.02% 水平，并且速度快，质量高。

四、数控等离子切割技术

(一) 等离子体加工原理

任何物质随着温度的升高，可由固态转为液态、气态和等离子态（等离子体），所以，等离子体被称为物质存在的第四种状态。

等离子体是由电子和正离子所组成的混合体，由于正、负电荷数相等，所以从整体上看仍是中性。但因为有自由电子和正离子的存在，故有导电性。等离子体流在电、磁场的作用下，也会受到压缩和偏转。

图 5-30 所示为等离子体加工原理。当对两个电极施加一定的电压时，空气中的微量电子，将得到加速而飞向阳极，途中与中性原子碰撞，使其电离产生更多的电子，这些新生电子又被电场加速而使中性原子电离，如此进行下去，将形成大量电子流高速奔向阳极，而正离子流奔向阴极，并在阴极表面激发二次电子。这种不断发生电离放电的气体区，就是等离子区。在等离子区，由于电子和离子的高速对流，相互碰撞，产生大量的热能。

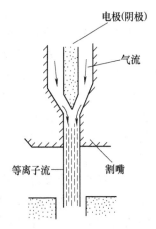

图 5-30　等离子体加工原理

为进一步提高等离子区温度，可缩小等离子区通道截面积，通常在等离子区的切向喷入具有一定压力的惰性气体（如氦、氩等），形成回旋气流。这种气流不仅使喷枪外壁冷却，而且可产生两种效应，既能使电弧温度急剧升高，又能将其带出喷嘴口对工件进行加工。

可见，等离子体具有极高能量密度和极高的温度。等离子弧加工就是利用电弧通过机械压缩效应、热收缩效应和磁收缩效应，使电弧高度压缩而产生的高温、高速粒子流的等离子体实现的。

控制等离子弧的能量密度、温度和运行速度等，就可以对金属进行切割、焊接和喷涂。若采用非转移性等离子弧，也可以对非金属进行加工，但对于数控等离子弧加工工艺来说，主要应用于金属切割。

(二) 等离子弧切割加工

等离子弧切割法是利用等离子弧的超高温、超高速喷射，将金属材料熔化后吹掉而实现切割的。不仅用于切割铜、铝及其合金，而且可以切割任何高硬度、高熔点的金属或非金属材料，如不锈钢、耐热钢、硬质合金、钛合金、钨合金等以及花岗石、混凝土、耐火砖、碳化硅等。切割厚度为 20mm 的不锈钢时，速度可达 0.5m/min 以上。目前切割不锈钢的最大厚度可达 180mm，切割铝合金的厚度可达 250mm，而且热影响区域仅在 0.1~0.5mm。

(三) 数控等离子弧切割机

数控等离子弧切割机是等离子切割机中最先进、应用越来越广泛的热切割机，除主机、等离子电源和割柜外，它主要由数控系统和辅助装置两部分组成。

1. 数控系统

应用于等离子弧切割加工的数控系统，除了具有一般的数控功能外，最重要的一点，就是要有很高的抗干扰能力，既能抗等离子引弧时的高频干扰，也能抗切割过程中大电流等离子弧的干扰，否则系统就不能正常工作。

数控系统的发展极其迅速，先进的数控系统还具有光电示教输入，既能作数控切割，也能作光电跟踪切割。有的数控系统本身就具有自动排料、套料功能，并在切割过程中显示切割轨迹。有的装有切割工艺程序软件，能以最佳的工艺参数进行切割。尤为突出的是有的数控系统还具有能根据等离子的切割方向使割柜自动倾斜，以补偿等离子弧切割本身造成切割面倾斜的特殊功能。有的数控系统能直接与 CAD/CAM 相连接；有的还具有以计算机的编码形式储存所需的程序，按所需的编码就能切割出常用的长方形、梯形、圆形和椭圆形零件等。

对于一般零件的切割，可用数控系统的键盘直接输入数据编程。但对于复杂零件或对多种零件在钢板上进行排料、套料切割时，采用直接输入方式来编程是十分困难的。因此往往采用自动编程系统来完成，使钢板的利用率由 50% ~60% 提高到 70% ~80%。

2. 切割机的辅助装置

等离子切割机的辅助装置中，最重要的是割柜高度自动调节装置，其好坏直接影响等离子切割质量和切割过程的稳定性。数控等离子切割机上，常用电压式割柜高度自动调节装置。这种装置是利用等离子弧柱电压随着电极到工件之间距离增大而升高，随着其减小而降低的特性，把变化的电压信号经过滤波放大，驱动割柜上的伺服电动机，使它们之间的距离保持不变的。

改善等离子弧切割环境，尽可能消除或减少切割过程中产生的有害气体、烟雾、噪声和弧光，是目前推广等离子应用的主要要求。因此，在数控等离子切割机上，常常需要安装专门的大功率吸尘装置和采用水工作台切割，或采用能抑制弧光、噪声和烟雾的浅水下等离子弧切割法，车间应通风良好或装有排烟装置，以创造良好的工作条件，达到环境保护的要求。

目前代表着当今等离子切割技术发展方向的精细等离子切割机，由于等离子弧电流密度很高（通常是普通等离子弧电流密度的数倍），电弧的稳定性也很高（引进了旋转磁场等技术），因此其切割精度可达 0.25 mm（高于普通等离子切割机的切割精度），表面质量则已达激光切割的下限。精细等离子切割机价格明显低于激光切割机，故具有极高的性能价格比。

五、数控火焰切割

（一）钢的火焰切割

火焰切割是最原始的、最常用的，同时又是在钢制造和钢加工工业中应用得最灵活的热切割方法。三种应用得最广泛、最普遍的热切割方法中，激光切割法最适合于板厚在 6mm 以下的大部分金属和非金属板材切割，等离子切割法最适合于板厚在 6 ~12mm 的大部分导电金属材料，而火焰切割法则最适合于厚度在 12mm 以上的低碳钢的切割。

火焰切割主要应用于垂直截面和坡口截面切割工作，由于在钢的火焰切割过程中所需的能量主要来源于铁（钢的主要成分是铁）在氧气中燃烧时所产生的热量，故厚度很薄的钢板在氧气中燃烧时产生的热量很少，割口处的熔渣不易被切割氧流吹走，造成前面切割后面粘连的现象，并且容易发生较大的热变形。所以火焰切割法在切割薄钢板时有一定的困难。一般来说，火焰切割法的切割厚度范围一般是 6 ~300mm，300mm 以上的厚度则主要用于钢厂切割钢锭。如果采取某些措施，如使用特制割嘴以及用压缩空气或水喷淋等方法，可以降低切割厚度的下限，甚至可切割 1.5mm 厚的钢板。

火焰切割法在很小的范围内是用于钢的表面切割和穿孔切割。

（二）数控火焰切割机

数控火焰切割机加工形成的工件尺寸精度可达 ±0.5mm，粗糙度可达 $Ra5 \sim 10\mu m$。数控火焰切割机的发展很快，已与 CAD 技术相结合，形成了钢板毛坯下料 CAM 系统。其数控系统的工作原理与一般数控机床相似，所必备的功能项目很多，这里仅强调三个功能：

一是自动加减速功能。为了保证重定位时机器运行的稳定性和切割过程中拐弯处的切割质量，必须配备此功能。

二是任意点返回功能。该功能分为最近点返回和原轨迹返回两种方式，常用于在切割过程中发生意外中断时可以返回重割，是数控切割机必备的功能。

三是割炬高度自动控制功能。该功能可保证切割断面质量稳定。

（三）数控火焰切割工艺

切割精度是指被切割完的工件几何尺寸与其图样尺寸对比的误差关系，切割质量是指工件切割断面的表面粗糙度、切口上边缘的熔化塌边程度、切口下边缘是否有挂渣和割缝宽度的均匀性等。

影响钢板火焰切割质量的三个基本要素是：气体、切割速度和割嘴高度。

1. 气体

（1）氧气　氧气是可燃气体燃烧时所必需的，以便为达到钢材的点燃温度提供所需的能量；另外，氧气是钢材被预热达到燃点后进行燃烧所必需的。

（2）可燃性气体　火焰切割中，常用的可燃性气体有乙炔、煤气、天然气、丙烷等。一般来说，燃烧速度快、燃烧值高的气体适用于薄板切割；燃烧值低、燃烧速度缓慢的可燃性气体更适用于厚板切割，尤其是厚度在 200mm 以上的钢板，若采用煤气或天然气进行切割，将会得到理想的切割质量，只是切割速度稍低些。

（3）火焰的调整　通过调整氧气和乙炔的比例可以得到三种切割火焰：中性焰（即正常焰）、氧化焰和还原焰。一般来说，切割 200mm 以下的钢板使用中性焰可以获得较好的切割质量。在切割大厚度钢板时应使用还原焰预热切割，因为还原焰的火焰比较长，火焰的长度应至少是板厚的 1.2 倍以上。

2. 切割速度

钢板的切割速度是与钢材在氧气中的燃烧速度相对应的。过快的切割速度会使切割断面出现凹陷和挂渣等质量缺陷，严重的有可能造成切割中断；过慢的切割速度会使上边缘熔化塌边、下边缘产生圆角、切割断面下半部分出现水冲状的深沟凹坑等。在实际生产中，应根据所用割嘴的性能参数、气体种类及纯度、钢板材质及厚度来调整切割速度，切割速度直接影响到切割过程的稳定性和切割断面质量。如果人为地调高切割速度来提高生产效率和用减慢切割速度来最佳地改善切割断面质量是办不到的，只能使切割断面质量变差。

3. 割嘴与被切工件表面的高度

在钢板火焰切割过程中，割嘴到被切工件表面的高度是决定切口质量和切割速度的主要因素之一。不同厚度的钢板，使用不同参数的割嘴，应调整相应的高度。为保证获得高质量的切口，割嘴到被切工件表面的高度，在整个切割过程中必须保持恒定。

通过热切割过程，可将原存在于工件中的残余应力消除大部分或使之平衡。这些残余应力是在板材制造过程中（如轧制）存留的。钢板越薄就越容易产生垂直于钢板表面的弯曲，致使割嘴到工件表面的距离发生变化。比较好的方法是利用自动调高系统来自动地保持割嘴与工件表面之间的高度。

思考与练习

5-1　数控齿轮加工机床与传统齿轮加工机床相比较在结构上采用了哪些改进措施以提高机床的刚度与精度？

5-2　简述数控压力机的基本结构特点，冲压加工时如何确定上下冲模之间的间隙与冲压力？

5-3　简述板料折弯的常用方法及这些方法的特点。

5-4　何为电火花成形加工？简述电火花成形加工的机理。

5-5　电火花成形加工机床主要由哪些部分组成？它们在保证电火花成形加工正常进行中各起到了什么作用？

5-6　电火花成形加工中选择电极材料的基本准则是什么？常用电极材料有哪些？简述这些材料的性能与特点。

5-7　快速走丝和慢速走丝电火花线切割加工机床有何区别与特点？为什么后者具有更高的加工精度？

5-8　为提高数控电火花线切割加工的表面质量和减少线电极的磨损应采取哪些措施？

5-9　简述激光加工的基本原理与特点。

5-10　激光加工设备包括哪些基本部分？采用气体激光器和固体激光器的数控激光切割机各有什么特点？分别用于哪些场合？

5-11　激光打孔、激光切割、激光焊接和激光表面热处理同属激光加工范畴，它们的工作机理有何不同？

5-12　简述等离子体加工的基本原理与特点，等离子弧切割加工用于什么场合？

第六章　高速切削与精密和超精密加工技术

数控技术的发明与推广应用使加工自动化程度得以极大的提高，而高速切削与精密和超精密加工则是依托于数控等新技术的发展而迅速崛起的先进的加工技术。如同数控技术一样，它们的研究与应用成功，意味着机械制造业的一场深远的技术革命，势必给制造业带来巨大的影响。

第一节　高速切削技术

一、概述

1. 高速切削的定义与"高速"的划分方式

切削加工是制造加工技术中应用最广泛的基础技术之一，高速切削与传统的数控切削加工方法没有什么本质的区别，两者同样涉及工艺参数（切削速度、进给速度和切削深度）、切削刀具以及数控加工程序等，只是对它们的要求有所不同。然而与传统切削方法相比较，当切削速度达到相当高的区域时，会使加工过程中的切削力下降，工件温升变低，工件热变形减小，刀具寿命提高。因此高速切削除了能够大幅度提高单位时间材料切除率外，还带来了一系列无可比拟的优越性。

高速切削是一项复杂的技术，随着这项技术的发展，高速加工采用的切削速度越来越高。但提高切削加工速度并不是目标，而只是达到目标的一种方法。如果零件加工精度、表面质量（包括表面粗糙度、加工硬化、残余应力、表面纹理等）得不到保证，或切削刀具的寿命显著降低，切削速度再高也是毫无意义的。为此，近年来人们做了大量的试验研究，以探索高速切削的最佳速度范围。由于加工工件的材料不同，加工工序和机床也不一定相同，不同情况下对应的速度范围并不是一个确定的数值。迄今为止国际上对高速切削速度的范围也未作出明确统一的规定。但通常认为高速切削采用的切削速度和进给速度要比常规加工高 5~10 倍。在这个比传统速度高得多且能带来一系列优点的速度范围内进行切削加工称之为高速切削，或超高速切削。

从不同的应用角度考虑，高速切削速度范围的划分方式是不同的。与传统的切削方法相同，直接与切削刀具直径和转速等因素相关的切削加工线速度（单位 m/min）常用来描述切削速度。而高速切削的线速度范围既可按不同加工工艺（车削、铣削、钻削、镗削等）来划定，也可按加工不同的材料（铝、铸铁、碳钢、合金钢等）来划定。图 6-1 是铣削工艺条件下七种材料的传统切削速度范围（浅色）和高速切削速度范围（深色）的对照示意图[图中数据由德国 Darmstadt 工业大学的生产工程与机床研究所（PTW）经切削试验获得]。由图可知，无论加工何种材料，高速切削的速度范围都要比传统切削使用的速度高得多。

由于机床主轴是提供高速的关键部件，因此对于高速机床的生产商与高速机床的用户而言，用"机床主轴的最高转速"这个参数来衡量机床的高速性能，并用不同情况下的主轴转速来划定高速切削的速度范围更为直观形象。国际上对高速主轴转速的划分通常按四种方式：一是按主轴轴径 D（单位 mm）和主轴所能达到的最高转速 n（单位 r/min）的乘积 Dn 值划分；二是按主轴功率 P（单位 hp，1hp=745.700kW）与转速 n（单位 r/min）之间的关系 P/n 值划分；三是按主轴锥孔大小（采用 ISO 刀具标准的加工中心）划分；四是根据主轴要达到所规定的平衡标准划分。高速切削关键技术水平的不断提高，使得高速主轴的转速也在不断提升，所以按上述规则划分的高速切削范围都在动态变化之中。以适用于高速切削的加工中心为例，近年来其主轴转速提高了30%～100%，普遍达到10000r/min以上，有的则可达到60000～100000r/min，且从起动到最高转速仅用1～2s。

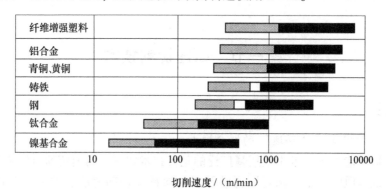

图 6-1　铣削工艺条件下七种材料的切削速度范围

　　值得注意的是，在进行高速切削时，为了保证零件的加工精度，必须保持刀具每齿进给量或主轴每转进给量不变。显然，随着机床主轴转速的提高，高速切削时的进给速度必然相应地大幅提高。同时为提高加工效率，高速机床也必须极大地提高空行程进给速度。此外，高速进给只有在具有很大的加（减）速度前提下才具有真正的意义，因为只有这样，高速切削时运动部件才能在极短时间内达到高速和在极短时间内实现准停，以满足工作行程不大或连续短程序段零件的加工。对进给速度和快速空行程速度不同行业有不同要求，目前高速机床的高进给速度普遍在30～100m/min 范围内变化，而工作台加（减）速度则可高达 $1g$～$10g$（$g=9.81m/s^2$）。进给速度与加（减）速度已成为衡量高速切削机床性能的一项重要指标。

　　高速切削的发展和其他新技术发展一样，变化是必然的趋势。随着研究、应用的深入，对"高速"会有更合适、更科学的定义和划分方式。

　　2. 高速切削的特性

　　高速切削加工是一项先进的切削加工技术，由于其切削速度、进给速度相对于传统的切削加工大幅度提高，切削机理也发生了根本的变化，所以在常规切削加工中备受困扰的一系列问题，通过高速切削可以得到解决。与常规切削加工相比，高速切削具有下列特性：

　　（1）极高的切削效率　随着切削速度的大幅度提高，进给速度也相应提高，单位时间内的材料切除率可达到常规切削的3～6倍，甚至更高。此外，高速切削机床快速空行程速度的提高缩短了零件加工辅助时间，也极大地提高了切削加工的效率。以汽车工业为例，由于引入高速切削，日、美、德等国平均每五年的切削效率可提高28%（其中切削速度平均提高19%，进给速度平均提高8%），而最近几年切削效率提高的幅度已超过了30%。

　　（2）切削力降低，切削热对工件的影响小　高速切削中在切削速度达到一定值后，切削力可降低30%以上，尤其是径向切削力大幅度减小。同时，95%～98%以上的切削热被切屑飞速带走，仅有少量切削热传给了工件，工件基本上保持冷态。因此特别适合加工薄壁、细长等刚性差的零件和易于热变形的零件。例如航空航天部门常见的铝、铝合金整体构件，这些构件具有结构复杂、壁薄等特点，采用高速切削后切削力的降低可使薄壁的机械变形大大减小，而切削时产生的热量由切屑带走，避免了构件的热应力变形，可稳定地完成整体构件的薄壁加工。目前航空航天制造业大力推广高速切削技术，已可精确地加工出壁厚为0.1mm、高度为数十毫米的成形曲面。

（3）机床激振频率高　高速切削时，机床的激振频率特别高，该频率远离"机床—刀具—工件"工艺系统的低阶固有频率，工作平稳振动小，从而降低了零件表面粗糙度值，可加工出极精密、光洁、表面残余应力很小的零件，因此采用高速切削常可省去车、铣切削后的精加工工序。例如，传统的高硬度模具型面加工方法是在材料退火后进行热处理、磨削或电火花加工，最后手工打磨、抛光，加工周期很长。而在高淬硬钢件（45～65HRC）模具的加工过程中，采用高速切削可以取代电火花加工和磨削，甚至取代抛光的工序，并同样能达到模具加工的精度要求，而且可以提高模具寿命。

（4）可切削钛合金、高温合金等各种难加工材料　航空航天等尖端部门的零件制造大量采用难加工材料。例如钛合金，这种材料化学活性大、热导率小、弹性模量小，因此刚性差，加工时易变形，而且切削温度高，单位面积上的切削力大，零件表面的冷硬现象严重，刀具后刀面磨损剧烈。若采用涂层整体硬质合金刀具高速切削钛合金，切削速度可达200m/min以上（比传统切削加工速度高10倍左右），加工效率和零件表面的加工质量都能获得大幅度的提高。

正因为高速切削加工具有上述特性，所以目前国内外汽车、航空航天、模具、轻工和信息产业等部门高速切削加工技术已得到广泛的推广与应用，并取得了巨大的技术与经济效益。高速切削技术已成为当今先进加工技术的一个重要发展方向。

3. 高速切削的基础理论与技术体系

高速切削技术的发展和应用源于高速切削机理的应用与突破。德国的切削物理学家萨洛蒙（Carl Salomon）博士在超高速模拟试验的基础上于1931年率先发表了超高速切削理论，提出了高速切削的假设。按照他的假设，在特定的高速区进行切削加工会有比较低的切削温度和比较小的切削力，这样不仅可用现有刀具进行超高速切削，从而大幅度提高切削效率，还将给切削过程带来一系列优良特性。萨洛蒙博士关于高速切削假设的提出到高速切削技术真正进入工业应用经历了一个漫长的过程，其间美国、德国、日本等发达工业国家的科技界与工业界都对超高速切削的机理、超高速切削机床、刀具、数控系统、各种工件材料的超高速切削性能，以及相关的工艺技术等进行了全面系统的研究与试验。20世纪90年代初我国一些高校与研究所也开始从事这方面的研究。可以说今天高速切削和高速机床的成功应用，实际上是长期基础理论与实践研究的结果，是一大批科研成果逐渐商品化的产物。

（1）高速切削加工的理论基础　高速切削加工技术（包括高速硬切削、高速干切削、高进给速度切削和高切除率切削等）的发展和实际应用是以高速切削机理为理论基础的，从制订高速切削加工工艺、选择合理的切削用量，到高速切削机床和高速切削刀具的设计应用无不是在高速切削加工基础理论的指导下进行的。

高速切削的基础理论研究主要涉及以下几个方面：

其一，高速切削加工中切屑成形机理的研究。在切削加工中形成的切屑类型不同会产生不同的加工效果，而切削速度对切屑的成形有着重要的影响。研究高速切削中切屑成形机理，建立切屑成形过程模型，可深入分析加工中产生的各种物理现象，预测加工效果。

其二，高速加工基本规律的研究。对高速切削加工中的切削力、切削热和切削温度、刀具损坏形态与寿命以及工件加工表面质量等物理现象进行研究，通过各类实验研究和试验数据处理寻找工艺参数对这些现象的影响规律，建立反映各物理现象和工艺参数内在关系的信息模型，便可更准确地识别高速切削过程。

其三，不同品种材料的高速切削机理研究。不同品种材料（包括相同材料不同硬度与不同材料）在高速切削中表现出的特性是各异的。研究不同品种材料在高速切削下的切削机理，并通过系统的实验与长期的应用实践不断积累数据，建立并完善高速切削数据库，以便指导生产。

高速切削机理和相关理论至今还远远没有完善，理论研究尚落后于工业应用，人们至今仍在不懈地对高速切削过程中发生在刀具和工件之间各种现象的物理本质进行探索。值得指出的是虚拟切削加工技术（见第一章第三节）已引入对高速切削加工机理的研究之中，它的应用给研究工作提供了一种崭新和有效的方法，必将大大加快高速切削理论研究工作的进程。

（2）**高速切削的技术体系**　高速切削技术是建立在高速切削机理上的一项综合技术。高速机床、高速刀具、高速切削加工工艺、工件切削特性、监控与测试等诸多技术构成了高速切削的技术体系（见图 6-2）。

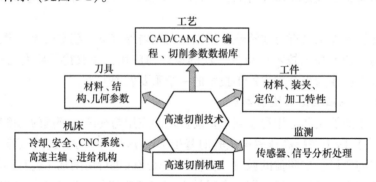

图 6-2　高速切削的技术体系

由图 6-2 可知，高速切削加工实质上是一项复杂的系统工程，其中任一分支的技术滞后都将影响整体技术的发展。目前高速切削已日趋成熟，尤其是高强度、高熔点刀具材料和超高速电主轴的研究成功，高速进给的直线电动机及其伺服系统的应用，高速机床的安全防护与监控系统等其他配套技术的日益完善，以及高速机床的单元技术和整机水平的大幅提升，为高速切削快速进入工业普及应用阶段创造了良好条件。

二、高速切削机床

要发展和应用高速切削加工技术，首先必须有性能优良的高速数控机床。换言之，高速机床是提供高速切削加工的主体，高速机床设计与制造的水平很大程度上也反映了高速切削加工的水平。高速机床的应用发展迅猛，从历届国际机床博览会上便可看出。20 世纪 90 年代初各类国际机床博览会上展出的高速数控机床还为数不多，此后逐年持续增长，进入21世纪后高速数控机床已成为各类博览会上的主流展品。中国国际机床博览会从2001年开始每届都展出了多种类型的国产高速数控机床，我国高速切削技术近年来也取得了长足的发展。

高速加工的目的就是要求以极高的速度加工出高精度的合格零件，为了在保证精度的基础上进行高速加工，相对于普通机床，高速切削技术对机床机械本体、机床主轴单元与进给单元，以及机床数控装置都提出了新的要求。

1. 高速切削机床的机械本体

高速切削时，机床各运动部件相对运动的速度很高，各运动副结合面之间会产生急剧的摩擦与发热，而极高的运动加速度也会使机床产生巨大的动载荷，因此高速切削机床在整体结构和传动机构设计上都要确保机床有优良的静、动态特性和热稳定性。

高速切削机床的整体结构有龙门式立柱型对称结构、箱型结构、防尘密封型结构等，其中龙门式立柱型对称结构最为常见。这种结构可提高机床的承载能力和刚性，增强机床的耐冲击性和抗振性，降低机床的固有振动频率，减少机床因热变形所造成的几何误差。新颖的并联机床（见第一章第三节）结构简单、重量轻，具有极高的主轴转速、进给运动速度和加速度，也属于高速加工机床的范畴。图6-3所示为DECKEL MAHO Geretsried公司制造的DMC165V新型立式加工中心。DMC165V立式加工中心不仅是依靠直线电动机驱动的龙门式结构机床，还首次在同一台机床上可以选择不同的主轴，就像几个

图6-3　DMC165V新型立式加工中心

单独的加工单元一样，让每个切削任务都能够采用最佳的切削数据。

一般来说高速机床都是数控和高精度的机床，其传动机构的最大特点是实现了"零传动"。这种传动方式的主要特点是简化甚至取消了从驱动电动机至执行部件（主轴、进给工作台等）之间的一切中间机械传动环节（带传动、齿轮传动、滚珠丝杠螺母副传动等），把传动链的长度几乎缩短为零。"零传动"不但大大简化了机床的传动机构，降低了运动惯量，而且还显著地提高了机床动态灵敏度、加工精度和工作可靠性，是一种新型的传动方式。这种新型传动方式的典型代表就是高速主轴单元（电主轴）和高速进给单元（直线电动机）。

2. 高速主轴单元

采用传统的带和齿轮传动的主轴系统最高转速一般不超过15000r/min，因此目前高速切削机床的主轴单元通常采用内装式电主轴的结构型式。电主轴是高速机床的主要部件，其机械结构虽不复杂，但要求的加工精度极高，关键零件的材料和热处理要求都较严格，整个部件必须在恒温、洁净的环境中进行装配和调试。电主轴是一套组件，它包括电主轴本体及其附件（高频变频装置、油雾润滑器、冷却装置、内置式编码器及换刀装置等）。图6-4所示为德国GMN公司用于加工中心和数控铣床的电主轴结构图。GMN公司用于加工中心和数控铣床的电主轴共有20多种型号，最高转速为8000～60000r/min，功率为5.5～76kW，转矩为0.9～306N·m。

高速电主轴所融合的技术包括：

1）高速轴承技术。电主轴通常采用适应高速且可同时承受径向和轴向载荷的精密角接触复合陶瓷球轴承，这种轴承的特点是重量轻、弹性模量和硬度高、耐磨、耐热，其寿命是传统轴承的 3~6 倍。也有采用电磁悬浮轴承或流体静压轴承等非直接接触式轴承，这类轴承结构复杂、价格较高，但寿命要高于一般高速滚动轴承。

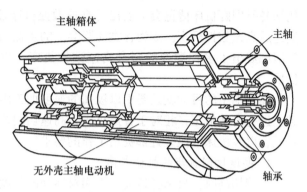

图 6-4　GMN 公司电主轴结构图

2）高速电动机技术和高频变频装置。电主轴是电动机与主轴融合在一起的产物，电动机的转子即为主轴的旋转部分。理论上可以把电主轴看作是一台高速电动机，高速度下的动平衡与散热、冷却是其技术关键。要实现电主轴每分钟几万甚至十几万转的转速，必须采用高频变频装置来驱动电主轴的内置高速电动机，变频器的输出频率甚至高达几千赫兹。

3）润滑与冷却技术。陶瓷球轴承电主轴的润滑一般采用定时定量油气润滑，也可采用润滑脂（速度相对较低）。所谓定时，就是每隔一定的时间注一次油。所谓定量，就是通过定量阀精确地控制每次润滑油的注入量。油气润滑指的是润滑油在压缩空气的携带下被吹入陶瓷轴承。在采取润滑措施的同时，为了尽快给高速运行的电主轴散热，通常对电主轴的外壁通以循环冷却剂，由冷却装置来保持冷却剂的温度。

4）自动换刀装置与高速刀具的装夹技术。电主轴配置了能进行自动换刀的装置，包括碟簧拉紧、液压缸松刀等。而高速刀具则普遍采用 HSK、KM 等适合于高速加工的刀柄。同时电主轴内置脉冲编码器，以实现自动换刀、准确的相位控制和主轴准停。

3. 高速进给单元

高速机床的进给系统必须具有高速度、高加速度、高精度和高可靠性与高安全性，传统机床的进给系统显然难以同时满足上述要求。目前高速机床的进给单元普遍采用了新型高速高精度滚珠丝杠副或直线伺服电动机两种传动方案。前者虽然采取了采用陶瓷等新材料制造滚珠、增大丝杠螺母导程和螺纹线数、实施强制冷却等措施，但由于制造复杂及结构上不可弥补的缺陷，使速度、加速度、行程、刚性都受限制等原因，性能远不及后者。

直线电动机有扁平形、管形、弧形和盘形等结构。目前最常用的扁平形直线电动机可以看作将普通旋转电动机在径向剖开，然后将电动机沿着圆周展开成直线而形成。高速机床上使用的直线交流电动机可以分为永磁式（同步）和感应式（异步）两种。永磁式直线电动机在单位面积推力、效率、可控性等方面均优于感应式直线电动机，但其成本高，工艺复杂，而且安装使用和维护不便。而感应式直线电动机近年来性能不断改进，已接近永磁式直线电动机的水平，而且在不通电时没有磁性，有利于安装、使用和维护，因此在高速机床中得到广泛应用。

直线电动机高速进给单元由驱动装置控制直线电动机带动被驱动对象（工作台等）运动。感应式直线电动机（1993 年由德国 Indramat 公司率先开发成功）驱动的高速进给单元如图 6-5 所示。

由图 6-5 可知，直线电动机直接驱动工作台运动，无任何中间机械传动环节，实现了机床的"零传动"。这样的传动结构简单、重量轻、惯量小，而且起动灵敏，起动力大，具有很高的加速度和直线运动速度。直线电动机的次级一段一段地连续铺设在机床床身上，铺设的长度由床身长度决定，因此工作台（初级）的行程不受限制，对整个系统刚度也不产生任何影响。直线电动机的进给驱动装置采用闭环控制原理，常用光栅尺作为工作台的位置检测元件，因而定位精度很高。

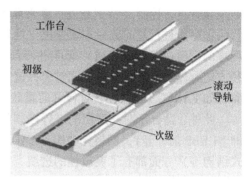

图 6-5　感应式直线电动机驱动的高速进给单元

目前直线电动机最大进给速度达 80 ~ 180m/min，加（减）速度可达 $2g$ ~ $10g$，定位精度则达 0.1 ~ $0.01\mu m$。随着技术水平的发展，这些指标仍在不断提高，直线电动机有望成为 21 世纪高速机床的基本传动方式。

4. 高速机床的数控装置

由于高速机床的主轴转速和进给速度大幅度提高，因此只有高性能的数控装置才能具有足够快的运算速度和数据处理能力，从而高速处理加工程序段，并迅速、准确地传递和交换数控系统的内部信息，减少因高速而引起的加工误差。此类数控装置一般具有以下主要特点：

（1）插补周期短，具有高精度的插补运算功能　数控系统伺服装置执行的 NC 代码是经数控装置插补运算后离散的指令位置值与检测元件所测得的工作台实际位置值相比较后获得的数据。只有显著降低数控装置插补运算的时间间隔（插补周期）和实际位置检测的时间间隔（采样周期），才能在高速下保证加工精度。高速机床数控装置的插补周期与采样周期普遍较短，一般仅为零点几毫秒，且计算精度极高，如 FANUC 16i 数控装置采用纳米级的位置指令进行计算和数据交换，伺服装置工作平稳，加工精度高。

（2）采用前馈控制，减小摩擦、系统惯量等引起伺服滞后而产生的误差　传统的数控机床伺服装置主要是对伺服位置偏差、速度偏差进行 PID 调节控制。由于没有利用可以获取的后继插补输出数据、机床移动部件的惯量、摩擦阻尼滞后量等信息，在高速加工中会产生较大的动态跟随误差。高速机床数控装置（如 SIEMENS 840D 等）一般采用有效的转矩前馈控制、加速度前馈控制等来改善伺服动态特性，减少伺服系统滞后，提高高速下的加工精度。

（3）插补前加减速处理　现代数控中加减速处理大多数采用软件实现，既可在插补后进行，也可在插补前进行。前者不必预测减速点，计算量较小，但由于它是对各运动坐标轴分别进行加减速，因此使实际输出轨迹可能偏离插补轨迹，产生较大的轮廓误差。而后者仅对编程的指令速度（各坐标轴合成运动的切线速度）进行加减速控制，所以不影响插补的位置精度，只是要预测减速点，预测计算量较大。高速机床数控装置的微处理器（CPU）字长一般为 32 位或 64 位，运算速度与数据处理能力极强，足以完成插补前加减速计算的预测处理。

（4）连续轮廓前瞻控制　一般数控系统执行程序是边读入（从程序缓冲区中），边运算，边执行。当执行短距、高速程序段时，运算处理倘若滞后，则机床运动可能中断，而刀具路径倘若有方向上的突变，则刀具运动的加速度过大易产生加工过切或残留。高速加工中数控装置进行控制（特别是进行多轴联动控制）时，需根据加工程序预处理缓冲区中的 G 代码程序段进行超前路径加减速优化处理，也就是前瞻待加工路径的数控代码，对后续多段程序的进给速度和加（减）速度进行预计算，以免高速进给时运动产生中断，并在切削路径方向有较大变化时验证并调整编程速度，在保证加工精度前提下，避免出现过切或残留现象，如 FANUC 16i 数控装置便可前瞻处理数控加工程序达 600 段。

此外，适合于对高速切削进行控制的数控装置，在插补功能（具有非均匀有理 B 样条即 NURBS 插补等）、网络化功能（CAD/CAM 与 CNC 之间的网络连接等）、体系结构（开放式结构等）方面都有了突破性的进展，为高速切削加工提供了有力的技术支撑。

三、高速切削刀具

刀具是高速切削加工中最重要的因素之一，它直接影响着加工效率、制造成本和产品的加工精度。刀具在高速加工要承受高温、高压、摩擦、冲击、振动等载荷，因此对切削刀具的材料、几何参数、刀体结构等都提出了新的要求。正确地选择刀具材料，合理地优化设计刀具结构和几何参数，对提高高速加工效率与质量、延长刀具寿命、降低加工成本将起到关键的作用。

1. 高速切削刀具材料

高速切削时，产生的切削热会使刀具磨损加剧，因此高速切削与普通速度切削相比选用的刀具材料不同。它要求材料具有高硬度、高强度、高热硬性、高韧度和耐磨性，具有很强的抗热冲击能力和化学稳定性。在高速切削不同材料的工件时还须注意刀具材料与工件材料的匹配性。目前使用的高速切削刀具材料种类较多，常见的有聚晶金刚石（PCD）、聚晶立方氮化硼（PCBN）、陶瓷、涂层硬质合金、（碳）氮化钛基硬质合金 TiC（N）等，其中将不同的高性能化合物或复合化合物材料一层或多层涂覆在硬质合金刀片上，能够兼有各种涂层材料优点的涂层硬质合金刀具在高速切削加工中应用最为广泛。表 6-1 反映了常用高速刀具对不同工件材料切削加工的适应性情况。

表 6-1　常用高速刀具材料切削适应性

刀具材料	工件材料							
	高硬钢	耐热合金	钛合金	高温合金	铸铁	纯钢	铝合金	复合材料
PCD	×	×	●	×	×	×	●	●
PCBN	●	●	◎	●	◎	▲	▲	▲
陶瓷	●	●	×	●	●	▲	×	×
涂层硬质合金	◎	●	●	▲	●	●	▲	▲
TiC（N）硬质合金	▲	×	×	×	●	▲	×	×

注：优—●；良—◎；一般—▲；差—×。

由表 6-1 可见，涂层硬质合金刀具在高速切削钢和铸铁时都能取得良好的效果，因为它既有硬质合金本身韧性好、抗冲击、通用性好等优点，又通过涂层增强了耐热与耐磨等性能，刀具寿命也比未涂层刀片提高很多倍。目前常见的三种涂层材料是氮化钛（TiN）、碳氮化钛（TiCN）和氮铝化钛（TiAlN）。表 6-2 为这三种材料涂层刀具的颜色与切削适应性。

表 6-2 三种常见材料涂层刀具的颜色与切削适应性

涂层材料	涂层颜色	适合加工的材料	特 性
TiN	金黄	低合金钢、不锈钢等	表面硬度与耐热性较高，摩擦因数低
TiCN	灰	钢、铸铁等各种材料	性能优于 TiN 涂层，最大切削速度、加速度分别高于 TiN 涂层 40%、60%
TiAlN	灰或黑	淬硬钢、钛合金、镍合金、铸铁、高硅铝合金	适合于高速干切削加工，切削温度可达 800℃

目前已开发的纳米涂层刀具，其 TiCN 和 TiC 交替涂层已达到 62 层，TiAlN—TiAlN/Al₂O₃ 交替涂层则可达 400 层。这些纳米涂层材料每一个颗粒尺寸都极小，因此晶粒边界很长，从而具有很高的高温硬度、强度和断裂韧性。其涂层维氏硬度可达 2800 ~ 3000HV，耐磨性比亚微米材料提高 5% ~ 50%。为了适应高速切削的发展，刀具材料的研究与开发仍在不断地进行，新的具有优异的高温力学性能、高化学稳定性和高热稳定性及高抗热震性的刀具材料将会不断涌现。

2. 高速刀具刀柄

在切削速度提高到一定程度以后，传统的刀具刀柄和主轴锥孔的配合方式与配合精度已经不能满足切削刚度和精度的要求，机床刀具系统只有改变刀具和主轴锥孔的配合形式，提高配合精度，并提高刀具系统和机床连接的动平衡精度，才能满足刚度高、传递转矩大、动平衡好、高速下切削振动小的要求，刀具装夹后才能够承受高加减速度和集中应力。目前高速加工常用的刀柄形式主要是常规 7：24 锥度刀柄、改进型 7：24 锥度刀柄和 1：10 短锥刀柄等形式。

常规 7：24 锥度刀柄有 ISO、BT、SK 等不同的类型，适用范围各不相同。这种刀柄结构不自锁，可实现快速装卸；刀柄与主轴连接仅靠锥面定位，只需精加工锥面，制造成本低；而且使用可靠等。基于以上原因，其多年来得到广泛应用，但在高速切削条件下这种结构存在下列缺点：

1）单独锥面定位，刀具动、静刚度低，动平衡性差。刀具高速旋转时，由于离心力和热效应的作用，主轴锥孔和刀具锥柄均会产生径向膨胀，而主轴端部锥孔的膨胀量大于锥柄膨胀量，使得仅靠单独锥面定位的刀具系统连接刚度降低。另外，7：24 锥度刀柄较长，很难实现与主轴锥孔间全长无间隙接触（往往仅能保证配合的前端接触，而后端有一定间隙），所以径向定位精度不高，影响刀具系统的动平衡。

2）锥度较长，重复定位精度低，自动换刀速度提高受限制。采用自动换刀方式安装刀具，过长的刀具锥柄难以保证每次换刀后刀柄与主轴锥孔结合的一致性，也不利于提高换刀速度和减小主轴尺寸。

由于上述缺点，7：24 锥度刀柄的刀具转速一般为 12000 ~ 20000r/min。

为了解决常规 7：24 锥度刀柄存在的问题，推出了改进型 7：24 锥度刀柄。这类刀柄的锥度仍为 7：24，但刀柄装入主轴锥孔后，主轴端面与刀柄法兰端面间留有很小的间隙（锁紧前），锁紧后利用主轴内孔的弹性膨胀量消除端面间隙。这种改进型 7：24 锥度刀柄与主轴锥孔的锥面及主轴端面同时接触，双面定位，保持力矩更大、刚性更强，且具有较高的跳动精度和重复定位精度。这种结构既克服了常规 7：24 锥柄刀具单独锥面定位结构带来的缺点，又可与其互换使用，使现有常规的主轴结构能向高速化过渡，降低了改进成本。美国的 WSU 系列刀柄、日本的 BIG/PLUS 刀柄等都属于此种类型。

彻底摒弃 7:24 标准锥度，采用 1:10 锥度的中空短锥双面定位结构的刀柄是最典型的新型高速刀柄。这类刀柄径向和轴向刚性好、转动惯量小、定位精度和重复定位精度高、高速夹紧力大，非常适合于高速切削。目前这类刀柄主要有两大系列：德国的 HSK 系列与美国的 KM 系列。HSK 是由德国阿亨大学机床研究所专门为高转速机床开发的新型刀—机接口，并形成了自动换刀和手动换刀、中心冷却和端面冷却、普通型和紧凑型这六种形式。HSK 是一种典型的 1:10 空心短锥柄刀具系统，刀柄与主轴连接结构和工作原理如图 6-6 所示。

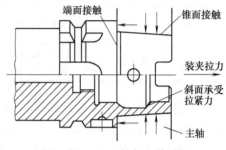

图 6-6　HSK 刀柄与主轴连接结构和工作原理

由图可知，采用 HSK 双面定位型空心刀柄的刀具系统由锥面（径向）和法兰端面（轴向）同时接触共同定位，从而形成高的接触刚性，由锥面保证刀具与主轴的同轴度。经分析研究，尽管 HSK 连接在高速旋转时主轴也同样会扩张，但仍然能够保持良好的接触，转速对接口的连接刚性影响不大。HSK 已于 1996 年列入德国 DIN 标准，并于 2001 年 12 月成为国际标准（ISO12164）。这种结构彻底克服了传统 7:24 刀柄单独锥面定位与锥度较长带来的缺点，且刚度与重复定位精度较后者提高了几倍乃至几十倍，因此在高速切削中得到广泛的应用。

3. 高速切削刀具的其他技术

（1）刀具几何参数与切削参数　为保证高速切削加工的质量与精度，除选用适当的刀柄结构，根据加工工件的材料与加工工序正确地选择刀具材料外，还须优化设计刀具几何参数，并确定与之相应的最佳的切削参数。

一般而言，高速刀具的几何参数与传统刀具大都有着对应的关系，加工的工件材料与刀具材料不同，刀具的几何角度（前角、后角、主偏角等）及刀尖圆弧半径、切削刃长度等参数也不相同。这些参数的改变都是为了使切削刀具在高速加工中能保持锋利的切削刃和足够的强度，并且使切离的切屑形成理想的形状（切离的切屑能把产生的切削热迅速地带走）。而根据工件材料、加工工序与刀具，选择最佳的切削参数组合（切削速度、进给量、背吃刀量等）是保证高速切削能达到预期效果的又一重要环节。由于高速切削是近十几年来才发展起来并得到应用的一项技术，切削工艺试验和研究仍在不断地进行之中，因此目前高速切削刀具合理的几何参数与最佳切削参数的数据库尚未建立，这些参数还不能像普通切削加工那样通过参数数据库或切削手册来选择确定。为此近年来人们采用解析/力学建模、有限元数值模拟、经验/试验综合建模、人工智能建模等方法做了大量的研究试验工作，在刀具几何参数设计、切削参数优化等方面获得了一批有指导价值的研究成果，以期最终建立并完善高速切削参数数据库。当前，高速机床操作使用者可参考他人研究所获得的试验参数，并结合自身的实践来选择并确定所需的参数。

（2）高速切削刀具的安全技术与刀具状态监测　高速切削时，高速旋转的机床主轴转速一般都在 20000r/min 以上，此时工件、夹具或刀具承受着极大的离心力（离心力之大甚至远远超过切削力本身），若不采取必要的安全与监测措施，一旦夹具破碎、刀具破损或严重磨损，就会造成重大的人身伤亡事故或质量事故。

为了避免事故的发生，高速机床必须设有透明、抗冲击的安全防护装置，而高速切削刀具则要提高刀体强度以及工件、刀片夹紧的可靠性。例如机夹可转位铣刀在高速下夹紧刀片的螺钉极可能被剪断，导致刀片或其他夹紧件甩飞，因此高速铣刀刀片不允许采用通常靠摩擦力夹紧的方式，而要采用带中心孔的刀片，用螺钉夹紧。

此外，对于高速切削的回转刀具（高速旋转的铣刀、镗刀等），还应经过动平衡测试进行调整，以消除高速下因刀具不平衡对刀具主轴系统产生附加径向载荷而带来的安全隐患。例如，盘类刀具可以采用平衡调整螺钉的方式。这种方法通常通过在一个（或两个）截面内对两个螺钉进行径向移动来改变该截面内的质心位置，从而达到平衡调整的目的。图6-7所示为带平衡调整螺钉的铝合金高速切削铣刀。

图6-7　带平衡调整螺钉的
铝合金高速切削铣刀

高速加工过程与普通切削加工过程一样，就其本质而言，是被切削金属在刀具切削刃和前刀面作用下经受挤压而产生剪切滑移的变形过程。随着这一剪切变形的进行，加工过程中的各种物理参数（切削力、切削热、振动等）都可间接或直接地反映刀具状态（磨损、破损等），而高速切削加工中刀具状态直接影响着加工质量、加工效率和加工安全，因此对其进行监测有着非常重要的意义。目前人们常采用各种传感器，通过对切削力、切削温度、电流/功率、声发射信号、振动信号等进行检测，以获取刀具状态的相关信息。由于单一传感器所获取的信息有限，尚不能满足刀具状态监测的要求，因此，刀具状态监测的信息采集正向多传感器化方向发展。先进的智能化在线刀具状态监测系统（多传感器信号经处理融合后具有决策学习能力的系统）已能在无人参与下实现切削过程不正常状态（刀具磨损、破损）的自动识别。

四、高速切削加工工艺与数控编程策略

高速切削是采用高切削速度、高进给速度、小切深和小步距来提高加工精度与切削效率的一种加工方式。高速切削的特性和控制的复杂性已突破了人们对传统机械加工的认知，随之产生了许多新的工艺问题。高速切削的加工工艺策略涉及刀具技术、夹具技术、工艺参数、加工方式、编程技术等诸多方面的内容，以下仅从制订与优化切削刀具路径的角度加以阐述，因为这是高速切削数控编程的重要基础。

高速切削数控编程与传统的数控编程相比不仅仅局限于选用不同的切削参数、合适的切削刀具，对于编程者而言，必须摆脱传统加工观念的束缚，掌握适合于高速切削特性的加工工艺策略，制订有效、精确、安全的刀具路径，才能得到预期的加工精度、质量与效率。实践证明，如果只有高速机床和高速刀具，而没有良好的工艺策略作指导，昂贵的高速切削加工设备就不能充分发挥作用。换言之，只有在良好的工艺策略指导下，高速切削的优点才能充分地展示出来。

1. 高速切削数控编程须注意的原则问题

高速切削有着比传统切削特殊的工艺要求，高速切削设备又十分昂贵，因此高速切削的数控加工程序必须适合其切削特点。高速切削数控加工程序编制是一项复杂的技术，大多通

过 CAM 编程软件来实现。现有的 CAM 软件，如美国的 Master CAM、UGS 的 Unigraphics NX、Dassualt 的 CATIA、日本的 CAM—TOLL 等都提供了相关的高速切削刀具轨迹制订策略。但这些策略最终代替不了用户自己对加工零件和加工策略的理解与经验，因为这些策略要由用户来选择使用，以确定最终加工方式和刀具路径。为此了解并掌握高速切削数控编程的一些原则问题显得尤为重要。一般而言，高速切削数控编程须注意的原则有：

1）基本原则是尽可能选用高切削速度、高进给速度、小切深和小步距。

2）预切除的材料与要加工成形的几何形状需同时考虑，切削过程中尽量保持金属切除率的稳定性，保持切削载荷的恒定。

3）尽可能保持稳定的进给运动，减少进给方向和加速度的突然变化，降低进给速度的损失，并保证刀具运动路径的光顺与平滑。

4）在可能的情况下尽量避免垂直下刀，设法从工件外部以适当的路线切入，如采用螺旋进给方法等。

5）尽量使用同一把刀具精加工零件的临界区域，并在零件的一些临界区域尽量保证不同精加工步骤的加工路径不重叠。一旦换刀或在这些区域出现路径重叠，势必导致加工表面出现刀痕。

6）尽可能使用短刀具加工。长刀具刚性差、易磨损，如有可能应考虑重新定位零件，即便是不易加工的区域也尽量使用短刀具。

2. 高速切削加工编程原则应用实例

千变万化的工件形状与工况，使工艺处理方法各不相同。高速切削加工编程如何最大可能地按原则进行，这需要操作者长期经验的积累。以下介绍几种在原则指导下常见的编程策略。

（1）高速切削时刀具切入与切出的处理方式　高速切削在进行过程中刀具应保持恒定的切削载荷，而切入工件或切出工件时切削载荷则应该平缓地增加或减小，否则会影响加工质量，甚至损坏刀具。为此刀具在切入工件时应尽量采用沿轮廓的切向或斜向切入的方式缓慢进入，以使切削载荷平缓增加，保持刀具轨迹光顺平滑。

例如，复杂型面精加工，应沿曲面的切矢量方向或螺旋式切进、切出；简单型腔的粗加工，应采用斜线或螺旋式切入；深腔工件加工，则应螺旋式切入，采用相同或不同的螺旋路径，自内向外逐步切除余量。总之，在任何情况下都要禁止采用直接下刀的连接方式来生成高速加工程序，即禁止以全切深、高进给速度切入工件，且尽量避免直接高速切出，以免在工件加工表面留下刀痕。

（2）高速切削时加工轨迹方向突变的处理方式　高速加工应尽量避免加工轨迹方向的突然改变，因为遇到加工轨迹方向突变，势必要减缓原来的进给速度，这样会引起加工表面质量降低，甚至产生过切与残留现象。

加工工件为复杂三维型面或内锐角时，方向突变处的刀具路径可采用圆角或圆弧进给先行过渡，尽可能保持连续的高进给速度，而将过渡部分残留的余量留给再加工工序去除。这比用"之"形加工法、直线法或其他一些通用加工方法一次性加工出所有型面与拐角更有利些，可以获得光顺的加工表面。

（3）高速切削时零件残留余量的处理方式　高速切削零件一般采用多次加工或采用系列刀具从大到小分次加工（避免用小直径刀具一次完成或全刃宽切削）的方法，因而正确地进行残留余量加工（包括半粗加工、半精加工、清根等）是保证加工质量和提高加工效率的重要手段。在残留余量切除过程中，为使切削刀具从一个切削层平稳地过渡到另一个切削层，并尽可能地保持稳定的切削参数（包括切削线速度、进给量和切深），对于不同的残留余量须有针对性的切除方法。

例如，常用的等高线法粗加工带斜面的零件，会在斜面上留下台阶，以至残留余量不均匀。第二次粗加工时便可采用没有等高层之间刀具路径移动，避免频繁抬刀、进给的螺旋线法来获得均匀余量，并提高加工效率。

再如，主要运用于半精加工中残留拐角清根操作的"笔式铣削"，它允许使用半径与3D 拐角或凹槽相匹配的小尺寸刀具一次性完成所有的清根操作。这不仅可极大地减少退刀次数，还可以保持相对恒定的切屑切除率，对高速加工意义十分重大。若无笔式切削，当精加工带有侧壁或腹板的部件时，刀具在拐角处金属切除率会增大，产生让刀与噪声。

"残留铣削"也是一种零件残留余量的处理方式，它可用一把尺寸较小的刀具对前道工序采用较大尺寸刀具加工后整个零件表面残留的余量进行精加工。值得指出的是，后续工序最佳的刀具切削路径可由 CAM 软件自动生成。图6-8 即为用小尺寸刀具高速加工薄壁零件。

（4）高速切削时相邻切削层间刀具路径有效过渡的方式　在曲面等高切削等涉及相邻两层切削刀具路径间的移刀情况时，有效的处理方法是附加圆滑刀具路径转接（如图6-9 中②处所示）。附加圆弧使刀具沿切线方向切入、切出（如图6-9 中①处所示）。这种相邻两层间的刀具路径圆弧转接方法，既符合了刀具路径平滑过渡的要求，使刀具平滑地转入下一切削层，又减少了螺旋下刀的切削阻力，因此在各种曲面铣削中普遍使用。

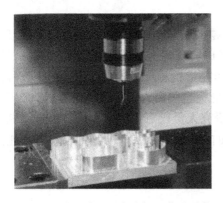

图6-8　小尺寸刀具高速加工薄壁零件

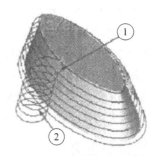

图6-9　相邻两层间的刀具路径圆弧转接方法

3. 高速切削 CAM 的其他功能

昂贵的高速加工设备必须配备高品质的 CAM 编程系统，一个优良的 CAM 系统可提供等高线加工、等量切削、螺旋进刀、三维投影加工、笔式加工、残留加工等多种加工方式，由使用者自行选择，以设定完美的进给路径，生成优化的数控加工程序，加工出合格的零件。

为了保证高速切削安全、高效地进行，面向高速切削的 CAM 系统一般还具有以下功能：

（1）刀具干涉检查与全程自动防过切处理　高速切削以高出传统加工十几倍的切削速度进行加工，一旦产生过切不仅会损坏工件，刀具也极有可能破损，由此产生的后果将十分严重，仅靠人工干预很难完全杜绝这种现象发生。面向高速切削的 CAM 系统普遍具有全程自动防过切处理能力，且可预检刀具与工件是否干涉，以保证高速切削的安全进行，加工出合格的工件轮廓形状。

（2）加工残余分析功能　加工残余分析功能可以分析出每次切削后残留余量的准确位置，而后续加工的刀具路径可在前道工序刀具路径的基础上利用加工残余分析进行优化后获取，使刀具进给路径适应工件余量的变化，尤其是用于精加工的小直径刀具，因此不会因为前道工序留下的残留余量不均匀、切削负荷突变而导致刀具破损。通过对工件轮廓的某些复杂部分进行加工残余分析，还能尽量保持切削参数的稳定，只在某些特殊场合（如某处背吃刀量增加等）才自动进行进给速度的调整。

（3）残余高度控制　加工复杂的3D型面时，计算NC精加工步长的方法主要是根据残余高度，而不是采用等量步长。这种计算步长的算法以不同形式被封装在不同的CAM软件中。采用残余高度控制进行高速加工，既可实现连续的表面精加工，减少打磨或其他手工精加工工序，还可以根据NC精加工路径动态调整进给步距，使材料切除率保持恒定，刀具受力状态更加稳定，并使刀具所受到的外界冲击载荷降到最小程度。

（4）以NURBS格式取代线性NC代码　加工时过于频繁地剧烈变速，会使高速机床高速加工时的高进给特性优势得不到体现，所以一些面向高速切削的CAM系统专门提供了高速切削用的NURBS（Non - Uniform Rational B - Splines），这是一种表现自由曲线或自由曲面的几何格式。刀具沿着这种NURBS曲线移动，称为NURBS - NC data功能。

CAM系统产生使刀具顺着曲线平滑移动的NURBS - NC data，比传统的使用线性NC代码（G01）叙述的NC data更容易提高进给速度，而且减少NC数据量（NC代码文件长度不超过传统格式的1/10），并可以提高进给率，缩短加工时间，加工出高精度、高品质的切削表面，把高速机床的优势发挥到极致。

在高速切削加工普及的今天，传统的加工方式已越来越不能满足发展的需要，高速切削将是一种不可逆转的趋势。然而，由于高速切削本身的特殊性和曲面CAD模型的复杂性，目前CAD/CAM/NC的体系结构尚不能将设计零件的可制造信息反馈给设计者，加工过程的决策监控、自动信息处理、产品数据模型转换依然不能完全脱离人工干预。而且NC加工程序编制时间较长，效率较低。目前CAM系统的开发研究人员已意识到这些挑战，且不断地提供适合于高速切削环境的新策略，完善现有的面向高速切削的CAM系统，向着建立CAD/CAM/NC集成新体系的目标而努力。

五、高速切削应用

高速切削加工技术是近20多年来迅速崛起的一项先进制造技术，它最早仅应用于轻合金加工，目前，高速切削已在航空航天、汽车、模具、通用机械等制造行业得到广泛应用，已成为切削加工技术发展的主流。以下是高速切削技术在制造业中应用的一些典型实例。

1. 航空航天工业中的高速切削

现代航空航天器为了减轻重量，其零部件大量采用轻合金（铝合金、镁合金）、合金钢和钛合金、纤维增强树脂基复合材料等轻质材料来制造。这些材料有着不同的加工特性，采用高速切削加工技术，选用合理的切削参数与刀具，制订合理的加工工艺，对上述材料加工可取得显著效果。

例如，航空和动力部门大量采用镍基合金（如Income1718）和钛合金（如TiAl6V4）来制造飞机和发动机零件。这些材料强度大、硬度高、耐冲击、加工中易硬化、切削温度高、刀具磨损严重，是一类难加工的材料，以往一般只能用很低的切削用量进行加工。如果采用高速切削加工这类材料，则切削速度可提高到 100 ~ 1000m/min，为常规切削速度的 10 倍左右，不但大幅度提高了生产效率，而且还有效地减少了刀具磨损，提高了零件的表面加工质量。若切削铝合金，可取高达 2000 ~ 5000m/min 的切削速度和 3 ~ 20m/min 的进给量，材料去除率则可达 30 ~ 40kg/h。

减轻航空航天器整体重量的另一个方法是，将过去由几十个、甚至几百个零件通过铆接或焊接而成的组合构件，合并成一个带有大量薄壁和细筋的复杂零件，用"整体制造法"进行制造。

整体结构件往往结构复杂、壁薄，整体毛坯加工金属切除量大，因而使得加工周期长，质量难以控制（尤其是薄壁加工）。在高速切削中，由于切削力小，能减轻薄壁的机械变形；切削时产生的热量由切屑带走，可避免工件因升温而产生的热应力变形，实现稳定的加工。例如，高强度铝合金整体构件加工，材料切除率往往可高达 100 ~ 180cm³/min，为常规加工的 3 倍以上，大大提高了加工效率，加工精度也可完全符合要求。目前，大型复杂整体构件采用高速加工已是航空航天业中加工技术发展的一种趋势。

2. 汽车工业中的高速切削

20 世纪 80 年代始，为了顺应汽车产品不断更新的要求，在大批量生产时，汽车工业中开始采用由多台加工中心和数控机床组成的柔性生产线。这种柔性生产线由于大多是单轴顺序加工，生产效率没有多轴、多面、并行加工的组合机床自动线高。20 世纪 80 年代中期，高速加工技术在单轴专用加工中心上得以使用，并与其他高速数控机床一起组成了高速柔性生产线。这种生产线集"柔性"和"高效率"于一体，打破了汽车工业中有关"经济规模"的传统观念，实现了多品种、中小批量的高效生产。20 世纪 90 年代中期以来，由于刀具技术和高速加工中心的进一步发展，生产中采用的切削速度又有了大幅度提高，新一代的高速柔性生产线进一步促进了大批量生产领域加工模式的变革，由连线的高速加工中心替代柔性自动线已成为明显的发展趋势。

例如，美国 Ford 汽车公司和 Ingersoll 机床公司合作研制成功的 HVM800 型卧式加工中心，其主轴最高转速为 24000r/min，工作台最大进给速度达 76.2m/min。用这种高速加工中心组成的柔性生产线加工汽车发动机零件，与传统的组合机床自动线相比，投入减少了40%，生产效率则相同，是一种典型的兼顾柔性和效率的汽车生产线，现已成为一条名副其实的敏捷制造生产线。近年来这种类型的生产线在我国汽车工业中也开始投入使用。纵观汽车动力系统零部件加工技术的发展进程，其生产系统从 20 世纪 70 年代的机床专机流水线发展到 21 世纪 10 年代由高速加工中心组成的可变（可重构）加工线，已能够高效地生产不同品种和不同数量的产品。

3. 模具工业中的高速切削

高速切削按其目的不同一般分为两类：以实现单位时间内最大材料切除量为目的的加工和以实现高质量加工表面与细节结构为目的的加工。模具的高速切削加工是这两类技术的综合应用。

大多数模具型面是十分复杂的自由曲面，又都是由高硬度、耐磨性好的合金材料制造的，因此传统的模具切削加工一般只能在淬火之前进行，由淬火引起的变形则通过磨削、电火花加工或手工修磨等方法最终精加工成形。而高速切削加工模具，不仅提高了加工速度

（材料去除速度为传统速度的 4 倍以上），而且可以加工淬硬后的材料（硬度可达 60HRC，甚至更高）。同时因为精加工时采用了高切削速度和小切深，又可用小直径刀具对模具极小半径的圆角及细节部分进行加工，故可获得高质量的加工表面与细部，表面粗糙度可达 $Ra0.6\mu m$，达到了磨削加工水平，效率则比电加工高数倍，不仅取代了传统的淬硬后电火花加工和磨削加工，甚至可以省去钳工修磨工序。

例如，某种机车连杆模具，工件材料 SKD61，硬度 52HRC，工件尺寸 210mm × 110mm × 25mm。该模具原用电火花加工型腔需 12 ~ 15h，电极制作 2h。改用高速铣削，采用立铣刀对硬度 60HRC 的淬硬工具钢进行切削加工，整个锻模全部加工成形只需 195min，工效提高了 4 ~ 5 倍，加工表面粗糙度小于 $Ra0.5\mu m$，质量完全符合要求。

高速切削技术是切削加工技术的主要发展方向之一，它会随着刀具结构、刀具材料与涂层、数控机床（尤其是多轴复合高速切削加工机床）、CAD/CAM 等技术的重大进步而迈上更高的台阶。但目前高速切削技术自身还存在着大量新的亟待解决的问题，如高速下材料的切削机理、高速切削工艺参数数据库的建立、高速切削加工状态的监控技术、高速下冷却润滑和干切削技术等。随着研究和试验的深入，高速切削技术终将得到更快的发展。

第二节　精密和超精密加工

精密和超精密加工技术是一项以高精度为追求目标的技术，它在先进制造技术领域内占有非常重要的地位。这项技术是多学科技术的综合应用与集成，它与计算机技术、信息技术、传感器技术、数字控制技术等结合，形成了一项精密加工的系统工程，这项工程突破了常规加工技术不可企及的精度界限，为航空航天、电子、机械、化工等行业中尖端产品的制造提供了有力的技术支撑，也因此成为衡量一个国家制造业水平的重要标准之一。

一、概述

1. 精密和超精密加工的定义、分类和范畴

精密和超精密加工涵盖的领域十分广泛，它包括了所有能使零件的形状、位置、尺寸精度与表面质量达到极高程度的加工工艺。实质上精密和超精密加工只能相对而言，对它们的界定随着加工技术的发展与时间的推移动态地变化着，因而精密和超精密加工在不同年代有着不同的区分尺度。就目前的制造技术而言，精密加工是指加工精度为 1 ~ 0.1 μm，表面粗糙度为 $Ra0.1$ ~ 0.01 μm 的加工技术，超精密加工是指加工精度小于 0.1 μm，表面粗糙度小于 $Ra0.01\mu m$ 的加工技术。

20 世纪 80 年代日本的 Taniguchi 教授在考察了许多超精加工实例的基础上，对精密和超精密加工的过去、现状与未来作了较全面的综述与预测，30 多年来事实证明他的统计与预测基本上反映了这一领域的发展情况，迄今用它来区分各时期精密和超精密加工的范畴仍有参考意义。图 6-10 所示为普通加工、精密加工和超精密加工发展趋势曲线及各种加工方法所能达到的精度。由图可知，随着加工技术的发展，过去的超精密加工对今天来说已是普通加工。而近年来先进的加工设备、加工工艺不断涌现，图中衡量某一种加工方法精密程度的指标同样是在不断变化之中。

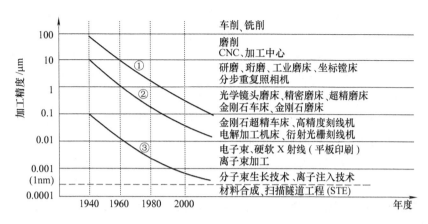

图 6-10　各种加工方法所能达到的精密度及发展趋势
①—普通加工　②—精密加工　③—超精密加工

从加工方法的机理、特点和一般的认知角度来分类，精密和超精密加工可划分为传统加工、非传统加工和复合加工三个领域。目前在制造业中广泛采用的传统加工是指使用刀具进行的切削加工（如金刚石刀具超精切削、精密高速切削等）和使用固结磨料或游离磨料进行的磨削（磨料）加工（如 CBN 砂轮、金刚石微粉砂轮超精磨削和非接触抛光等）。非传统加工是指利用电、磁、声、光、化学、原子能等能源来进行的特种加工方法（如电子束、激光束高能加工，微波加工，电火花加工，电化学加工等）。复合加工则是指上述同类或跨类的多种加工方法复合，进行优势互补、相辅相成的加工方法（如精密电解磨削、精密超声车削、机械化学研磨等）。本节将对传统加工方法加以介绍，而非传统加工方法已在第五章介绍。

从另一个角度——加工范畴的角度来看，精密和超精密加工既加工大尺寸零件，也加工微小尺寸的零件，而称为"细微加工和超细微加工"的技术，则专指对微小尺寸零件和超微小尺寸零件（集成电路等）进行加工的技术。因此，细微加工和超细微加工技术也应属于精密和超精密技术的范畴，两者的许多加工方法相同，只是精度的表示方法不同，前者由于尺寸微小，用切除尺寸的绝对值来表示，而后者则一般用常规的公差单位来表示。此外，以降低表面粗糙度值和提高表面层力学及机械性质为目的的加工方法——光整加工（如珩磨、研磨等），尽管不强调加工精度的提高，但实质上这种方法的采用不只是提高了表面质量，也可以提高加工精度。而与光整加工对应的精整加工，则对精度和表面质量都有严格要求。因此，光整加工、精整加工同样属于精密和超精密加工的范畴。

2. 精密和超精密加工的市场需求

回顾以往几十年来的发展历程，先进制造技术，尤其是精密和超精密加工技术水平的不断提高，使人类取得了一系列重大的科技成果。从某种意义上而言，精密和超精密加工技术担负着支持最新科学发现和发明的重要使命。在高科技尖端产品层出不穷的今天，它的市场需求量已达到了前所未有的高度。具体体现在：

（1）要求精密和超精密加工的产品种类越来越多　以往仅有传统的光学零件、精密的量具等要求进行精密和超精密加工，而目前大量机电产品元器件对表面质量和精度都有了极高的要求。

例如，国防工业、航空航天工业中，导弹系统的陀螺仪（元器件加工精度必须达到亚微米级，表面粗糙度则达 $Ra0.012 \sim 0.008\mu m$）、红外探测器中的反射镜（表面粗糙度 $Ra0.015 \sim 0.01\mu m$）、大型天体望远镜的透镜（形状精度为 $0.01\mu m$）等；IT 行业中，大规模和超大规模集成电路、计算机磁盘基片与光盘基片等；民用产品中，小型（超小型）成像设备（摄像机、照相机等）的光学曲面透镜、复印机的感光鼓、激光打印机的多面体等，都要依靠超精密加工技术来完成。至于超精密加工机床、设备和装置更需要超精密加工技术才能制造。

（2）要求精密和超精密加工的产品数量越来越大　上述 IT 行业与民用行业中的许多产品，以往只需小批量生产，目前则要求批量乃至大批量生产才能满足社会需求。以半导体集成电路为基础的电子信息产品为例，目前其世界年贸易额已超过一万亿美元，而大规模和超大规模集成电路（大部分采用硅片）都要通过超精密加工来进行生产。一些过去只是实验性的产品，如全球定位系统（GPS）中用的砷化钾大规模集成电路等，现在也要求具备批量生产的规模。

（3）要求精密和超精密加工的零件表面越来越复杂、精度要求越来越高　目前需要精加工零件的表面形状不仅有平面、圆柱面、球面，还有抛物面、各种自由曲面等。高精度零件的形面精度大多数要求控制在加工尺寸（单位：mm）的千万分之一以内。例如，加工直径为 100mm 的外圆，加工圆度误差往往要求控制在 10nm 以内（$100mm \times 10^{-7} = 10^{-5}mm = 10nm$），加工表面粗糙度则须控制在 $Ra2 \sim 10nm$。表 6-3 给出了部分中小型精密零件要求的加工精度。

表 6-3　部分中小型精密零件要求的加工精度

加工零件	平均加工精度
激光光学零件	表面粗糙度 $Ra0.01 \sim 0.006\mu m$，形状精度 $0.1\mu m$
磁头	表面粗糙度 $Ra_{max}0.02\mu m$，平面度误差 $0.04\mu m$，尺寸精度 $\pm 2.5\mu m$
多面镜	表面粗糙度 $Ra0.02 \sim 0.01\mu m$，平面度误差 $0.04\mu m$，反射率 $85\% \sim 90\%$
磁盘	表面粗糙度 $Ra0.01 \sim 0.004\mu m$，波度 $0.02 \sim 0.01mm$
波导管内腔	表面粗糙度 $Ra0.01 \sim 0.002\mu m$，平面度误差 $< 0.1\mu m$，垂直度误差 $< 0.1\mu m$

（4）要求精密和超精密加工的零件材料种类越来越多、尺寸跨度越来越大　随着材料技术的发展，新型高性能材料不断地涌现，从常规的黑色金属、有色金属、玻璃，到陶瓷、金刚石、半导体（硅、坤化钾）等材料，以及复合材料的精密零件都期望能通过超精加工获得极高的精度。而这些需超精加工的零件尺寸则向大型（如哈勃望远镜直径达 2m 以上的大型反光镜）和微型（如瑞士 TECHSTARGmbH 电动机中直径为 3mm 的零件）两极发展。

综上所述，精密和超精密加工的市场需求随着时间的推延在迅速地扩大，而该技术的难度、复杂性、精度等也都在向更高层次发展。尽管加工精度在现有的水平上再提高一步已相当困难，但人们仍在不断更新超精加工技术，努力使之与市场需求相适应。

3. 精密和超精密加工的技术体系

任何一种新的加工工艺、加工方法的出现，无不是建立在对加工机理研究的基础上的。精密和超精密加工传统领域内的刀具切削和磨料加工是如此，非传统领域内的电子束、离子束等高能加工、微波加工等也是如此，复合加工领域中的电解研磨、超声珩磨等更是如此。可以说加工机理研究的突破与创新意味着一种新加工技术的诞生。

精密和超精密加工领域内无论何种加工方法，追求的终极目标都是高精度与高质量，为了达到亚纳米级，甚至纳米级的加工精度，加工深度往往极小，甚至小于材料晶格尺寸，因此它的加工机理必然与一般的加工方法有所不同。精密和超精密加工技术是建立在其加工机理上的多学科高新技术的综合运用与集成，图 6-11 给出了影响它的主要因素。

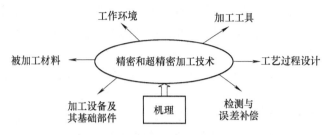

图 6-11　影响精密和超精密加工的主要因素

4. 纳米加工技术

在超精密加工领域中，纳米加工技术是一门新兴的综合性加工技术。它集成了现代机械学、光学、电子、计算机、测量及材料等先进技术成就，在短短几十年内使产品的加工精度提高了 1~2 个数量级，极大地改善了产品的性能和可靠性。纳米加工广泛地采用非传统加工与复合加工的方法。例如，用激光进行切割、钻孔和表面硬化改性处理；用电子束进行光刻、焊接、微米级和纳米级钻孔、切削；用离子和等离子体刻蚀；利用电火花、电化学、电解射流、分子束外延等能量束加工零件，以及利用 STM（隧道扫描显微镜，Scanning Tunneling Microscope）进行原子级操作和原子去除、增添及搬迁等。而使用传统的加工技术[切削加工、磨料加工（分固结磨料和游离磨料）等]同样能进行纳米级精度的加工和纳米级表层的加工，只是条件比较苛刻。

二、传统的精密和超精密加工工艺技术

1. 精密和超精密切削加工工艺

精密高速切削和采用金刚石刀具的镜面切削在精密和超精密切削加工中占有重要地位（前者见本章第一节）。

在精密微量切削过程中，当切深小于刀具刃口半径时，刀具刃口圆弧处将产生很大的挤压摩擦作用（碾合效应），被加工表面会受碾合效应的影响产生残余应力。此外，微量切削（特别是切削单位小于 $1\mu m$ 时）会使刀具尖部受到很大的应力作用，在单位面积上产生极大的热量，刀尖局部区域产生很高的温度。天然单晶金刚石有很好的高温硬度，对金属的摩擦因数比其他材料小得多，又能刃磨出极小的刃口半径（达几十纳米，甚至几纳米），可进行极薄层的切削（可达纳米级）。因此超精密车削和铣削（主要采用金刚石刀具）在对有色金属、陶瓷、玻璃等材料的精密和超精密加工中已取得了很大的成功。

为了扩大金刚石刀具的应用范围，对脆硬材料、超软质材料、黑色金属材料的超精切削机理与工艺的研究也在深入进行，如大负前角金刚石车刀加工脆硬半导体材料工艺、富碳大气保护切削黑色金属工艺等。此外，超精密刀尖圆弧半径刃磨与测量、超声金刚石切削等技术也已在生产中应用。超精切削加工已能达到的面形精度为 $0.025\mu m$ 以上，表面粗糙度为 $Ra4\sim2nm$。

2. 精密和超精密磨削工艺

精密磨削主要是依靠砂轮精细修整后表层上数量多、等高性好的微刃切削来实现的，微刃切削可使加工表面的残余高度极小。此外，随着磨削时间增加，微刃逐渐钝化，切削作用减弱，而等高性进一步加强，使得加工中滑移、摩擦、抛光作用加强，同时磨削区的高温使

被加工材料软化，钝化的微刃将工件表面碾平，形成低粗糙度表面。精密磨削特别适合用于硬度较高的黑色金属材料加工，也可用于玻璃、陶瓷等非金属材料的加工。

而超精磨削则是一种延性磨削方式，即为了使加工表面不产生脆性断裂现象，使材料以"塑性"流动方式去除，必须保证未变形切削的切削厚度小于脆—塑性（或称延性）转换的临界值（该值因材料而异，一般约为 $0.1\mu m$）。延性磨削方式要求超精密机床具有高于 $0.1\mu m$ 的运动精度和足够的运动刚度，要求细微磨粒砂轮在磨削过程中保持足够锋利。超精磨削可代替研磨、抛光方法加工脆硬材料。例如超精磨削加工光学玻璃非球面透镜，面形精度可达 $0.2\mu m$ 以上，表面粗糙度达 $Ra20nm$。

3. 精密和超精密研磨、抛光工艺

研磨属于游离磨粒磨料加工，是在刚性研具（如铸铁、锡、铝等软金属或硬木、塑料等）上注入磨料（超精研磨时通常选用粒度大小只有几纳米的研磨微粉），在一定压力下，通过研具与工件的相对运动，借助磨粒的微切削作用除去微量的工件材料，以达到高级别几何精度和优良表面粗糙度的加工方法。超精研磨主要用于加工高表面质量与高平面度的集成电路芯片和光学平面、蓝宝石等。

抛光是指用低速旋转的软质弹性或黏弹性材料（塑料、石蜡、锡等）抛光盘，或高速旋转的低弹性材料（棉布、毛毡、人造革等）抛光盘，加抛光剂（使用的磨粒是 $1\mu m$ 以下的细微磨粒），具有一定研磨性质地获得光滑表面的加工方法。抛光一般不能提高工件形状精度和尺寸精度。精密抛光新的工艺在不断涌现，如英国 Zeeko 公司研制成功加工精密曲面的气囊抛光新工艺方法，工作时气囊旋转形成抛光运动，工件作三轴联动的进给运动，由于气囊具有弹性可以适应工件的曲面形状，故同一工具可抛光不同外形的工件，获得质量极高的抛光表面。

为保证获得高精度的零件型面，各种精密和超精密加工工艺对机床、数控系统、误差测量装置等都有着很高的要求。例如，平面形镜面的加工主要采用磨削和抛、研工艺方法，由于使用了高精度数控机床、在线测量的激光干涉仪等，加工工件已可达到平面度误差小于 $0.2\mu m/300mm$、表面粗糙度小于 $Ra1nm$ 的水平。

超精密加工以获得极限的形状精度、尺寸精度、表面粗糙度、表面完整性（无或极少的表面损伤，包括微裂纹缺陷、残余应力、组织变化等）为目标，而"超精密"的概念随科技的发展还在不断更新。目前传统的超精密加工技术在某些应用领域已经延伸到纳米尺度范围，其加工精度已接近纳米级，表面粗糙度已经达到 10^{-1} nm 级（原子直径为 $0.1\sim0.2nm$）。

图 6-12 给出了目前各种传统的超精密加工方法的加工精度范围。

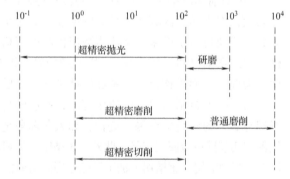

图 6-12　传统的超精密加工方法的加工精度范围

三、精密和超精密加工机床及其基础部件

精密和超精密加工虽是一项涉及工艺、工具、机床、测量、环境等诸多因素的系统工程，但机床仍是其最重要的技术载体，与普通机床相比，精密和超精密机床的精度指标提高了很多，超精密机床的部分主要精度指标见表6-4。随着科学技术的发展，一些高端产品的零件对表面质量与加工精度的要求会更高，而机床精度指标必将随之进一步提高。

表 6-4　超精密机床的部分主要精度指标

主要精度	实用机床	试验机床	近期目标
回转精度	500nm	25nm	10nm
直线运动精度	250nm/250mm	25nm/250mm	
轴承刚度	$10^3 \sim 10^9 \mathrm{N/m}$	$10^4 \sim 10^9 \mathrm{N/m}$	
热变形量	$1 \sim 10 \mu m$	25nm	2.5nm
温度控制精度	0.2K	0.01K	0.001K

1. 典型的精密和超精密加工机床及数控系统

高精度、高刚度、高稳定性和高自动化是对精密和超精密加工设备的基本要求。超精密机床集高精度主轴、高精度定位系统、微进给装置、气浮导轨技术、热稳定性技术、机床数控技术等大量成果于一体，发展已经比较成熟。美国的 DTM—3 和英国 OAGM 2500 是大型超精密加工机床的典型代表，而日本的 AHNIO 和瑞士的 PICOMAX ⑩ 则是典型的中小型精密和超精密加工机床。

（1）典型的大型超精密加工机床　美国 LLNL 国家实验室在 20 世纪 80 年代中期开发成功 DTM—3 大型金刚石超精密车床，它可加工直径 $\phi2100mm$、重 4500kg 的大型反射镜等零件。其主轴采用液体静压径向轴承和空气静压推力轴承，刚性高，动态性能好。X 和 Y 向进给均由 CNC 系统通过 DC 伺服电动机与摩擦驱动轮驱动，运动极其平稳。机床配有分辨率为 2.5nm 的激光测量反馈系统和压电式微位移机构，可实现纳米级进给。整台机床使用恒温油沐浴系统，油温控制在（20 ± 0.0005）℃，加工中没有热变形。其底座为花岗岩，并支撑在隔振空气弹簧上。该车床加工形状误差为 $0.028\mu m$（半径），圆度和平面度误差为 $0.0125\mu m$。

英国 Cranfield 公司和 SERC（Science and Engineering Research Council）British 于 1991 年合作研制成功 OAGM 2500 大型超精密机床，用于 X 射线天体望远镜的大型曲面反射镜的精密磨削和坐标测量（见图 6-13）。该机床高精度回转工作台直径为 $\phi2500mm$，最大加工尺寸为 2500mm × 2500mm ×610mm。该机床由精密数控系统

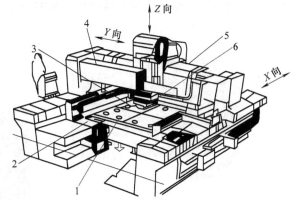

图 6-13　OAGM 2500 大型超精密机床
1—工作台　2—测量基准架　3—测头
4—Y 向参考光束　5—溜板龙门架　6—砂轮

驱动，配有分辨率为2.5nm的ZYGO AXIOM双屏激光测量系统检测运动位置。机床的 X 和 Y 向导轨采用液体静压技术，Z 向的磨轴头和测量头采用空气静压轴承。钢焊结构的床身中间用人造花岗岩充填，可保证结构的高刚度、尺寸的高度稳定和很强的振动衰减能力。

（2）典型的中小型精密和超精密加工机床　日本在中小型专用高效超精密加工机床方面处于领先地位，日本 TOYOTA 公司的 AHNIO 型高效专用车削、磨削超精密机床便是典型产品之一。该机床用于加工非球曲面，可完成车削、铣削和磨削加工，特别适用于加工精密钢质模具（见图6-14）。它带有一个双向调整刀架及作 B 轴转动的高精度转台，在三轴精密数控系统的控制下，可以加工平面、球面和非球面。机床主轴采用空气静压轴承，直线移动分辨率为 0.01μm，激光测量反馈，定位精度全行程 0.03μm。B 轴回转分辨率1.3″。刀具的切削刃（或砂轮廓形）通过显微镜放大显示在屏幕上，易于定位和提高加工

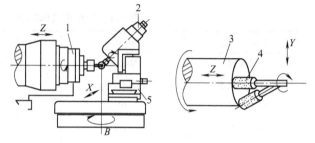

图6-14　日本 AHNIO 型超精密机床磨削模具情况
1—主轴　2—磨头主轴　3—工件　4—砂轮　5—刀架

度。该机床加工模具时，可达到的形状精度为 0.05μm，表面粗糙度为 Ra0.025μm。此外，日本还生产了磁盘车床、多面镜加工车床等多种专用、高生产率的超精密加工机床。

瑞士 FENLMANN 公司的 PICOMAX ®三维精密加工中心是磨具制造业和精密零件制造商最常用的机床之一。该机床结构紧凑而坚固的工作台能为精密加工提供足够大的装夹面积，脆硬零件和高精度的三维加工是 PICOMAX ®加工中心的强项，精密电极（铜和石墨）可在倾斜式工作台上一次装夹完成五面加工，也可用快速装夹工具有效地加工中等尺寸、复杂型面及需五轴插补才能完成加工的零件。机床主轴转速范围为 20000～40000r/min，最高转矩达 90N·m。主轴采用循环冷却和混合式轴承，粗加工时可用直径仅 40nm 的刀具，精加工表面质量可达磨削水平。该加工中心的 CNC 系统采用开放式平台，能补充强化其软件功能，而系统主动补偿直线坐标的独特热平衡设计能保证得到最佳加工精度。图6-15a 为该加工中心的外形，图 b 为加工精密磨具时的情况。

a)　　　　　　　　　　　　　　b)

图6-15　PICOMAX ®三维精密加工中心
a）加工中心的外形　b）加工精密磨具时的情况

(3) 机床数控系统　精密和超精密加工机床都采用闭环控制方式, 尤其是超精密加工机床普遍采用全闭环控制, 以提高机床加工精度。超精密加工机床要求其数控装置具有纳米级运动分辨率和快速插补运算功能 (插补周期往往小于 1ms)。为提高硬件性能, 满足高精度、高速度的要求, 近年来基于 PC 和数字信号处理芯片 (DSP) 的主从式硬件结构在超精加工机床数控装置中得到应用。此外, 数控软件在传统算法的基础上, 引入了交叉耦合、最优预见控制 (OPC)、前馈控制等方法, 可较大地提高系统的跟踪精度。

2. 精密主轴、导轨和床身

(1) 精密主轴　高速回转的主轴是精密和超精密机床的关键部件之一, 其性能直接影响加工精度。机床主轴要求极高的回转精度, 并且转动平稳、无振动, 而满足这些要求的关键在于所用的精密轴承。早期的精密主轴大多数采用超精密级的滚动轴承, 但这类轴承由于制造技术难度大, 精度提高不易, 目前已很少在超精密机床主轴上使用, 取而代之的主要是液体静压轴承和空气静压轴承。

空气静压轴承主要特点是回转精度高, 如英国 Rank Pneumo 公司的 Nanoform250 车床采用空气静压轴承, 主轴回转精度高于 0.05μm。此外, 由于空气的黏度小, 主轴在高速转动时空气温升很小, 因此造成的热变形也很小。空气轴承的缺点是刚度偏低, 一般小于 100N/μm。近年来在提高气浮主轴刚度方面人们作了很多研究, 如德国 KUGLER 公司开发了半球型气浮主轴, 刚度高达 350N/μm; 荷兰 Eindhoven 科技大学研制的薄膜结构被动补偿气浮轴承静刚度可趋于无穷, 动刚度也大大提高。液体静压轴承和空气静压轴承相比, 具有承载能力大、阻尼大、动刚度好的优点, 但容易发热, 精度也稍低 (达 0.1μm)。一般情况下超精加工切削力较小, 空气轴承能满足工作要求, 所以空气轴承在超精密机床中得到广泛应用。

目前精密和超精密机床主轴主要采用两种方式驱动: 其一, 调速电动机通过柔性联轴器与机床主轴连接在同一轴线上驱动机床主轴, 柔性联轴器可消除安装误差引起的振动和回转误差, 而传动结构简单、紧凑; 其二, 采用内装式电主轴结构型式 (见本章第一节), 用电主轴作为主轴单元部件, 可方便地实现主轴无级变速, 获得极高的转速和高回转精度。

瑞士 DIXI 公司以生产卧式精密坐标镗床著称, 图 6-16 所示为 DIXI 机床的主轴部件。

DIXI 机床的主轴部件采用同步电动机驱动, 主轴前后轴承皆为角接触滚珠轴承, 还有压力可调的液压预紧装置。主轴前端配置有位移传感器, 可测量由于热变形和机械惯性力引起的主轴轴向位移, 然后借助数控系统加以补偿。主轴轴承和电动机定子均配置有冷却水套, 温度传感器实时测量主轴的温度, 并相应控制冷却水的流量, 避免热量转移到主轴箱, 防止热扩散, 抑制了热变形。此外, 当主轴振动超过一定数值时, 振动传感器可通过驱动系统调整主轴转速或发出信号报警。

(2) 精密导轨和床身　导轨和床身是精密机床的基础件, 对精密和超精密机床而言, 导轨、床身和主轴等主要部件的布局显得非常关键。超精密机床与传统机床在结构布局上往往有很大差别, 流行的布局方式是 "T" 形布局。这种布局的机床采用纵向和横向运动分离的结构, 主轴箱位移运动部件完成一个方向的运动, 刀架溜板则完成另一个方向的运动 (见图 6-17)。两向运动的导轨置于机床床身之上, 并且布置在同一高度, 呈 "T" 形布局。这种布局两导轨精度互不影响, 有利于提高导轨的制造精度和运动精度。而且这种布局可简化测量装置的安装, 大大提高了测量精度, 目前中小型超精密机床大多数采用这种布局。此外, 类似于普通机床的 "十" 字形布局、立式布局、龙门式布局也有采用。并联机床也是

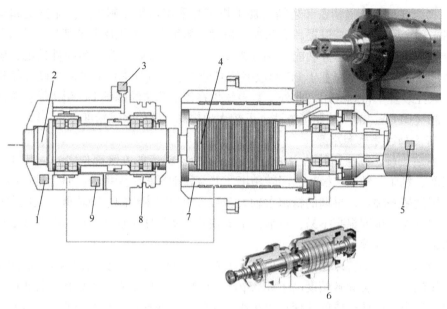

图 6-16　DIXI 机床的主轴部件

1—主轴位移传感器　2—主轴端部位置控制器　3—主轴振动传感器
4—直接驱动同步电动机　5—主轴中心冷却传感器
6、8—主轴冷却水套　7—定子　9—温度传感器

精密加工机床的一种类型，其导轨、床身和主轴布局独特。图 6-18 所示为日本大隈的 Stewart 平台并联式机床 PM-600，它是以 Stewart 平台结构原理为基础的并联机床，一般刀具主轴安装在 Stewart 结构的活动平台上，通过 6 根可控的伸缩杆来控制刀具的空间位置并完成五轴运动，工件则安装在固定的底座平台上不动，主要适用于模具的五轴精密加工。

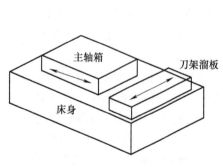

图 6-17　"T" 形布局

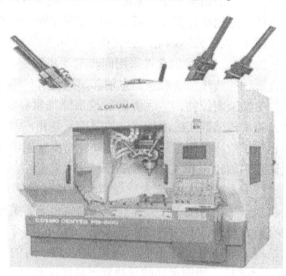

图 6-18　日本大隈的 Stewart 平台并联式机床 PM-600

值得指出的是，精密和超精密机床的结构具有鲜明的个性，对于加工一些特殊零件的机床（如加工大型高精度天文望远镜镜片、非球面精研抛加工等）需做特殊的设计和制订相

应的设计方案。此外，除专用超精加工机床外，一般一台超精密机床只实现一种加工方法，每个部件也只完成一个固定的功能运动，这样可简化机床结构，也更易于根据精度指标进行优化，这与目前普通机床工艺复合化的设计趋势有所不同。

精密和超精密加工机床床身及导轨所用材料与结构有关，其材料应具有尺寸稳定性好、热膨胀系数小、振动衰减能力强、耐磨性好、加工工艺性好等特点。目前常用的床身及导轨材料有优质耐磨铸铁、花岗岩、人造花岗岩等。而导轨的类型则主要有：滚动导轨（直线精度可达微米级，摩擦因数 0.003 以下）、液体静压导轨（温升低、刚度高、承载力强、工作平稳）、气浮导轨和空气静压导轨（直线运动精度高，摩擦因数几乎为零，工作平稳无爬行）。

3. 进给传动装置

精密和超精密加工机床进给单元的品质直接影响成形运动精度。一般而言这类机床采用的进给驱动方式有两种：直接驱动与间接驱动。直接驱动主要采用直线电动机，这样可减少中间环节带来的误差，具有动态特性好、机械结构简单、摩擦因数小等优点，已成为发展的方向（详见本章第一节）。间接驱动由电动机产生回转运动，然后通过运动传递装置将回转运动转换为直线运动。间接驱动常采用的方式主要有滚珠丝杠副驱动、液体静压和空气静压丝杠副驱动、摩擦驱动和微进给装置。

滚珠丝杠副可满足一般精密机床的传动要求，若通过使用各类检测反馈装置（如双频激光检测仪等）消除丝杠累积误差，则可提高进给精度，用于超精密机床上。与滚珠丝杠副相比，液体静压和空气静压丝杠副传递进给运动更为平稳，在超精密机床上得到较多应用，但前者制造较复杂，后者则刚度较低。

为进一步提高导轨运动的平稳性，一些超精密加工机床中采用了摩擦驱动装置，图 6-19 所示为双摩擦轮摩擦驱动装置。和导轨运动体相连的驱动杆夹在两个摩擦轮之间，上摩擦轮用弹簧压板压在驱动杆上，当弹簧压板压力足够时，摩擦轮和驱动杆之间将无滑动。两个摩擦轮均由静压轴承支撑，可以无摩擦转动。下摩擦轮由直流电动机驱动，靠摩擦力带动驱动杆，进而带动导轨作非常平稳的直线运动。我国国防科技大学和日本 Tottori 大学分别研制的扭轮摩擦装置分辨率可接近（甚至达到）纳米级水平。

图 6-19　双摩擦轮摩擦驱动装置
1—弹簧压板　2、5—静压轴承
3—驱动电动机　4—下摩擦轮
6—上摩擦轮　7—驱动杆

微进给装置是为了在精密和超精密加工中将精微进给和粗进给分开，以提高微位移精度、分辨率和稳定性而设置的。这种装置可用于加工误差的在线补偿，提高加工的形状精度；可将非轴对称特殊曲线的坐标值输入控制微量进给装置进给量的计算机中，加工出非轴对称特殊曲面；还可用于实现超薄切削。目前高精度微量进给装置已可达到 $0.01 \sim 0.001\,\mu m$ 的分辨率。微量进给装置的类型主要有机械或液压传动式、弹性变形式、流体膜变形式、磁致伸缩式和电致伸缩式等，其中技术比较成熟且应用较普遍的是弹性变形式和电致伸缩式。前者采用薄壁弹性元件或柔性铰链，定位精度一般可达 $\pm 0.05\,\mu m$；后者实质上是一个电致伸缩传感器，当静电场电压增大时，伸长量也会增大，定位精度可达 $0.01\,\mu m$。随着微进给技术的不断提高，分辨率与定位精度也在不断提高。例如日本新宿大学通过在丝杠、螺母和工作台间插入弹性体，将转矩转化为微位移，使得丝杠副驱动分辨率达到纳米级。

四、精密和超精密加工工具技术

加工工具主要是指刀具、磨具及刃磨、修整装置。精密切削刀具，尤其是金刚石刀具的刃磨一般都在专用的研磨机上进行。而磨削用砂轮则常用电加工法、超声振动、磨削等方法进行在线或离线修整。以下主要介绍刀具与磨具。

1. 刀具

为满足超精切削的要求，刀具应具有极高的硬度、耐磨性和弹性模量，其切削刃必须无缺陷，而刃口半径值又必须极小，以实现超薄超精切削。此外，与工件材料的抗粘结性要好，化学亲和性小，摩擦因数低，以得到极好的加工表面完整性。目前精密和超精密切削加工所用的刀具材料主要有金刚石、立方氮化硼、陶瓷等。其中天然单晶金刚石因具有上述一系列优异的特性而成为最理想的超精密切削刀具材料，但其价格比较昂贵，因而人们研制了人造聚晶金刚石，其主要性能与天然金刚石相近，虽然某些性能还不如天然金刚石，但也得到比较广泛的应用。

理论上金刚石刀具的刃口钝圆半径可刃磨到 $2 \sim 4nm$，这样的小刃口半径加工零件的表面粗糙度可达 $Ra0.002\mu m$，因此用金刚石刀具加工的高精度零件，在加工后一般不需要进行磨削、研磨、抛光等后续工序。

衡量金刚石刀具质量的标准，第一是能否加工出高质量的超光滑表面（$Ra0.02 \sim Ra0.005\mu m$），第二是能否有较长的切削时间保持切削刃锋利（一般要求切削长度数百千米）。为满足上述要求，设计金刚石刀具时最主要的问题有三个，即选择合适的晶面作为刀具的前后面、确定切削部分的几何形状和几何角度、确定金刚石在刀具上的固定方法和刀具结构。

由于金刚石晶体各向异性，所以在不同方向其物理力学性能是有明显差别的。为了便于金刚石刀具的设计与制造，必须进行金刚石刀具的定向，以选择合适的晶面作为刀具前后刀面。常用的金刚石晶体定向的方法有：人工目测定向、X射线晶体定向、激光晶体定向等。

切削刃的几何形状和刀具几何角度是根据被切削工件材料和加工形状等特性要求确定的。刀具刀头一般采用主切削刃和副切削刃之间加过渡切削刃——修光刃的形式，以增强刀尖强度，并对加工表面起修光作用，从而获得高质量的加工表面。修光刃分圆弧刃、直线刃和特殊刃（直线、曲线相结合）三种。圆弧刃对刀容易，使用方便，但刀具制造困难，所以价格较高。直线刃制造研磨简单，但安装对刀需要精密的微调技术，只有这样才能保证修光刃严格与进给方向一致，从而获得满意的加工表面。

根据加工材料不同，金刚石刀具的主偏角一般取为 $30° \sim 90°$，以 $45°$ 主偏角应用最为广泛。一般情况下前角可取 $0 \sim 5°$，后角则取 $5° \sim 10°$。当然这绝对不是一成不变的，不同的被加工材料、不同的切削方式下最佳的刀具几何角度还需通过大量试验来获得。

金刚石车刀通常是将金刚石固定在小刀头上，再通过螺钉或压板将小刀头固定在车刀刀体上，或将金刚石直接固定在车刀刀体上。常用的固定方法有：压板加压式的机械夹固（适用于较大颗粒的金刚石）；放在冶金粉末中加压烧结的粉末冶金法固定方式（可固定小颗粒金刚石，应用广泛），以及使用粘结剂或钎焊技术的粘接或钎焊固定方式（粘接强度不高，钎焊则强度高，不易脱落）。

2. 磨具

精密和超精密磨削使用的磨具主要是固结磨粒砂轮，影响砂轮性能的主要因素是砂轮的磨料、粒度和结合剂。

加工不同材料的工件需选用不同材料磨粒的砂轮。一般氧化物（刚玉）砂轮用于磨削钢类零件；碳化物（碳化硅、碳化硼）砂轮适于磨削铸铁、硬质合金等材料；而高硬度磨料（人造金刚石、立方氮化硼）砂轮则可磨削硬质合金、陶瓷、玻璃、半导体材料及石材等高硬度、高脆性材料。

砂轮粒度有粗粒度和细粒度之分。粗粒度砂轮经过精细修整形成微刃，以微切削作用为主；细粒度砂轮经过精细修整形成半钝态微刃，对工件表面的摩擦抛光作用比较显著，可得到质量更高的加工表面。

砂轮结合剂有树脂类、金属类、陶瓷类等，以树脂类应用最为广泛。对粗粒度砂轮，可用陶瓷结合剂。金属类、陶瓷类结合剂是目前超精密加工领域中研究的重点。

3. 研具、抛光器和研磨剂、抛光剂

属于游离磨粒加工技术的研磨和抛光，一般采用铸铁、锡、聚酯、呢毡等材料制成的研具或抛光器作为涂敷或嵌入磨料的载体。而起微切削作用的研磨剂主要由磨料（分硬磨料和软磨料两类）、研磨液（润滑冷却作用）和辅助填料（混合脂等，起吸附、润滑作用）构成；抛光剂则由软磨料与油脂及其他辅助介质均匀混合而成。常用磨料种类有金刚石、立方氮化硼、锆刚玉、铬刚玉、氧化铝、碳化硅等。目前采用的非接触抛光（加工中工件与抛光器不接触）、软质粒子研磨抛光、研磨抛光液中研磨抛光等技术，可获得极高的加工表面精度和极低的表面粗糙度值。

五、精密和超精密加工检测及误差补偿技术

普通零件的加工精度一般都是通过机床精度来保证的，换言之，就是要求机床精度高于工件所要求的精度。但对于精密和超精密加工，工件本身的精度要求已经极高，若再要求制造出比工件精度更高的机床，技术难度与制造成本都会大幅度提高，甚至难以实现。而检测及误差补偿技术的发展为人们解决了这一难题，利用这一技术可以在精度比工件低的机床上加工出高精度的工件。

1. 加工精度的检测

精密和超精密加工时无论是要隔离、消除加工误差（找出误差根源，使之不产生或少产生），还是要对加工误差进行补偿（修正、抵消、均化、"钝化"误差），都离不开相应的误差检测装置和检测方法。从精度检测所处的环境来看，检测可分为：离线检测、在位检测和在线检测。

离线检测是指工件加工完毕后，从机床上取下，在机床旁或在检测室中进行检测。这种方法只能检测加工后的结果，不一定能反映加工时的实际情况，也不能连续检测加工过程的变化，但检测条件较好，可充分利用各种测量仪器而不受加工条件的限制，因此测量的精度比较高。

在位检测是指在工件加工完毕后，在机床上不卸下工件的情况下进行检测。检测仪器可以事先装在机床上备用，也可临时安装使用。在位检测也只能检测加工的结果，不一定能反映加工时的实际情况，同时也不能连续检测加工过程的变化，但可免除离线检测时由于定位基准改变所带来的误差，其检测结果更接近实际情况。在精密和超精密加工时应用在位检

测，要仔细考虑检测仪器的选用、安装和检测方法。若要借用机床本身的运动，则要考虑机床的运动精度，并在数据处理时能分离由此而造成的检测误差。满足了这些条件，在位检测不失为一种好的方法。

在线检测是指工件在加工过程中同时进行检测。它能连续地检测加工过程中的变化，了解加工过程中误差分布和发展趋势，从而为实时误差补偿和控制创造了条件。在线检测结果能够反映实际加工情况，如工件在加工过程中的热变形情况就可以通过在线检测来得到，而离线检测只能检测工件冷态下的精度。由于在线检测是在加工过程中自动运行，必然会受到加工过程中一些条件的限制（如传感器性能、尺寸、安装位置、稳定性、切削液和切削状况等），因此难度比较大。它往往不是一种单纯的检测方法，而是一个包括误差信号采集（大多数用非接触式传感器，不致破坏加工表面）、误差信号处理和输出、误差补偿控制系统连接等在内的检测系统。

根据检测工件的加工误差内容不同，离线、在位和在线检测都可直接对工件的尺寸和几何精度、表面粗糙度、表面应力、表面变质层深度、表面微裂纹等进行测量。表 6-5 给出了与这些检测类别相关的检测仪器设备和使用范围实例。

表 6-5　与检测类别相关的检测仪器设备和使用范围实例

检测类别	主要仪器设备	仪器设备实例	
		名称与参数	使用范围
尺寸和几何精度	电子测微仪、电感测微仪、电容测微仪、自准直仪、激光干涉仪等	ML10 Gold 激光干涉仪 线性测量分辨率：0.001μm 线性测量范围：40m（或选 80m） 线性测量精度：±0.7μm/m 最高测量速度：60m/min 长期稳频精度：±0.05μm/m	用于测量热、软、易碎以及其他传统方法不易测量的物体，适合线材、棒材、管材、机械和电子元件等的在线测量，可用于生产过程监控
表面粗糙度	接触测量　电感式、压电晶体式表面形貌仪等	美国 DI 公司 Dektak8 表面形貌仪 精度：1Å/65kÅ（垂直方向）	膜厚测量、应力分析、表面形貌分析等
	非接触测量　光纤法、电容法、超声微波法、扫描隧道显微镜等	AJ-I 型扫描隧道显微镜（STM） 扫描范围：XY 方向 3μm×3μm 分辨率：XY 方向 1Å 针尖逼近行程及精度： 行程≥10nm，精度≤0.1μm	用于在相关材质表面直接写入点、线等图形符号，通过电子束引起化学反应，在针尖下的表面微区淀积金属材料
表面应力、表面变质层深度、表面微裂纹	X 射线衍射法、激光干涉法等	GASP 玻璃表面应力计： 测量范围：0～55MPa 精度：0.34MPa	测定表面应力

注：1Å = 10^{-10} m。

2. 加工误差补偿技术

减少误差通常有两种策略：一是误差预防，即提高工艺系统的设计精度，改变系统的结构配置，以减少误差源或表现误差；二是误差补偿，即在现存的固有表现误差的条件下，通过分析、测量，进而建立模型，以这些信息为依据，人为地在系统中引入一个附加误差源，使之与系统中现存的固有表现误差相抵消，以减小或消除零件的误差。当机械零件的加工精度要求较高时，采用误差预防的方法费用将成指数增加，而借助于计算机技术对误差进行补偿，是一种非常实用有效的方法，且能使加工出的零件精度高于其加工所用工艺系统能达到的正常精度。

（1）误差补偿的类型与方法

1）误差补偿可分为实时与非实时两种类型。

其一，实时误差补偿（即动态误差补偿），这是建立在在线检测基础上的。计算机对接收各类检测装置测得的误差信息作及时处理，并把处理结果迅速返回，作用于被控对象以修正误差。换言之，实时误差补偿建立了一个能在规定时间内完成误差信息处理与控制修正的闭环自适应误差补偿系统。精密和超精密加工中一个高品质的实时误差补偿系统应具有的特点是：误差补偿精度较高；随机处理能力较强，不仅可以补偿系统误差，也可以补偿随机误差；输入输出设备通道可靠，保证检测单元与计算机之间信息交互准确畅通。

其二，非实时误差补偿（即静态误差补偿），这是一种事先测出误差值，按需要的误差补偿值设计制造出补偿装置，用机械装置（如校正尺）或计算机软件建模，在加工时进行补偿，这种方法只能补偿工艺系统中的系统误差。

2）误差补偿可用硬件或软件两种方法实现。硬件补偿法即用纯机械方法实现的误差补偿。早在1865年就出现的用校正尺和差动螺母等机械装置实现丝杠驱动工作台移动误差的补偿方法，即是典型的硬件补偿法。随着检测、控制与计算机技术的不断发展，目前误差补偿主要采用软件形式进行。例如，数控机床进给传动装置中滚珠丝杠的反向间隙，可先测得运动换向时产生的误差数值，然后将其预置在数控装置中，加工过程中一旦运动换向便可自动补偿，提高了进给单元的精度。这是一种典型的计算机辅助静态误差补偿方式。又如全闭环数控机床，加工过程中由检测装置（光栅尺等线位移传感器）对进给运动的实际位移量进行定时（毫秒级，甚至微秒级）检测采样，并将其反馈到数控装置的比较器中，与指令位移（理论值）进行比较，找出跟随误差，进而由数控装置对输出值进行补偿以修正误差。这是一种典型的计算机辅助动态误差补偿方式。此外，高速精密数控机床主轴的热变形误差补偿、超精密加工机床空气轴承径向摆动的补偿等都是这种方式成功应用的实例。经验表明，采用这种技术将误差减少到固有误差的10%以下是容易达到的，但要减少到0.1%以下则需要大量与昂贵的投入。

（2）误差补偿系统的组成　图6-20所示为一个完整的建立在在线检测基础上的实时检测误差补偿系统组成示意图。

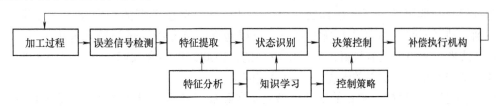

图6-20　完整的实时检测误差补偿系统组成

1）误差信号检测。它是误差补偿的前提与基础，由误差检测装置来完成。根据不同的检测对象，误差信号检测方式一般可分为两类：

一类是直接检测工件的加工误差（工件的尺寸和几何精度、表面粗糙度等），并加以补偿，称为直接检测。这是一种综合直观检测的方式，虽然检测装置的安装位置、加工中的切削液、切屑和振动的影响等都必须加以考虑，误差信号的采集和处理也比较复杂，但其优点是补偿依据可直接来自于工件本身。另一类是检测产生加工误差的误差源（机床的几何误差、热致变形误差、力致变形误差等），并加以补偿，称为间接检测。例如对机床主轴的回转运动误差进行检测和补偿，以提高工件的圆度；对螺纹磨床的传动丝杠热变形进行检测和补偿，以提高被加工螺纹的螺距精度。这种方式相对来说简单些，因为它与加工状况和环境的关系不大。但由于它是通过对误差源的检测间接获取了工件的加工误差，并以此作为补偿依据，故对误差源反映的工件加工误差的评估要求可靠、准确。上述两类检测方式在精密和超精密加工中都有应用。

2）特征提取。为了提高检测装置采集信号的信噪比及误差补偿系统的抗干扰能力，必须对各类检测仪器提供的误差信号进行加工处理，即从噪声干扰信号中提取出与加工误差变化密切相关的，能满足误差补偿要求的形式参数，称为特征提取（可采用统计分析、时域分析、频域分析等方法）。分析提取的特征参数形式与获取的信号有关，特征参数的品质决定了误差补偿系统的性能和可靠性。目前性能优良的微型计算机具有足够的数据处理能力与处理速度，能够满足对在线检测信号处理的要求。

3）状态识别。根据检测系统所获取的特征参数对加工误差进行判断，建立合理的模型，称作状态识别。状态识别是误差补偿系统的核心技术，因为建立起的模型将是特征参数与加工过程的映射，是工件加工误差与在补偿作用点上补偿控制量之间的关系，是决策与补偿控制的依据。在精密和超精密加工中，影响加工精度的因素很多，有些因素属于系统误差，其误差信号的处理和建模（一般为数学模型）比较方便；但有些因素属于随机误差，其误差信号的处理和建模比较困难（难以用数学表达式来准确描述），因此如何对随机过程进行建模引起了人们的重视。美国的 S. M. WU 教授在切削加工中首先引入 DDS（Dynamic Data System，又称 Time Series——时间序列）方法来建立误差预测模型，即把加工过程看成是一个随机动态过程，用时间序列分析方法建立其误差模型，这个模型不仅可以描述当时加工过程的误差值，而且可以预测未来加工过程的误差值，从而弥补了误差补偿控制与误差检测之间的时间滞后，为在线误差检测创造了条件。对轴类零件实施 DDS 法控制的实验结果表明：圆度误差下降 50%，直线度误差下降 80%，圆柱度误差下降 60%。美国的 J. Ni 教授继承了 S. M. WU 教授的工作，在误差预测模型中引入了自适应控制（Adaptive Control）方法。

其实就误差补偿的最终目的而言，误差补偿系统建立模型无非是为了稳定提供对象的信息，为补偿控制器服务，而不在其表达模式。采用基于信息模型的识别技术（专家系统、模糊识别、神经元网络和学习控制等方法）可以逼近任意非线性过程输入输出关系，由其建立的非线性过程模型具有较好的跟踪响应功能，因此，近年来人们正对其作深入的研究，以期能在精密和超精密加工的误差补偿中得到应用。

4）决策控制。根据所建立的误差模型以及实际加工过程，用计算机算出欲补偿的误差值，并输出补偿控制量。应该注意的是，模型的精度指标与输出的补偿控制量必须与微补偿装置的性能指标相适应，且采用合适的控制方法，才能充分发挥系统的整体性能。

5）补偿执行机构。它设置在补偿点上，具体执行补偿动作。由于补偿是一个高速动态过程，要求位移精度和分辨率高，频响范围宽，结构刚度好，因此，补偿执行运动多数用微进给装置来完成。微进给装置又称为微位移机构，可根据具体要求设计。例如，瑞典 Sandvik 公司和意大利 Marposs 公司共同研制开发的 Auto – Comp 专用镗床刀具补偿系统，其微量补偿装置采用步进电动机——弹性刀夹方式，每脉冲可补偿 0.002mm，最大补偿量为 0.2mm。德国 Gericon – Samostic 公司研制开发的镗削误差补偿系统，在切削深度达 0.4mm 时，可保证得到 ISO 6 级以上的尺寸精度，其微量进给机构为压力油—平行四边形方式。

（3）误差补偿系统的实例　镗削往往是孔加工中最主要的工艺手段，镗孔过程中由于系统误差和随机误差的存在，极大地影响了孔精加工的质量和效率，因此，镗削误差补偿技术就成为精密和超精密镗削加工所必须具备的核心技术。

图 6-21 是美国 Wisconsin 大学研制的对镗削时工件内孔圆柱度误差进行补偿的系统。该系统是一种典型的基于间接测量（测量镗杆运动误差）的误差补偿系统。系统认为造成工件内孔圆柱度误差的主要原因是镗杆径向圆跳动误差和直线运动的直线度误差。由激光器发出的激光束作为基准光线照射在装在镗杆上的棱镜上，棱镜反射光线位置的变动就反映了镗杆的运动误差。用 X-Y 双向光传感器检

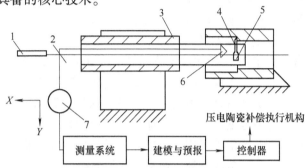

图 6-21　镗削工件内孔圆柱度误差补偿系统
1—激光器　2—分光镜　3—主轴轴系　4—镗刀
5—补偿执行机构　6—棱镜　7—X-Y 双向光传感器

测棱镜反射光线位置的变动，所测得的信号经测量系统分析处理后，传给计算机系统建模，然后预报出镗杆在镗刀各个切削位置时的误差补偿运动值，通过驱动控制压电陶瓷补偿执行机构进行内孔镗削加工补偿。补偿后的内孔圆柱度误差减少了 56% ~ 64%。

需要说明的是，建立在各种最优控制理论基础上的尺寸误差预测模型还没真正获得应用，在实际系统中仍采用传统的尺寸限制控制方法。因为前者模型的参数与加工条件密切相关，需要通过一定量的试加工才能获得，而实际的加工条件又是动态变化的。尺寸误差预测模型参数的自适应、自调节问题将是今后应用研究的重要方面，而基于自学习的神经网络和遗传算法模型等将是解决这一问题的有力工具。

六、精密和超精密加工的其他重要技术

精密和超精密加工是综合的、系统的技术组合，除上述加工工艺技术、机床及其基础部件、加工工具技术、检测与误差补偿技术外，加工的工作环境、被加工材料的选择也同样与之紧密相关。

1. 工作环境

精密和超精密加工必须对其外部环境加以控制，而不同的加工方法对工作环境的要求也有所不同。表 6-6 列出构成工作环境的各个方面及需要控制的具体内容。

表 6-6　构成工作环境的各个方面及需要控制的具体内容

工作环境	控制的具体内容	工作环境	控制的具体内容
空气环境	洁净度、气流速度、气压、有害气体	声环境	噪声、频率、声压等
热环境	温度、湿度、表面热辐射	光环境	照度、眩光、色彩等
振动环境	频率、加速度、位移、微振动等	静电环境	静电量、电磁波、放射线等

（1）空气环境　日常生活环境与普通车间环境的空气中存有大量尘埃和微粒等物质，这些对普通加工方法不造成影响的物质，却是精密和超精密加工中不可忽略的因素。因为它们的颗粒尺寸尽管很小，但进入微量加工的精密加工区，便可能会划伤被加工表面，从而影响加工精度，因此必须进行空气的净化处理。滤清是空气净化的主要方法。净化可分为整体净化和局部净化。局部净化是在净化区内通入正压洁净空气，以防止外界空气进入，保持净化工作台、净化腔等局部区域空气的洁净，这种方法比较经济。进行整体净化的房间称为净化室或超净室，工作人员在进入净化（超净）室前应更换专门的衣服，甚至是特制的无尘服，进行风淋以后再进室工作，以防人员活动时产生尘埃而降低室内洁净度。由于直径大于 0.5μm 的尘埃对超精密加工表面质量影响最大，故通常根据需要，要求每立方英尺⊖体积中直径大于 0.5μm 的尘埃数不得超过 100 或 10000 个，即净化洁净度达到 100 ~ 10000 级。

此外，工作室的气流速度、气压、有害气体也要加以控制。

（2）热环境　热环境主要是要保持恒温和恒湿。

环境温度可根据不同加工要求控制在 $[20 \pm (0.02 \sim 1)]$℃，某些超精密加工场合则要求更高。通常可采用整体恒温方式的恒温室（间）和局部恒温方式的恒温罩来维持不变的温度。为了节约能源，根据季节的温差，可将标准室温在夏季定为 23℃，冬季定为 17℃。

恒温室内湿度一般保持在 55% ~ 60%，以防止设备锈蚀、石材吸水膨胀，并可消除潮湿对一些仪器测量精度的影响（如激光干涉仪的零点漂移等）。

（3）振动环境　在精密和超精密加工时，振动对加工质量的影响比较大。振源主要来自两方面：一是机床等加工设备产生的振动，如由回转零件的不平衡、零件和部件刚度不足等引起的振动，这些必须通过对精密和超精密加工工艺系统自身的调整来解决；二是来自加工设备外部，由地基传入的振动，如邻近机床工作时产生的振动等，这就需要将加工设备安放在带防振沟和隔振器的防振地基上，同时可使用空气弹簧（垫）来隔离低频振动，这种方法既灵活方便，效果又好。

精密和超精密加工有时还需做一些特殊的工作环境处理，如防磁、防静电、防电子辐射、防声波、防 X 射线、防原子辐射等，这些可根据需要针对整体环境或局部环境进行。

2. 被加工材料

用一般的材料或不符合要求的材料进行精密和超精密加工是不能达到预期效果的。用于精密和超精密加工的材料，在化学成分、物理力学性能、加工工艺性能上均有严格要求。它们应该质地均匀，成分准确，性能稳定、一致，无外部和内部微观缺陷。其化学成分的误差应在 $10^{-2} \sim 10^{-4}$ 数量级，且应控制其杂质含量（尽量不含杂质）；其物理力学性能，如抗拉强度、硬度、伸长率、弹性模量、热导率、膨胀系数等，应达 $10^{-5} \sim 10^{-6}$ 数量级。冶炼、铸造、轧辗、热处理等工艺过程应严格控制，因为温度、熔渣过滤、晶粒大小、均匀性及方向性等对材料在物理、化学、力学、加工性能等方面均有很大影响。例如，高密度硬磁盘的片基是用专门的铝合金材料制作的，这种材料在冶炼过程中需采用特殊的熔渣过滤装置，防止表面生成氧化层；在轧制时，采用两个方向交替滚轧，以防止晶粒产生纤维状态，影响物理力学性能的均匀性，使磁盘最终在磁记录性能上受到影响。

精密和超精密加工是为适应现代高新科技发展的要求而发展起来的先进制造技术，它的

⊖　$1ft^3 \approx 0.028m^3$。

成功实现，得益于机床、工具、工艺方法、测量与控制、数控等多学科新技术的综合应用，但它同时也对许多高新科技的发展与进步起着推动作用。随着时间的推移，这项技术的内涵始终在变化，只有不断地跟踪、融合各学科的最新成果，才能不断地提高精密和超精密加工的技术水平，以适应时代发展的需要。

思考与练习

6-1 高速切削有哪些特性？可应用于哪些场合？

6-2 高速机床的传动机构为什么要尽可能实现"零传动"？试阐述机床设计中实现"零传动"常采用的主要措施及其内容。

6-3 适用于高速切削的刀具材料目前主要有哪些？这些刀具材料对不同工件材料的加工适应性如何？

6-4 高速切削刀具刀柄的主要形式有哪些？为什么 1∶10 锥度空心短锥柄刀具系统得到广泛应用？

6-5 高速切削数控编程时有哪些原则问题需要特别注意？

6-6 精密和超精密加工可划分为哪几个领域？试阐述传统领域内的精密和超精密加工工艺技术及其内容。

6-7 试述精密和超精密加工对发展国防与高尖端技术的重要性。列举几个你所知道的超精密加工工件实例与加工方法。

6-8 精密和超精密加工机床常用哪些类型的进给传动装置？其中微进给传动装置有哪些类型？其作用是什么？

6-9 为什么金刚石是理想的超精密加工刀具材料？衡量金刚石刀具质量的标准是什么？设计时如何保证？

6-10 试述检测及误差补偿技术在精密和超精密加工中的作用，解释何为实时误差补偿系统，并简述加工过程中实时误差补偿系统的工作流程。

第七章　计算机辅助数控程序编制技术

第一节　计算机辅助数控程序编制技术概述

一、计算机辅助数控程序编制的基本概念

在为复杂的零件编制数控加工程序时，刀具运行轨迹的计算非常复杂，计算相当繁琐且易出错，程序量大，手工编程很难胜任，即使能够编制出，往往耗费很长时间。因此，必须采用计算机辅助编制数控加工程序。

计算机辅助编程的特点是应用计算机代替人的许多工作，人可以不参加计算、数据处理、编写程序单等工作。计算机能经济地完成人无法完成的复杂零件的刀具中心轨迹的编程工作，而且能完成更快、更精确的计算，那种手工计算中经常出现的计算错误在计算机辅助编程中消失了。

计算机辅助数控编程技术主要体现在两个方面，即用 APT（Automatically Programmed Tool）语言自动编程和用 CAD（计算机辅助设计）/CAM（计算机辅助制造）一体化数控编程语言进行图形交互式自动编程。

APT 语言是用专用语句书写源程序，将其输入计算机，由 APT 处理程序经过编译和运算，输出刀具轨迹，然后再经过后置处理，把通用的刀位数据转换成数控机床所要求的数控指令格式。采用 APT 语言自动编程可将数学处理及编写加工程序的工作交给计算机完成，从而提高了编程的速度和精度，解决某些手工编程无法解决的复杂零件的编程问题。然而，这种方法也有不足之处。由于 APT 语言是开发得比较早的计算机数控编程语言，而当时计算机的图形处理功能不强，所以必须在 APT 源程序中用语言的形式去描述本来十分直观的几何图形信息及加工过程，再由计算机处理生成加工程序，致使这种编程方法直观性差，编程过程比较复杂且不易掌握，编制过程中不便于进行阶段性检查。

近年来，由于计算机技术发展得十分迅速，计算机的图形处理功能有了很大的增强，使得零件设计和数控编程连成一体，CAD/CAM 集成数控编程系统便应运而生，它普遍采用图形交互自动编程方法，通过专用的计算机软件来实现。这种软件通常以机械计算机辅助设计（CAD）软件为基础，利用 CAD 软件的图形编辑功能将零件的几何图形绘制到计算机上，形成零件的图形文件，然后调用数控编程模块，采用人机对话的方式在计算机屏幕上指定被加工的部位，再输入相应的加工参数，计算机就可自动进行必要的数学处理并编制出数控加工程序，同时在计算机屏幕上动态地显示出刀具的加工轨迹。很显然，这种编程方法与手工编程和用 APT 语言编程相比，具有速度快、精度高、直观性好、使用简单、便于检查等优点。20 世纪 90 年代中期以后，CAD/CAM 集成数控编程系统向集成化、智能化、网络化、并行化和虚拟化方向迅速发展。

二、CAD/CAM 集成数控编程系统的原理与应用

(一) CAD/CAM 集成数控编程系统的原理

CAD/CAM 集成数控编程是以待加工零件 CAD 模型为基础的一种集加工工艺规划 (Process Planning) 及数控编程为一体的自动编程方法。其中零件 CAD 模型的描述方法很多，适用于数控编程的方法主要有表面模型 (Surface Model) 和实体模型 (Solid Model)，其中表面模型在数控编程应用中较为广泛。以表面模型为基础的 CAD/CAM 集成数控编程系统习惯上称为图像数控编程系统。

CAD/CAM 集成数控编程的主要特点是零件的几何形状可在零件设计阶段采用 CAD/CAM 集成系统的几何设计模块在图形交互方式下进行定义、显示和修改，最终得到零件的几何模型。数控编程的一般过程包括刀具的定义或选择、刀具相对于零件表面的运动方式的定义、切削加工参数的确定、进给轨迹的生成、加工过程的动态图形仿真显示、程序验证直到后置处理等，一般都是在屏幕菜单及命令驱动等图形交互方式下完成的，具有形象、直观和高效等优点。

与以表面模型为基础的数控编程方法相比，以实体模型为基础的数控编程方法较为复杂。基于表面模型的数控编程系统一般仅用于数控编程，也就是说，其零件的设计功能（或几何造型功能）是专为数控编程服务的，针对性很强，易于使用，典型的软件系统有 Mastercam、SurfCAM 等数控编程系统，其编程原理和过程如图 7-1a 所示。而基于实体模型的数控

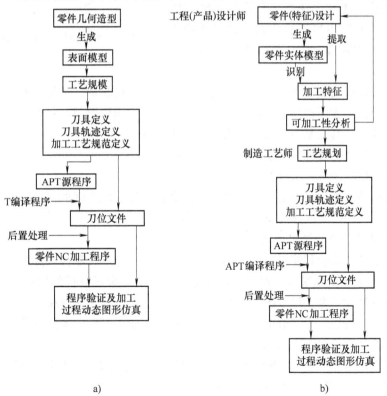

a)　　　　　　　　　　　　　b)

图 7-1　CAD/CAM 集成系统数控编程的原理与过程

a) 基于表面模型的数控编程系统　b) 基于实体模型的数控编程系统

编程系统则不同，其实体模型一般都不是专为数控编程服务的，甚至不是为数控编程而设计的。因此，为了用于数控编程，往往需要对实体模型进行可加工性分析，识别加工特征（Machining Feature）（加工表面或加工区域），并对加工特征进行加工工艺规划，最后才能进行数控编程，其中每一步可能都很复杂，需要在人机对话方式下进行，其数控编程的原理与过程如图 7-1b 所示。

（二）CAD/CAM 集成数控编程系统的组成

一个集成化的 CAD/CAM 数控编程系统，一般由几何造型、刀具轨迹生成、刀具轨迹编辑、刀具轨迹验证、后置处理、图形显示、几何模型内核、运行控制及用户界面等组成，如图 7-2 所示。整个系统的核心是几何模型内核。

在几何造型模块中，常用的几何模型包括表面模型（Surface Model）、实体模型（Solid Model）和加工特征单元模型（Machined Feature Model）。在集成化的 CAD/CAM 系统中，应用最为广泛的几何模型表示方法是边界表示法（Boundary Representation，B-Rep）和结构化实体几何法（Constructive Solid Geometry，CSG）。在现代 CAD/CAM 系统中，最常用的几何模型内核主要有两种，Parasolid 和 ACIS。

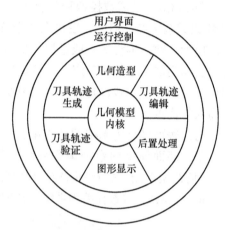

图 7-2　CAD/CAM 集成数控编程系统的组成

多轴刀具轨迹生成模块直接采用几何模型中加工（特征）单元的边界表示模式，根据所选用的刀具及加工方式进行刀位计算，生成数控加工刀具轨迹。

刀具轨迹编辑根据加工单元的约束条件对刀具轨迹进行裁剪、编辑和修改。

刀具轨迹验证一方面检验刀具轨迹是否正确，另一方面检验刀具是否与加工单元的约束面发生干涉和碰撞，其次是检验刀具是否啃切加工表面。

图形显示贯穿整个设计与加工编程过程的始终。

用户界面提供给用户一个良好的操作环境。

运行控制模块支持用户界面所有的输入方式到各功能模块之间的接口。

（三）CAD/CAM 集成数控编程系统的应用

1. 熟悉系统的功能与使用方法

全面了解系统的功能和使用方法有助于正确运用该系统进行零件数控加工程序编制。

（1）了解系统的功能框架　首先，应了解 CAD/CAM 集成数控编程系统的总体功能框架，包括造型设计、二维工程绘图、装配、模具设计、制造等功能模块，以及每一个功能模块所包含的内容，特别应关注造型设计中的草图设计、曲面设计、实体造型以及特征造型的功能，因为这些是数控编程的基础。

（2）了解系统的数控加工编程能力　一个系统的数控编程能力主要体现在以下几个方面：

1）适用范围。车削、铣削、线切割等。

2）可编程的坐标数。点位、二坐标、三坐标、四坐标及五坐标。

3）可编程的对象。多坐标点位加工编程、表面区域加工编程（是否具备多曲面区域的加工编程）、轮廓加工编程、曲面交线及过渡区域加工编程、型腔加工编程、曲面通道加工编程等。

4）有无刀具轨迹的编辑功能，有哪些编辑手段。如刀具轨迹变换、裁剪、修正、删除、转置、匀化（刀位点加密、浓缩和筛选）、分割及连接等。

5）有无刀具轨迹验证功能，有哪些验证手段。如刀具轨迹仿真、刀具运动过程仿真、加工过程模拟和截面法验证等。

（3）熟悉系统的界面和使用方法　通过系统提供的手册示例或教程，熟悉系统的操作界面和风格，掌握系统的使用方法。

（4）了解系统的文件管理方式　零件的数控加工程序是以文件形式存在的。在实际编程时，往往还要构造一些中间文件，如零件模型（或加工单元）文件、工作过程文件（日志文件）、几何元素（曲线、曲面）的数据文件、刀具文件、刀位原文件、机床数据文件等。在使用之前应熟悉系统对这些文件的管理方式以及它们之间的关系。

2. 零件图及加工工艺分析

零件图及加工工艺分析是数控编程的基础，所以计算机辅助编程和手工编程、APT 语言编程一样也首先要进行这项工作。目前，由于国内计算机辅助工艺过程设计（CAPP）技术尚未达到普及应用阶段，因此该项工作还不能由计算机承担，仍需依靠人工进行。因为计算机辅助编程需要将零件被加工部位的图形准确地绘制在计算机上，并需要确定有关工件的装夹位置、工件坐标系、刀具尺寸、加工路线及加工工艺参数等数据之后才能进行编程，所以，作为编程前期工作的零件图及加工工艺分析的任务主要有：

1）分析待加工表面。一般来说，在一次加工中，只需对加工零件的部分表面进行加工，主要内容有：确定待加工表面及其约束面，并对其几何定义进行分析，必要时需对原始数据进行一定的预处理，要求所有几何元素的定义具有唯一性。

2）确定加工方法。根据零件毛坯形状及其约束面的几何形态，并根据现有机床设备条件，确定零件的加工方法及所需的机床设备和工夹量具。

3）选择合适的刀具。可根据加工方法和加工表面及其约束面的几何形态选择合适的刀具类型及刀具尺寸。但对于某些复杂曲面零件，则需要对加工表面及其约束面的几何形态进行数值计算，根据计算结果才能确定刀具类型和刀具尺寸，这是因为，对于一些复杂曲面零件的加工，希望所选择的刀具加工效率高，同时又希望所选择的刀具符合加工表面的要求，且不与非加工表面发生干涉或碰撞。不过，在某些情况下，加工表面及其约束面的几何形态数值计算很困难，只能根据经验和直觉选择刀具，这时，便不能保证所选择的刀具是合适的，在刀具轨迹生成之后，需要进行一定的刀具轨迹验证。

4）确定编程原点及编程坐标系。一般根据零件的基准面（或孔）的位置以及待加工表面及其约束面的几何形态，在零件毛坯上选择一个合适的编程原点及编程坐标系（也称工件坐标系）。

5）确定加工路线并选择合理的工艺参数。

3. 几何造型

对待加工表面及其约束面进行造型是数控加工编程的第一步。对于 CAD/CAM 集成数控编程系统来说，一般可根据几何元素的定义方式，在前述零件分析的基础上，对加工表面及其约束面进行几何造型。几何造型就是利用计算机辅助编程软件的图形绘制、编辑修改、曲线曲面造型等有关指令将零件被加工部位的几何图形准确地绘制在计算机屏幕上，与此同时，在计算机内自动形成零件的图形数据文件，作为下一步刀位轨迹计算的依据。

4. 刀具轨迹生成

计算机辅助编程的刀具轨迹生成是面向屏幕上的图形交互进行的。一般可在所定义的加工表面（或加工单元）上确定其外法向矢量方向，并选择一种进给方式，根据所选择的刀具（或定义的刀具）和加工参数，系统将自动生成所需的刀具轨迹。所要求的加工参数包括：安全平面、主轴转速、进给速度、线性逼近误差、刀具轨迹间的残留高度、切削深度、加工余量、进刀/退刀方式等。当然，对于某一加工方式来说，可能只要求其中的部分加工参数。

刀具轨迹生成后，若系统具备刀具轨迹显示及交互编辑功能，则可以将刀具轨迹显示出来，如果有不妥之处，可在人机交互方式下对刀具轨迹进行适当的编辑与修改。

刀具轨迹计算的结果存放在刀位原文件中（.cls）。

5. 刀具轨迹验证

如果系统具有刀具轨迹验证功能，对于可能过切、干涉与碰撞的刀位点，采用系统提供的刀具轨迹验证手段进行检验。

需要说明的是，对于非动态图形仿真验证，由于刀具轨迹验证需要大量应用曲面求交算法，计算时间较长，最好是在批处理方式下进行，检验结果存放在刀具轨迹验证文件中，供分析和图形显示用。

6. 后置处理

后置处理的目的是形成数控指令文件。由于各种机床使用的控制系统不同，所以所用的数控指令文件的代码及格式也有所不同。为解决这个问题，软件通常设置一个后置处理文件。在进行后置处理时，应根据所选用的数控系统，调用其机床数据文件，运行数控编程系统提供的后置处理程序，将刀位原文件转换成适应该数控系统的加工程序。

第二节　计算机辅助数控编程的几何造型

一、数控加工编程的曲线曲面几何基础

（一）概述

从数学的角度来考虑，数控加工及数控编程理论实质上是曲线曲面几何学在机械制造业中的应用。在飞机、造船、汽车、模具等制造业中，经常遇到复杂曲线曲面的描述及其几何处理。复杂曲线和曲面是指形状比较复杂，不能用二次方程式描述的曲线和曲面，即所谓的自由曲线和自由曲面。

现代数控加工理论涉及的曲线曲面几何基础包括：曲线、曲面的参数描述；曲线、曲面的几何形态分析——微分几何学基础；曲线、曲面的几何处理，包括求交、等距、投影等。下面简单介绍一下 Bezier 曲线曲面，有关 B 样条曲线曲面、NURBS 曲线曲面、曲线曲面求交、曲线曲面的等距计算方法、曲线曲面的投影计算方法等请参考有关专著。

（二）Bezier 曲线

若 $P_i(i=0,1,\cdots,n)$ 为某 Bezier 曲线特征多边形的控制顶点，则该控制多边形所定义的

Bezier 曲线可表示为

$$r(t) = \sum_{i=0}^{n} P_i B_i^n(t) \qquad t \in [0,1] \tag{7-1}$$

这是一个 n 次多项式，其中 $B_i^n(t)$ 为 Bernstein 基函数，可表示如下：

$$B_i^n(t) = \binom{n}{i} t^i (1-t)^{n-i} \qquad t \in [0,1] \tag{7-2}$$

其中二项式系数为

$$\binom{n}{i} = \begin{cases} \dfrac{n!}{i!\ (n-i)!} & 0 \leqslant i \leqslant n \\[2mm] 0 & \text{其他} \end{cases}$$

由 Bezier 曲线的数学描述可知，曲线方程的次数随控制顶点数目的增多而提高。为避免产生高次曲线，实际应用中一般用分段低次 Bezier 曲线拼接成样条曲线。二次和三次 Bezier 曲线最为常用，此时 n 分别为 2 和 3。由式（7-1）和式（7-2）可推出一次、二次和三次 Bezier 曲线的数学表达式。

当 $n=1$ 时，有

$$r(t) = (1-t)P_0 + tP_1 \qquad t \in [0,1] \tag{7-3}$$

式（7-3）说明一次 Bezier 曲线是连接起点 P_0 和终点 P_1 的直线段。

当 $n=2$ 时，有

$$r(t) = (1-t)^2 P_0 + 2t(1-t)P_1 + t^2 P_2 \qquad t \in [0,1] \tag{7-4}$$

当 $n=3$ 时，有

$$r(t) = (1-t)^3 P_0 + 3t(1-t)^2 P_1 + 3t^2(1-t)P_2 + t^3 P_3$$

$$= (t^3 \quad t^2 \quad t^1 \quad 1) \begin{pmatrix} -1 & 3 & -3 & 1 \\ 3 & -6 & 3 & 0 \\ -3 & 3 & 0 & 0 \\ 1 & 0 & 0 & 0 \end{pmatrix} \begin{pmatrix} P_0 \\ P_1 \\ P_2 \\ P_3 \end{pmatrix} \qquad t \in [0,1] \tag{7-5}$$

这是三次 Bezier 曲线的矩阵表示形式。若给定四个控制顶点 P_0、P_1、P_2、P_3，就可根据式（7-5）求得三次 Bezier 曲线。图 7-3 表示三次 Bezier 曲线及其特征多边形。

如果用三次 Bezier 曲线表示由多个控制顶点确定的曲线，则该曲线光滑连续需满足一定的条件。例如，欲使由 P_1、P_2、P_3、P_4 构成的曲线 $P_1(t)$ 和由 P_4、P_5、P_6、P_7 构成的曲线 $P_2(t)$ 在连接点 P_4 处光滑连接，则第一段曲线终点的切矢与第二段曲线起点的切矢必须共线，如图 7-4 中所示的 P_3P_4 和 P_4P_5 在 P_4 点共线。

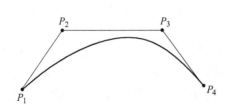

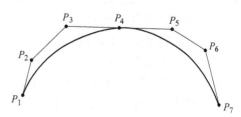

图 7-3　Bezier 曲线及其特征多边形　　　　图 7-4　Bezier 曲线段连续性条件

Bezier 曲线有如下主要特点：

1）凸包性。Bezier 曲线一定在各控制顶点所构成的一个凸多边形内。

2）端点特性。Bezier 曲线一定通过特征多边形的起点和终点。

3）Bezier 曲线直观性好，改变少数控制顶点就可改变曲线的局部形状。法国雷诺公司的自由曲线曲面造型系统 UNISURF 就是以这种曲线为基础开发的。

（三）Bezier 曲面

令 Bezier 曲面的特征网格控制顶点为 $P_{ij}(i=0,1,\cdots,n;j=0,1,\cdots,m)$，则该特征网格所定义的 Bezier 曲面可表示为

$$r(u,v) = \sum_{i=0}^{n}\sum_{j=0}^{m}P_{ij}B_i^n(u)B_j^m(v) \qquad (u,v) \in [0,1]\times[0,1] \tag{7-6}$$

当 $n=m=3$ 时，式(7-6)为双三次 Bezier 曲面，如图 7-5 所示。这样的曲面是一种最常用的曲面，其矩阵表达式为

$$r(u,v) = UM_B B_B M_B^T V^T \tag{7-7}$$

其中，B_B 为特征网格控制顶点矩阵：

$$B_B = \begin{pmatrix} P_{00} & P_{01} & P_{02} & P_{03} \\ P_{10} & P_{11} & P_{12} & P_{13} \\ P_{20} & P_{21} & P_{22} & P_{23} \\ P_{30} & P_{31} & P_{32} & P_{33} \end{pmatrix}$$

$$U = (u^3 \quad u^2 \quad u \quad 1), V = (v^3 \quad v^2 \quad v \quad 1)$$

$$M_B = \begin{pmatrix} -1 & 3 & -3 & 1 \\ 3 & -6 & 3 & 0 \\ -3 & 3 & 0 & 0 \\ 1 & 0 & 0 & 0 \end{pmatrix}$$

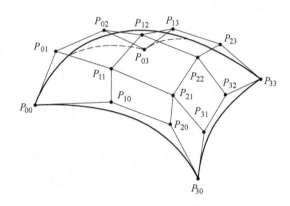

图 7-5　双三次 Bezier 曲面

二、几何造型

利用计算机进行几何造型，并不需要计算节点的坐标值，而是通过软件丰富的图形绘制、编辑、修改功能，采用类似手工绘图几何作图方法，在计算机上用各种几何造型指令绘制构造零件的几何图形。

（一）二维几何图形的造型

二维几何造型主要研究平面轮廓处理问题，其算法比较简单，大都采用人机对话方式工作。

1. 点位加工图形的生成

孔加工和冲剪等均属于点位加工。生成圆孔类点位图形，一般只要按零件图上标注的圆心坐标将圆绘制到计算机上即可。

而对于按一定规律分布的圆，则可利用软件提供的一些功能采用简便的方法来生成图形。例如，利用环形阵列命令，可以生成在节圆上环形均布的圆，首先画出基准圆，然后在节圆上一次阵列出所有均布圆。利用矩形阵列命令可生成沿横向纵向均匀排列的圆，方法是画出基准圆后按分布规律一次阵列出所有圆。利用镜像命令可生成对称分布的圆，即在画出

一系列圆的基础上，用镜像命令一次性地生成与这一系列的圆对称分布的所有圆。图 7-6 为利用环形阵列、矩形阵列和镜像功能生成的点位图形。

对于非圆的点位图形，如各种形状的冲孔，可将图形定义为图块，并将图形的中心作为块的插入点，再按其中心坐标值分别插入到计算机屏幕图形中；或按其分布规律，利用前述的阵列或镜像的方法插入到图形中。在编程过程中，计算机将会自动提取圆心或插入点的坐标值编制点位加工程序。

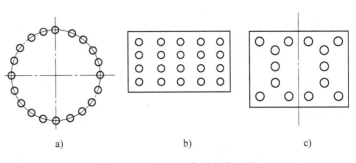

图 7-6　三种有规律的点位图形

a）环形阵列分布图形　b）矩形阵列分布图形　c）对称分布图形

2. 直线圆弧轮廓图形的生成

直线圆弧是组成零件轮廓的基本图形。其生成方法因不同的软件系统而有所区别，但作图功能大同小异。下面仅介绍一些常用的直线圆弧作图功能，具体指令的使用方法可参阅软件使用说明。

当直线端点的绝对坐标或相对坐标可以直接从零件图上提取时，可根据零件图的标注，输入端点坐标值形成图形。当直线端点是计算机屏幕上已有图素的特征点（如某直线或圆弧的端点、中点、垂足、两线素的交点、切点、圆弧或圆的圆心及象限点等）时，可利用软件中目标捕捉的各种方式，采用光标靶区准确地捕捉到这些特征点，并以它们作为端点形成直线图形。当直线端点是既无法从零件图上直接提取到坐标值，也捕捉不到的点时，可用几何作图法求出该点，以便绘制图形。

画圆的取点方法通常有以下几种方式：

1）给出圆上三点的位置。

2）给出直径的两个端点。

3）给出圆心及半径。

4）给出圆心及直径。

5）给出两个与圆相切的图素及圆半径。

画圆弧的取点方法一般有：

1）给出圆弧上三点的位置。

2）给出圆弧起始点、圆心及圆弧终点。

3）给出圆弧起始点、圆心及圆弧所夹的角。

4）给出圆弧起始点、圆心及圆弧所对应的弦长。

5）给出圆弧的起始点、终点及其半径。

6）给出圆弧的起始点、终点及圆弧所夹的角。

7）给出圆弧的起始点、终点及其起始方向角。

8）规定圆弧与前面的直线或圆弧相切并给出圆弧的终点。

与直线取点方法一样，上述的圆及圆弧的取点可直接给出绝对坐标或相对坐标值；或采用目标捕捉、几何作图等方法。

值得注意的是，在生成直线圆弧轮廓的图形时，线素之间必须首尾相连，不允许首尾分离、线素交叉等现象存在，否则，编程中会出错。

另外，在生成直线圆弧轮廓时，还可根据图形的具体情况，利用图形编辑中的复制、旋转、镜像、造等距线、延长、修剪、阵列等指令灵活进行。

3. 列表曲线的造型

在凸轮、靠模、曲面样板等零件中经常会出现列表曲线，因此，数控编程中常用曲线拟合的造型方法来处理。首先按零件图给定的列表曲线型值点的坐标值绘制一条连续的折线，然后用曲线拟合命令一次将其拟合成过型值点的光滑曲线。拟合的数学方法因软件的不同而异，一般有双圆弧拟合法、样条曲线拟合法、Bezier 曲线拟合法等。对于按不同的拟合法生成的曲线，在刀位计算时的处理方法亦不同。采用双圆弧法拟合的曲线，用分解指令打碎后，将生成一系列光滑连接的圆弧，在刀位计算时将按圆弧处理。用样条法及 Bezier 曲线拟合法生成的曲线，在刀位计算时需要按加工精度要求进行插值，用插值点连成的折线作为刀位轨迹，用逼近法加工曲线。

4. 常用非圆平面曲线的造型

所谓常用非圆平面曲线，指的是具有固定数学模型且在机械零件中经常出现的非圆平面曲线图形，如渐开线、螺旋线、摆线等。对于这类有固定数学模型的曲线，可用参数绘图的方法进行造型。首先选定欲绘制曲线的命令或菜单项，然后根据计算机的提示，输入所需要的参数，如曲线的坐标原点、曲线数学公式中的各项系数、拟合精度或插值点的数目及曲线的起始角度和终止角度，软件将自动在计算机屏幕上绘出所需的曲线。这种方法一般是用双圆弧法拟合生成曲线的，故曲线是由多段圆弧光滑连接而成的。

（二）三维几何造型

1. 三维几何造型系统

现实世界的物体都是三维的，因而三维几何造型系统可以在计算机内部更加真实、完整、清楚地描述物体。常用的三维几何造型系统有如图 7-7 所示的三种类型。

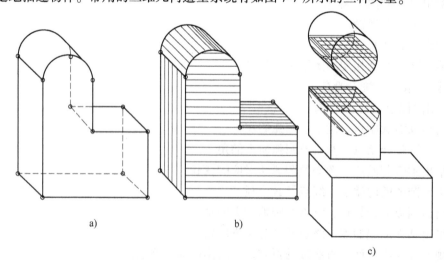

图 7-7　三维几何造型系统的类型

a）线框模型　b）表面模型　c）实体模型

（1）线框模型 线框模型（Wireframe Modeling）是最简单、最常用的三维造型方法，如图 7-7a 所示。用这种模型，物体仅通过棱边，即直线、圆弧、圆，在个别情况下也包含样条（Spline）曲线来描述。这种描述方式所需信息最少，因此所占存储空间也最少，响应速度最快。但由于没有面的信息，该模型不适合用于对物体需要进行完整信息描述的场合。

（2）表面模型 表面模型（Surface Modeling）是描述物体各种表面或曲面的一种三维模型。主要适用于不能用简单的数学模型进行描述的物体，如汽车、飞机、船舶和水利机械构件的一些外表面，如图 7-8 所示。这种系统的要点在于由给出的离散数据构造曲面，使该曲面通过或逼近这些离散点。常用的算法有插值、逼近、拟合等，以获得完整的数学表示。

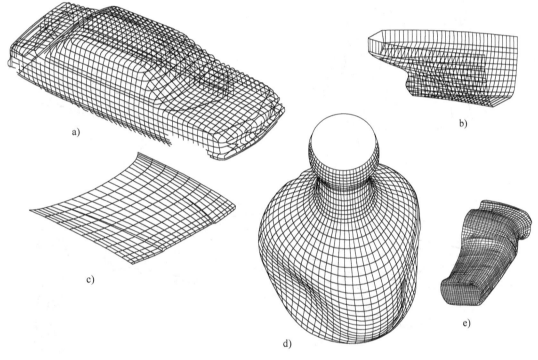

图 7-8 表面模型

a）汽车　b）船体　c）发动机盖　d）酒瓶　e）手柄

另外，在某些情况下也可以简化地描述曲面。其中最有效、应用最多的方法是沿导向曲线描述。导向曲线可以为空间任意形状的开式或封闭曲线。方法是沿着导向曲线方向，在给定距离内，定义垂直于导向曲线的横向曲线（母线），图 7-9 表示用此法形成的不同的曲面形状。图中，L 表示导向线，Q 表示母线。

（3）实体模型 实体模型（Solid Modeling）是在计算机内部以实体的形式描述现实世界的物体。利用这种模型可以完整地（具有完整的信息）、清楚地（可实现可见边的判断和消隐）描述物体。

实体模型几何造型可采用不同的物体生成描述原理，常用的有体素法、平面轮廓扫描法等。体素法采用一些最基本的体素，如长方体、圆柱、圆锥、圆环、锥台等来描述物体。这些体素可通过少量参数进行精确描述，例如长方体可由长、宽、高定义，并用基准点定义其在空间的位置和方向，对长方体来说，基准点既可位于它的一个顶点，也可位于它的一个平面的中心。不同的实体模型几何造型系统具有不同的基本体类型，图7-10为一些常见的基本体。

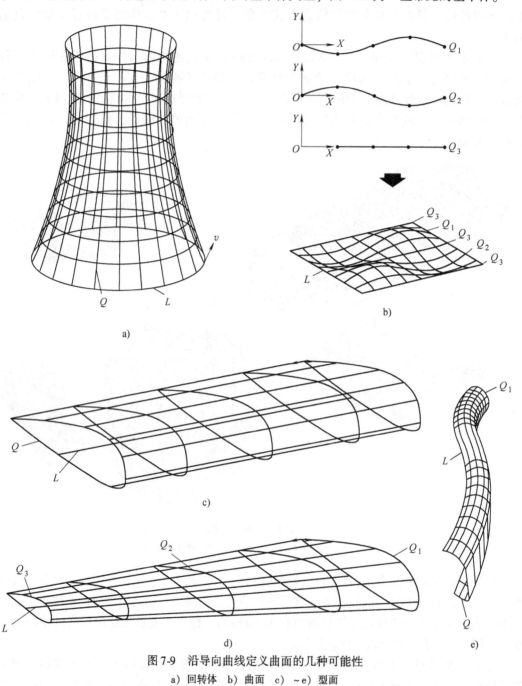

图 7-9　沿导向曲线定义曲面的几种可能性

a）回转体　b）曲面　c）~e）型面

平面轮廓扫描法与二维系统密切相关，常用于棱柱体或回转体的生成。该方法的基本设想是：一个二维轮廓在空间平移或旋转即可扫描出一个实体。因此，前提条件是要有一个封闭的平面轮廓，将它沿着某个坐标方向移动或绕某一个给定的轴线旋转，便可形成如图7-11

所示的两种扫描变换。此外，还可以进行整体扫描，也就是使一个刚体在空间运动以产生新的物体形状，如图 7-12 所示。这种方法在加工过程模拟及干涉检验方面具有很大的实用价值，在数控加工中刀具轨迹生成和检验方面具有重要意义。

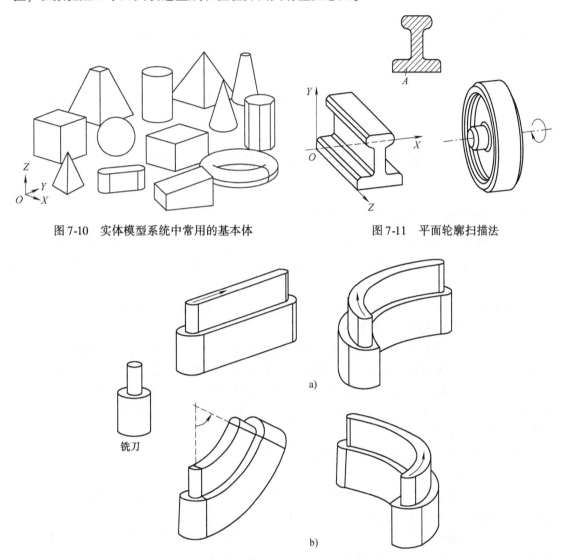

图 7-10　实体模型系统中常用的基本体　　　　　　图 7-11　平面轮廓扫描法

图 7-12　铣刀运动中可能生成的形状
a）平移　b）回转

2. 曲面的造型

以上简要介绍了三维几何造型的几种模型，曲面造型较为复杂，在具体的计算机辅助编程软件中，所采用的曲面造型方法虽然有所区别，但大同小异，常用的技术有：

（1）截面线造型法　适用条件是零件图提供了曲面若干截面线的型值点坐标值。方法是首先利用曲线拟合指令将各截面线拟合成曲线，然后再用曲面拟合指令将各截面曲线拟合成光滑曲线。

（2）回转曲面造型法　适用于各种回转面的造型。方法是首先按照零件图提供的已知条件构造母线，该母线可以为直线、圆弧或各种平面曲线，可用前述二维造型方法处理。然后利用回转面生成指令，令母线绕指定轴旋转指定角度，从而生成回转面。

（3）型值点造型法　适用条件是零件图提供了曲面上的若干型值点。方法是利用以点拟合曲面的指令，直接拟合曲面。

（4）边界线造型法　适用条件是零件图提供了曲面四条边界线的数据。方法是首先在计算机上生成边界线，然后利用相应的边界线曲面拟合指令，拟合出符合边界条件的曲面。

（5）扫描曲面造型法　适用条件是零件图提供了一条扫描母线和一条导向线的数据。方法是首先构造扫描母线和导向线，然后利用相应的曲面生成指令，使扫描母线沿导向线运动而生成曲面。

第三节　数控加工刀具轨迹的生成

一、二坐标数控加工刀具轨迹生成

二维轮廓的加工在数控加工中最为常见，不仅一般的二维轮廓零件有计算机辅助编程的需求，一些具有三维复杂曲面的零件往往也需要采用计算机辅助编程来加工其中的某些二维轮廓。

二维轮廓加工中刀具轨迹的生成通常有三种情况，下面分别予以介绍。

（一）点位加工刀具轨迹的生成

点位加工刀具轨迹的生成比较简单，因为在点位加工中，刀具从一点运动到另一点时不切削，各点的加工顺序通常也无要求。具体方法是首先利用指定菜单或命令选择刀具轨迹生成的功能，然后根据屏幕提示在图形上用光标指定好编程原点、选择好加工目标图形、输入相应的加工参数，刀具轨迹将会自动生成并在屏幕上显示出来，同时生成刀具轨迹文件或直接生成数控加工程序。

（二）外形轮廓加工刀具轨迹的生成

1. 基本概念

平面上的外形轮廓有内、外轮廓之分，其刀具中心轨迹为外形轮廓线的等距线。计算二维轮廓的铣削加工刀具轨迹时，应注意以下几点：

（1）外形轮廓线必须是连续的　在二维外形轮廓中，曲线一般包括直线、圆弧和自由曲线。连续性要求前一段曲线的终点必须是下一段曲线的起点。

（2）定义进刀/退刀线　为了防止过切、碰撞和飞边，需设置进刀/退刀线。

2. 平面轮廓加工刀具轨迹生成方式

轮廓加工的刀具轨迹生成一般有两种方式：

（1）按刀位轨迹编程方式　用交互绘图方法，采用造等距线的指令，将加工轮廓线根据具体情况左偏或右偏一个刀具半径，得到加工刀位轨迹，然后按此刀位轨迹交互编程。在交互编程中应根据屏幕提示输入相应的加工参数，用光标指定编程原点、起刀点、起切线或进给方向及退刀点，并选定已生成的刀位轨迹作为加工目标，计算机将按此刀位轨迹编制出加工程序。这种方式可适用于不具备刀具补偿的数控系统的编程，因为在编程中已考虑了刀具补偿问题。

（2）直接编程方式　直接对零件的轮廓图形进行编程。除了在交互过程中要根据提示输入相应的加工参数，并用光标指定编程原点、起刀点、起切线或进给方向及退刀点外，还应根据提示指定刀具补偿方式并选择零件轮廓图形作为加工目标，计算机会按照此轮廓编制出加工程序并在程序中自动加入刀具补偿指令。所以，这种方式要求机床的数控系统必须具备刀具补偿功能。

（三）型腔数控加工刀具轨迹的生成

二维型腔是指以平面封闭轮廓为边界的平底直壁凹坑，分为简单型腔和带岛型腔。

1. 二维型腔加工的切削加工方式

二维型腔的数控加工一般有行切法和环切法两种方式。

（1）行切法加工刀具轨迹生成　行切法加工的刀具轨迹生成比较简单。首先确定进给路线与 X 轴的夹角，然后根据刀具半径和加工要求确定进给步距，再根据平面型腔边界轮廓外形、刀具半径和精加工余量计算出各切削行的刀具轨迹，最后把各行刀具轨迹线段连接起来。

（2）环切法加工刀具轨迹生成　平面型腔的环切法加工的刀具轨迹生成计算比较复杂，因为其刀具轨迹通常是沿着型腔边界的等距线。所以，环切法加工的刀具轨迹计算在某种意义上可归结为平面封闭轮廓曲线的等距线的计算。

由直线和圆弧组成的简单封闭轮廓曲线的等距线计算比较容易，但刀具轨迹的计算还要在该等距线的基础上进行裁剪和编辑。包含自由曲线的简单封闭轮廓曲线的等距线计算相对较复杂。包含岛屿的封闭轮廓曲线的等距线计算更加复杂，因为在对等距线进行裁剪和编辑时要考虑等距线的自交和互交。

2. 二维型腔零件加工刀具轨迹生成方式

型腔加工的刀具轨迹生成也有两种方式：

1）利用刀位轨迹生成命令，对照图形用光标在交互方式下指定型腔的边界图形及中间的岛屿图形，并指出编程原点、起刀点、退刀点，输入加工参数、刀具半径、加工方式（行切法或环切法），计算机会自动生成刀具轨迹。

2）将型腔加工作为轮廓加工的一种特例来处理。利用造等距线指令及其他图形编辑修改指令，采用交互绘图的方法，绘制生成行切加工或环切加工的刀位轨迹。然后用轮廓加工的编程方式，按此刀位轨迹编程。

二、多坐标数控加工刀具轨迹生成

采用多坐标数控加工功能可以实现多坐标点位加工，空间曲线、曲面等多种加工。多坐标数控加工刀具轨迹的计算比较复杂，比较常用的刀具轨迹生成方法有参数线法、截面线法、三坐标球形刀多面体曲面加工法等。

（一）多坐标点位数控加工刀具轨迹计算

多坐标点位加工主要指曲面上的孔加工，如钻孔、扩孔和铰孔等，多为斜孔。可在五轴数控机床上以三轴联动方式加工实现，其进给轨迹如图 7-13 所示，步骤为：

1）将刀具移动到曲面上方的一点 P_0，P_0 在孔的中心线上。

2）在 P_0 处摆刀，使刀具轴线与孔的中心线平行。

3）保持摆角（一般为两个角度）不变，按工艺要求钻孔，每钻一次都退回到 P_1 点，便于排屑，直至钻孔完毕（设用 P_2 表示每次钻孔的刀位点）。

4）退刀至 P_0 点，使摆角回零，刀具返回零点。

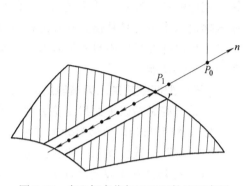

其中刀位点按下面的公式计算：

$$P_0 = r + aRn$$
$$P_1 = r + bn$$
$$P_2 = r - d_i n \qquad (i = 1, 2, \cdots)$$

式中　R——钻头半径；

　　d_i——每一次钻孔深度；

　　r——曲面上孔的位置；

　　n——孔中心线上的单位向量；

　　a——安全距离；

　　b——接近间隙。

图 7-13　多坐标点位加工刀具轨迹示意图

其中，a、b 的大小与加工零件的工艺有关，一般可取 $a = 10$，$b = 3$。

虽然多坐标斜孔钻削的刀具轨迹计算方法较简单，其工艺问题却很重要，主要应考虑的有钻孔进给速度、退钻速度、每一次钻孔深度 d_i、钻孔总深度 D（主要指深孔钻削）。此外，与在平面上钻孔相比，在曲面上钻孔难度大，易偏钻，不易定位，所以，在钻头接触曲面时，进给速度不宜过大，并且在孔即将被钻穿时应自动停止进给，以免损坏钻头。

（二）　曲面加工的刀具轨迹生成方法

曲面加工刀具轨迹计算过程为：给定一张或多张待加工曲面，按导动规则约束生成刀具与被加工零件曲面的切触点曲线，由此切触点曲线按某种刀具偏置计算方法生成刀具轨迹曲线。

切触点是指刀具在加工过程中与被加工零件曲面的理论接触点。无论采用何种刀具加工曲面，从几何学的角度来看，刀具与被加工曲面的接触关系均为点接触。

切触点曲线是指刀具在加工过程中由切触点构成的曲线，是生成刀具轨迹的基本要素。

曲面上切触点曲线的生成方法及一些有关加工精度的参数称为导动规则，这些参数包括步长、行距、两切削行间的残留高度、曲面加工的盈余容量和过切容量等。

下面介绍几种主要的切触点曲线的生成方法。

1. **参数线法**

在多坐标数控加工刀具轨迹生成方法中，曲面的参数线加工方法是一种主要方法，其特点是切削行沿曲面的参数线分布，即切削行沿 u 线或 v 线分布，此法适用于网格比较规整的参数曲面的加工。

基于曲面参数线加工的刀具轨迹计算方法的基本思路是利用 Bezier 曲线曲面的细分特性，沿参数线方向将加工表面进行细分，所生成的点位作为加工时刀具与曲面的接触点。因此，曲面参数线法又称为 Bezier 曲线离散算法。在刀具轨迹的计算中一般采用 Bezier 曲线离散算法的二叉离散算法，它所占的存储空间较小。

在切削加工中，刀具的运动分为沿切削行的走刀和切削行的进给两种运动。刀具沿切削行走刀时覆盖了一个带状曲面区域，称为加工带。在二叉离散过程中首先沿切削行的行进给方向对曲面进行离散，得到加工带，然后在加工带上沿走刀方向对加工带进行离散，得到切削行，如图7-14所示。

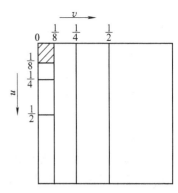

由此可见，二叉离散算法要求先确定一个参数线方向作为切削行的走刀方向，这里假定为 u 参数曲线方向，相应地另一参数曲线 v 方向就是沿切削行的行进给方向。随后，根据允许的残留高度计算加工带的宽度；在此基础上，根据 v 参数曲线的弧长计算刀具沿 v 参数曲线的走刀次数（加工带的数量）N_v；加工带在 v 参数曲线方向上按等参数步长（或局部按等参数步长）分布。

基于参数线加工的刀具轨迹算法较多，下面介绍几个较为成熟的算法。

图7-14　二叉离散算法示意图

（1）等参数步长法　等参数步长法是最简单的 Bezier 曲线离散算法，方法是在整条参数线上按等参数步长计算点位。其参数步长 δ 与曲面加工误差 Δ 无一定的关系，为满足加工精度，通常凭经验确定 δ 的取值且偏于保守。如此计算出的点位信息较多。由于按等步长计算点位信息，未用曲面的曲率来估计步长，所以，等参数步长法没有考虑曲面的局部平坦性（在平坦的区域仅需较少的点位信息）。不过，这种方法计算简单，速度快，常用于刀位计算中。

（2）参数筛选法　参数筛选法可克服等参数步长法的缺点，但计算速度稍慢一些，其优点是计算出的点位信息比较合理并具有一定的通用性。

在参数筛选法中，首先按参数步长计算离散点列 $\{P_i\}_1^n$，步长 δ 的取值应使离散点足够密，然后按曲面的曲率半径 R、加工误差 Δ 从离散点列中筛选出点位信息 $\{Q_i\}_1^m (m \leqslant n)$。

点位信息的具体计算方法是：过 P_{i-1}、P_i、P_{i+1} 三点作圆，用圆的半径 R_i 代替 P_i 点处密切圆的半径，如图7-15a所示，其计算步骤如下：

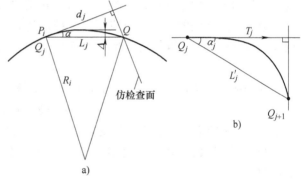

图7-15　参数筛选法计算点位信息示意图
a）参数线由离散点组成　b）参数线近似由直线和圆弧组成

1）$Q_j = P_i$，$i = j = k = 1$。

2）估计步长
$$L_j^2 = 4\Delta(2R_i - \Delta)$$
$$d_j = L_j(1 - \Delta/R_i)$$

3）计算切向矢量与弦长的夹角。
$$\cos\alpha_j = d_j/L_j = 1 - \Delta/R_i$$

4）计算多边形点列 $\{P_i\}_k^n$ 与伪检查平面的交点 Q，确定交点区间 ki，从而找到该多边形在交点 Q 处的前趋点位 P_{ki}，令 $Q_{j+1} = P_{ki}$。若找不到 P_{ki}，则说明在前面用等参数步长法计算点位时，参数步长 δ 的取值过大。

5）计算实际步长及密切圆在 Q_j 点处的切向矢量与弦长的夹角，即
$$L'_j = Q_{j+1} - Q_j$$

$$\cos\alpha'_j = L'_j T_j / |L_j|$$

式中　T_j——密切圆在 Q_j 点处的切向矢量。

6）如果 $\cos\alpha'_j \geqslant \cos\alpha_j$，即 $\alpha'_j \geqslant \alpha_j$，则接受 Q_{j+1}，接着进行下一步，否则缩小步长 L_j（$=0.8L_j$），转第二步计算 d_j。

7）如果 $k=n$，则 $Q_{j+1}=P_n$，计算结束。否则 $k=ki,i=k,P_i=Q_{j+1},j=j+1$，转第二步重新计算。

在第六步中增加的条件限制可防止以下情况发生：当参数线的曲率发生急剧变化时，若参数线近似地由直线和圆弧组成，由于在直线段上的曲率半径 $R_i\rightarrow\infty$，则步长 $L_j\rightarrow\infty$，计算出的 Q_{j+1} 点就作为圆弧的终点，显然刀具不能从 Q_j 点走到 Q_{j+1} 点，否则曲面会被切掉一大块，使零件报废。如图 7-15b 所示，显然有 $\alpha'_j \geqslant \alpha_j$，因为当 $R_i\rightarrow\infty$ 时，$\cos\alpha_j = 1 - \Delta/R_i = 1$，即 $\alpha_j=0$。通过第六步中缩小步长 L_j 的方法，计算出的 Q_{j+1} 点将会接近直线段和圆弧段的切点。

（3）**局部等参数步长法**　局部等参数步长法的基本思想是，加工带在 v 参数曲线方向上按局部等参数步长（曲面片内）分布；在进给路线上，根据容差进行计算。方法是在每一段 u 参数曲线上，按最大曲率估计步长，然后再按等参数步长进行离散。

1）局部最小进给步长估计。进给步长的计算依据是控制加工误差的大小。因为加工精度要求越高，进给步长越小，编程速度和加工效率就越低，所以，应在满足加工精度要求的前提下，尽量加大进给步长，以提高编程速度和加工效率。

经验表明，估计局部最小进给步长时可用直线逼近误差作为控制误差的依据，图 7-16 表示进给步长与直线逼近误差之间的关系。对应于任一指定的直线逼近控制误差极限 ε，当直线逼近误差 $|\delta_t| < \varepsilon$ 时，有

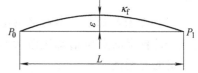

图 7-16　进给步长与直线逼近误差的关系

$$\kappa_f L^2/8 < \varepsilon$$

即局部最小进给步长估计值 L 可按下式计算：

$$L^2 < 8 \ (\varepsilon/\kappa_f)$$

式中　κ_f——曲面片沿进给参数线方向的最大法曲率。

2）离散点数估计。由前述可知，在每一段进给参数曲线上，可按以下方法估计离散点数：

$$N = S/L$$

式中　S——该段参数曲线的弧长。

局部等参数步长二叉离散算法不仅考虑了曲率的变化对进给步长的影响，而且计算方法也较简单，计算速度快，节省空间，实际应用较多。但要用到堆栈、多片拼接时，堆栈会很大，控制不灵活。无论是 u 方向还是 v 方向，离散都只能在原曲面片内进行，不能跨越曲面边界或整个曲面片，故刀位点较多，后续处理的计算量相应增加。

较为成熟的算法还有向前差分算法，计算速度可大大加快且应用广泛；或参数线对分算法，即在曲线离散算法中，在曲线段参数的中点将曲线离散一次，得到两个曲线段，该算法适用于刀具轨迹的局部加密，可用于刀具轨迹的交互编辑。

总之，各种曲面零件数控加工编程系统中，参数线加工算法是生成切削行刀具轨迹的主要方法。其长处在于刀具轨迹计算方法简单，计算速度快；缺点是当加工曲面的参数线分布不均匀时，切削行刀具轨迹的分布也不均匀，加工效率亦不高。

2. 截面线法

截面线法加工的基本思路是用一组截面去截取加工表面，截得一系列交线。刀具与加工表面的切触点就沿这些交线运动，完成曲面的加工。截面可以为平面或回转曲面，以便于求交处理。

（1）截平面法　截平面法加工使刀具与曲面的切触点轨迹在同一平面上。

截平面可以定义为一组平行的平面或一组绕某直线旋转的平面。它们通常平行于刀具轴线，也就是与 Z 轴平行。

截平面法通常选用球形刀来加工曲面，在某些特殊情况下也可采用环形刀或平底刀加工，下面仅就球形刀加工曲面予以讨论。

采用球形刀加工曲面时，刀心实际上是在加工表面的等距面上运动。由此，截平面法加工曲面可采用构造等距面的方法，让刀具沿截平面与加工表面等距的交线运动，进行曲面的加工。

应当指出，刀具沿截平面与加工表面的交线运动一般按三轴联动运动方式，这是因为尽管刀具与加工表面的切触点在同一截平面内，但由于在截交线上曲面法向矢量的转动，刀心一般并不在同一截平面内。而刀具沿截平面与加工表面等距的交线运动为两轴联动运动方式，这时刀具与加工表面的切触点一般不在同一截平面内，但偏离截面不远，好处是刀心轨迹为平面曲线，编程计算较简单，对数控系统要求不高。

当加工单一曲面区域或组合曲面时，上述两种方法均可采用。但采用三轴联动方式，即刀具沿截平面与加工表面的交线运动，加工效果较好一些，这是因为刀具与加工表面的切触点运动轨迹被限制在同一截平面内，为一条平面曲线。但刀心轨迹为空间曲线，要求数控系统必须具备三轴联动功能。

当加工复杂曲面及曲面型腔时，采用截平面与加工表面等距面的交线运动要简单得多，因为此时刀心轨迹是一条平面曲线。若采用刀具与加工表面的交线运动方式，则由于刀心轨迹为空间曲线，不在同一截平面内，一般情况下不相交，这样在曲面相交处的刀位计算非常困难。采用截平面与加工表面的等距面的交线作为刀具轨迹，便不再存在这个问题，不过需要解决加工表面等距面的生成问题。

在数控编程系统中，生成等距曲面的方法通常是：先将加工表面在一定的精度控制下进行离散，求出加工表面上所有离散点的等距点，再采用一定的数学方法将这些等距点拟合成等距曲面，或直接用等距点网格代替等距面。

刀具轨迹生成的一般步骤如下（以截平面与加工表面等距面的求交为例）：

1）顺序取一截平面 $S_i(i=1,\cdots,n)$。

2）求与加工表面等距面的交线 $C_{ij}(j=1,\cdots,m)$。

3）在同一截面内求交线 C_{ij} 之间的交点，并对交线轨迹进行裁剪，如图 7-17 所示。

4）采用参数线法（如参数筛选法）生成刀具轨迹。

在加工曲面上网格分布不够均匀的曲面及由多个曲面形成的组合曲面时，截平面法非常有效。这是由于刀具与加工表面的切触点在同一平面上，加工轨

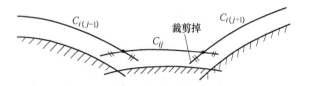

图 7-17　截平面与加工表面等距面求交

迹分布相对比较均匀，使残留高度分布也比较均匀，提高了加工效率。

（2）回转截面法　回转截面法使刀具与曲面的切触点轨迹在同一回转曲面上。

回转截面可以定义为一组回转圆柱面，其轴心线通常平行于 Z 坐标轴。

回转截面法要求首先建立一个回转中心，然后建立一组回转截面，并求出所有的回转截面与加工表面的交线，接下来根据刀具运动方式对这些交线进行串连，形成一条完整的刀具轨迹。主要难点在于回转截面与加工表面的求交。

回转截面法加工可以由中心向外扩展，也可以从边缘向中心靠拢。

3. 三坐标球形刀多面体曲面加工方法

就三角域曲面和散乱数据描述的曲面而言，不能采用参数线法生成刀具轨迹，但可以采用截面线法。以下介绍一种更为直接的多面体曲面加工刀具轨迹生成方法。

图 7-18　三角域曲面

对于任何多面体曲面或散乱数据描述的曲面，都可以找到一种划分方法，将该曲面划分为三角域曲面或三角网多面体，如图 7-18 所示。

（1）三角域曲面加工方法　三角域曲面的每一曲面片在边界（包括边界线和边界点）上至少一阶几何连续，即整个曲面在任何位置的法向矢量方向唯一，故可以采用离散方法构造曲面的等距面网孔，接着采用截平面法，用一系列截平面去截取加工表面的等距面，生成的一系列截交线作为数控加工的刀具轨迹。

（2）三角网多面体加工方法　三角网多面体的每一曲面片在边界上一般为零阶连续，无法构造等距面，这意味着不能用前述的截面线法生成刀具轨迹。一般采用平行截面法加工这类多面体，首先用一系列平行截平面去截取待加工表面，生成一系列截交线，然后设法使刀具与加工表面的切触点沿截交线运动，从而实现曲面的加工。其刀具轨迹获得方法如下：

由图 7-18 可见，三角网多面体曲面中的任何一条边界线都是由两个小三角平面片相交而成的，因此在该边界线上的任何点处（不包括顶点），曲面有两个法向矢量方向，并且在一般情况下这两个法矢方向与上述截平面不共面。图 7-19 表示任一截平面内边界线上两平面片的法向矢量。

曲面的法向矢量方向在同一平面片内是一致的，刀心的计算很容易。但由于法矢方向在边界线上不一致，且与截平面不共面，不宜直接将不同平面片内的刀心用直线连接起来作为刀具中心轨迹。

为了保证曲面边界的完整性，可在截平面与平面片边界的交点 P 处作该边界的垂直面，如图 7-20 所示，该垂直面一定通过两平面片在 P 点处的法线。在该垂直面内，以 P 点为圆心，球形刀的刀具半径 R 为半径，作圆弧连接两法线，用该圆弧作为跨越平面片边界的刀具中心轨迹。

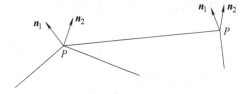

图 7-19　截平面内边界线上两平面片的法向矢量

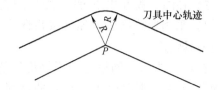

图 7-20　三角网多面体曲面刀具轨迹生成

以上分析表明，用这种方法生成的刀具中心轨迹不在同一平面内。

若截平面通过多个三角平面片的顶点，则以截平面相交的两个平面片作为顶点处法向矢量计算的依据。若截平面通过某两个平面片的交线边界，则以前趋平面片作为有效平面片进行计算（注意：此方法只适用于凸多面体曲面的加工编程）。

（三）曲面交线加工刀具轨迹生成

1. 曲面交线加工概述

在多坐标数控加工的刀具轨迹计算问题中，曲面交线加工刀具轨迹的计算是最为复杂的问题之一，同时也是应用最广泛的计算方法之一。

曲面交线加工的典型情况是，刀具沿零件面 PS（Part Surface）和导动面 DS（Drive Surface）的交线，以一定的步长控制方式走到检查面 CS（Check Surface）。

在三坐标数控加工中，曲面交线加工时刀具轴线不受其他临界线或边界约束面的影响。但对多坐标（主要指五坐标）数控加工来说，曲面交线加工中除了上述三个控制面外，还可能有其他临界线或边界约束面的约束。

曲面交线的复杂性主要体现在以下两个方面：

1）在多坐标数控加工的情况下，除球形刀外，刀心位置与刀具轴线方向有关，因此不可能通过构造等距面的交线生成交线加工刀具轨迹。

2）曲面交线加工必须处理刀具与复杂的控制表面和约束表面之间的关系，不仅要控制刀具头部切削刃与曲面之间的误差，而且刀杆还不能与约束表面发生干涉和碰撞。

根据不同的交线形式，曲面交线加工可分为曲面交线清根加工和曲面间过渡区域交线加工。这里就三坐标及五坐标数控加工方式介绍曲面交线清根加工的刀具轨迹计算方法，关于曲面间过渡区域交线加工的问题将在后面讨论。

2. 曲面交线三坐标数控加工处理过程

在三坐标数控加工中，刀具轴线固定且不受其他因素影响，一般只能采用球形刀（某些特殊情况下也可采用环形刀或面铣刀）来加工，因此，两张曲面交线的最终状态只能为在相交处留有工艺上所允许的最小刀具半径圆角，而不可能加工出严格的交线。

在三坐标数控加工中采用球形刀加工曲面交线，可以用构造加工表面等距面交线的计算方法生成交线加工刀具轨迹，处理过程如下：

1）根据曲面交线加工工艺要求和相交曲面的形态，选择刀具半径 R 尽可能大的球形刀。

2）构造两加工表面（也可为零件面和导动面）的等距面，距离等于刀具半径 R。

3）求解两等距面的交线。在数控编程系统中，较常采用离散网孔表示等距面，因此其交线也以离散交线点列 $\{P_i\}_i^n$ 表示。

4）以交线点列 $\{P_i\}_i^n$ 为基础，用参数筛选法生成交线加工刀具轨迹，或直接采用以交线点列 $\{P_i\}_i^n$ 作为交线加工刀具轨迹。

5）按交线两端处的检查面终止刀具运动，对交线加工刀具轨迹进行裁剪。

3. 曲面交线五坐标数控加工处理过程

在五坐标数控加工中，由于刀具轴线是可以控制的，曲面交线清根加工不仅可以采用球形刀，而且也可根据轨迹相交曲面及约束面形态选用环形刀或面铣刀，下面分别予以讨论。

（1）采用球形刀的曲面交线五坐标数控加工处理过程　采用球形刀进行五坐标加工曲面交线，应考虑两种情况，第一种情况与球形刀三坐标加工曲面交线的情况类似，刀心沿加工表面等距面的交线运动，并不受其他因素的影响；第二种情况是，交线是在零件面（或导动面）的加工中同时被加工出来的，刀具轴线主要受控于零件面（或导动面）的加工，刀心被约束在导动面（或零件面）的等距面上，且受刀具轴线位置和刀具轴线方向的影响，典型的例子是整体叶轮叶形的精加工与清根交线加工同时完成。这里只讨论第一种情况，其处理过程如下（见图 7-21）：

1）按球形刀三坐标数控加工曲面交线的处理过程来生成五坐标加工刀心轨迹。

2）在每一个刀心点 P_i 处作刀心轨迹的法截面，以此截面作为刀心点 P_i 处的摆刀平面。

3）求摆刀平面与两加工表面临界线的交点 C_i^1 和 C_i^2。加工表面临界线通常可直接取为加工表面的边界线，当然在一些特殊的例子中可通过构造加工表面临界线的方法产生。

4）过 P_i 作 $\angle C_i^1 P_i C_i^2$ 的对角平分线 T_a^i，$\boldsymbol{T}_a^i$ 是 P_i 点处的刀具轴线矢量。

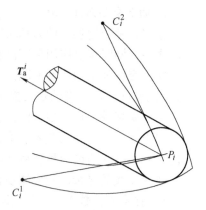

图 7-21　球形刀五坐标加工
曲面交线处理过程

需要说明的是，采用球形刀五坐标加工曲面交线，一般均为闭斜角曲面交线，其计算处理过程要比三坐标加工处理过程复杂得多，只有在无法采用三坐标加工时才用球形刀五坐标加工。

（2）曲面交线环形刀五坐标数控加工处理过程　在五坐标数控加工中，当采用环形刀加工曲面交线时，每个控制表面与刀具的切触点均被限制在切削刃圆环面上，每个控制表面与切削刃表面的公法线均通过切削刃圆环中心线，而不是通过刀心点，如图 7-22 所示，其刀具轨迹计算方法如下：

1）根据曲面交线加工工艺要求及相交曲面形态，选择环形刀切削刃半径 R_1 和刀具半径 R。

2）构造两加工表面（或控制面）的等距面，距离等于切削刃半径 R_1。

3）求等距面的交线 C，用离散点列 $\{P_i\}_i^n$ 表示。

4）求 P_i 到两控制面的垂足 P_1 和 P_2，$P_1 P_i P_2$ 形成的平面作为该点处的摆刀平面。采用环形刀加工的条件是 $\angle P_1 P_i P_2 < 90°$，满足该要求才能用环形刀加工曲面交线。

5）求解该点处的刀具轴线矢量及刀心坐标。

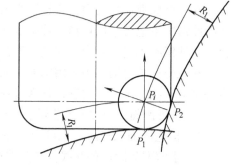

图 7-22　交线加工中环形刀与
控制面的关系

（四）曲面间过渡区域加工刀具轨迹生成

曲面间过渡区域加工是一种较为独特的区域加工方法，通常采用截平面法进行加工，亦可定义为过渡曲面后，再用参数线法进行加工。

一般来说，要求曲面间过渡区域为等半径圆弧过渡曲面或变半径圆弧过渡曲面。过渡曲面的生成较为复杂，本书在此不予讨论。一旦生成一个完整的过渡曲面（参数曲面形式），就可采用参数线法进行加工。

值得一提的是，两曲面之间要求有过渡曲面，一方面是出于造型设计要求，另一方面来自加工工艺的要求。因为严格地说，两个曲面的交线是加工不出的，它们之间必须有一个过渡区域。但在产品设计中并不看重过渡曲面究竟在理论上应该是怎样的曲面，而只是要求该过渡曲面与其母面光滑拼接，并光滑过渡。因此，实际加工中往往不是事先构造过渡曲面（某些特殊要求除外），而是直接通过母面生成过渡区域加工刀具轨迹。

最简单的过渡区域是两曲面间采用等半径圆弧过渡，该半径恰好是加工用的球形刀的刀具半径，可以直接采用曲面交线清根加工刀具轨迹的生成方法。

当圆弧过渡半径与刀具半径不一致时，其过渡区域加工的刀具轨迹生成方法可以采用截平面法和半径递减法。

1. 截平面法

设两曲面 S_1 和 S_2 相交于交线 C，在 S_1 和 S_2 之间要求等半径（半径为 R）的圆弧过渡曲面，选用刀具半径为 r（$r < R$）的球形刀加工，要求用截平面法生成过渡区域加工刀具轨迹，其处理过程如下（见图 7-23）：

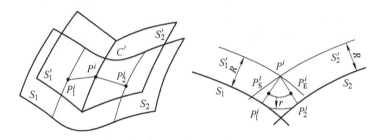

图 7-23 截平面线法加工过渡区域

1）生成 S_1 和 S_2 的等距面（距离为 R）S_1' 和 S_2'。

2）求 S_1' 与 S_2' 的交线 C'。

3）给定一参数步长，在交线 C' 上取点列 $\{P^i\}_1^n$，求该点列到曲面 S_1 和 S_2 上的垂足 P_1^i 和 P_2^i。

4）过 P^i、P_1^i、P_2^i 作一系列截平面，并以 P^i 为圆心，过 P_1^i 和 P_2^i 作一系列圆弧，半径为 R。

5）以 P^i 为圆心，作一系列半径为（$R-r$）的圆弧，该圆弧与 $P^i P_1^i$ 的交点为 P_S^i，与 $P^i P_2^i$ 的交点为 P_E^i，圆弧段 $P_S^i P_E^i$ 就是该过渡区域截平面法加工的刀具轨迹。

在上述算法中，需要用到一次等距面生成算法，一次曲面求交算法，多次点到曲面求垂足算法，而这些算法均非常复杂，实际加工效率不高。因此，若可能，应尽量采用刀具半径等于过渡区域圆角半径的刀具，采用前述的交线加工清根刀具轨迹的生成方法一次生成过渡曲面加工的刀具轨迹。

2. 半径递减法

若两曲面间过渡圆弧半径很小（例如 R 为 3），则在加工曲面时，一般不宜采用半径等于过渡圆弧半径的刀具，而是选用半径较大的刀具。原因是，刀具半径过小会使刀位点大大增加，加工效率降低，而用较大半径的刀具加工两个相交曲面，不管用什么方法加工，在交线处始终留有这把刀具的半径圆角，若此时再用小半径刀具沿交线加工一次，又会在交线两侧小刀具与大刀具的交接处产生较高的残留痕迹，钳工极难修整。

为了解决这个问题，可采用半径递减法，先用大刀具加工曲面，再用小刀具在交线两侧来回加工几次，从而形成光滑的过渡区域。

原理如下：设两曲面 S_1 和 S_2 相交于交线 C，在 S_1 和 S_2 之间要求等半径（半径为 r）的圆弧过渡曲面，采用球形刀加工，半径为 r（$r < R$，R 为加工曲面所用的刀具半径），如图 7-24 所示。计算交线加工清根刀具轨迹（对曲面 S_1 按小半径 r，对曲面 S_2 按大半径 R），然后 R 逐渐减小至 r，每减小一个步长 ΔR，刀具沿交线进给一次，实际上刀具这时只与曲面 S_1 接触，只有当 R 减小到 r 时，刀具才与 S_1 和 S_2 同时接触；计算刀位点 [对 S_2 按小半径 r，对 S_1 按（$r + \Delta R$）]，然后逐渐增加至 R，每增加一个 ΔR，刀具沿交线进给一次，刀具这时实际只与曲面 S_2 接触。用这样计算出的刀具轨迹加工的过渡区域光滑，能较好地满足设计和工艺要求。

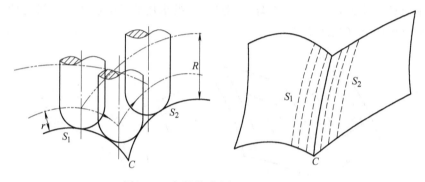

图 7-24　半径递减法加工过渡区域

（五）裁剪曲面加工刀具轨迹生成

曲面的裁剪通常分为两种情况：孔边界裁剪和岛屿边界裁剪。图 7-25 所示为一张光滑曲面（由三个曲面片组合而成）被一个孔和一个岛屿裁剪的情况，其中阴影区为裁剪后的零件面待加工区域。

计算裁剪曲面的数控加工刀具轨迹可利用裁剪曲面的特点进行，使生成的刀具轨迹分布合理，加工效率得以提高。裁剪曲面的数控加工刀具轨迹通常具有以下特点：

1）曲面在被裁剪之前是连续的，而且往往是光滑的，可采用参数线法或截平面法生成数控加工刀具轨迹。

2）由孔裁剪曲面时，若孔的直径远小于待加工曲面，则不论孔的形状如何，在数控编程时可以不考虑孔的存在，而将裁剪曲面作为一个整体进行刀具轨迹处理。

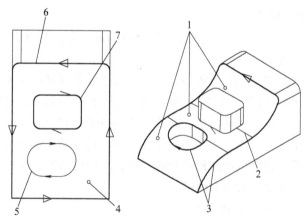

图 7-25　裁剪曲面的加工区域

1—零件面　2—内边界（忽略）　3—外边界
4—切削区域　5—型腔环　6—主环　7—岛屿环

　　3）若孔径较大，可提高跨越孔的刀具轨迹线段的进给速度，以提高加工效率。这时需要对整体刀具轨迹进行裁剪，将加工区域刀具轨迹线段与跨越孔的刀具轨迹线段分开。由于进给速度不同，通常需对孔的边界指定一个负的加工余量，以保证加工区域的刀具轨迹线段延伸到孔中一定的距离，从而避免刀具在快速跨越孔的边界时撞击零件的边缘，如图 7-26 所示。

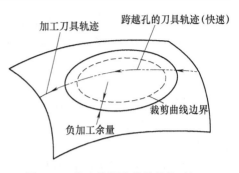

图 7-26　快速跨越孔的裁剪曲面加工

　　4）加工被岛屿裁剪的裁剪曲面，可按带岛屿的型腔加工刀具轨迹计算方法生成刀具轨迹；亦可直接利用参数线法或截平面法生成整个曲面的数控加工刀具轨迹，然后用岛屿的边界（内环）对整体刀具轨迹进行裁剪，舍弃跨越岛屿的刀具轨迹线段。裁剪刀具轨迹时，应对岛屿的边界指定一个正的略大于刀具半径的加工余量。接着设置刀具回避岛屿的方式：抬刀或沿岛屿最短边界绕行。

　　若回避方式为抬刀，则当刀具沿刀具轨迹运动到裁剪曲面的内环边界而切削行尚未结束时，刀具自动快速退回到安全平面，并继续快速运动到该切削行的下一段刀具轨迹的起点，接着再下降到加工表面，沿该切削行的下一段刀具轨迹继续加工，如图 7-27 所示。

　　若回避方式为沿岛屿最短边界绕行，则当刀具沿刀具轨迹运动到裁剪曲面的内环边界而切削行尚未结束时，刀具自动沿岛屿最短边界路径运动，直到该切削行的下一段刀具轨迹的起点，然后沿着该切削行的下一段刀具轨迹继续加工，如图 7-28 所示。

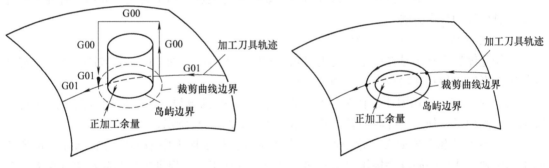

图 7-27　裁剪曲面加工之抬刀回避岛屿法　　　　　图 7-28　裁剪曲面轨迹之沿岛屿边界
　　　　　　　　　　　　　　　　　　　　　　　　　　　　　　　绕行回避岛屿法

　　5）如果裁剪曲面与岛屿的边界有精确成形的要求，最后应沿岛屿边界按交线加工方式进行清根加工。

　　（六）曲面型腔加工刀具轨迹生成

　　曲面型腔是机械零件中较为典型的加工单元，虽然种类繁多、形状各异，但归纳起来有两大类：普通曲面型腔和带岛曲面型腔。

　　曲面型腔可以看作是在一张具有封闭内环的曲面上沿该内环边界挖切形成的。其加工通常采用三坐标加工方法，在某些特殊情况下需要采用四坐标或五坐标加工，应视实际情况而定。下面以三坐标加工为重点讨论曲面型腔的加工。在三坐标数控机床上加工曲面型腔，要求型腔型面沿 Z 坐标方向单调。

曲面型腔加工也分为粗铣和精铣。粗铣型腔的目的是去除型腔的大部分加工余量，切出型腔的基本形状；型腔型面精加工是在型腔型面留有少量加工余量的基础上加工型腔型面。

1. 曲面型腔粗加工

粗铣型腔加工的操作顺序是：先钻工艺孔，确定型腔分层铣削的切削深度，然后根据分层切削深度依次用垂直于 Z 轴的截平面去截取曲面型腔，形成一系列封闭截交线，在每一截平面内按平面型腔的行切或环切加工方式确定每一层的刀具轨迹，进行分层铣削，直到铣削完最后一层。

若曲面型腔已具备型腔基本型，且型面加工余量较大时，宜采用上述垂直于 Z 坐标的截平面法，用环切加工方式进给，一般走一条（最多两条）刀具轨迹即可，而且不必钻工艺孔；当型面加工余量较小时，可直接采用型腔精加工方法。

2. 曲面型腔精加工

曲面型腔精加工可采用截平面法，但从本质上说，曲面型腔型面精加工刀具轨迹的计算可以归结为组合曲面、裁剪曲面、曲面交线区域、曲面间过渡区域以及复杂曲面等加工特征刀具轨迹的计算与编辑，这里不再详述。

曲面型腔型面的精加工通常采用球形刀，平底刀也可应用于某些特殊的型腔。

（七）叶轮通道加工刀具轨迹生成

曲面通道也是机械零件上较为典型的加工单元，通常采用参数线法或截平面法加工，其粗加工类似于曲面型腔的加工方法，在此不再详述。

对于造型比较规范的各类叶轮通道的加工，一般不可能用截平面法三坐标加工完成，而必须采用数控五坐标加工方法。下面以透平压缩机叶轮通道的加工为例，介绍一种曲面通道加工刀具轨迹的计算方法。

1. 叶轮整体加工工艺方案分析

叶轮整体加工指的是在一个毛坯上对轮毂和叶片进行成形加工的工艺方法，而不是将叶片加工成形后再焊接在轮毂上。其加工过程如下：

（1）选毛坯　选用锻压件作为毛坯，以提高叶轮的机械强度，然后用数控车床进行基准面的车削加工，加工出叶轮回转体的基本形状，如图7-29所示。

（2）进行叶轮气流通道的开槽加工　实践表明，开槽加工中槽的位置宜选在气流通道的中间位置，选用平底锥柄棒铣刀由里向外进行铣削加工，并保证槽底与轮毂表面留有一定的加工余量（其大小取决于轮毂大小及轮毂表面设计要求等），如图7-30所示。

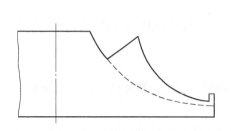

图7-29　叶轮回转体基本形状

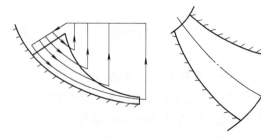

图7-30　叶轮气流通道的开槽加工

（3）进行叶轮气流通道的扩槽加工　实践证明，扩槽加工应与精铣轮毂表面（即气流通道底面）在一次加工中完成，这样不仅加工效率高，而且能保证加工精度要求，且轮毂表面刀痕的一致性好，满足设计要求。扩槽加工选用球形锥柄棒铣刀，从开槽位置开始，由里向外往两边叶片扩槽，扩槽切削宽度与刀具轨迹数目取决于轮毂表面刀痕要求，如图 7-31 所示，一般来说，h 是叶轮最大直径 D 和叶片出口高度 b 的函数。扩槽加工还应保证叶形留有一定的精加工余量。

（4）叶形精加工　实践证明，叶形精加工应与清根加工在一次加工中完成，以保证叶片表面无刀痕，获得较好的表面加工一致性。

需要说明的是，这种高速空气压缩机叶轮的整体加工，铣削进给方向宜从中心向外缘进行，以保证加工时刀心（或刀尖）不顶着加工表面进行加工，如图 7-32 所示。

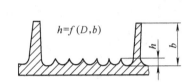

图 7-31　轮毂表面的刀痕设计要求

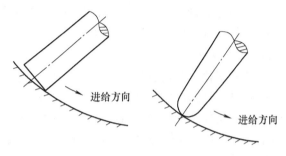

图 7-32　叶轮铣削进给方向

2. 叶形精加工刀具轨迹生成与刀位计算

叶形精加工刀具轨迹生成与刀位计算是扩槽加工和开槽加工刀具轨迹生成的基础，因此首先介绍叶形精加工算法。

（1）刀位计算方法　叶形精加工与清根加工在一次加工中完成，选用球形锥柄（或直柄）棒铣刀进行侧铣。下面介绍应用约束偏置法进行叶形精加工的刀心位置和刀轴矢量的计算方法。

如图 7-33 所示，设摆刀平面法向矢量为 N_{CP}，采用直柄棒铣刀侧铣的刀轴矢量为 T_a^*，计算刀心为 C_P，球形锥柄棒铣刀的球心半径为 r，半锥角为 α，其刀心位置和刀轴矢量计算如下：

1）根据球心半径 r 求出轮毂表面（气流通道底面）的等距面 S_r（距离为 r）。

2）根据刀轴矢量 T_a^* 和计算刀心 C_P 求出刀轴轴心线与 S_r 的交点 O，O 即为所求刀心位置。

3）在摆刀平面内，将刀轴矢量 T_a^* 绕刀心 O 转动角度 α 到 T_a 位置，T_a 即为所求的锥柄棒铣刀加工的刀轴矢量。

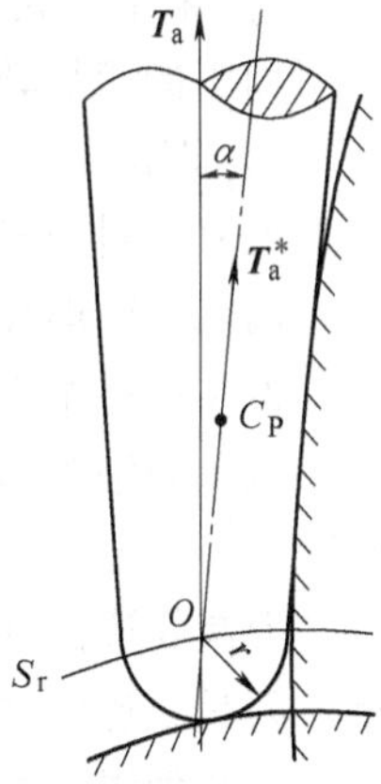

图 7-33　摆刀平面内的刀具位置

（2）刀具轨迹生成　前已述及，整体加工高速空气压缩机叶轮时，进给方向宜从叶轮中心向叶轮边缘进给。进给步长的确定，可根据曲面参数进行离散细分，采用等参数步长计算法可以满足叶形的侧铣要求。因为，在给叶片造型时，曲率大的部位给出的数据点较密，经等参数步长法离散后，切削段也较多，所得的加工粗糙度和一致性均较好。参数步长的大小视叶轮大小及叶形数据的给出形式而定。

需要说明的是，采用等参数步长法进行离散，要求对刀具轨迹（刀心和刀轴）进行图形显示，以观察刀位点分布是否合理，若不合理，严重的情况下应重新设置参数进行计算，个别的可直接修改刀位文件（或在图形交互编辑方式下修改刀位文件）。

3. 扩槽加工刀具轨迹生成

扩槽加工的刀具轨迹可利用精铣叶形的刀具轨迹合成而成，具体步骤如下：

1）首先将加工一个气流通道叶背面和叶腹面的两条刀心轨迹曲线转换为分段 Bezier 曲线 C_1 和 C_2，这两条曲线应在同一回转面上。

2）过其中一条刀心曲线（例如加工叶背表面刀心轨迹曲线 C_1）上的所有刀位点，求解一系列与叶轮同轴的圆柱面。

3）求这些圆柱面与另一条刀心曲线 C_2 的所有交点 $O_i(i=1,\cdots,n)$。

4）以刀心曲线 C_2 上刀位点所对应的刀轴矢量为基础，采用线性插值算法求出该刀心轨迹上所有交点 O_i 所对应的刀轴矢量 $\boldsymbol{T}_a^{\ i}$。

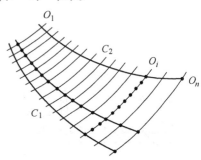

5）根据扩槽刀具轨迹数目，在两条刀心轨迹之间采用圆周线性插值的方法求解扩槽加工刀位点和刀轴矢量。

6）按照由轮心向轮缘、由通道中间向两边叶形扩槽的原则，对刀位点进行排序，形成扩槽加工刀具轨迹，如图 7-34 所示。

图 7-34　扩槽加工刀具轨迹生成

4. 开槽加工刀具轨迹生成

开槽加工刀具轨迹是由扩槽加工刀具轨迹中的一条（一般为中心扩槽刀具轨迹）生成的，具体步骤如下：

1）采用平底锥柄棒铣刀（半径为 r）及所选择的中心扩槽刀具轨迹作为开槽加工最后一刀加工的刀具轨迹。

2）将这条刀具轨迹的刀心沿刀轴矢量方向退刀，每次退刀的长度取决于被加工材料及刀具尺寸；对刀具轨迹进行裁剪，求出各开槽刀具轨迹，如图 7-30 所示。

（八）多坐标加工刀位计算原理

刀位点是指刀具在加工过程中每一准确位置。刀具在工件坐标系中的准确位置可用刀具中心点和刀轴矢量来描述，其中刀具中心点既可以为刀心点，也可以为刀尖点，视具体情况而定。

刀具轨迹曲线是在加工过程中由刀位点构成的曲线，即曲线上的每一点包含一个刀轴矢量。刀具轨迹曲线一般由切触点曲线定义刀具偏置计算得到，计算结果存放于刀位文件中。

刀具偏置计算（即由切触点生成刀位点的计算）与机床所使用的具体刀具有关，例如采用球形刀、环形刀或面铣刀进行加工，对应于相同切触点轨迹的刀位点轨迹均不同。下面分别介绍多坐标端铣及侧铣数控加工刀位计算原理。

1. 多坐标端铣数控加工原理

多坐标端铣数控加工所选用的刀具包括球形刀、环形刀和面铣刀，前者可用于三坐标、四坐标及五坐标的加工，后两者则只适用于五坐标数控加工。下面就球形刀和环形刀端铣数控加工原理作一简单介绍。

（1）球形刀端铣数控加工基本原理　采用球形刀端铣加工三维曲面，只要使球形刀的球心（以下简称刀心）C_0 位于被加工表面的等距面上，则无论刀具路线及刀轴方向如何安排，均能铣削出所要求的曲面形状，如图 7-35 所示。

由图可知，采用球形刀端铣加工三维曲面，刀心被约束在加工曲面的等距面上，刀轴方向（刀轴矢量）则可以根据曲面形状和约束面（包括导动面和检查面）的形状和位置改变，就是说，可以采用三坐标、四坐标或五坐标的方法进行加工。

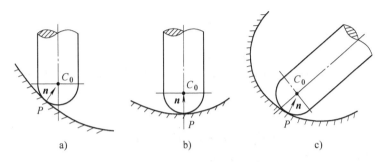

图 7-35 球形刀与加工表面的关系

a）三坐标加工　b）三坐标加工（刀尖接触）　c）五坐标加工

（2）环形刀端铣数控加工基本原理　环形刀（包括面铣刀）五坐标端铣曲面加工具有加工效率高、刀具成本低等独特优点，因此广泛应用于大型曲面的数控加工中，其加工对象包括各种形状的大型叶片、大型水轮机转轮以及某些大型曲面零件和模具等。

在环形刀五坐标端铣加工中，刀具与加工表面的几何拟合关系相当复杂，是数控加工及编程的技术难点。环形刀端铣加工基本原理如下：由于环形刀刀具底面中心通常无切削刃，用它加工曲面零件时，为了避免刀具底面中心与加工表面接触及切削刃与加工表面发生干涉，应将刀轴置于加工表面法向矢量与进给方向切向矢量所在的平面（该平面是环形刀端铣加工的摆刀平面）之内，同时使刀具底面的切削刃圆环面与加工表面接触，并将刀轴沿进给方向与加工表面法向矢量倾斜一个角度 β，β 角称为后跟角，如图 7-36 所示。图中，R 为环形刀的刀具半径，R_1 为环形刀的切削刃半径，$R_e = R - R_1(1 - \sin\beta)$ 为环形刀端铣加工的有效切削刀具半径。

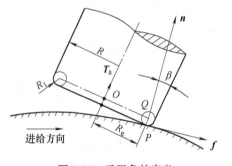

图 7-36 后跟角的定义

2. 多坐标侧铣数控加工原理

侧铣加工就是利用回转刀具（棒铣刀）的侧刃切削零件加工表面，所用的棒铣刀可为平底（圆柱形或锥形）、环形及球形。

侧铣加工时，刀轴方向通常选在曲面上较为平坦的方向，即法曲率绝对值最小的方向，以便使刀具与加工表面的接触长度尽可能大，也就是说使加工带宽度尽可能大。

为阐述侧铣数控加工基本原理，引入鼓形刀与加工表面的微分几何拟合关系。

如图 7-37 所示，设加工表面以弧长参数形式 $r(b, f)$ 表示，b 为加工表面切触点 P 处较为平坦的参数线方向的单位切向矢量，n 为加工表面在 P 点处的单位法向矢量，$f = n \times b$，将鼓形刀刀轴 T_a 沿 b 方向置于 P 点的局部坐标系中。设鼓形

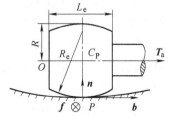

图 7-37 鼓形刀与加工表面的微分几何拟合关系

刀刀盘半径为 R，切削刃曲率半径为 R_e，切削刃长度为 L_e，k_b 和 k_f 分别为加工表面在 P 点处沿 b 方向和 f 方向的法曲率。则在 P 点的局部坐标系内，根据微分几何关系，鼓形刀刀盘方程为

$$n_t = 0.5 \ (k_e b^2 + k_c f^2) \tag{7-8}$$

其中，$k_e = 1/R_e$，$k_c = 1/R$。

加工表面的局部二阶逼近方程为

$$n_s = 0.5 \ (Lf^2 + 2Mfb + Nb^2) \tag{7-9}$$

式中　L、M、N——加工表面在 P 点处以 f、b 为参数的第 II 类微分基本量，即

$$L = r''_{ff} n = k_f E = k_f r'_f r'_f = k_f$$
$$M = r''_{fb} n$$
$$N = r''_{bb} n = k_b F = k_b r'_b r'_b = k_b$$

式中　r——加工表面的参数，表示 $r \ (f, \ b)$。

设 H 为鼓形刀表面距加工表面的法向高度，即

$$H = n_t - n_s \tag{7-10}$$

根据以上分析可得

$$H = 0.5\left[(k_e - k_b)b^2 - 2Mfb + (k_c - k_f)f^2\right] \tag{7-11}$$

图 7-37 还表达了侧铣加工中两个重要的基本概念，即计算刀心和摆刀平面：

1）计算刀心，图中的点 C_P。

2）摆刀平面，由图可知，刀轴矢量 T_a、计算刀心 C_P、加工表面在 P 点处的单位法向矢量 n 构成了一个平面，刀具可以在一定范围内在此平面内摆动，此平面称为侧铣加工的摆刀平面。

关于棒铣刀侧铣数控加工刀位计算方法可参阅相关书籍。

第四节　刀具轨迹编辑与验证

一、刀具轨迹编辑

（一）概述

在复杂曲面的数控加工刀具轨迹计算完成后，通常需要对刀具轨迹进行一定的编辑和修改，主要原因是：其一，在生成复杂曲面零件及模具加工刀具轨迹时，常常需要对待加工表面及其约束面进行一定的延伸，并构造一些辅助曲面，这样生成的刀具轨迹一般会超过加工表面的范围，需要进行适当的裁剪和编辑；其二，在很多情况下曲面造型所用的原始数据使生成的曲面并不是很光顺，这样生成的刀具轨迹可能在某些刀位点处有异常现象，例如，突然出现一个尖点或不连续等现象，需对个别刀位点进行修改；其三，在刀具轨迹计算中，若采用的进给方式经过刀位验证或实际加工检验证明不合理，则需要改变进给方式或进给方向；其四，所生成的刀具轨迹上刀位点有可能过疏或过密，需要对刀具轨迹进行一定的匀化处理，等等。

（二）刀具轨迹编辑系统功能

CAD/CAM 集成系统中图形交互方式下的刀具轨迹编辑功能除了具有一般编辑器的图形显示、删除、复制、粘贴、插入、加载及存储等功能外，还有以下几个主要的刀具轨迹编辑

功能：

1. 修剪（TRIM）

刀具轨迹的修剪功能是对一个已经形成的刀具轨迹作修整，它允许编程者将其认为不需要切削的运动轨迹删除掉，被修剪掉的部分用抬刀方式越过。

刀具轨迹修剪的原理是：定义一个工作平面，并在此平面上定义修剪区域即一组轮廓曲线。系统处理时则把修剪的轮廓线当作一个垂直于工作平面的柱面来进行，并且利用这一柱面与被修剪的曲面进行求交处理，保留所需要的区域。值得一提的是，TRIM 处理后不改变原曲面的刀具轨迹、切削方向和步长。

2. 几何变换

刀具轨迹的几何变换是对一个已经形成的刀具轨迹进行再编辑，包括平移、旋转、比例及镜像变换等。其原理与几何图形的变换原理相同，也必须选择工作平面和设定工作深度。

3. 转置处理

刀具轨迹的转置是指将原来的行进给方向转置为新的进给方向，其对象只能是切触点轨迹或球形刀刀心轨迹，而且沿新的进给方向加工时，加工误差不超过允许值。由于转置不改变刀轴方向，因此多坐标（指四坐标和五坐标）加工刀具轨迹不能转置。对参数线加工方法中的等参数离散算法生成的刀具轨迹，转置最有效；对于其他参数线法生成的刀具轨迹，转置前可先将切削行按指定点数进行等弧长加密，使各切削行刀位点数目相同且均匀分布。

4. 反向处理

刀具轨迹的反向是对被编辑的刀具轨迹的进给方向进行反向，主要适用于铣削加工，如图 7-38 所示。

图 7-38　刀具轨迹的反向

5. 刀位点的匀化处理

刀具轨迹上刀位点的匀化操作对象可以为单条进给轨迹，也可以为全部编辑中的刀具轨迹，匀化操作包括以下几种方式：

1）对切削行按点数 N 进行等弧长加密。方法是：首先对切削行进行曲线拟合，然后按等弧长方式将此曲线离散为 N 个刀位点。对于刀轴和摆刀平面法向矢量，先变换为矢量端点轨迹，然后进行拟合与离散，最后再将它们变成单位矢量。

2）对切削行按给定的误差限 Δ 采用参数筛选法对刀位点直接进行筛选或过滤。

3）在两个刀位点之间按线性插值方式插入一个刀位点。

6. 编排处理

在其他编辑操作均完成后，就可对刀具轨迹进行连接与编排。首先，指定进给方向和进给方式（是单向进给，还是双向进给），可以与系统在刀具轨迹计算时设置的进给方向和进给方式不一致。若为单向进给，还要给出抬刀高度（系统默认的安全面高度）。认可这些约定后，系统将会自动对编辑中的刀具轨迹进行编排输出。

对于一个具体的 CAD/CAM 数控编程系统来说，其刀具轨迹编辑系统可能只包含其中一部分功能。

二、刀具轨迹验证

1. 概述

在进行复杂零件的数控加工时，往往很难预料所编制的加工程序在加工过程中是否发生过切，所选择的刀具、进给路线、进刀/退刀方式是否合理，刀具与约束控制面（非加工面）是否干涉等。为了确保零件加工的正确性，需要在零件正式加工前，进行刀具轨迹验证。在计算机图形显示器上，可以显示出加工过程中的零件模型、刀具轨迹、刀具外形等，并模拟出零件的加工过程，以便检查刀具轨迹计算是否正确，零件的加工能否正确完成。

刀具轨迹验证方法很多，最为简单常用的是显示验证法。较为复杂些的方法是采用各种截面法验证，或采用数值验证（距离验证）能够定量地给出验证结果。更为复杂的方法是加工过程的动态仿真验证，将加工过程中的零件实体模型、刀具实体、切削加工过程及加工结果一起动态地显示出来，模拟零件的实际加工过程，不仅能观察加工过程，而且能检验刀具与约束面是否发生干涉或加工过切。

2. 显示法验证

显示验证方法的基本思想是：从曲面造型结果中取出所有加工表面及约束面，从刀具轨迹计算结果（刀位文件）中提取刀具轨迹信息，然后将它们组合起来进行显示；或者在所选择的刀位点上放上"真实"的刀具模型，再把整体零件和刀具一起进行三维组合消隐，从而判断进给轨迹上的刀心位置、刀轴矢量、刀具与加工表面的相对位置以及进刀/退刀方式是否合理。

（1）刀具轨迹显示验证　其基本方法是：在待加工零件的刀具轨迹计算完成后，在图形显示器上显示出刀具轨迹，从而判断刀具轨迹是否连续，检查刀位计算是否正确。

（2）加工表面与刀具轨迹的组合显示验证　其基本方法是：将刀具轨迹与待加工表面的线架图（包括刀心坐标和刀轴矢量）一起显示出来，从而判断刀具轨迹是否正确，进给路线、进刀/退刀方式是否合理。

（3）组合模拟显示验证　其基本方法是：在待验证的刀位点上显示出刀具表面，然后将加工表面及其约束面组合在一起进行消隐显示，从而判断刀具轨迹是否正确。

3. 截面法验证

截面法验证的基本思想是：首先构造一个截面，然后求该截面与待验证的刀位点上的刀具外形表面、加工表面及其约束面的交线，构成一幅截面图显示出来，从而判断所选择的刀具是否合理，检查刀具与约束面是否发生干涉与碰撞，加工过程中是否存在过切。

截面法验证主要应用于侧铣加工、型腔加工及通道加工（如叶轮通道的加工）。

（1）横截面验证　其基本方法是：构造一个平面，该平面与进给路线上刀具的刀轴方向大致垂直，然后用该平面去截待验证的刀位点上的刀具表面、加工表面及其约束面，得到一张所选刀位点上刀具与加工表面及其约束面的截面图，该截面图能够反映加工过程中刀杆与加工表面及其约束面的接触情况。

（2）纵截面验证　其基本方法是：用一张通过刀轴轴心线的平面（纵截面）去截待验

证的刀位点上的刀具表面、加工表面及其约束面，得到一张截面图，在该截面图的显示过程中，规定刀具始终摆正放置，即刀杆向上，刀尖向下。纵截面验证不仅可得到一张反映刀杆与加工表面、刀尖与导动面的接触情况的定性验证图，还可得到一个定量的干涉分析结果表。

（3）曲截面验证　　其基本方法是：用一指定的曲面去截待验证的刀位点上的刀具表面、加工表面及其约束面，得到一张反映刀杆与加工表面及其约束面的接触情况的曲截面验证图。该方法主要应用于整体叶轮的五坐标数控加工。

4. 加工过程动态仿真验证

加工过程的动态图形仿真验证已成为数控编程系统中刀具轨迹验证的重要方法，其基本思想是：利用实体造型技术建立被加工零件的毛坯、机床、夹具及刀具在加工过程中的实体几何模型，然后对零件毛坯及刀具的几何模型进行快速布尔运算（一般为减运算），最后采用真实感图形显示技术，把加工过程中的零件模型、机床模型、夹具模型及刀具模型动态地显示出来，模拟零件的实际加工过程。其特点是仿真过程的真实感较好，基本具有试切加工的验证效果。

在对加工过程进行动态仿真时，一般用不同的颜色来表示加工过程中不同的显示对象，例如，已切削表面与待切削表面颜色不同；已加工表面上存在过切、干涉之处又采用另一种不同的颜色。仿真速度也可进行控制，从而使零件的整体加工过程清晰可见，如刀具是否啃切加工表面及其位置，刀具是否与约束面发生干涉与碰撞等。

第五节　后　置　处　理

一、概述

数控机床系统各不相同，它们具有不同的特性和能力，使用不同的编程格式，而经过刀具轨迹计算产生的是刀位文件而不是数控程序，具有通用性。因此，需要将刀位文件转换成指定的数控机床能执行的数控程序，这一过程称为后置处理。

后置处理过程原则上是解释执行，即每读出刀位文件中的一个完整记录，就分析该记录的类型，按记录类型确定是进行坐标变换还是进行文件代码转换，然后根据所选用的数控机床进行坐标变换或文件代码转换，生成一个完整的数控程序段，直到刀位文件结束。其中，坐标变换和加工方式与所选用的数控机床类型密切相关，从刀位计算方法可看出，对四坐标和五坐标数控加工的刀位文件中刀位的给出形式是刀心坐标和刀轴矢量，在后置处理过程中，需将它们转换为机床的运动坐标。数控机床的运动关系类型不同，转换算法也不同。后置处理算法较为复杂，这里不再详述。

后置处理系统分为专用后置处理系统和通用后置处理系统。专用系统一般是针对专用数控编程系统而开发的专用后置处理程序，通常直接读取刀位文件中的刀位数据，根据特定的数控机床指令集及代码格式将其转换为数控程序输出。这类系统在一些专用（非商品化）的数控系统中较为常见，因为其刀位文件格式简单，不受 IGES 标准（初始图形交换规范）的约束，机床特性一般直接编写在后置处理程序中，不必输入数控系统数据文件，后置处理过程的针对性很强，通常只用到数控机床的部分指令，程序的结构比较简单，较容易实现。

下面着重介绍通用后置处理系统。

二、通用后置处理系统原理与实现途径

1. 通用后置处理系统原理

通用后置处理系统指后置处理程序功能的通用化，要求能针对不同类型的数控系统对刀位文件进行后置处理，输出数控程序。通用后置处理系统的输入是标准格式的刀位文件和数控系统数据文件或机床数据文件，而它的输出是按所选用机床数控系统需要的指令集及以正确格式书写的数控程序。

一个通用后置处理系统一般是某个数控编程系统的一个子系统，要求输入的刀位文件是由该数控编程系统经刀具轨迹计算生成的，对数控系统数据文件的格式有严格的要求。

如果某数控编程系统输出的刀位文件符合 IGES 标准，那么只要其他某个数控编程系统输出的刀位文件格式也符合 IGES 标准，该通用后置处理系统就能处理其输出的刀位文件，即后置处理系统在不同的数控编程系统之间具有通用性。目前国际上流行的商品化 CAD/CAM 集成数控编程系统的刀位文件格式都符合 IGES 标准，它们所附的通用后置处理系统一般都可通用。

数控系统数据文件的格式说明附属于通用后置处理系统的说明中。通常情况下，软件商提供给用户若干应用较为广泛的用 ASCII 码编写的数控系统数据文件。若用户在使用过程中还用到其他数控系统，可根据数控系统数据文件的格式说明，在已有数控系统数据文件的基础上进行修改，生成所需的数控系统数据文件。

也有软件商提供给用户一个生成数控系统数据文件的交互式对话程序，用户只要运行该程序，一一回答其中问题，便能生成一个所需数控机床的数控系统数据文件。

2. 通用后置处理系统的实现途径

（1）通用后置处理系统设计的前提条件　虽然不同类型的数控系统的指令及程序段格式不尽相同，仍然可以找出它们之间的共性，主要体现在以下几个方面：

1) 数控程序均由字符组成。

2) 地址字符意义基本相同。

3) 准备功能 G 代码和辅助功能 M 代码均为标准化。

4) 文字地址加上数字的指令结合方式基本相同。

5) 数控机床坐标轴的运动方式种类有限。

不同类型数控机床的这些共性就是通用后置处理系统设计的前提条件。

（2）通用后置处理系统程序结构设计　通用后置处理系统的基本要求是系统功能的通用化。为此，必须保证刀位文件和数控系统数据文件格式的规范化及程序结构的模块化。

1) 输入文件格式的规范化。输入文件包括刀位文件和数控系统数据文件。国际上目前流行的数控编程系统所输出的刀位文件一般都符合 IGES 标准，其后置处理系统所要求的数控系统数据文件的内容与刀位文件的 IGES 标准所包含的内容相对应，作用是使后置处理系统的控制程序了解如何将刀位文件的相应数据转换为适用于数控系统数据文件所表示的数控机床的数控加工程序。

若刀位文件是非标准的，数控编程系统应对刀位文件的格式制订一规范，并以此规范为约束，制订数控系统数据文件所包含的内容及其格式。也就是说，刀位文件的规范与数控系

统数据文件的内容必须相对应。

IGES 标准刀位文件所对应的数控系统数据文件所包含的内容通常涉及数控系统的全部功能，而非标准的刀位文件（符合某种规范）所对应的数控系统数据文件所包含的内容只涉及数控系统的部分主要功能，因为非标准刀位文件大多来源于某些专用数控编程系统。

2）通用后置处理系统的程序结构。由上述分析可见，通用后置处理系统的程序结构包括图 7-39 所示的几个部分：输入部分包括刀位源文件和数控系统数据文件；算法处理部分包括坐标变换、跨象限处理、进给速度控制等功能模块；格式转换部分包括数据类型转换与圆整、字符串处理等功能模块；主控模块控制整个系统的运行。

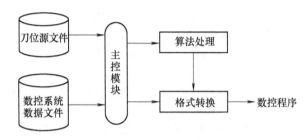

图 7-39　通用后置处理系统的程序结构框图

为了保证系统的通用性和可靠性，要求各功能模块规范化，并具有较好的通用性。

思考与练习

7-1　简述 CAD/CAM 集成数控编程系统的原理与组成。

7-2　在计算机数控辅助编程中应用较为广泛的三维几何造型系统有哪几种类型？它们各具有什么特点？

7-3　行切法加工与环切法加工的刀具轨迹计算有何不同？

7-4　生成刀具轨迹的基本要素是什么？

7-5　曲面的参数线加工方法有何特点？适于何种情况的加工？为什么？

7-6　简述截面线法加工的基本思路。可以采用何种类型截面？它们各具有什么特点？

7-7　曲面交线三坐标数控加工时一般选用何种刀具？五坐标数控加工时，曲面交线清根一般选用何种刀具？为什么？

7-8　两曲面之间为什么要求有过渡曲面？

7-9　裁剪曲面的数控加工刀具轨迹有什么特点？

7-10　对已具备型腔基本型的曲面如何进行加工？

7-11　刀具轨迹编辑与验证的目的是什么？简述刀具轨迹编辑与验证的常用方法。

7-12　后置处理是怎样一个过程？如何实现通用后置处理？

参考文献

[1] 宋天麟. 数控机床及其使用与维修 [M]. 南京：东南大学出版社，2003.

[2] 王爱玲. 现代数控机床 [M]. 北京：国防工业出版社，2003.

[3] 娄锐. 数控应用关键技术 [M]. 北京：电子工业出版社，2005.

[4] 周济. 数控加工技术 [M]. 北京：国防工业出版社，2002.

[5] 刘战强，黄传真，郭培全. 先进切削加工技术及应用 [M]. 北京：机械工业出版社，2005.

[6] 张伯霖. 高速切削技术及应用 [M]. 北京：机械工业出版社，2002.

[7] 王瑞金. 特种加工技术 [M]. 北京：机械工业出版社，2011.

[8] 袁巨龙，张飞虎，等. 超精密加工领域科学技术发展研究 [J]. 机械工程学报，2010，46 (15)：161-177.

[9] 张曙，张炳生，等. 圆柱齿轮加工机床 "机床产品创新与设计" 专题（十五）[J]. 制造技术与机床，2012 (11)：6-9.

[10] 张曙，卫汉华，等. 亚微米高精度机床——"机床产品创新与设计" 专题（十三）[J]. 制造技术与机床，2012 (9)：8-11.

[11] 邓朝晖，刘战强，等. 高速高效加工领域科学技术发展研究 [J]. 机械工程学报，2010，46 (23)：107-120.

[12] 李圣怡，戴一帆. 超精密加工技术的发展与对策 [J]. 中国机械工程，2000 (8)：841-844.

[13] 王成勇，周莉，秦哲. 模具高速加工的 NC 编程策略 [J]. 制造技术与机床，2003 (2)：25-29.

[14] 王贵成，张银喜. 精密与特种加工 [M]. 武汉：武汉理工大学出版社，2003.

[15] 张建华. 精密与特种加工技术 [M]. 北京：机械工业出版社，2003.

[16] 王先逵. 精密加工技术实用手册 [M]. 北京：机械工业出版社，1999.

[17] 《实用数控加工技术》编委会. 实用数控加工技术 [M]. 北京：兵器工业出版社，1995.

[18] 刘雄伟. 数控加工理论与编程技术 [M]. 2版. 北京：机械工业出版社，2000.

[19] 王爱玲. 现代数控编程技术及应用 [M]. 北京：国防工业出版社，2002.

[20] 张学仁，等. 数控电火花线切割加工技术 [M]. 哈尔滨：哈尔滨工业大学出版社，2000.

[21] 陈洪涛. 数控加工工艺与编程 [M]. 北京：高等教育出版社，2003.

[22] 金涛，王卫兵. 数控车加工 [M]. 北京：机械工业出版社，2004.

[23] 郑书华，张凤辰. 数控铣削编程与操作训练 [M]. 北京：高等教育出版社，2004.

[24] 蔡复之. 实用数控加工技术 [M]. 北京：兵器工业出版社，1995.

[25] 龚仲华. 数控技术 [M]. 北京：机械工业出版社，2004.

[26] 许祥泰，刘艳芳. 数控加工编程实用技术 [M]. 北京：机械工业出版社，2000.

[27] 孙德茂. 数控机床车削加工直接编程技术 [M]. 北京：机械工业出版社，2005.

[28] 陆剑中，孙家宁. 金属切削原理与刀具 [M]. 北京：机械工业出版社，2001.

[29] 张思弟，贺曙新. 数控编程加工技术 [M]. 北京：化学工业出版社，2005.

[30] 贺曙新，张思弟，文少波. 数控加工工艺 [M]. 北京：化学工业出版社，2005.

[31] 王春海，樊锐，赵先仲. 数字化加工技术 [M]. 北京：化学工业出版社，2003.

[32] 张思弟. 数控车工实用技术手册 [M]. 南京：江苏科学技术出版社，2006.

[33] 李超. 数控加工实例 [M]. 沈阳：辽宁科学技术出版社，2005.

[34] 关颖. 数控车床 [M]. 沈阳：辽宁科学技术出版社，2005.

[35] 赵长明，刘万菊. 数控加工工艺及设备 [M]. 北京：高等教育出版社，2003.

[36] 宋放之，等. 数控工艺培训教程（数控车部分）[M]. 北京：清华大学出版社，2003.

[37] BEIJING-FANUC 0i-TB 操作说明书.